高等院校药学与制药工程专业规划教材

Pharmaceutical Separation Engineering

药物分离工程

主　编　应国清

副主编　易　喻　高红昌　万海同

主　审　姚善泾

ZHEJIANG UNIVERSITY PRESS
浙江大学出版社

图书在版编目(CIP)数据

药物分离工程/应国清主编. —杭州:浙江大学出版社,2011.7(2024.1 重印)

ISBN 978-7-308-08749-0

Ⅰ.①药… Ⅱ.①应… Ⅲ.①药物—分离 Ⅳ.①TQ460.6

中国版本图书馆 CIP 数据核字(2011)第 108052 号

药物分离工程

应国清 主编

丛书策划	阮海潮 樊晓燕
责任编辑	阮海潮(ruanhc@zju.edu.cn)
封面设计	联合视务
出版发行	浙江大学出版社
	(杭州市天目山路 148 号 邮政编码 310007)
	(网址:http://www.zjupress.com)
排 版	杭州大漠照排印刷有限公司
印 刷	广东虎彩云印刷有限公司绍兴分公司
开 本	787mm×1092mm 1/16
印 张	20.75
字 数	544 千
版 印 次	2011 年 7 月第 1 版 2024 年 1 月第 7 次印刷
书 号	ISBN 978-7-308-08749-0
定 价	52.00 元

内容简介

《药物分离工程》主要介绍制药工程领域与药物分离紧密相关的分离技术。本书共分为三部分,第一部分绪论及基础理论篇,简述了药物分离工程的研究对象与进展及分离过程基础理论;第二部分技术基础篇,重点阐述了常用分离技术的基本概念、基本原理、基本操作及相关应用,同时也介绍了相关学科的研究进展等;第三部分技术集成篇,介绍了几种目前发展较完善且有相当工业化应用的集成化技术。本书共 17 章,主要包括:绪论、分离过程的基础理论、离心与过滤、沉淀分离法、萃取分离法、吸附分离法、离子交换吸附法、层析分离法、膜分离技术、电泳技术、结晶法、亲和萃取、亲和膜分离、亲和沉淀、液膜萃取、膜蒸馏、扩张床吸附。

《药物分离工程》可作为各高等院校相关专业本科生教材,且书后列有思考题供学生复习,亦适用于从事制药工程领域的科研和工程技术人员阅读。

高等院校药学与制药工程专业规划教材

审稿专家委员会名单

（以姓氏拼音为序）

蔡宝昌（南京中医药大学）　　　　程　怡（广州中医药大学）

樊　君（西北大学）　　　　　　　傅　强（西安交通大学）

梁文权（浙江大学）　　　　　　　楼宜嘉（浙江大学）

裴月湖（沈阳药科大学）　　　　　沈永嘉（华东理工大学）

宋　航（四川大学）　　　　　　　孙铁民（沈阳药科大学）

温鸿亮（北京理工大学）　　　　　吴立军（沈阳药科大学）

徐文方（山东大学）　　　　　　　徐　溢（重庆大学）

杨　悦（沈阳药科大学）　　　　　姚日生（合肥工业大学）

姚善泾（浙江大学）　　　　　　　尤启冬（中国药科大学）

于奕峰（河北科技大学）　　　　　虞心红（华东理工大学）

张　珩（武汉工程大学）　　　　　章亚东（郑州大学）

赵桂森（山东大学）　　　　　　　郑旭煦（重庆工商大学）

周　慧（吉林大学）　　　　　　　朱世斌（中国医药教育协会）

宗敏华（华南理工大学）

序

　　我国制药产业的不断发展、新药的不断发现和临床治疗方法的巨大进步,促使医药工业发生了非常大的变化,对既具有制药知识,又具有其他相关知识的复合型人才的需求也日益旺盛,其中,较为突出的是对新型制药工程师的需求。

　　考虑到行业对新型制药工程师的强烈需求,教育部于 1998 年在本科专业目录上新增了"制药工程专业"。为规范国内制药工程专业教学,教育部委托教育部高等学校制药工程专业教学指导分委员会正在制订具有专业指导意义的制药工程专业规范,已经召开过多次研讨会,征求各方面的意见,以求客观把握制药工程专业的知识要点。

　　制药工程专业是一个化学、药学(中药学)和工程学交叉的工科专业,涵盖了化学制药、生物制药和现代中药制药等多个应用领域,以培养从事药品制造、新工艺、新设备、新品种的开发、放大和设计的人才为目标。这类人才必须掌握最新技术和交叉学科知识、具备制药过程和产品双向定位的知识及能力,同时了解密集的工业信息并熟悉全球和本国政策法规。

　　高等院校药学与制药工程专业发展很快,目前已经超过 200 所高等学校设置了制药工程专业,包括综合性大学、医药类院校、理工类院校、师范院校、农科院校等。专业建设是一个长期而艰巨的任务,尤其在强调培养复合型人才的情况下,既要符合专业规范要求,还必须体现各自的特色,其中教材建设是一项主要任务。由于制药工程专业还比较年轻,教材建设显得尤为重要,虽然经过近 10 年的努力已经出版了一些比较好的教材,但是与一些办学历史比较长的专业相比,无论在数量、质量,还是在系统性上都有比较大的差距。因此,编写一套既能紧扣专业知识要点、又能充分显示特色的教材,将会极大地丰富制药工程专业的教材库。

　　很欣慰,浙江大学出版社已经在做这方面的尝试。通过多次研讨,浙江大学出版社与国内多所理工类院校制药工程专业负责人及一线教师达成共识,编写了一套适合于理工类院校药学与制药工程专业学生的就业目标和培养模式的系列教材,以知识性、应用性、实践性为切入点,重在培养学生的创新能力和实践能力。目前,这套由全国二十几所高校的一线教师共同研究和编写的、名为"高等院校药学与制药工程专业规划教材"正式出版,非常令人鼓舞。这套教材体现了以下几个特点:

1. 依照高等学校制药工程专业教学指导分委员会制订的《高等学校制药工程专业指导性专业规范》(征求意见稿)的要求,系列教材品种主要以该规范下的专业培养体系的核心课程为基本构成。

2. 突出基础理论、基本知识、基本技能的介绍,融科学性、先进性、启发性和应用性于一体,深入浅出、循序渐进,与相关实例有机结合,便于学生理解、掌握和应用,有助于学生打下坚实的制药工程基础知识。

3. 注重学科新理论、新技术、新产品、新动态、新知识的介绍,注意反映学科发展和教学改革成果,有利于培养学生的创新思维和实践能力、有利于培养学生的工程开发能力和综合能力。

相信这套精心策划、认真组织编写和出版的系列教材会得到从事制药工程专业教学的广大教师的认可,对于推动制药工程专业的教学发展和教材建设起到积极的作用。同时这套教材也有助于学生对新药开发、药物制造、药品管理、药物营销等知识的了解,对培养具有不断创新、勇于探索的精神,具有适应市场激励竞争的能力,能够接轨国际市场、适应社会发展需要的复合型制药工程人才做出应有的贡献。

姚善泾

浙江大学教授

教育部高等学校制药工程专业教学指导分委员会副主任

前　　言

药物分离工程是药物研究开发过程中,利用待分离体系中的有效成分与共存杂质在物理、化学及生物学性质上的差异性而进行分离的一门综合应用性学科,其在药物的科学研究和生产实践中起着非常重要的作用。目前,分离技术的发展主要有两种趋势:一是分离基本操作单元技术的提高和深化,二是分离单元操作技术的集成化,人们为了在科学研究与生产开发中更好地利用这些技术,合理地使用这些技术,就必须对这些技术有所了解和掌握。

为了适应高等学校药学与制药工程专业本科生的培养目标,本书重点介绍了一些与药物分离紧密相关的分离技术,这些都是发展较完善且有相当工业化应用的技术。结合制药专业学生知识结构特点,重点阐述了这些分离技术的基本概念、基本原理、基本操作及相关应用,同时也为了反映学科发展成果,适当介绍本学科及相关学科的研究进展,有利于培养学生的创新思维和实践能力。

本书共分三部分,第一部分绪论及基础理论篇,包括第1～2章,第1章简要介绍了分离工程在药物开发过程中的重要性及发展趋势;第2章主要介绍了分离过程中一些基础理论,包括热力学基础、动力学基础、力学基础等以及分离效果的评价。第二部分技术基础篇,包括第3～11章,第3章主要介绍了离心和过滤技术,重点阐述了基础理论,常见的技术和设备等;第4章主要介绍了沉淀分离的基本原理、常见的沉淀方法及各种方法的应用范围等;第5章主要介绍了萃取的基本原理、影响因素、萃取方式及过程计算以及一些新的萃取方法等;第6章主要介绍了吸附过程的基本理论、常用吸附剂及特点以及一些吸附操作技术等;第7章主要介绍了离子交换树脂、离子交换基本原理以及基本操作技术等;第8章主要介绍了层析技术的发展、分类、基本理论以及常用的层析技术,同时也介绍了一些层析技术的新进展等;第9章主要介绍了膜分离的概念、分类、膜介质以及常用的膜分离技术理论、基本操作技术,同时也介绍了一些新的膜分离技术等;第10章主要介绍了电泳的基本理论、常见的电泳技术、电泳系统及一般操作过程等;第11章主要介绍了结晶的基础理论、提高晶体质量的方法以及结晶的操作技术等。第三部分技术集成篇,包括12～17章,第12章简要介绍了亲和萃取的概念、机理、以及亲和萃取的配基及成相聚合物;第 13 章简要介绍了亲和膜分离的基本原理、过程及操作方式;第 14 章简要介绍了亲和沉淀的基本原理、过程及操作方式;第 15 章介绍了液膜的分类、原理、过程、影响因素及操作技术;第 16 章介绍了膜蒸馏的原理、过程、操作及影响因素;第 17 章介绍了扩张床的原理、操作及影响因素等。

本书由应国清教授主编。应国清老师(浙江工业大学)编写了第 1、2、15 章;许海丹老师(台州学院)编写了第 3、17 章;高红昌老师(温州医学院)编写了第 4、11、14 章;叶春林老师(浙江科技学院)编写了第 5、9 章;韩进、万海同老师(浙江中医药大学)合编了第 6、7章;易喻老师(浙江工业大学)编写了第 10、12、13、16 章;易喻、陈小龙老师(浙江工业大学)合编了第 8 章。

本书在编写过程中,作者的一些研究生参与了部分资料查询、整理以及文字、图表的处理工作,在此对他(她)们表示衷心的感谢。本书在编写过程中,参考了有关国内外的教材及文献资料,对同行及同仁们的辛勤劳动及工作成果表示衷心的感谢;另外,也感谢浙江大学姚善泾教授在本书编写过程中给予的指导和宝贵建议。最后也感谢浙江大学出版社的支持,使得本书得以顺利出版。

由于编者知识及经验有限,加之编写时间比较仓促,书中难免有疏漏和不足之处,真诚希望广大读者批评指正。

作　者

2011 年 6 月于杭州

目　　录

绪论及基础理论篇

第1章　绪　论 ················ 3

1.1　概　述 ················· 3

1.2　药物分离工程的对象 ······· 3

1.3　分离工程在药物开发中的地位及
重要性 ··················· 5

1.4　分离工程的发展方向及进展 ···· 6

1.4.1　新老技术的深化研究与融合 ··· 6

1.4.2　分离与反应技术相结合 ····· 7

1.4.3　新的分离介质 ········· 7

1.4.4　新的分离操作方式 ······· 8

第2章　分离过程的基础理论 ········ 11

2.1　分离过程的分类 ·········· 11

2.1.1　机械分离 ············ 11

2.1.2　平衡分离过程 ·········· 12

2.1.3　速率分离过程 ·········· 12

2.2　分离过程中的基础理论 ······ 13

2.2.1　分离过程的热力学基础 ····· 13

2.2.2　分离过程的动力学基础 ····· 23

2.2.3　分离过程的作用力 ······· 24

2.3　分离的过程及优化控制 ······ 28

2.4　分离效率的评价 ·········· 30

2.4.1　不同浓度组分的分离 ······ 30

2.4.2　分离效率的评价 ········ 30

技术基础篇

第3章　离心与过滤 ············ 35

3.1　离　心 ················ 35

3.1.1　概述 ·············· 35

3.1.2　离心的理论基础 ········ 35

3.1.3　常见的离心技术 ········ 37

3.1.4　常见离心设备及分类 ······ 39

3.2　过　滤 ················ 43

3.2.1　概述 ·············· 43

3.2.2　过滤的理论基础 ········ 43

3.2.3　常见过滤设备 ········· 46

3.3　离心过滤 ··············· 48

3.4　离心和过滤技术的应用 ······ 50

第4章　沉淀分离法 ············ 53

4.1　概　述 ················ 53

4.2　沉淀分离的理论基础 ········ 54

4.2.1　溶液的稳定 ··········· 54

4.2.2　沉淀的原理 ··········· 55

4.3　常用沉淀分离技术 ········· 55

4.3.1　盐析沉淀法 ··········· 55

4.3.2　有机溶剂沉淀法 ········ 58

4.3.3　等电点沉淀法 ········· 60

4.3.4　高分子聚合物沉淀法 ······ 62

4.3.5　复合盐沉淀法 ········· 62

4.4　各种沉淀方法应用范围 ······ 63

4.5　沉淀分离技术的应用 ········ 63

第5章　萃取分离法 ·············· 66

　5.1　概　述 ···················· 66

　5.2　萃取过程的理论基础 ······ 68

　　5.2.1　分配定律 ············ 68

　　5.2.2　弱电解质的分配平衡 ···· 69

　5.3　影响萃取效果的因素 ······ 71

　　5.3.1　有机溶剂的选择 ······ 71

　　5.3.2　水相条件的选择 ······ 72

　　5.3.3　乳化和破乳 ·········· 73

　5.4　萃取方式与过程计算 ······ 74

　　5.4.1　基本概念 ············ 74

　　5.4.2　单级萃取 ············ 75

　　5.4.3　多级错流萃取 ········ 76

　　5.4.4　多级逆流萃取 ········ 79

　5.5　溶剂萃取法新技术 ········ 81

　　5.5.1　双水相萃取 ·········· 81

　　5.5.2　反胶团萃取 ·········· 87

　　5.5.3　化学萃取 ············ 93

　5.6　萃取分离技术的应用 ······ 98

第6章　吸附分离法 ·············· 104

　6.1　概　述 ···················· 104

　6.2　吸附过程的理论基础 ······ 105

　　6.2.1　概论 ················ 105

　　6.2.2　吸附的类型及特性 ···· 105

　　6.2.3　影响吸附的因素 ······ 107

　　6.2.4　吸附等温线 ·········· 108

　6.3　常用吸附剂及特点 ········ 109

　　6.3.1　无机材料吸附剂 ······ 109

　　6.3.2　有机材料吸附剂 ······ 110

　6.4　吸附操作技术 ············ 110

　　6.4.1　搅拌罐吸附 ·········· 110

　　6.4.2　固定床吸附操作 ······ 112

　　6.4.3　流化床和膨胀床吸附操作 ···· 112

　　6.4.4　吸附剂的再生 ········ 114

　6.5　吸附分离技术的应用 ······ 114

第7章　离子交换吸附法 ·········· 118

　7.1　概　述 ···················· 118

　7.2　离子交换树脂 ·············· 119

　　7.2.1　离子交换树脂的结构 ········ 119

　　7.2.2　离子交换树脂的类型 ········ 120

　　7.2.3　离子交换树脂的命名 ········ 120

　　7.2.4　常用离子交换树脂的类型及特性

　　　　　 ································ 121

　　7.2.5　离子交换树脂的理化性质 ···· 121

　7.3　亲水性离子交换剂 ·········· 124

　7.4　离子交换技术理论基础 ······ 127

　　7.4.1　离子交换层析原理 ·········· 128

　　7.4.2　离子交换过程理论 ·········· 129

　　7.4.3　离子交换过程的选择性 ······ 130

　7.5　离子交换操作技术 ·········· 131

　　7.5.1　交换剂的选择 ·············· 132

　　7.5.2　交换剂预处理 ·············· 132

　　7.5.3　离子交换吸附 ·············· 133

　　7.5.4　洗脱 ······················ 133

　　7.5.5　再生 ······················ 134

　7.6　离子交换法的应用 ·········· 135

第8章　层析分离法 ················ 138

　8.1　概　述 ····················· 138

　　8.1.1　层析分离的发展 ············ 138

　　8.1.2　层析分离的分类 ············ 139

　8.2　层析技术的理论 ············ 140

　　8.2.1　层析过程及相关术语 ········ 140

　　8.2.2　层析过程基础理论 ·········· 148

　8.3　常用层析技术 ·············· 151

　　8.3.1　薄层层析 ·················· 151

　　8.3.2　亲和层析 ·················· 154

　　8.3.3　疏水作用层析 ·············· 159

　　8.3.4　凝胶层析 ·················· 164

　8.4　层析分离新技术 ············ 174

　　8.4.1　径向层析 ·················· 174

　　8.4.2　模拟移动床层析 ············ 175

　　8.4.3　灌注层析 ·················· 177

　　8.4.4　超临界流体层析 ············ 178

　　8.4.5　高速逆流层析 ·············· 178

　8.5　层析分离技术的应用 ········ 179

第9章　膜分离技术 ……………… 183

9.1　概述 …………………… 183
9.1.1　膜分离技术发展简史 ……… 183
9.1.2　膜分离过程的概念和分类 … 184
9.2　膜分离介质 …………………… 185
9.2.1　膜的定义 …………………… 185
9.2.2　膜的分类 …………………… 186
9.2.3　制膜材料 …………………… 186
9.2.4　表征膜性能的参数 ………… 190
9.2.5　常见膜组件 ………………… 191
9.3　常见膜分离技术及理论 ……… 192
9.3.1　微滤 ………………………… 192
9.3.2　超滤 ………………………… 195
9.3.3　反渗透 ……………………… 197
9.3.4　电渗析 ……………………… 200
9.4　膜分离操作技术 ……………… 202
9.4.1　操作方式 …………………… 202
9.4.2　浓差极化现象 ……………… 204
9.4.3　影响膜分离效果的因素 …… 206
9.4.4　膜的维护与保养 …………… 207
9.5　膜分离新技术 ………………… 208
9.5.1　泡沫分离 …………………… 208
9.5.2　纳滤 ………………………… 214
9.6　膜分离技术的应用 …………… 217

第10章　电泳技术 ……………… 227

10.1　概述 ………………………… 227
10.2　电泳的理论基础 …………… 228
10.2.1　电泳迁移率 ……………… 228
10.2.2　影响电泳迁移率的因素 … 228
10.3　常用的电泳技术 …………… 230

10.3.1　天然聚丙烯酰胺凝胶电泳 …… 230
10.3.2　SDS-聚丙烯酰胺凝胶电泳 … 231
10.3.3　琼脂糖凝胶电泳 ………… 232
10.3.4　等电聚焦 ………………… 233
10.3.5　免疫电泳 ………………… 234
10.3.6　毛细管电泳 ……………… 236
10.3.7　等速电泳 ………………… 238
10.3.8　二维电泳 ………………… 239
10.4　电泳系统及一般流程 ……… 240
10.4.1　电泳系统的基本组成 …… 240
10.4.2　电泳的基本流程 ………… 240
10.5　电泳技术的应用 …………… 241

第11章　结晶法 ………………… 246

11.1　概述 ………………………… 246
11.2　结晶的理论基础 …………… 247
11.2.1　结晶的过程 ……………… 247
11.2.2　过饱和溶液的形成 ……… 247
11.2.3　晶核的形成 ……………… 249
11.2.4　晶体成长 ………………… 251
11.3　晶体质量的提高 …………… 253
11.3.1　晶体的大小 ……………… 253
11.3.2　晶体的形状 ……………… 254
11.3.3　晶体的纯度 ……………… 256
11.3.4　晶体的结块 ……………… 257
11.3.5　重结晶 …………………… 257
11.4　结晶的操作方式 …………… 258
11.4.1　结晶方式的分类 ………… 258
11.4.2　间歇结晶 ………………… 260
11.4.3　连续结晶 ………………… 263
11.5　结晶法的应用 ……………… 264

技术集成篇

第12章　亲和萃取 ……………… 271

12.1　概述 ………………………… 271
12.2　亲和萃取的机理 …………… 272
12.2.1　分配定律 ………………… 272

12.2.2　亲和分配系数 …………… 272
12.2.3　亲和作用对分配系数的影响
　　　　 …………………………… 273
12.3　常见亲和萃取的配基及成相聚
　　　 合物 ……………………… 274

12.4 亲和萃取的应用 ………… 275

第 13 章 亲和膜分离 …………… 279

13.1 概 述 ………………… 279
13.2 亲和膜分离原理 ………… 280
13.2.1 亲和膜层析 ………… 280
13.2.2 亲和膜过滤 ………… 281
13.3 亲和膜分离的基本过程及操作
方式 ………………… 281
13.3.1 亲和膜介质或亲和载体的制备
………………… 281
13.3.2 亲和膜分离的基本过程 …… 282
13.3.3 亲和膜分离的操作方式 …… 283
13.4 亲和膜分离技术的应用 … 285

第 14 章 亲和沉淀 …………… 289

14.1 概 述 ………………… 289
14.2 亲和沉淀的分离原理 …… 290
14.3 亲和沉淀分离的基本过程及
操作方式 ………………… 290
14.3.1 亲和沉淀介质 ………… 291
14.3.2 沉淀方法 ………… 292
14.3.3 解吸分离 ………… 292
14.4 亲和沉淀分离技术的应用 … 292

第 15 章 液膜萃取 …………… 295

15.1 概 述 ………………… 295
15.1.1 液膜的组成 ………… 295
15.1.2 液膜的分类 ………… 296
15.2 液膜分离的机理 ………… 297

15.2.1 无流动载体液膜分离机理 …… 297
15.2.2 有载体液膜分离机理 ……… 298
15.3 液膜分离操作技术 ……… 299
15.3.1 液膜材料的选择 ………… 299
15.3.2 液膜分离的操作 ………… 299
15.3.3 液膜分离操作的影响因素 …… 300
15.4 液膜萃取分离技术的应用
………………… 301

第 16 章 膜蒸馏 …………… 303

16.1 概 述 ………………… 303
16.2 膜蒸馏的过程及原理 …… 304
16.3 膜蒸馏的分类及操作 …… 304
16.4 影响膜蒸馏分离的因素 … 306
16.4.1 膜的性能 ………… 306
16.4.2 料液的性质 ………… 306
16.4.3 操作条件 ………… 306
16.5 膜蒸馏技术的应用 ……… 307

第 17 章 扩张床吸附 …………… 309

17.1 概 述 ………………… 309
17.2 扩张床吸附的分离机理 … 310
17.3 扩张床吸附的操作 ……… 312
17.4 影响扩张床吸附分离的因素
………………… 314
17.4.1 吸附剂的性质 ………… 314
17.4.2 吸附物的性质 ………… 314
17.4.3 操作条件 ………… 315
17.5 扩张床吸附的应用 ……… 315

绪论及基础理论篇

第 1 章

绪　　论

➡ **本章要点**

1. 了解药物分离工程的主要对象。
2. 理解分离工程在药物开发过程中的重要性。
3. 了解分离工程的发展方向。

1.1　概　述

分离科学是一门与人类生活、社会发展、科学技术进步及工农业生产联系十分密切的学科。分离技术的应用已有悠久的历史，早在明朝宋应星所著的《天工开物》中就已记载了我国古代在酿酒和制糖中就已经采用了蒸馏、结晶等分离技术。近年来，随着化学工程、生命科学和材料科学等新兴学科的发展，使现代分离手段得到广泛应用，促使分离科学的基础理论日臻完善，技术水平不断提高，使其逐渐发展成为一门相对独立的学科。

由于混合是一个自发的过程，因此自然界的原料绝大部分都是以混合物的状态出现，而在这种状态下，常常不能直接被人们利用，须经过分离提纯才能被有效利用。分离（separation）是利用混合物中各组分在物理学、化学及生物学性质上的差异，通过适当的装置或方法，使各组分分配至不同的空间区域或者在不同的时间依次分配至同一空间区域的过程。通俗地讲，就是将某种或某类物质从复杂的混合物中分离出来，使之与其他物质分开，以相对纯的形式存在。因此，分离科学主要是研究混合物分离、浓集和纯化物质的一门科学。

1.2　药物分离工程的对象

药物是能影响机体（包括病原生物体）的生理、生化功能，并用于预防、治疗、诊断疾病或计划生育的各种物质产品,是人类与疾病作斗争的重要武器,包括天然药物、化学合成药物以及生物药物等。药物分离工程的对象主要就是药物,依据分离技术和工程学原理、利用特定的设备对来源于动物、植物、微生物等生物体中各种天然生物活性物质及其人工合成或半合成的天然物质类似物进行分离纯化的过程。

生物药物是以现代生命科学为基础,结合先进的工程技术手段和其他基础学科的科学原理,按照预先设计的工艺改造生物体或加工生物原料所得到的药物总称。广义的生物药物包括从动物、植物、微生物等生物体中制取的各种天然生物活性物质及其人工合成或半合成的天然物质类似物,主要包括生化药品与生物制品及其相关的生物医药产品。早期的生物药物主要是从各种植物、动物、微生物等的组织、器官中经过提取、分离、纯化等手段获得的各种生化基本物质(如氨基酸类、多肽类、蛋白类、酶与辅酶类、核酸类、糖类、脂类、维生素及激素类等)。从 20 世纪 40 年代开始,随着青霉素、链霉素、红霉素等抗生素的相继出现,由此兴起了抗生素工业,并很快促进了其他发酵产品的发展,随之出现了氨基酸、酶制剂、维生素等医药产品。进入 20 世纪 70 年代,以重组 DNA 技术(即基因工程技术及细胞融合技术等)为核心的现代生物技术催生了现代生物药物迅猛发展,它对药物的研发主要产生了两个重要的效应:第一,人们能够开发一种以基因工程合成蛋白质为基础的完全崭新的药品种类。第二,新技术可以从已知疾病的分子机理上追溯,从而找到或设计出分子"钥匙",来开启疾病的"锁",彻底改变了传统的药物发明方法。目前,利用现代生物技术开发了诸多医药产品,如重组活性多肽、活性蛋白类药物、基因工程疫苗、单克隆抗体及多种细胞生长因子,利用转基因动、植物生产生物药物及利用蛋白质工程技术改造天然蛋白质,创造自然界没有的但功能上更优良的蛋白类生物药物。简言之,随着分子生物学、免疫学与现代生化技术和生物工程学的迅猛发展,生物药物已成为当前新药研究开发中最有前景的领域之一,利用现代生物技术生产的生物药物将是生物药物的最重要来源。

化学合成药物一般由化学结构比较简单的化工原料经过一系列化学合成和物理处理过程制得(称全合成),或由已知具有一定基本结构的天然产物经对其化学结构进行改造和物理处理制得(称半合成)。人们对化学药物的研究最初是从植物开始的,在 20 世纪初前后,由于植物化学和有机合成化学的发展,根据植物有效成分的结构以及构效关系合成了许多化学药物,促进了药物合成的发展,如依据柳树叶中的水杨苷合成了阿司匹林(乙酰水杨酸)、依据鸦片中的吗啡合成了哌替啶和美沙酮等,这些合成成分成了近代合成药物的重要来源之一。自 20 世纪 30 年代磺胺药物问世后,化学合成药物发展迅速,不断涌现出各种类型的化学治疗药物。如抗生素、激素类药物、维生素类药物、半合成抗生素等,据统计,仅在 1961—1990 年的 30 年间,世界 20 个主要国家一共批准上市受专利保护的创新药物达 2000 多种,其中大部分是化学合成药物。而且随着现代分析技术的发展及化学合成知识体系的不断完善,对药物分子的组成、结构、性质及构效关系等的更深入了解,对于一些药物尤其是小分子药物(如活性多肽、氨基酸、核苷类药物及衍生物等),由于应用化学合成的方法生产成本低、产量高、原料易得等优点,依然备受青睐。在我国,早期的化学制药工业主要是通过仿制,进入 20 世纪 60 年代以后,才逐步开展新药创制工作,先后已试制和投产了约 1300 多种新化学原料药,如氯霉素、磺胺嘧啶、咖啡因、萘普生、扑热息痛、诺氟沙星等,80 年代以来,我国化学制药工业持续高速增长,制药工业中的原料生产在国际市场上已有了一定位置,但仍与发达国家存在一定的差距。国际上,化学制药工业的发展速度高于化学工业乃至整个工业的速度,是许多经济发达国家的大产业。

中药是以天然植物药、动物药和矿物药为主,但也有部分来自人工合成(如无机合成中药汞、铅、铁,有机合成中药冰片等)和加工制成(如利用生物发酵生产的豆豉、醋、酒等,以及冬虫夏草菌丝体培养、灵芝和银耳发酵等)。我国中药资源丰富,种类繁多,已查明的中药资源种类已达 12000 多种,其中绝大部分是药用植物,占中药总资源的 87% 以上,药用动物 1500 多种,药用矿物只有近百种。早期由于现代医学的发展,中医药在我国没有受到足够的重视,直到20 世纪 80 年代以后,中医药在我国才得到迅速发展,通过对中药的研究阐明了许多中药的有效成分,创制了一批我国特有的新药,如黄连素、延胡乙素等已成为常用的治疗肠胃炎症良药,中药延胡索的有效成分延胡乙素(即四氢巴马汀)已成止疼镇静药物上市应用。其他国家,如日本、韩国将我国传统中医药与当地传统医药结合,大大促进了天然药物的研究开发。随着人们对化学药物的毒副作用的认识和了解,"回归自然"使人们更倾向于采用天然植物药物,从而为中医药发挥其特长提供了前所未有的机遇。然而,由于中药原料的地域性、组成的复杂性、复方配伍的多样性等,再加之生产工艺落后,缺乏科学的、严格的工艺操作参数及系统的量化指标,致使中药产品质量不稳定,产品剂型仍多是传统的丸、散、膏、丹类等,很难满足国际市场的需求。目前中药在西方草药市场上仅能以食品名义进入,还不能以治疗药物为国际社会所接受。所有这些都对中药现代化提出了迫切要求。目前,中药现代化作为 21 世纪国家发展战略被明确提出,其战略目标就是要继承创新,跨越发展,生产出"安全、高效、稳定、可控"的现代中药,形成具有国际市场竞争优势的现代中药产业。

由于制药工业生产的医药产品是直接保护人类健康和生命的特殊商品,许多国家的制药工业发展速度多年来都高于其他工业的发展速度。在我国也是如此,特别是 20 世纪 90 年代以来中国每年以 20% 左右的速度增长,使得制药工业逐渐成为国民经济的一个支柱产业。在21 世纪,人类社会文明的进步和人们对健康需求的日益提高将会使制药工业取得更大发展。

1.3 分离工程在药物开发中的地位及重要性

无论生物制药、化学合成制药还是中药制药,其制药过程均包括原料药的生产和制剂生产两个阶段。原料药属于制药工业的中间产品,而药物制剂是制药工业的终端产品。在工程学中,制药工程主要研究原料药的生产过程,而制剂工程主要研究制剂的生产过程。原料药的生产一般包括两个阶段。第一阶段为将基本的原材料通过化学合成(合成制药)、微生物发酵或酶催化反应(生物制药)或提取(中药制药)而获得含有目标药物成分的混合物。在化学合成或生物合成制药中,该阶段以制药工艺学为理论基础,针对所需合成的药物成分的分子结构、光学构象等要求,制定合理的化学合成或生化合成工艺路线和步骤,确定适当的反应条件,设计或选用适当的反应器,完成合成反应操作以获得含药物成分的反应产物。而对于中药制药,该阶段是根据中药提取工艺对中药材进行初步提取,获得含有药物成分的粗品。因此,第一阶段是原料药制造过程的开端和基础。

原料药生产的第二阶段常称为生产的下游加工过程。该过程主要是采用适当的分离技术,将反应产物或中草药粗品中的药物成分进行分离纯化,使其成为高纯度的、符合药品标准的原料药。原料药生产中的反应合成与化工生产、特别是精细化学品生产基本上没有差别。但是,就分离纯化而言,原料药生产(尤其生物制药和中药制药)与化工生产存在三大明显差别：第一，制药合成产物或中草药粗品中的药物成分含量很低，例如抗生素质量百分含量为$1\%\sim3\%$，酶为$0.1\%\sim0.5\%$，维生素 B_{12} 为 $0.002\%\sim0.003\%$，胰岛素不超过 0.01%，单克隆抗体不超过 0.0001% 等，而杂质的含量却很高，并且杂质往往与目的产物有相似的结构，很难分离。第二，药物成分的稳定性通常较差，特别是生物活性物质对温度、酸碱度都十分敏感，遇热或使用某些化学试剂会造成失活或分解，使分离纯化方法的选择受到很大限制。第三，原料药的产品质量要求，特别是对产品所含杂质的种类及其含量要求比有机化工产品严格很多，因为它是直接涉及人类健康和生命的特殊商品。

由于在化学合成或生物合成后的产物中除药物成分外，常存在大量的杂质及未反应的原料，因此必须通过各种分离手段，将未反应的原料分离后重新利用，将无用或有害杂质去除，以确保药物成分的纯度和杂质含量符合制剂加工的要求。对于中药而言，第一阶段得到的粗提物多含有大量溶剂、无效成分或杂质，传统的工艺一般都需要通过浓缩、沉淀、萃取、离子交换、结晶、干燥等多个纯化步骤才能将溶剂和杂质分离出去，使最终获得的中药原料药产品的纯度和杂质含量符合制剂加工的要求。又如，对于生物发酵所得产品的下游加工过程，由于发酵液是非牛顿型流体，生物活性物质对温度、酸碱度的敏感性等特点形成了生化分离过程的特殊性。

就原料药生产成本而言，分离纯化处理步骤多、要求严，其费用占产品生产总成本的比例一般在 $50\%\sim70\%$ 之间。化学合成药的分离纯化成本一般是合成反应成本费用的 $1\sim2$ 倍；有机酸或氨基酸生产则约为 $1.5\sim2$ 倍；抗生素分离纯化的成本费用约为发酵部分的 $3\sim4$ 倍；特别是基因工程药物，其分离纯化费用可占生产成本的 $80\%\sim90\%$。由于分离纯化技术是生产获得合格原料药的重要保证，因此研究和开发分离纯化技术，对提高药品质量和降低生产成本具有举足轻重的作用。

1.4　分离工程的发展方向及进展

随着科学技术的进步与研究的深入，新的分离对象越来越复杂，生产规模也越来越扩大，产品的生产成本也随之升高，而产品的竞争优势最终归结于高纯度和低成本，所以成本控制和质量控制是分离工程发展的动力与方向。当前，分离工程的发展方向主要体现在以下几个方面：

1.4.1　新老技术的深化研究与融合

传统的分离纯化技术如精馏、吸收、结晶、溶剂萃取、过滤、干燥等经过一百多年的发展，技术的成熟度与工业的应用度都达到了很高的水平，至今仍然在化工、医药、食品等工业中广泛应用并起着重要作用。随着社会的发展和科学的进步，以及对产品的分离要求、规模的要求的提高和成本的压力，使得人们对分离技术的理论及应用研究越来越深化，如精馏，它是分离液体混合物的最重要的分离方法，应用非常广泛，随着理论的完善和技术的发展，目前常规精馏技术已比较完善，在此基础上，出现了许多特殊精馏，分离的物系更复杂，如恒沸精馏、萃取精馏、加盐精馏、分子精馏等。再比如膜分离技术，膜分离技术发展到今天已经形成多种方法，如微滤、超滤、反渗透、电渗析、气膜分离、渗透蒸发、液膜分离等。

　　另外,新老技术的一个发展趋势就是相互渗透与融合,形成所谓的融合技术,或者叫集成化技术。如膜分离与亲和配基、离子交换基团相结合,形成了亲和膜过滤技术、亲和膜层析、离子交换膜层析;亲和配基和聚合物相结合,形成了亲和沉淀技术;离心分离与膜分离过程相结合,形成了膜离心分离过程;还有如将双水相分配技术与亲和法结合而形成效率更高、选择性更强的双水相亲和分配组合技术;还有可以将离心的处理量大、超滤的浓缩效能及层析的纯化能力合而为一的扩张床吸附技术等。这类融合技术将两种及以上技术的优势结合起来,往往具有选择性好、分离效率高、步骤简化、能耗低等优点。

1.4.2　分离与反应技术相结合

　　将反应与分离相结合形成系统工程是当前研究的热点之一。此方面的含义有几个方面,一是将反应与分离紧密联系,通过将混合物中的目的物或非目的物之间发生可逆或非可逆的反应,差异化目的物与非目的物之间的性质,能更好地起到分离的效果,如反应精馏,它是将化学反应和精馏结合到一起同时进行的单元操作,是近年发展起来的一项高新技术,它的原理就是将第三组分即反应夹带剂引入蒸馏塔中,使夹带剂和体系中的某一组分有选择地发生快速可逆反应,生成难挥发物质,从而使轻组分很容易地从塔顶分离出来,因此对于极难分离物系具有很好的效果;二是通过反应与分离结合,及时将产物移出,降低由于产物的生成对反应的抑制,促进反应的进一步进行,提高转化率,如酶膜反应器,它通过采用适当孔径的膜将酶和底物与产物隔开,将酶的催化特性与膜材料的优良分离性能相结合,使产物不断透过膜而排出,同时完成反应和分离过程,有效地加速反应,突破化学平衡的限制,提高转化率;三是通过改进上游因素,简化下游分离提取过程,这在生物产品的分离方面应用得比较广,如菌种选育和工厂菌构建以及培养基和发酵条件的确定都属于上游技术,菌种选育和工程菌构建一般都以开发新物种和提高目的产物量为目标。20世纪后期人们就开始认识到应该有整体观念,除了要达到上述目标外,还应设法使菌种增加产物的胞外分泌量,减少非目的产物的分泌,并赋予产物某种有益的性质以改善产物的分离特性,从而降低下游分离技术的难度。培养基和发酵条件由于直接决定了输给下游进一步分离酵液质量,所以人们现在尽量采用液体培养基,提倡清液发酵,少用酵母膏、玉米浆等有色物料,通过控制生长速率、消泡剂用量、放罐时间等发酵条件,使下游分离过程更为方便、经济。

1.4.3　新的分离介质

　　分离介质的发展趋势之一就是开发兼顾高选择性、大规模、快速分离三者之间关系的分离介质。在物质的分离过程中,往往需要兼顾分辨力、分离速度、处理量三者的相互关系,一般分辨力高的分离方法,则处理量不大,分离速度也不是很快;处理量大的一般分辨力也不是很高,分离速度会比较慢;而分离速度快的,一般也难达到很好的分离程度。譬如在传统的层析分离中,提高液体的速度,则柱容量和分辨率均会降低,尽管通过减小介质粒度和改进介质制备方法已减少了这种影响,但是孔内“停滞流动相传质”问题仍然是一个影响柱效率的严重问题,于是灌注层析介质由此产生了。美国普渡大学(Purdue University)博士Frederick Regnier 和 Noubar Afeyan 及美国麻省理工学院(MIT)博士 Daniel I. C. Wang 等人发明了具有贯穿孔的分离介质POROS,该系列分离介质是由苯乙烯和二乙烯基通过悬浮或乳液聚合方法制得的多孔型高度交联的聚合物微球,颗粒内包含:① 贯穿孔或对流孔,

孔径在 $600\sim800$ nm,它允许液体对流到分离介质的内表面;② 扩散孔或连接孔的孔径在 $50\sim150$ nm,孔深不超过 1μm。这种孔隙结构与传统介质的孔结构相比有许多独特性,如图 1-1 和图 1-2 所示。

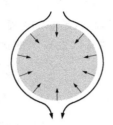　　　　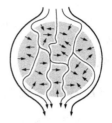

图 1-1　传统层析介质的扩散途径　　　　图 1-2　灌注层析介质的扩散途径

从图 1-1 和图 1-2 中可以看出颗粒内的传质过程主要靠贯穿流的对流传递,使原来的孔内"停滞流动相的传质阻力"大大减小。所以大分子溶质能随流动相很快到达孔内的活性表面,而扩散孔由于很浅,也不造成明显的传质阻力,相反,扩散孔的存在提供了较大的表面积和柱容量。具有贯穿孔的灌注层析介质 POROS 打破了传统的流速与分辨率、容量间的三角关系,在流速增加的情况下,柱容量、分辨率均不会降低,且压力也不会升高,它综合了对流层析和扩散层析的优点。正是这种综合效应,可以使层析操作的线速度提高到 $500\sim5000$ cm/h 却不影响灌注层析的柱效率,从而使蛋白质纯化在分离度和柱容量保持不变的情况下得到更高的产率;除此以外还能大大缩短分离时间,易于进行放大。

分离介质发展的另一种趋势就是在兼顾选择性、规模化以及快速分离的基础上,开发耐受型的分离介质,主要包括分离介质的酸碱稳定性、机械稳定性、良好的再生性能等方面,比如,传统的葡聚糖、琼脂糖等为基质的分离介质,在强酸强碱或大规模的柱层析时,其酸碱耐受性及机械稳定性并不是很好,因此现在人们开发了许多新的由高分子合成材料制备的分离介质,如由 GE 公司开发的 Source、Monobead 系列,Bio-Rad 公司的 DEAE-5-PW 和 CM-5-PW 等。

1.4.4　新的分离操作方式

由于在分离过程中有着成本控制和质量控制的双重压力,因此人们在分离过程中对分离操作的方式进行了许多新的尝试。

方式之一就是在位分离,即为边反应边分离的操作方式,这种方式往往可以在一定程度上降低由于产物的生成对反应的抑制,促进反应的继续进行,提高转化率,如酶催化与分离的耦合操作技术,应用该技术最成功的实例是葡萄糖异构化酶催化葡萄糖异构化生产高果糖玉米糖浆,在该过程中采用了吸附分离耦合提高产物转化率;另一个例子就是用青霉素酰化酶水解青霉素生产 6-APA 过程中将副产物苯乙酸加以分离的耦合过程,其他还有很多,涉及的分离方法有膜分离、双水相萃取、超临界流体萃取、结晶、有机溶剂萃取、吸附和离子交换等。

方式之二就是可再生循环操作方式,随着降低生产成本、环境友好等要求的日益提高,对生产过程中越来越要求资源的可再生式利用,如图 1-3 所示的双水相萃取,其成相剂之一是水溶性高聚物,在分层分离后,通过改变条件使成相高聚物沉淀下来与相溶液分离,通过离心或过滤后,这些成相高聚物又可组成新的双水相系统。

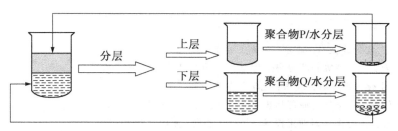

图 1-3 可再生式双水相萃取

方式之三就是规模化生产的操作方式,如径向层析,如图 1-4 所示,这是一种流动相以径向流方式通过色谱柱的新型色谱技术,由于样品和流动相是从柱的圆周围流向柱圆心或从圆心流向圆周围,因此在保持色谱柱直径不变的情况下,只增加柱长时,可以线性增大样品处理量,样品的规模可在保持相似的色谱条件下直接放大,各组分的保留时间及分辨情况与分析时完全相同。如果需要进一步放大规模,甚至到工业规模,可将多支径向层析柱串联或并联使用就可以实现目标,这与传统的轴向层析相比,更适合于工业化。再比如扩张床吸附技术,如图 1-5 所示,这是一种适应现代生物工程的下游纯化工作需要而发展起来的新型分离纯化技术,它集固液分离、浓缩和初步纯化于一体,将捕获阶段的这些单元集成化,从而提高产品收率、降低成本和处理量,工业放大也比较容易。其原理就是扩张床内固定有一定粒径分布和一定密度分布的吸附介质,当含目标产物的液体从底端往上走的过程中,床内介质膨胀、扩张、分层,粒径大的和密度大的分布在底部,粒径小的和密度小的在上部,这种分层现象限制了颗粒的运动,颗粒彼此不相互接触,当吸附剂颗粒的沉降速度与流体向上的流速相等时,扩张床达到平衡,料液中的细胞、细胞碎片等固体颗粒顺利通过床层,而目标产物被吸附在床层介质上,完成料液的初步分离,再经过冲洗、洗脱等步骤,进一步达到浓缩纯化产品的目的。

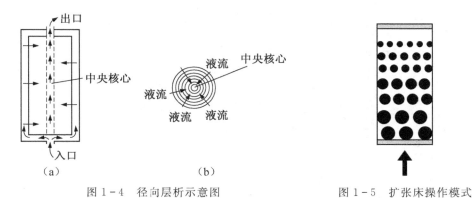

图 1-4 径向层析示意图　　　　　图 1-5 扩张床操作模式

【思考题】

1. 药物分离工程的对象主要有哪些?
2. 如何理解分离在药物开发中的重要性?
3. 查阅国内外文献,了解当前分离技术的发展方向有哪些?目前都有何进展?

【参考文献】

[1] 田亚平. 生化分离技术. 北京：化学工业出版社,2006

[2] 李淑芬,姜忠义. 高等制药分离工程. 北京：化学工业出版社,2004

[3] 严希康. 生化分离工程. 北京：化学工业出版社,2001

[4] 胡小玲,管萍. 化学分离原理与技术. 北京：化学工业出版社,2006

[5] 冯淑华,林强. 药物分离纯化技术. 北京：化学工业出版社,2009

[6] 刘琨,赖昭军. 分离技术的发展与展望. 广西大学学报(自然科学版),2004,29(3)：247～251

[7] 李寅,陈坚,郁明. 生物反应与产物分离组合技术的研究进展. 化学进展,1997,9(3)：283～290

[8] 王顺发,李雁群,张小华. 生物反应与膜分离耦合. 江西科学,2005,23(2)：185～190

[9] Chen LD, et al. Recent progress of thermoelectric nano-composites. Journal of Inorganic Materials, 2010,25(6)：561～568

[10] Yuan Q, et al. Progress on molecularly imprinted polymers with novel functional monomers. Chemistry Bulletin, 2009,72(8)：707～712

[11] Nakanishi K, et al. Porous gels made by phase separation：recent progress and future directions. Journal of Sol-Gel Science and Technology, 2000,19(1～3)：65～70

[12] Sutherland IA, et al. Recent progress on the industrial scale-up of counter-current chromatography. Journal of Chromatography A, 2007,1151(1～2)：6～13

[13] Mohapatra PK, et al. Symposium on emerging trends in separation science and technology(SESTEC-2008). Desalination and Water Treatment, 2009,12(1～3)：1～2

[14] Searles W, et al. Design trends in membrane separation systems. Ultrapure Water, 2002,19(8)：48～54

第 2 章

分离过程的基础理论

本章要点

1. 了解分离过程的分类。
2. 理解分离过程中的基础理论。
3. 理解分离过程的优化控制及注意事项。
4. 掌握分离效率的评价方法。

2.1　分离过程的分类

　　依据分离原理,分离过程可分为机械分离和传质分离两大类。机械分离的对象是非均相物系,根据物质的大小、密度的差异进行分离,如过滤、重力沉降和离心沉降等。传质分离的对象主要是均相物系,其特点是有质量传递现象发生,传质分离又分速率分离和平衡分离两种。根据溶质在外力作用下产生的移动速度的差异实现分离,称速率分离法,其传质推动力主要有压力差、电位梯度和磁场梯度等,如超滤、反渗透、电渗析、电泳和磁泳等。根据溶质在两相中分配平衡状态的差异实现分离,称平衡分离法,其传质推动力为偏离平衡态的浓度差,如蒸馏、蒸发、吸收、萃取、结晶、吸附和离子交换等。

2.1.1　机械分离

　　利用机械力简单地将两相混合物分离的过程称为机械分离,它的分离对象大多是两相混合物,分离时相间无物质传递发生。表 2-1 列出了几种典型的机械分离过程。

表 2 - 1   几种典型的机械分离过程

名　　称	原料相态	分离剂	产物相态	分离原理	应用实例
过滤	液-固	压力	液＋固	粒径＞过滤介质孔径	浆状颗粒回收
沉降	液-固	重力	液＋固	密度差	浑浊液澄清
离心分离	液-固	离心力	液＋固	固-液相颗粒尺寸	结晶物分离
旋风分离	气-固(液)	惯性力	气＋固(液)	密度差	催化剂微粒收集
电除尘	气-固	电场力	气＋固	微粒的带电性	合成氨原料除尘

2.1.2　平衡分离过程

依据被分离混合物中各组分在不互溶的两相平衡体系分配组成不等的原理进行分离的过程叫做平衡分离过程。

分离媒介可以是能量媒介如热和功或物质媒介如溶剂和吸附剂,有时也可两种同时应用。表 2 - 2 列出了常用的基于平衡分离的分离过程。

表 2 - 2   几种典型的平衡分离过程

名　　称	原料相态	分　离　剂	产物相态	分离原理	应用实例
蒸发	液	热	液＋气	物质沸点	稀溶液浓缩
闪蒸	液	热-减压	液＋气	相对挥发度	海水脱盐
蒸馏	液或气	热	液＋气	相对挥发度	酒精增浓
热泵	气或液	热或压力	气或液＋液	吸附平衡	CO_2/He 分离
吸收	气或液	液体吸收剂	液＋气	溶解度	碱吸收 CO_2
萃取	液	不互溶萃取剂	液＋液	溶解度	芳烃抽提
吸附	气或液	固体吸附剂	液或气	吸附平衡	活性炭吸附苯
离子交换	液	树脂吸附剂	液	吸附平衡	水软化
萃取蒸馏	液	热＋萃取剂	气＋液	挥发度、溶解度	恒沸物分离
结晶	液	热	液＋固	溶解平衡	糖液脱水

2.1.3　速率分离过程

在某种推动力(浓度差、压力差、温度差、电位差等)的作用下,利用被分离组分在均相中的传递速率差异而实现组分的分离称为速率分离过程。这类过程所处理的原料和产品通常属于同一相态,仅有组成上的差别,例如利用溶液中分子、离子等粒子的迁移速率和扩散速率等的不同来进行分离。

如表 2 - 3 所示为典型的速率分离过程,其分离剂大多为压力或温度。在固-液或者固-气系统中,当固体颗粒较小、两相密度接近时,颗粒上浮或下沉速率会很低,需借助离心力甚至超高速离心力来分离,或通过渗透膜强化其速率差来实现分离;当粒子尺寸小到与分子的大小相当时,还必须采用其他特定推动力。

表 2-3 几种典型的速率分离过程

名　称	原料相态	分离方式	产　物	分离原理	应用实例
气体渗透	液	压力、膜	气	浓度差、压差	富氧、富氮
反渗透	液	膜、压力	液	克服渗透压	海水淡化
渗析	液	多孔膜	液	浓度差	血液透析
渗透汽化	液	致密膜、负压	液	溶解、扩散	醇类脱水
泡沫分离	液	表面能	液	界面浓度差	矿物浮选
色谱分离	气或液	固相载体	气或液	吸附浓度差	难分体系分离
区域熔融	固	温度	固	温度差	金属锗提纯
热扩散	气或液	温度	气或液	温度差引起浓度差	气态同位素分离
电渗析	液	电场、膜	液或气	电位差	氨基酸脱盐
膜电解	液	(膜)电场	液	电位差	液碱生产

2.2　分离过程中的基础理论

2.2.1　分离过程的热力学基础

热力学是研究各种物理和化学现象的有力工具,同时也是研究分离过程中各种物理和化学变化的最重要的理论工具。在分离过程中主要用热力学理论讨论和解决以下三个方面的问题:① 研究分离过程中的能量、热量与功的守恒和转换问题。如在工业分离过程中,可以通过热力学中功能关系的研究降低分离过程的能量消耗,从而降低生产成本;② 通过研究分离过程中的物质平衡与分布问题,结合分子间的相互作用与分子结构关系的研究,选择和建立高效分离体系,使分离过程朝着有利于分离的方向进行;③ 通过熵、自由能、化学势的变化来判断分离过程进行的方向和限度。分离过程中涉及的热力学很复杂,本书仅作简要介绍。

1. 化学平衡

平衡通常分为两类,一类是描述宏观物体的静止位置的,称为机械平衡;另一类则描述的是在平衡条件下组分在流体中的空间分布状况,称为分子平衡,又叫化学平衡。

机械平衡比较简单,在讨论宏观物体平衡时,不必考虑复杂的热或分子的布朗运动,也就是说在此情况下与宏观物体移动能量相比熵是不重要的。所以,机械平衡可以简单地描述为:

$$\frac{\mathrm{d}E_p}{\mathrm{d}x} = 0 \quad 或 \quad \mathrm{d}E_p = 0 \tag{2-1}$$

式中,E_p 是势能;x 是表征势能的坐标。

化学平衡也称为分子平衡,是在分子水平上研究物质的运动规律,它研究的不是单个分子的运动,而是研究大量分子运动的统计规律,研究在平衡条件下组分分子在溶液中的空间分布状况,在研究化学平衡时要考虑体系熵值的变化。在热力学知识中我们知道,体系自发变化的方向是使体系自由能降低的方向,即 $dG \leqslant 0$,当 $dG = 0$ 时即达到化学平衡,其中体系的自由能变化 dG 中包括体系的熵值和化学势等。熵是描述体系中分子的无规则程度,反映分子扩散至不同区域、分布在不同能态以及占据不同相的倾向的物理量,每个分子不可能处于相同状态,所以要用分子的统计分布来描述。化学势除与温度、压力有关外,还与液态物质的活度、气态物质的逸度及其分布有关。因此,研究化学平衡仍然比较复杂,本书只讨论几种分离过程中的基础的热力学现象。

(1) 封闭体系中的化学平衡

所谓密闭体系,是指没有物质通过(进或出)该体系边界,但可能发生与环境交换能量(热或功)的体系。

① 热力学定律:根据热力学第一定律,以热和功的形式传递的能量,必定等于体系热力学能的变化(能量守恒原则),将该体系中的能量变化 ΔU 描述为:

$$\Delta U = Q + W \qquad\qquad (2-2)$$

式中,Q 表示热,W 表示为体系所做的功。

为便于讨论,规定体系吸热时 $Q > 0$,放热时 $Q < 0$;对体系做功为正,体系对环境做功为负。

假设体系收缩时,只对体系做压力(p)-体积(V)功,这时体积变化 dV 为负值,则

$$\Delta U = Q - W = Q - \Delta(pV) \qquad\qquad (2-3)$$

若体系变化为等压过程,则

$$\Delta U = Q - p\Delta V = Q - p(V_2 - V_1) \qquad\qquad (2-4)$$

因此,体系从环境吸收的热量 Q_P 为:

$$Q_P = (U_2 + pV_2) - (U_1 + pV_1) = \Delta(U + pV) = \Delta H \qquad\qquad (2-5)$$

式中,H 定义为焓:

$$H = U + pV \qquad\qquad (2-6)$$

熵(S)表示组分扩散到空间不同位置、分配于不同的相或处于不同能级的倾向。熵的定义是可逆过程中体系从环境吸收的热与温度的比值,即

$$dS = \left(\frac{\delta Q}{T}\right)_{可逆} \qquad\qquad (2-7)$$

对于一般过程,有

$$dS \geqslant \frac{\delta Q}{T} \quad 或 \quad TdS \geqslant \delta Q \qquad\qquad (2-8)$$

式中,T 为热力学温度。

这就是热力学第二定律的数学表达式。对于绝热体系或隔离体系,有

$$dS \geqslant 0 \quad 或 \quad \Delta S \geqslant 0 \qquad\qquad (2-9)$$

即绝热(或隔离)体系发生一切变化,体系的熵都不减。

由热力学第一定律和第二定律,即式(2-8)代入(2-4)可以得到

$$dU \leqslant TdS - pdV \tag{2-10}$$

式(2-10)是热力需第一定律和第二定律的一个综合公式,也是在封闭体系中只有体积功时的基本公式,它对下面的讨论很有用处,从吉布斯自由能 G 的定义可知

$$G = H - TS \tag{2-11}$$

又因为

$$H = U + pV \tag{2-12}$$

将式(2-12)代入式(2-11)得到

$$G = U + pV - TS \tag{2-13}$$

将式(2-13)微分后得到

$$dG = dU + pdV + Vdp - TdS - SdT \tag{2-14}$$

再将式(2-10)代入式(2-14)得到

$$dG \leqslant Vdp - SdT \tag{2-15}$$

因此,从式(2-15)就能得出,在恒温和恒压条件下进行自发过程的必要条件就是

$$dG \leqslant 0 \tag{2-16}$$

而对平衡条件下的任意变化都满足

$$dG = 0 \tag{2-17}$$

也就是说,在恒温和恒压平衡条件下,吉布斯自由能最小。

② 分离熵与混合熵:在化学反应中,熵在能量转换中起次要作用;而在分离过程中,熵常常起关键作用。混合熵(ΔS_{mix})是指将 i 种纯组分混合,若各组分间无相互作用,则混合前后体系的熵变称为混合熵变(简称混合熵);分离熵(ΔS_{sep})则是混合的逆过程的熵变。两种过程的始态与终态对应相反,即

$$\Delta S_{\mathrm{sep}} = -\Delta S_{\mathrm{mix}} \tag{2-18}$$

对于绝热体系中混合后形成均相的理想体系,若 $\Delta S_{\mathrm{mix}} > 0$,则混合过程为自发过程;若 $\Delta S_{\mathrm{mix}} < 0$,则混合过程为非自发过程。我们可以通过统计热力学方法推导混合熵的计算公式。设体系有 i 种独立组分,每种组分由 N_i 个分子组成,体系总共有 N 个分子,则组分 i 由纯净态变为混合态的熵变 ΔS_i 为:

$$\Delta S_i = -Rn_i \ln x_i \tag{2-19}$$

式中,R 为摩尔气体常数,等于 8.31J/(mol · K);N_A 为阿伏加德罗(Avogadro)常数,等于 $6.022 \times 10^{23} \mathrm{mol}^{-1}$;$n_i$ 为第 i 种组分的物质的量,等于 N_i/N_A,单位为 mol;x_i 为混合后第 i 种组分的摩尔分数,等于 N_i/N。

体系的混合熵为:

$$\Delta S_{\mathrm{mix}} = \sum \Delta S_i \tag{2-20}$$

摩尔混合熵($\Delta \widetilde{S}_{\mathrm{mix}}$)是指每摩尔混合物中全部组分的混合熵之和,是每摩尔混合物由各自的纯净态变化至混合态时的熵变,即

$$\Delta \widetilde{S}_{\mathrm{mix}} = \frac{\Delta S_{\mathrm{mix}}}{n} = -R \sum \frac{n_i}{n} \ln x_i = -R \sum x_i \ln x_i \tag{2-21}$$

一般情况下,只要向体系提供的能量大于混合熵,就可以实现分离。体系获得的能量通常包括以下几种:① 力学能,包括机械能、流体动能;② 热能、电能、光能;③ 化学能,包括浓度差、化学结合能、分子间相互作用势能。在分离过程中起重要作用的是化学能,特别是分子间各种相互作用势能,如范德华力、氢键作用势能。将上述能量作用于混合物有性质差异的各组分,就可以实现混合物的分离。

(2) 开放体系中的化学平衡

开放体系指与环境交换能量和物质的体系。分离科学中的体系多数属于开放体系。溶剂萃取中的一个相,电泳体系中任意一个小体积单元就是众多开放体系中的两个例子。由于开放体系允许物质在界面上交换,所以不能简单地应用描述密闭体系的热力学函数来描述开放体系的性质。

若在等温等压下,只有 dn_i(mol) 的组分 i 通过界面进入了体系,且其他组分不进入或不离开该体系($dn_j = 0$),这时体系的吉布斯自由能变 dG 与该体系中 i 组分物质的量的变化成正比:

$$dG = \left(\frac{\partial G}{\partial n_i}\right)_{T, p, n_j} dn_i \qquad (2-22)$$

如果其他因素不变,则 dG 的大小取决于 $\partial G / \partial n_i$ 变化速率的大小,式 (2-22) 对于研究开放体系的化学平衡非常重要。定义体系中 i 物质的化学势 μ_i 为:

$$\mu_i = \left(\frac{\partial G}{\partial n_i}\right)_{T, p, n_j} \qquad (2-23)$$

式(2-23)中的下角标(T, p, n_j)表示化学势的定义是在等温、等压和其他物质不变的情况下,每摩尔物质 i 的自由能。

μ_i 的物理意义是:在等温等压条件下,其他组分不变时引入 1mol 组分 i 所引起的体系吉布斯自由能的变化。化学势的单位是 J/mol。

由式(2-22)和式(2-23)可得:

$$dG = \mu_i dn_i \qquad (2-24)$$

如果为多组分在等温等压条件下进入该指定的开发体系,则这些组分的加入引起的体系吉布斯自由能的变化为:

$$dG = \sum_i \mu_i dn_i \qquad (2-25)$$

如果是在非等温等压条件下,则吉布斯自由能为:

$$dG = -SdT + Vdp + \sum_i \mu_i dn_i \qquad (2-26)$$

式中,加和号 $\sum$ 表示进入或离开体系的所有组分对 dG 的贡献。组分 i 进入体系时,dn_i 取正号;组分 i 离开体系时,dn_i 取负号。

下面通过溶剂萃取体系说明化学势的应用。假定 A 和 B 是互不相溶的两种有机溶剂,则它们可以组成一个两相体系,组分 i 可以在两相间进行分配。单独考虑两相中的某一相时,是一个开放体系;如果将 A 和 B 两相作为一个整体考虑,就是一个封闭体系了。当萃取达到平衡时,体系的吉布斯自由能变 $dG = 0$,即

$$dG = dG_B + dG_A = (\mu_{i,B} - \mu_{i,A})dn_i = 0 \tag{2-27}$$

从式(2-27)中可以看出在等温等压条件下,相互接触的两相的平衡条件为组分在两相间的化学势相等($\mu_{i,A} = \mu_{i,B}$),该结论也适用于其他相关分离体系。

在某给定相中,溶质 i 的化学势 μ_i 值的大小取决于两个因素:一个是溶质对相的亲和势能,这是由溶质分子与相物质分子间相互作用力的大小决定的;另一个是溶质 i 在该相的稀释程度,这将影响稀释过程熵的变化。在分离过程中,假设溶质浓度很小,则在进行理论处理时可将溶液视为理想溶液,所以,溶质的活度系数近似于 1。对于理想溶液,溶质的化学势 μ_i 与溶质浓度 c_i 之间的关系为:

$$\mu_i = \mu_i^{\ominus} + RT\ln c_i \tag{2-28}$$

式中,$\mu_i^{\ominus}$ 表示溶质 i 的标准化学势,即假设溶液为理想溶液,且溶质 i 浓度的数值为 1 时的化学势。所以,当溶质从一相迁移到另一相时,它的数值会发生变化。式(2-28)中 $RT\ln c_i$ 项表示了与溶质富集或稀释相关的熵值对化学势的贡献。因为富集与稀释是分离过程中必然存在的两个基本现象,所以 $RT\ln c_i$ 项显然为所有的分离平衡奠定了基础。

将 $\mu_{i,A} = \mu_{i,B}$ 代入式(2-28)中并对组分 i 在两相中的浓度 $c_{i,A}$ 和 $c_{i,B}$ 求解,则在平衡时有

$$\left(\frac{c_{i,B}}{c_{i,A}}\right) = \exp\left[\frac{-(\mu_{i,B}^{\ominus} - \mu_{i,A}^{\ominus})}{RT}\right] = \exp\left(\frac{-\Delta\mu_i}{RT}\right) \tag{2-29}$$

因为达到平衡时,组分 i 在两相间的浓度的比值 $c_{i,B}/c_{i,A}$ 就是分配平衡常数 K,即

$$K = \exp\left(\frac{-\Delta\mu_i^{\ominus}}{RT}\right) \tag{2-30}$$

因为平衡时组分在两相的化学势必定相等,所以,如果组分在 B 相的标准化学势 $\mu_{i,B}^{\ominus}$ 较低,则必须以较高的 $RT\ln c_{i,A}$ 值,即高的浓度来补偿,才能满足 $\mu_{i,A} = \mu_{i,B}$ 的条件。从式(2-30)可知,如果 $\Delta\mu_i^{\ominus}$ 是负值,则 $K > 1$,也就是说,如果 B 相标准化学势 $\mu_{i,B}^{\ominus}$ 比 A 相标准化学势 $\mu_{i,A}^{\ominus}$ 低,要使体系维持平衡,组分在 B 相的浓度 $c_{i,B}$ 必须比在 A 相的浓度 $c_{i,A}$ 大,即组分必须从 A 相部分迁移至 B 相。所有的分离平衡都涉及上述的以浓度变化来补偿两相间标准化学势的差异,最终达到在两相中的化学势相等。对于不同的组分而言,因为它们的 $\mu_i^{\ominus}$ 不同,为了补偿两相间标准化学势差异所发生的浓度变化也不同。这就是不同溶质在两相间分配比不同的实质。

(3) 有外场存在时的化学平衡

在分离操作过程中,往往可以根据物质性质的微小差异使它们达到相互分离,例如溶剂萃取、色谱分离等。但是在许多情况下,运用一些简便的分离手段和技术,物质性质的微小差异不足以使它们相互分离,这时需要外加场的作用来使物质的性质差异扩大。最常见的外场是电场、离心场和重力场,如电泳、离心过滤、重力过滤等,从广义上来讲,利用浓度梯度和温度梯度所进行的分离虽然只在系统内部起作用,但它们是由外部条件决定的,也可以看成是在外场作用下的分离。如利用浓度梯度的分离技术 —— 透析、利用温度梯度的分离技术 —— 分子蒸馏等。

外场的作用有两方面:一方面是提供外力帮助待分离组分进行输运;另一方面是利用外场对不同组分作用力的不同,造成扩大待分离组分之间的化学势之差,起到促进分离的作用。一般而言,外场给予物质分子以某种随位置变化的势能,这种势能可以转化成吉布斯自由能 G 的附加组分。因为 G 是一种特殊的能量形式,在物理化学中有一种严格的方法证明 ΔG 等于体

系所做的可逆功,反过来讲,该可逆功又等于在外场作用下的一个简单的迁移过程中势能的增加。如果将外场给予体系中组分 i 的势能记作 μ_i^{ext},它的势能就变成了化学势的附加贡献,为了区别,将体系内部产生的化学势(由物质本身性质所决定的化学势)记作 μ_i^{int},则式(2-26)就可以写成

$$dG = -SdT + Vdp + \sum_i (\mu_i^{\text{int}} + \mu_i^{\text{ext}})dn_i \qquad (2-31)$$

如果体系是在等温等压条件下,则上式变为:

$$dG = \sum_i (\mu_i^{\text{int}} + \mu_i^{\text{ext}})dn_i \qquad (2-32)$$

假设有 dn_i(mol)的组分 i 从 A 相迁移至 B 相,并达到平衡,则有

$$dG = 0 = (\mu_{i,\text{B}}^{\text{int}} - \mu_{i,\text{A}}^{\text{int}} + \mu_{i,\text{B}}^{\text{ext}} - \mu_{i,\text{A}}^{\text{ext}})dn_i = (\Delta\mu_i^{\text{int}} + \Delta\mu_i^{\text{ext}})dn_i \qquad (2-33)$$

由式(2-28)可知:

$$\Delta\mu_i^{\text{int}} = \Delta\mu_i^{\ominus} + RT\ln\frac{c_{i,\text{B}}}{c_{i,\text{A}}} \qquad (2-34)$$

由式(2-33)和式(2-34)可知:

$$K = \exp\left(\frac{-\Delta\mu_i^{\text{ext}} - \Delta\mu_i^{\ominus}}{RT}\right) \qquad (2-35)$$

式(2-35)只适用于理想混合物,它表示在相转移过程中组分的分子间相互作用力项 $\mu^{\ominus}$ 和外加势能项 μ_i^{ext}。

2. 相平衡

相平衡是分离过程中热力学的一个重要组成部分,它对分离科学研究有着十分重要的理论和实际意义。

物质的状态(聚集态)包括气态、液态、固态和超临界状态,相平衡是从热力学的角度研究物质从一种相(聚集态)转变为另一相的规律。相图和相律是研究相平衡必不可少的概念和规律。相图是研究多相体系状态随浓度、温度、压力等变量的改变而变化并以图形的形式表达出来的科学,相当直观。相律讨论的却是平衡体系中的相数、独立组分数与自由度数之间的关系,但相律只能对体系作出定性的叙述,只讨论"数目",而不涉及"数值"。吉布斯推导出来的相律公式为:

$$F = C - P + 2 \qquad (2-36)$$

式中,C 为体系中的独立组分数;P 为相的个数;F 为自由度,即能够维持系统相数不变的情况下可以独立改变的变量(如温度、压力等)。只要 C 和 P 给定,则可根据相律判断出彼此独立的变量数目。

常见的相平衡分离方法有溶解、蒸馏、结晶、凝结等。相平衡分离适合体系中仅含有少数几种组分的简单混合物的分离。

(1)单组分体系的相平衡

由式(2-36)可知,单组分体系的组分数 $C=1$,所以 $F=3-P$,当相的个数 $P=1$ 时,自由度 $F=2$,即单相体系为一个双变量体系,温度和压力是两个独立的变量,在一定范围内可

以同时任意选择。当 $P = 2$ 时，$F = 1$，即单组分两相平衡体系只有一个独立变量，不能任意选定一个温度，同时又任意选定一个压力而仍旧保持两相平衡。当 $P = 3$，即三相共存时，$F = 0$，为无变量体系，温度和压力都是确定的值，不能作任何选择。因此，对于单组分体系而言，单相为一个区域，两相共存为一条线，三相共存为一个点，单组分体系最多只可能三相共存。

图 2-2(a) 和图 2-2(b) 表示有两个变量（压力和温度）的单组分相图。前已叙述，单组分的一个相体系要求有两个自由度（温度和压力）来限定该体系。从图 2-2(a) 中看出，点 1 表示在此温度和压力条件下仅有气相存在。同样，该图中亦有类似的液相和固相区。图中的实线则表示在限定的压力和温度条件下两相同时存在，这时 $F = 1$。在实线上的点，例如点 2，表示在此温度和压力条件下，在平衡状态时气-液相共存；点 4 表示液-固相共存；点 5 表示气-固相共存。只有该三条曲线的交叉点 3 是一个三相点，它表示了气-液-固三相共存点，因为在点 3 时 $P = 3$，$F = 0$，所以，三相点仅出现在特定的压力或温度条件下，并且是由体系自定的一特定值。图 2-2(a) 中的点 6 为气-液共存线的端点，是该化合物的临界点。该点对应的温度和压力分别称为临界温度（T_c）和临界压力（P_c）。基于超临界流体的特殊性质发展起来的超临界流体萃取、超临界流体结晶等分离技术在天然产物化学和生物医药等领域发挥着越来越重要的作用。

图 2-1 中的虚线表示一种介稳平衡线，其中图 2-1(a) 中的虚线表示过冷，图 2-1(b) 中的虚线表示过热，在某些情况下，温度的迅速变化使得温度低于冰点［图 2-1(a)］或超过沸点［图 2-1(b)］，它仍为液体状态，此时称之为亚稳态（非平衡态）。尽管在此条件下体系处于非平衡状态，但在分离中仍然会应用这种过热或过冷现象。

图 2-1 中各条线的斜率可以用克劳拜隆（Clapeyron）方程表示：

$$\frac{\mathrm{d}p}{\mathrm{d}T} = \frac{\Delta H_\mathrm{m}}{T \Delta V_\mathrm{m}} \tag{2-37}$$

因为气体的摩尔体积比其液体或固体摩尔分子体积大，所以将克劳拜隆方程改进后便可应用于挥发和蒸发。如用理想气体定律 RT/p 计算出气体摩尔体积 V_m 来代替式(2-36)中的 ΔV_m，结果克劳拜隆方程就变成：

$$\frac{\mathrm{d}(\ln p)}{\mathrm{d}T} = \frac{\Delta H}{RT^2} \tag{2-38}$$

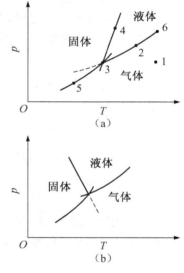

图 2-1 典型的单组分体系相图

将式(2-38)积分，可得到纯化合物的蒸气压和热力学温度倒数间的关系：

$$\ln p^* = \frac{-\Delta H}{RT} + C \tag{2-39}$$

式中，C 为积分常数，在蒸馏和气相色谱（GC）中，它是一个很重要的常数。

（2）双组分体系的相平衡

对双组分体系而言，$C = 2$，$F = 4 - P$。因体系至少有一个相，所以自由度 F 最多等于 3，即体系的状态可以由三个独立变量来决定，这三个变量通常采用的是温度、压力和组成。所以双组分体系的状态图要用具有三个坐标的立体图来表示。

由于双组分体系通常保持一个变量为常量(一般保持压力不变),当两相处于平衡状态时,只需知道两个独立的变数,在此情况下,只取在一个相中的一个组分的摩尔分数和温度作为独立变数即可。在恒压条件下的气-液和液-固平衡就是双组分相图的一个例证。图2-2表示低沸点组分 j 和高沸点组分 i 间的相平衡。蒸气(G)和液体(L)为单相区,而 L+G 为存在着两相的中间区,如一个组成为 $x=a$ 的混合物,当温度低于 T_2 时,为一个相,当温度为 T_2 时,液体开始沸腾,气-液相共存,对应的温度 T_2 称为该液相的泡点。液相线反映了液相组成与泡点的关系,所以也称泡点线。当温度超过 T_2 时,将会增加该组分在气相中的分数直至温度达到 T_1,原来的液体全部变成了蒸气,对应的温度 T_1 称为该气相的露点。气相线反映了气相组成与露点的关系,所以也称露点线。

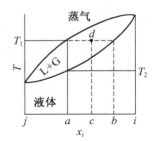

图 2-2　表示气-液平衡的双组分体系相图

以双组分体系的气-液相平衡为例,假设 A 和 B 两个组分都是可挥发的理想液态物质,在密闭容器中,A 和 B 的混合溶液与它们的蒸气相达到平衡时,它们在液相中的摩尔分数分别为 x_A 和 x_B,在气相中的摩尔分数分别为 y_A 和 y_B。因为 A 和 B 分子的饱和蒸气压不一定相同,所以 x_A 和 x_B、y_A 和 y_B 均不一定相等。

根据拉乌尔(Raoult)定律,在一定温度下,某组分的蒸气分压 p_i 等于该纯组分的饱和蒸气压 $p_i^{\ominus}$ 与其在液相的摩尔分数的乘积,即

$$p_i = p_i^{\ominus} x_i \tag{2-40}$$

根据道尔顿(Dalton)分压定律,气相中组分 i 的分压等于该组分在气相中的摩尔分数与气相总压的乘积,即

$$p_i = p y_i \tag{2-41}$$

由式(2-40)和式(2-41)即可得气液相平衡方程:

$$y_i = \frac{p_i^{\ominus}}{p} x_i = k_i x_i \tag{2-42}$$

式中,k_i 称为相平衡常数,k_i 与 T 和 p 有关。当温度一定时,k_i 为常数,所以,相平衡方程反映了某物质在气相和液相中的摩尔分数的关系,常称作 y-x 关系。相平衡方程只适用于低压下的理想溶液体系。

3. 分配平衡

现代分离过程大多是在两个互不相溶的相中进行的,两相界面的物理化学过程是影响分离的主要因素。两相的组成可以完全由被分离物质本身所组成,如蒸馏。不过,实际用于分析和制备的多数分离体系都是加入起载体作用的其他物质作为相,即两相是由非试样组分组成的,试样组分在两相间分配。如溶剂萃取中的有机溶剂相和水相、固相萃取中的固体填料和淋洗液。在分离过程中涉及的分配平衡比较多,分离就是利用被分离各组分在两相间分配能力的不同而实现的。借助分配平衡体系进行的分离操作多数用于分析或制备目的。工业生产中利用分配平衡体系的比较少,这是因为相对于分离目标物质而言,相物质的体积要大得多,难以实现大规模生产。在分析或制备规模的分离中,物质的浓度不是很大,被分离物质在两相中的分配系数在一定浓度范围内是不随样品浓度改变的常数,这也正好满足分析的要求。在分配平衡体系中,相的组成可以在很宽的范围内变化,这种相组成的变化必然引起不同物质在两

相分配系数大小的变化,分配平衡分离体系正是利用相组成的变化来扩大不同物质在两相分配系数的差异,从而实现分离的。分配平衡体系可用于性质差异很小的物质的分离。分配平衡体系效率很高,分离速度也很快。

(1) 分配等温线

对于一个给定的体系及溶质,在一定温度下,分配平衡可以用溶质在 A 相的浓度 c_A 对该溶质在 B 相的浓度 c_B 来作图,所得到的图就是分配等温线。

溶质在两相间的分配过程涉及到的相互作用比较复杂,但当两个相确定后,在一定温度下,溶质在两相间的分配系数基本上是一个常数。在分离中最常见的是气-固吸附分配、液-固吸附分配、气-液分配和液-液分配。尽管人们还难以彻底弄清分配过程的机理,但从大量实验结果可以总结出一些经验规律或定律。

① 气-固吸附分配:在气-固吸附体系中有许多种类型的吸附等温线。最简单的便是朗格缪尔(Langmuir)吸附等温线,它被认为是气-固吸附体系中可以从理论上推导出来的一个吸附模型。朗格缪尔吸附模型假定溶质在均匀的吸附剂表面按单分子层吸附。溶质吸附量 q 与溶质气体分压 p 的关系可以用朗格缪尔吸附方程表示:

$$q = \frac{q_{max} K_A p}{1 + K_A p} \tag{2-43}$$

式中,q_{max} 为溶质在固相表面以单分子层覆盖的最大容量;K_A 为溶质的吸附平衡常数。用 q 对 p 作图,即得如图 2-3 所示的朗格缪尔型吸附等温线。它的特征是明显地表示出了吸附剂表面上的饱和吸附。在分压很低时,朗格缪尔吸附方程为一个线性方程:

$$q = K_A q_{max} p \tag{2-44}$$

即溶质吸附量与其分压成正比。在分离中,上述简化的线性方程相当重要。许多在液-固界面的分离都被假定为遵守朗格缪尔型吸附,其实质就是遵守式(2-44)的线性表达式。例如,在色谱的理论处理过程中这一假定便成为线性色谱的基础。

② 液-固吸附分配:由于液-固分配体系中溶剂也会与吸附剂表面发生相互作用。液-固吸附比气-固吸附要复杂得多。忽略溶剂与吸附剂的相互作用,就可以用类似气-固分配体系的公式来处理。如果用朗格缪尔吸附方程处理液-固分配,则只需将式(2-43)的气体分压 p 改为溶质在液相中的浓度 c,即

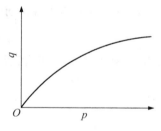

图 2-3　朗格缪尔吸附等温线

$$q = \frac{q_{max} K_A c}{1 + K_A c} \tag{2-45}$$

式(2-45)常表示为:

$$q = \frac{ac}{1 + bc} \tag{2-46}$$

式中,常数 a 和 b 可以通过实验数据求得,即以 c/q 对 c 作图,所得直线的斜率为 b/a,截距为 $1/a$。

在低浓度下,用以下弗仑得利希(Freundlich)经验公式表示更符合实际现象:

$$q = Kc^{1/n} \tag{2-47}$$

式中，$n > 1$。不过，在很稀的溶液中，弗仑得利希公式也与实际情况有较大出入。

③ 气-液分配：气-液分配平衡是气体在溶液中的溶解平衡。基于经验的亨利(Henry)定律认为：在中等压力下，气体在溶液中的溶解度(气体浓度 c)与溶液上方气相中该溶质气体的分压 p_i 成正比，即

$$c_i = Kp_i \tag{2-48}$$

④ 液-液分配：在液-液分配平衡中，溶质在两互不相容的溶剂间的分配遵循能斯特(Nernst)分配定律，即在一定温度条件下，溶质 i 在两相(A 和 B)间达到分配平衡后，它在两相中的浓度之比为一常数，即

$$K_i = \frac{c_{i,\mathrm{B}}}{c_{i,\mathrm{A}}} \tag{2-49}$$

式中，K_i 称为(平衡)分配系数。以溶质在 B 相中的浓度对其在 A 相中的浓度所作的图就是液-液分配等温线。液-液分配等温线在低浓度范围内为直线，直线的斜率即为分配系数，也就是说，这时的分配系数为常数；在高浓度区域，分配等温线会发生偏离，这是因为组分浓度增大，分子间的相互作用使溶液性质偏离理想状态，即此时溶质的有效浓度(活度)发生了变化。如果用活度 α 代替浓度 c，则有

$$K_i = \frac{c_{i,\mathrm{B}}}{c_{i,\mathrm{A}}} = \frac{a_{i,\mathrm{B}}}{a_{i,\mathrm{A}}} \times \frac{\gamma_{i,\mathrm{A}}}{\gamma_{i,\mathrm{B}}} = K_i^{\ominus} \times \frac{\gamma_{i,\mathrm{A}}}{\gamma_{i,\mathrm{B}}} \tag{2-50}$$

式中，$K_i^{\ominus}$ 称为热力学分配系数，它在整个浓度范围内为常数。

(2) 分配定律

设在等温等压条件下有 $\mathrm{d}n_i$ 分子的 i 组分由 I 相转入 II 相，体系总自由能变化为：

$$\mathrm{d}G = \mu_i^{\mathrm{I}} \, \mathrm{d}n_i^{\mathrm{I}} + \mu_i^{\mathrm{II}} \, \mathrm{d}n_i^{\mathrm{II}} \tag{2-51}$$

因为 I 相所失等于 II 相所得，即

$$-\mathrm{d}n_i^{\mathrm{I}} = \mathrm{d}n_i^{\mathrm{II}} \tag{2-52}$$

所以

$$\mathrm{d}G = (\mu_i^{\mathrm{II}} - \mu_i^{\mathrm{I}}) \mathrm{d}n_i^{\mathrm{II}} \tag{2-53}$$

如果 i 组分是自发地由 I 相转移至 II 相，则 $\mathrm{d}G < 0$，即

$$\mathrm{d}G = (\mu_i^{\mathrm{II}} - \mu_i^{\mathrm{I}}) \mathrm{d}n_i^{\mathrm{II}} < 0 \tag{2-54}$$

因为 $\mathrm{d}n_i^{\mathrm{II}} > 0$，所以

$$\mu_i^{\mathrm{II}} < \mu_i^{\mathrm{I}} \tag{2-55}$$

这说明物质是从化学势高的相转移到化学势低的相。当最终达到分配平衡时，$\mathrm{d}G = 0$，于是有

$$\mu_i^{\mathrm{II}} = \mu_i^{\mathrm{I}} \tag{2-56}$$

组分 i 在任意一相中的化学势可以写成

$$\mu_i = \mu_i^{\ominus} + RT\ln\alpha_i \tag{2-57}$$

式中，$\mu_i^\ominus$ 为组分 i 在标准状态下的化学势，$\mu_i^\ominus$ 由 T、p、体系组成以及所受外场决定。在分离化学中，就是要设法调整各组分的 $\mu_i^\ominus$ 值，使它们的差值扩大以达到完全分离。调整 $\mu_i^\ominus$ 的方法：选择合适的溶剂、沉淀剂、配位试剂、氧化还原剂、重力场、电磁场、离心场等。$RT\ln\alpha_i$ 项为体系熵性质项，在分离中起重要作用。

总体而言，分离体系中物质自发输运的方向是从化学势高的相（区域）转移到化学势低的相。就某单一作用力而言，是从化学作用弱的相转移至化学作用强的相；从分子间作用力弱的相转移至分子间作用力强的相；从外力场弱的相转移至外力场强的相；从浓度高的相转移至浓度低的相；从分离状态变成混合状态；从有序状态变成无序状态。

2.2.2　分离过程的动力学基础

在分离过程中，溶质分子在外场或内部化学势作用下向趋于平衡的方向定向迁移，在空间上重新分配。与此同时，溶质分子的随机运动又会使溶质从高浓度区域向四周低浓度区域扩散，使分离开的溶质又趋向重新混合。定向迁移与非定向扩散，即分离与混合，是两种相伴而生的趋势。分离过程动力学的研究内容就是物质在输送过程中的运动规律，即分离体系中组分迁移和扩散的基本性质和规律。

1.　分子迁移——菲克（Fick）第一扩散定律

所有溶质的迁移都是朝着趋向平衡的方向进行的，平衡控制着组分的迁移方向。但仅用平衡的观点无法准确回答组分的迁移速度和迁移性质等问题，而迁移速度与整个分离速度是密切相关的。

物质的输运过程，即传质过程，是指在适当的介质中，在化学势梯度的驱动下物质分子发生相对位移的过程。而物质的扩散运动也是在梯度（浓度梯度）驱动下，物质分子自发输运的过程。扩散速度的差异可使某些组分达到分离，但也会使组分的谱带展宽。由此可见，无论是定向迁移还是非定向扩散，涉及的都是物质分子的迁移，因此分子迁移的表征是研究分离过程动力学的基础。

分子迁移是指分子的运动，研究其运动规律不是研究单个分子的运动轨迹，而是研究大量分子（粒子）在统计学上的运动规律。其运动规律可以用菲克（Fick）第一定律来描述，其基本通式为：

$$J(x) = -A\frac{\mathrm{d}y}{\mathrm{d}x} \tag{2-58}$$

式中，$J(x)$ 表示沿 x 轴方向的流；A 为比例系数；$\mathrm{d}y/\mathrm{d}x$ 指在 x 轴方向上的梯度。当 y 为浓度 c 时，$\mathrm{d}c/\mathrm{d}x$ 为 x 轴方向上的浓度梯度，$J(x)$ 就是沿 x 轴方向的质量流（扩散）；当 y 为温度 T 时，$\mathrm{d}T/\mathrm{d}x$ 为 x 轴方向上的温度梯度，$J(x)$ 就是沿 x 轴方向的热流。比如推动力为浓度梯度，在此基础上的扩散就可以表述为：

$$J = -D\frac{\mathrm{d}c}{\mathrm{d}x} \tag{2-59}$$

式中，J 为流密度，是指单位时间内通过单位面积的物质的量，反映分子在流体中的运动速度；D 为扩散系数，可用普朗克-爱因斯坦（Planck-Einstein）方程表示，$D = \dfrac{RT}{\tilde{f}}$，式中的 $\tilde{f}$ 为摩尔摩擦系数，$\tilde{f} = 6\pi N_A r \eta$；$N_A$ 为阿伏伽德罗常数；r 为球形溶质分子的半径；η 为介质黏度；$\mathrm{d}c/\mathrm{d}x$

为 x 轴方向上的浓度梯度。

费克第一扩散定律的物理意义：扩散系数一定时，单位时间扩散通过单位截面积的物质的量(mol)与浓度梯度成正比，负号表示扩散方向与浓度梯度方向相反。

2. 带的迁移——菲克(Fick)第二扩散定律

菲克第一定律只适应于 J 不随时间变化 —— 稳态扩散的场合。对于稳态扩散也可以描述为：在扩散过程中，各处的扩散组元的浓度 c 只随距离 x 变化，而不随时间 t 变化。这样，扩散通量 J 对于各处都一样，即扩散通量 J 不随距离 x 变化，每一时刻从前边扩散来多少原子，就向后边扩散走多少原子，没有盈亏，所以浓度不随时间变化。实际上，大多数扩散过程都是在非稳态条件下进行的。非稳态扩散的特点是：在扩散过程中，J 都随时间变化，通过各处的扩散通量 J 随距离 x 的变化而变化，而稳态扩散的扩散通量则处处相等，不随距离而发生变化。对于非稳态扩散，可以用菲克第二扩散定律来描述。

菲克第二扩散定律是在第一定律的基础上推导出来的，即

$$\frac{\partial c}{\partial t} = D \frac{\partial^2 c}{\partial x^2} \tag{2-60}$$

式中，c 为扩散物质的体积浓度，kg/m；t 为扩散时间，s；x 为距离，m；D 为扩散系数。

菲克第二扩散定律的物理意义是：扩散中浓度变化率($\partial c / \partial t$) 与沿扩散方向上浓度梯度($\partial c / \partial x$) 随扩散距离 dx 的变化率成正比。

2.2.3 分离过程的作用力

1. 静电力

静电力是所有的分子相互作用力中最简单、最易于描述的一种力。假定两个电量为 q_i 和 q_j 的带电粒子之间的距离为 r，则这两个带电粒子之间的力遵循库仑定律：

$$F = \frac{q_i q_j}{4 \pi \varepsilon_0 r^2} \tag{2-61}$$

式中，F 的单位为 N，q 的单位为 C，r 的单位为 m，ε_0 是真空中的介电常数，$\varepsilon_0 = 8.85419 \times 10^{-12} C^2 \cdot J^{-1} \cdot m^{-1}$。

对于非真空的介质而言，则上式就为：

$$F = \frac{q_i q_j}{4 \pi \varepsilon r^2} \tag{2-62}$$

式中，ε 为绝对介电常数(单位为 $C^2 \cdot J^{-1} \cdot m^{-1}$)，$\varepsilon = \varepsilon_0 \cdot \varepsilon_r$，其中 ε_0 为真空介电常数，ε_r 为相对真空的介电常数。真空中的 $\varepsilon_r = 1$，其他介质 $\varepsilon_r > 1$(如 25℃ 水的 $\varepsilon_r = 78.41$)。

由于静电力与两个电荷之间距离的平方成反比，而其他一些分子间作用力与距离的更高次方成反比，所以静电力属于长程力。

在蛋白质分子中盐桥的形成，在液相色谱中离子对的形成均属于此类作用力，这里要特别提到，对于蛋白质分子而言，由于它会发生构象变化，故当其接近一个带电体，如阴离子交换树脂时，蛋白质分子中的带正电荷部分就会向离子交换树脂表面靠近，虽然对一个蛋白质分子而言，其正负电荷是相等的，但正负电荷在蛋白质分子内部的分布并不均匀，所以 r 值会发生改变，在离子交换色谱分离蛋白质并进行理论讨论时应该注意这一点。

2. 范德华力

（1）色散力

色散力是在非极性分子间产生瞬时偶极作用而引起的一种分子间力，又称为伦敦力。非极性分子无偶极，但由于电子的运动，瞬时电子的位置使得原子核外的电荷分布对称性发生畸变，正负电荷重心发生瞬时不重合，因而产生瞬时偶极。同时，这种瞬时偶极又能诱导邻近的原子或分子，使邻近的原子或分子也产生瞬时偶极而变成偶极子，从而产生一个净的吸引力，这种吸引力的大小与分子的变形性和电离能有关。伦敦指出，对非同类分子，其色散力为：

$$E_{伦敦} = -\frac{3\alpha_A\alpha_B}{2s^6}\left(\frac{I_B I_A}{I_A + I_B}\right) \tag{2-63}$$

对同类分子，其色散力可以简化为：

$$E_{伦敦} = -\frac{3 I_A \alpha_A^2}{2s^6} \tag{2-64}$$

式中，负号（—）表示这是一种吸引力；I_A、I_B、α_A、α_B 分别为 A、B 分子的电离能和极化率；s 为两分子间的距离。

色散力是非极性分子间唯一的吸引力。色散力较弱，小分子的色散作用能通常在 $0.8 \sim 8.4kJ/mol$ 范围内；色散力具有加和性，随着相对分子质量的增加，分子间的色散力就增大。因此，对于高分子之间的色散力就相当可观。

（2）诱导力

当极性分子与非极性分子相互作用时，由于极性分子偶极所产生的电场对非极性分子产生影响而产生电荷中心位移的力称为诱导力。诱导作用的大小取决于非极性分子的极化率 α，具有大而易变形电子云的分子，其极化率就大。德拜（Debye）提出以下方程计算异类分子和同类分子的诱导力：

$$E_{德拜} = -\frac{\alpha_A\mu_B^2 + \alpha_B\mu_A^2}{s^6} \tag{2-65}$$

$$E_{德拜} = -\frac{2\mu^2\alpha}{s^6} \tag{2-66}$$

式中，μ_A、μ_B 分别为极性分子 A、B 的偶极矩，α_A、α_B 分别为非极性分子 A、B 的极化率。诱导力通常在 $6 \sim 12kJ/mol$ 范围内。

（3）取向力

当两个极性分子间相互作用时，由于固有偶极的同极相斥、异极相吸的原因而产生使极性分子取向作用的力称为取向力，这种取向力将使偶极分子按异极相吸的形式排成一列。与这种排列相反的是无规则热运动。这种热运动使吸引力变小，在高温时，热的骚扰干扰了取向作用，吸引力消失。在中等温度时，基索姆（Keesom）应用波耳兹曼（Boltzmann）统计学，导出了两个偶极子的平均相互作用力为：

$$E_{基索姆} = -\frac{2}{3}\frac{\mu^4}{s^6}\frac{1}{K_B T} \tag{2-67}$$

对于异类分子的净吸引力为：

$$E_{基索姆} = -\frac{2}{3} \frac{\mu_A^2 \mu_B^2}{s^6} \frac{1}{K_B T} \qquad (2-68)$$

式中，K_B 为波耳兹曼常数，T 为绝对温度，负号表示这是一种吸引力。取向力的大小通常为 $12 \sim 21 kJ/mol$ 范围内。

由于诱导力和取向力是由极性分子的偶极作用所产生的，所以通常也称诱导力和取向力为偶极力。

无论是色散力，还是诱导力或取向力，其大小均与分子间距离的 6 次方成正比，故只有在分子充分接近时，分子间才有显著的作用，当分子间距离稍远于 500ppm 时，分子间力就迅速减弱。分子间力约比化学键能小一到两个数量级。

值得注意的是，在非极性分子之间只有色散力的作用；在极性分子和非极性分子之间有诱导力和色散力的作用；在极性分子之间则有取向力、诱导力和色散力的作用。这三种作用力的总和叫分子间力，也称为范德华力。由此可知，色散力存在于一切极性和非极性的分子中，是范德华力中最普遍、最主要的一种，在一切非极性高分子中，甚至占分子间力总的 $80\% \sim 100\%$。

3. 氢键作用力

当分子中含有一个与电负性原子（如氧或氮）相结合的氢原子时，这个分子具有极强的缔合作用，易在分子中形成一种特殊的分子间作用力，称为氢键作用力。如醇和胺，具有—OH 和—NH₂基的分子，这些分子既能给出一个又能接受一个氢原子形成氢键。氢键是由氢离子连上两个原子而形成的，氢离子是一个没有电子的赤裸质子，几乎无体积，它吸引一个阴离子 X 到平衡位置，使 H^+ 和阴离子核间的距离等于阴离子半径，同样的在另一边，H^+ 亦可吸引第二个 X 到它的旁边，形成 $X^- H^+ X$ 稳定络合物。由于该质子被两个阴离子包围，所以第三个阴离子不能接近质子而被排除在外，因此氢键具有饱和性，氢的配位数仅限于 2。

另外，氢键的性质基本上属于静电吸引作用，因此，含氢键的物质只限于电负性很强的原子，如 O、F 和 N，而且键的强度随着两个成键原子的电负性的增加而增加。根据鲍林(Pauling)的电负性标度，N、O 和 F 的电负性分别是 3、3.5 和 4，而氢键强度的增加次序也是 N、O 和 F。氢键的键能通常在 $12 \sim 21 kJ/mol$ 之间，和分子间力的能量差不多，而比化学键的键能小很多，所以氢键的牢固性比化学键弱很多。

分子间的氢键的相互吸引力强弱，可用范德华力方程中的系数 α 来定性判断：

$$\left(p + \frac{\alpha}{V^2}\right)(V-b) = RT \qquad (2-69)$$

式中的 α 愈大，则分子间的相互吸引力愈强。具体而言，氢键强度随提供质子体的酸度和接受质子体的碱度的增大而增大，有利于形成氢键的分子呈线性构型。

不同接受体的碱度的递减顺序为：胺类＞中性氢氧化合物＞腈类＞不饱和碳氢化合物＞硫化物。

质子给予体的酸度的减小顺序为：强酸＞氯仿＞酚类＞醇类＞硫酚类。

4. 共价键及配位键

共价键是由于成键电子的电子云重叠而形成的化学键。通常两个相同的非金属原子或电负性相差不大的原子易形成共价键。当自旋相反的未成对电子相互靠近时，可以形成稳定的共价键。成键电子的电子云重叠越多，所形成的共价键就越牢固。共价键具有方向性和饱和性,其键能通常在 150～450kJ/mol 范围内。

配位键也称为络合键,是由分子间的络合反应形成的,其反应是可逆的,其大小取决于分子间的缔合能,它比普通的范德华力要强得多,而比完全的化学键(共价键)要弱得多。配位键能通常在 8～60kJ/mol 范围内。在络合反应中,两个分子形成像 A$^+$B$^-$ 那样的电荷转移。配位络合分离被广泛应用于液膜分离、液液萃取、气体吸收及亲和色谱技术上。

关于配位作用,最常见的就是金属配位作用,具有两个或两个以上配位原子的多齿配体与同一个金属离子形成螯合环的化学反应。具有多齿配体的化合物称为螯合剂,产物称为金属螯合物(或螯合物)。例如,乙二胺 $H_2NCH_2CH_2NH_2$ 是一个双齿螯合剂,它的两个氮原子配位到同一金属离子上形成五原子螯合环的金属螯合物[图 2-4(a)]。二亚乙基三胺 $H_2NCH_2CH_2NHCH_2CH_2NH_2$ 是一个三齿螯合剂,它的三个氮原子可以同时配位到一个金属离子上[图 2-4(b)]。金属离子和螯合配体生成的螯合物,具有较高的稳定性。

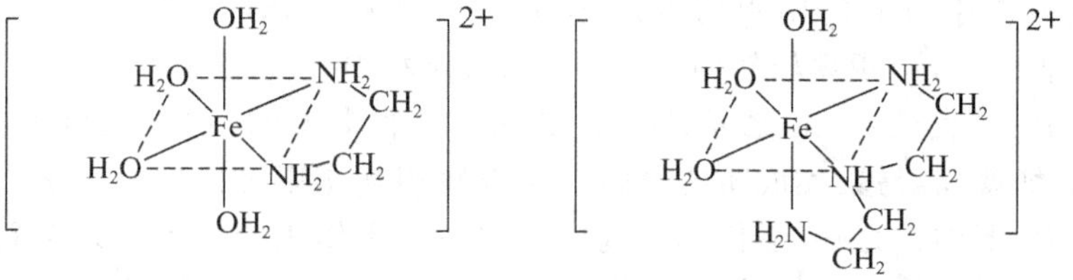

$$\left[\begin{array}{c} OH_2 \\ H_2O \quad NH_2 \\ Fe \qquad CH_2 \\ H_2O \quad NH_2 \quad CH_2 \\ OH_2 \end{array} \right]^{2+} \qquad \left[\begin{array}{c} OH_2 \\ H_2O \quad NH_2 \\ Fe \qquad CH_2 \\ H_2O \quad NH \quad CH_2 \\ H_2N \quad CH_2 \end{array} \right]^{2+}$$

　　(a) 四水·乙二胺合铁 (Ⅱ) 离子　　(b) 三水·(二亚乙基三胺) 合铁 (Ⅱ) 离子

图 2-4　两种铁(Ⅱ)的螯合物

5. 疏水作用力

小分子运动的自由度高,通过分子碰撞而形成化学键,但是对于生物大分子和细胞等胶体粒子而言,由于胶体颗粒的化学官能团被束缚在胶体表面,限制了它与其他胶体上的基团形成化学键或氢键的可能性,但是事实上这些胶体粒子依然能形成较强的相互作用,如生物大分子的构象变化、蛋白折叠、酶与底物的结合、几条支链结合形成多支链的酶、生物大分子的高度凝聚形成生物膜等,如图 2-5 所示。这些过程的发生很难用已有静电力、范德华力、氢键等作用来解释。凯克沃德(Kirkwood)指出在水中分子间可能还存在着非直接的范德华力,这种力是由溶剂产生的,现在已经证实了凯克沃德的看法,这种力就是疏水作用力(HI),简单地说,是溶剂分子对溶质分子产生的作用,这种力主要取决于溶剂的性质而不是溶质的性质。

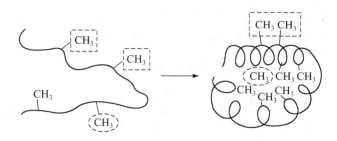

图 2-5　生物大分子构象变化示意图

注:一个甲基(圆圈形虚线中)从原来的水溶液转移到聚合物的内部时,
两个甲基(在方形虚线中)彼此接近形成一个二聚体(矩形虚线中)

以两个相距为 R 的简单的非极性分子在水溶液中的作用行为为例,如图 2-6 所示。

统计力学为用于梯度标度 R 的 $\Delta G(R)$ 和两溶质分子间的平均力之间提供了一个很重要的关系式,该力的大小为:

$$F_{SS}(R) = -\frac{\partial \Delta G(R)}{\partial R} \qquad (2-70)$$

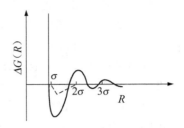

图 2-6　在溶剂中简单溶质函数 $\Delta G(R)$ 的图解说明(其中虚线表示在真空中该溶质的同一函数,该函数与此溶质的势能 $U_{SS}(R)$ 相同)

注:σ 是溶质分子直径

式中,$\Delta G(R) = U_{SS}(R) + \Delta G^{HI}(R)$,说明两溶质分子间的总平均力,或距离为 R 的两个溶质分子的概率是由函数 $\Delta G(R)$ 来决定的,$\Delta G(R)$ 的梯度包括了两个部分,溶质-溶质直接相互作用的直接作用力部分(范德华力)和由于溶剂存在而产生的间接相互作用部分(HI)。

一些研究者采用长链烷烃包裹弯曲的云母柱所获得的实验数据表明疏水作用力的作用距离可达 70nm。由于疏水作用产生的力非常大,当距离较短时(小于 3nm),疏水力可超过 100mN/m(力/直径)。由此可见疏水作用力是非常大的,这也是疏水膜表面的细菌(如分支杆菌属的细菌)容易聚集成团的原因。非极性相互作用可以通过色散力,例如芳香基平坦表面之间的力(即堆积力)来强化。通过熵变这一疏水作用的推动力来解释上述影响,而焓变则阻碍这一趋势。因此,当生物分子中两个或更多的已溶剂化的疏水基团聚到一起时,$\Delta H > 0$。如果 ΔH 保持为正值,那么温度的升高将会加强疏水作用。

2.3　分离的过程及优化控制

自然界的原料绝大部分都是混合物,不能直接被人利用,必须经过分离提纯后才能被人们所利用。图 2-7 就是一个基本的分离过程,其中进料为混合物,产品为不同组分,分离装置为分离场或分离介质。分离剂是分离过程的辅助物质或推动力,包括能量分离剂和质量分离剂,其中能量分离剂如机械能(重力、离心力、压力等)、电能、磁能、热能等,质量分离剂如溶剂、吸附剂、交换树脂、表面活性剂、酸、碱、过滤介质、膜、助滤剂等。混合物的分离就是混合物在分离装置中利用内因和外因共同作用的结果,其中内因是混合物分离的内在推动力,即混合物内各组分在物理学、化学、生物学等方面存在着性质差异,这是物质分离的前提条件;外因就是分离剂的加入,通过分离剂的外在推动力作用,实现混合物的分离提纯。

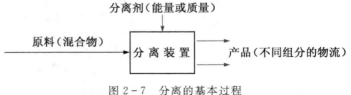

图 2-7　分离的基本过程

而分离工作者的工作就是在了解混合物分离的内因的基础上,如何控制外因,实现分离过程的优化。

1. 首先综合了解待处理混合物的性质

利用混合物中目标产物与共存杂质宏观和微观性质的差异是选择分离方法的主要依据。通过了解混合物中目标产物与共存杂质之间在物理、化学与生物性质上的差异,然后比较这些差异及其可利用性,使其在分离过程中具有不同的传质速率和(或)平衡状态,从而实现物质的分离。如溶液中各组分的相对挥发度较大,则可考虑用精馏法;若相对挥发度不大,而溶解度差别较大,则应考虑用极性溶剂萃取或吸收法来分离;若极性大的组分浓度很小,则用极性吸附剂分离是合适的。可被用于分离的物性如:

(1) 物理性质:相对分子质量、分子大小与形状、熔点、沸点、密度、蒸气压、渗透压、溶解度、临界点。

(2) 力学性质:表面张力、摩擦因子。

(3) 电磁性质:分子电荷、电导率、介电常数、电离电位、分子偶极矩及极化度、磁化率。

(4) 传递特性参数:迁移率、离子淌度、扩散速率、渗透系数。

(5) 化学特性常数:分配系数、平衡常数、离解常数、反应速率、配合常数。

(6) 生物学性质:生物亲和作用、生物学吸附平衡、生物学反应速率常数

2. 再对分离过程进行优化控制

分离过程的最优化就是如何在最短的时间内,以最低的消耗获得最佳的分离效果,它既涉及分离体系的优化目标,又涉及多方面的局部优化,如分离方法的选择、实验方法的建立、实验方案中每一单元操作的优化,以及各个单元操作之间的最佳组合等等。但是获得一个能表征各类分离方法的通用的优化模型,是一个迄今尚未解决的问题,比如说分析测试及工业制备由于对分离最优化的要求不完全相同,这样就可能造成分离过程控制不一样,前者因消耗很少,多以在追求最佳分离效果的前提下,以尽可能地缩短分离时间为主,辅之以低消耗;而工业生产上的优化则是追求利益最大化,故对于后者,一切分离方法及选择分离工艺的优化均以此为基础,因此难以用一个通用的模型来描述其最优化。综上所述,分离过程控制中的最优化是通过对单元分离共用的、最关键的参数进行优化,辅之以工业上的整体优化。无论哪一种分离方法,通过增大外加场,减小分离过程中欲分离物质熵的增大,加大难分离物质对之间化学势的差异这 3 个最重要的因素,以及通过对这 3 个方面进行协同作用使分离过程达到最优化,才是达到提高分离效率,降低生产成本的至关重要的优化因素。

3. 药物分离过程的选择原则

药物作为一类比较特殊的商品,将来可能要作用于机体,更需要从多方面综合考虑分离过程(如安全、有效、稳定、经济等)。在药物分离过程中,首先要考虑产品的性质,如产品的位置、分子结构、在基质中的浓度、产品的稳定性等,在遵循产品性质规律的前提下,具体要注意以下几点:

(1) 生产成本要低:分离与纯化所需的费用占产品总成本的很大比例,尤其对于基因工程药物,有时分离与纯化费用占到成本的 $80\% \sim 90\%$。因此,成本是分离纯化工艺设计的首要考虑因素。

(2) 工艺步骤要少:所有的分离纯化过程都有多个步骤和多个单元操作,步骤越多产品回收率越低,而且会影响到操作成本。如一个产品,用吸附和重结晶法纯化某产品,步骤多回收率低,若改用高效液相层析法后,尽管高效液相层析法成本高,但由于其操作步骤少,提高了

回收率,总体经济效益上升。

(3) 操作程序要合理:在对产品进行分离纯化时,要根据产品的特点设计各个步骤的先后次序,也可以通过每种方法在分离纯化中所起的作用来确定使用各种方法的先后次序。如对生物产品的分离纯化时,沉淀能处理大量的物质,且受干扰物质影响小,因此首先使用沉淀操作;离子交换用来除去对后续分离产生影响的化合物,可以放在沉淀之后层析分离之前;亲和层析的纯化效率很高,对目的物纯度也有较高的要求,通常在流程的后阶段使用;凝胶过滤介质的容量比较小,故分离过程的处理量也比较小,一般常在纯化过程的最后一步程序中使用。总体而言,在分离纯化的初始阶段往往需要满足快速大规模化处理的需要,因此可以适当选择一些分辨率不高,但处理量大的分离方法,如沉淀、萃取等,在纯化后期,由于大部分杂质已被去除,且样品已被大大浓缩,此时要想进一步提高产品的纯度,需选择一些处理量不大,但分辨率高的方法,如层析等。

(4) 适应产品的技术规格:不同技术规格的产品,分离纯化过程的方案差别很大。产品技术规格包括纯度要求、活性形式、物理特性、卫生指标等,分离纯化的过程应与之相适应。

(5) 生产要有规模:不同的单元操作适合于不同的生产规模。冷冻干燥只适合于小批量生产,而大规模生产需要干燥时,就应采用真空干燥或喷雾干燥。因此,要综合考虑规模效应。

(6) 产品具有稳定性:通常用调节操作条件的方法,将由于热、pH 变化或氧化所造成的产品降解减到最小程度。例如,对于一些热不稳定生物产品,可以采用冷冻干燥工艺进行成品加工。对于易被氧化的产品,必须考虑怎样减少空气进入系统并使用抗氧化剂。

(7) 环保和安全要求:设计工艺过程时,要充分注意废物的排放和危险生物质的处理。

综上所述,对物质的分离,首先对混合物中目标产物与共存杂质之间在物理、化学与生物性质上的差异进行比较并确定可利用性,然后再依据生产的目的,综合考虑纯度和回收率的要求,选择最优的分离方法或方法组合,从而最终确定操作可行性和成本经济性的优化组合分离方案。

2.4　分离效率的评价

2.4.1　不同浓度组分的分离

分离的目的除了获得纯的欲分离组分外,还要求提高欲分离组分的浓度,依据欲分离组分在原始溶液中浓度的不同,罗尼(Rony)提出了下述三个概念以示区分:

(1) 富集:对摩尔分数小于 0.1 的组分的分离。

(2) 浓缩:对摩尔分数处于 0.1～0.99 范围内的组分的分离。

(3) 纯化:对摩尔分数大于 0.99 的组分的分离。

虽然罗尼的区分法完全是人为的,但已被许多人所接受。

2.4.2　分离效率的评价

评价一个分离过程的效率主要有三个标准,即目标产品的浓缩程度、分离纯化程度和回收率。图 2-8 表示一个连续稳态的分离过程,其中 F 表示流速,c 表示浓度,下标 T 和 X 分别表示目标产物和杂质,下标 C、P 和 W 分别表示原料、产品和废料。

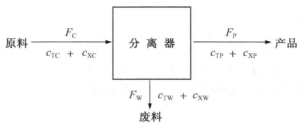

图 2 - 8　分离过程示意图

（1）浓缩率（concentration factor）：浓缩程度一般用浓缩率 m 表达,浓缩率是一个以浓缩为目的的分离过程的最重要指标。

浓缩率 m 的计算公式为：

$$m_{\mathrm{T}} = \frac{c_{\mathrm{TP}}}{c_{\mathrm{TC}}} \qquad (2-71)$$

$$m_{\mathrm{T}} = \frac{c_{\mathrm{XP}}}{c_{\mathrm{XC}}} \qquad (2-72)$$

如果 $m_{\mathrm{T}} = m_{\mathrm{X}}$,则目标产物未得到任何程度的分离纯化。

（2）分离因子（separation factor）：分离纯化程度一般用分离因子 α 来表示,分离因子又称分离系数,它是一个衡量目标产物分离程度的重要指标。

分离因子 α 的计算公式为：

$$\alpha = \frac{c_{\mathrm{TP}}/c_{\mathrm{TC}}}{c_{\mathrm{XP}}/c_{\mathrm{XC}}} = \frac{m_{\mathrm{T}}}{m_{\mathrm{X}}} \qquad (2-73)$$

式（2-73）表明,产品中目标产物浓度越高、杂质浓度越低,则分离因子越大,分离效率越高。另外,平衡分离过程（如蒸馏、萃取等）的分离因子常用平衡后两相中溶质浓度之比表示。若图 2-8 所示的产品和废料处于平衡状态,则：

$$\alpha = \frac{c_{\mathrm{TP}}/c_{\mathrm{TW}}}{c_{\mathrm{XP}}/c_{\mathrm{XW}}} \qquad (2-74)$$

分离因子在单级平衡蒸馏中相当于相对挥发度;在萃取分离中又称萃取选择性（selectivity）,是目标产物和杂质在两相间分配系数的比值。

当 $\alpha = 1$ 时未产生分离。因此,以分离为目的时,α 值应足够大,以期达到高效分离的目的。这时,浓缩率的大小往往成为次要的。

（3）回收率（recovery rate）：目标产物的回收程度一般用回收率 R 表示。它反映的是被分离物在分离过程中损失量的多少,是衡量目标产物回收程度的重要指标。回收率是分离中最重要的一个评价指标,是分离方法准确性（可靠性）的表征。

图 2-8 中目标产物的回收率为：

$$R = \frac{F_{\mathrm{P}} c_{\mathrm{TP}}}{F_{\mathrm{C}} c_{\mathrm{TC}}} \times 100\% \qquad (2-75)$$

无论是以浓缩还是以分离为目的,目标产物均应以较大的比例回收,即有较高的回收率。

对于生物分离而言,操作多为间歇过程(分批操作),若原料液和产品溶液的体积分别为 V_C 和 V_P,则回收率为:

$$R = \frac{V_P c_{TP}}{V_C c_{TC}} \times 100\% \tag{2-76}$$

式(2-71)～式(2-73)仍适用于间歇过程浓缩率和分离因子的计算。另外,对于具有生物活性的蛋白质类产物,往往用分离前后目标产物的比活 A 之比表示目标产物的分离纯化程度:

$$\alpha = \frac{A_P}{A_C} \tag{2-77}$$

比活 A 的单位一般为 U/mg(U 为生物活性单位),此时的 α 通常称做纯化因子。

【思考题】

1. 根据分离机理来分,分离过程一般可以分为哪几类?各自如何定义的?
2. 如何理解吉布斯自由能公式在分离过程中的应用?
3. 如何理解菲克定律在分离过程中的应用?
4. 如何理解静电力、疏水作用力、范德华力在分离过程中的作用,试举例说明有哪些应用?
5. 分离过程的选择依据主要有哪些?
6. 如何评价物质分离的效率?

【参考文献】

[1] 丁明玉等. 现代分离方法与技术. 北京:化学工业出版社,2006
[2] 耿信笃. 现代分离科学理论导引. 北京:高等教育出版社,2001
[3] García A A,Bonen M R,Ramírez-Vick J,*et al*. 生物分离过程科学(Bioseparation Process Science). 刘铮,詹劲译. 北京:清华大学出版社,2004
[4] 胡小玲,管萍. 化学分离原理与技术. 北京:化学工业出版社, 2006
[5] 田亚平. 生化分离技术. 北京:化学工业出版社,2006
[6] 邱玉华. 生物分离与纯化技术. 北京:化学工业出版社,2007
[7] 刘家祺. 传质分离过程. 北京:高等教育出版社,2005

技术基础篇

第 3 章

离心与过滤

➡ **本章要点**

1. 掌握离心法的原理,过滤的基本理论和操作方式。
2. 熟悉常见的离心分离技术,离心、过滤设备的特点。
3. 了解制药生产中固液分离的应用。

3.1 离　心

3.1.1 概述

离心(centrifugation)是利用不同物质之间的密度、形状和大小的差异,依靠惯性离心力的作用而实现物质分离的过程,主要用于液-固分离以及液-液分离。离心作为专门的一种相分离技术,其历史可以追溯到 19 世纪 70 年代,瑞典工程师 Gustaf de Laval 发明了连续操作离心机,从牛奶中分离出奶油。如今这项技术应用很广,如分离出化学反应后的沉淀物,分离天然的生物大分子、无机物、有机物,在生物学领域常用来收集细胞、细胞器及生物大分子物质。

离心分离具有速度快、效率高、液相澄清度好、可连续化操作等优点。当固体颗粒很小或溶液黏度很大,过滤速度很慢,甚至难以过滤时,离心操作往往十分有效。但其设备价格较高和维护费用昂贵,且固相干燥程度不如过滤操作。

3.1.2 离心的理论基础

当流体围绕某一中心轴做圆周运动时,就形成了惯性离心力场,流体带着粒子旋转,如果粒子密度大于流体密度,则惯性离心力使粒子在径向上与流体发生相对运动而飞离中心。粒子在径向上受到离心力、向心力和曳力三种力的作用,其中向心力与重力场中的浮力相当,方向沿半径指向旋转中心;曳力是流体与颗粒相对运动时流体对粒子的阻力,其与粒子的径向运

动方向相反。当这三个力达到平衡时,可得粒子的离心沉降速度 u_r 为

$$u_r = \sqrt{\frac{4d(\rho_p - \rho)}{3\zeta\rho}\omega^2 r} \tag{3-1}$$

式中,d 为球形粒子的直径,m;ρ_p 为粒子密度,kg/m^3;ρ 为液体密度,kg/m^3;r 为离心半径,m;ω 为旋转角速度,rad/s;ζ 为曳力系数,无因次。

球形粒子在各种流型中的曳力系数可按如下方法计算:

(1) 斯托克斯(Stokes)定律区($10^{-4} < Re_p < 1$):流动为层流

$$\zeta = \frac{24}{Re_p} \tag{3-2}$$

(2) 艾仑(Allen)定律区($1 < Re_p < 10^3$):流动为过渡状态

$$\zeta = \frac{18.5}{Re_p^{0.6}} \tag{3-3}$$

(3) 牛顿定律区($10^3 < Re_p < 10^5$):流动为湍流

$$\zeta = 0.44 \tag{3-4}$$

颗粒雷诺数 $Re_p = du\rho/\mu$。生物溶质的离心分离通常在斯托克斯定律区中进行,其雷诺数较小,主要受粒子大小、形状和两相浓度差影响;而含有较大结晶的溶液的离心则可能在高雷诺数下进行,分离过程进入艾仑区或者牛顿区,还会受到诸如粒子速度、壁效应及粒子间相互作用等附加因素的影响。

【例 3-1】 现用一管式离心机从发酵液中分离酵母细胞,已知离心机的转鼓内径为 0.15m,转速 4000r/min,液面至管壁距离为 0.10m。设在操作温度下,发酵液密度为 $1010kg/m^3$,黏度为 $1.03 \times 10^{-3} Pa \cdot s$,酵母细胞可视为球形,直径为 $8.0 \times 10^{-6} m$,细胞密度为 $1050kg/m^3$。试计算:

(1) 酵母细胞距离心机中心的旋转半径为 6cm 时的离心沉降速度。

(2) 酵母细胞自发酵液完全分离所需时间。

解 (1) 假设粒子运动处于层流区,将式(3-2)代入式(3-1),得:

$$u_r = \frac{d^2(\rho_p - \rho)}{18\mu}\omega^2 r = \frac{d^2(\rho_p - \rho)}{18\mu}\left(\frac{2\pi n}{60}\right)^2 r$$

$$= \frac{(8.0 \times 10^{-6})^2 \times (1050 - 1010)}{18 \times 1.03 \times 10^{-3}} \times \left(\frac{2\pi \times 4000}{60}\right)^2 \times 0.06$$

$$= 1.45 \times 10^{-3} m/s$$

校验 Re_p:

$Re_p = \dfrac{du_r\rho}{\mu} = \dfrac{8.0 \times 10^{-6} \times 1.45 \times 10^{-3} \times 1010}{1.03 \times 10^{-3}} = 0.011 < 1$,上述计算有效。

酵母细胞的离心沉降速度为 $1.45 \times 10^{-3} m/s$。

(2) 由 $u_r = \dfrac{dr}{dt}$ 可得,$\dfrac{dr}{dt} = \dfrac{d^2(\rho_p - \rho)}{18\mu}\omega^2 r$

由于转鼓内液面附近的酵母沉降到管壁所需要的分离时间最长,所以边界条件应为:

$$t = 0, r = 0.15 - 0.10 = 0.05m; t = t, r = 0.15m$$

则 $\displaystyle\int_{r=0.05}^{r=0.15}\frac{1}{r}\mathrm{d}r=\int_{t=0}^{t=t}\left[\frac{d^2\left(\rho_\mathrm{p}-\rho\right)}{18\mu}\omega^2\right]\mathrm{d}t$

$$t=\frac{18\mu\ln\left(\dfrac{0.15}{0.05}\right)}{d^2\left(\rho_\mathrm{p}-\rho\right)\omega^2}=\frac{18\times1.03\times10^{-3}\times\ln3}{\left(8.0\times10^{-6}\right)^2\times\left(1050-1010\right)\times\left(\dfrac{2\pi\times4000}{60}\right)^2}=45.4\mathrm{s}$$

离心分离因数 α 是同一粒子在同种流体中所受离心力与重力之比,即离心加速度与重力加速度的比值,是反映离心分离设备性能的重要指标,其表达式为:

$$\alpha=\frac{\omega^2r}{g} \tag{3-5}$$

由于离心机转速从每分钟上千转到几万转,其分离因数可达几千以上,甚至数十万。分离因数的数值越大,越有利于固体粒子的分离。由此可见,离心机的分离能力要远高于重力沉降。对于一定物料,转鼓的直径越大,转速越快,分离因数就越大。但转速增加、离心力增大会引起过大的应力,为保证转鼓有足够的机械强度,在增大转速的同时,需适当减小转鼓的直径。因此,高速离心机转鼓的直径通常都较小。

根据分离因数的大小,可以对离心法进行分类:$\alpha<3000$(一般为 $600\sim1200$),常速离心,主要用于分离颗粒较大的混悬滤浆或物料的脱水;$3000<\alpha<50000$,高速离心,主要用于含细粒子、黏度大的悬浮液及乳浊液的分离;$\alpha>50000$,超速离心,主要用于分离极不容易分离的超微细粒悬浮液和高分子胶体悬浮液,如抗生素发酵液、动物生化制品等。

【**例 3 - 2**】　SS800 型离心机转鼓直径为 800mm,转速为 1200r/min,计算其分离因数。

解　已知 $r=800/2=400\mathrm{mm}=0.4\mathrm{m}$,$n=1200\mathrm{r/min}$

$$\alpha=\frac{\omega^2r}{g}=\frac{\left(\dfrac{2\pi n}{60}\right)^2\cdot r}{g}=\frac{\left(\dfrac{2\pi\times1200}{60}\right)^2\times0.4}{9.8}=644$$

3.1.3　常见的离心技术

离心方法详细分类如下:

$$\text{离心方法分类}\begin{cases}\text{差速离心}\\[4pt]\text{密度梯度离心}\begin{cases}\text{速率区带密度梯度离心}\\[4pt]\text{等密度梯度离心}\begin{cases}\text{平衡等密度梯度离心}\\\text{预形成等密度梯度离心}\end{cases}\end{cases}\\[12pt]\text{分析离心}\\[4pt]\text{区带离心}\\[4pt]\text{沉淀离心}\\[4pt]\text{其他离心方法}\begin{cases}\text{淘洗离心}\\\text{连续流离心}\\\text{土壤离心}\end{cases}\end{cases}$$

一般常用差速离心、速率区带密度梯度离心、等密度梯度离心三种方法。运用不同的离心方法可以对不同的物质进行分离,现简单介绍如下。

1. 差速离心

差速离心(differential centrifugation)是指利用粒子大小和密度的差异,使其在离心力场中以不同沉降速度被分批分离的方法。在操作时,根据实际物系的特点、分离目的和所需的分离程度选择离心速度和离心时间等操作条件。样品在一定离心力场中离心一定时间,使大粒子先沉降;分出上清液,在加大离心力的条件下进行离心,分离出较小的粒子;如此依次提高离心力,逐级分离和纯化所需组分。图 3-1 为差速离心分级分离细胞匀浆的示意图。

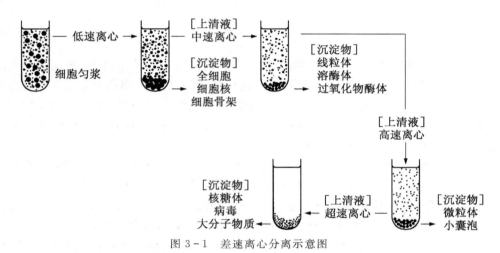

图 3-1　差速离心分离示意图

差速离心操作简便,但分离效果较差,常用于其他分离手段之前的粗制品提取,每次分离的沉淀并不均一,除了全部大粒子达到管底外,离心开始时离管底较近的较小粒子也沉到管底而混于该大粒子中,需要将沉淀再悬浮、离心,反复几次可得到基本上大小均一的"纯"样品。该法主要用于大小和密度相差较大粒子的分离,可以进一步用一种连续的液体密度梯度代替均匀的悬浮介质,从而得到一个更好的分离。

2. 速率区带密度梯度离心

速率区带密度梯度离心(rate zonal density gradient centrifugation)也称一般密度梯度离心(density gradient centrifugation),它是先于离心管内装入用某种低相对分子质量溶液调配好的密度梯度介质,再将待分离的样品铺放在梯度液上进行离心的方法,如图 3-2 所示。这种方法所采用的介质密度变化较为平缓,且最大密度小于待分离组分的密度。样品各组分在离心时以不同的沉降速度在液体梯度中移动,形成与组分对应的不同层次区域。离心后,最重的粒子沉降最快,处于最底层,最轻的在最上层,各组分在与其自身密度相等的溶剂密度处形成稳定的区带,再通过虹吸、穿刺或切割离心管的方法分别收集不同区带,就可得到纯化后的物质。

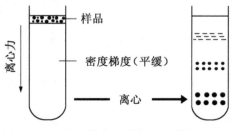

图 3-2　速率区带密度梯度离心分离示意图

速率区带密度梯度离心适用于分离密度相近而重量和大小有较大区别的样品粒子。该法的离心时间要严格控制,既要有足够的时间使各粒子在介质梯度中形成不连续区带,又不能太长,以避免粒子在离心管底部沉积。一般速率区带离心的离心时间较短。该法常用的梯度介质有蔗糖、甘油等,浓度范围在 5%～30%。梯度介质应具有足够大的溶解度,以形成所需的密度梯度范围,且不与分离组分发生反应,也不会引起其凝集、变性或失活。

3. 等密度梯度离心

等密度梯度离心(isopycnic gradient centrifugation)是把样品置于梯度上或和介质先混合,在离心力作用下,粒子或沉降或上浮到与自身密度相等的位置,形成静止区带,从而达到不同组分的分离。介质的最高密度应大于被分离组分的最大密度,最低密度须小于最小密度粒子的密度,而且介质的梯度要求较高的陡度,不能太平缓。这种方法所需要的力场通常比速率区带密度梯度离心大 10～100 倍,故往往需要高速或超速离心,离心时间也较长。等密度梯度离心一般用于粒子的大小相近而密度差异较大时。

等密度梯度离心又分为平衡等密度梯度离心和预形成等密度梯度离心,如图 3-3 所示。

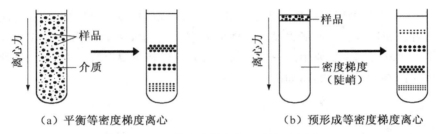

(a) 平衡等密度梯度离心　　　　　　(b) 预形成等密度梯度离心

图 3-3　等密度梯度离心分离示意图

(1) 平衡等密度梯度离心(equilibrium isopycnic gradient centrifugation):离心时把一定浓度的介质溶液与样品混合均匀后放入离心管中,受离心力作用可自动形成密度梯度,无需制备梯度,大大简化了操作,又称自形成等密度梯度离心。该法分离纯度好,区带稳定,但形成平衡的离心时间较长,且介质材料一般较贵。梯度介质常用碱金属盐如 CsCl(核酸的分离)、NaBr(脂蛋白的分离)等,有时也可用三碘苯的衍生物。这一方法已用于分离和分析人血浆脂蛋白。

(2) 预形成等密度梯度离心(preformed isopycnic gradient centrifugation):将梯度介质由密度按下重上轻铺于离心管内,形成的梯度范围要包含样品中需要分离的各种组分的密度。离心时把样品置于梯度介质液面上(漂浮密度离心样品是放在底部),不同组分越过小于本身密度梯度层而后到达密度超过样品漂浮密度的梯度界面形成区带。该法离心时间短,梯度材质来源广泛,因而得到了普遍使用,但预先制备梯度液需较长时间。梯度介质一般选用蔗糖、甘油、葡萄糖、聚蔗糖(Ficoll)等。用这一技术可以定量地从线粒体和过氧化物酶体中分离溶酶体。

3.1.4　常见离心设备及分类

离心设备多种多样,可按操作方式、操作原理、卸料方式、分离因数等加以分类。① 按操作方式的不同可以分为间歇式离心机和连续式离心机:间歇式操作卸料时必须停车或减速,然后用人工或机械的方法卸出物料,可根据需要延长或缩短过滤时间,满足物料终湿度的要求;连续式离心机整个操作均连续化。② 按操作原理分为过滤式离心机和沉降式离心机:过滤式离心机鼓壁上有孔,实现过滤操作;沉降式离心机鼓壁上无孔,实现沉降分离。③ 按卸料方式,离心机有人工卸料和自动卸料两类。④ 按分离因数,即其离心力(转速)的大小则可分为常速(低速)离心机、高速离心机和超速离心机,各种离心机的离心力范围和分离对象列于表3-1。

表 3-1 离心机的种类和使用范围

种　类	低速离心机	高速离心机	超速离心机
转速/(r/min)	2000～6000	10000～26000	30000～120000
离心力/g	2000～7000	8000～80000	100000～600000
适用范围	细胞、细胞碎片、培养基残渣等固形物	细胞、细胞碎片、各种沉淀物、细胞器等	细胞、细胞碎片、细胞器、病毒以及DNA、RNA、蛋白质等生物大分子

实验室和工业生产中所用的离心机不尽相同。实验室中的离心机主要要求有较好的离心分离效果,而对于处理量和生产能力没有严格的要求。它们大多数以离心管式转子离心机为主,离心操作为间歇式。在工业生产中所用的离心分离设备主要有管式离心机、碟片式离心机和螺旋卸料式离心机等几种型式,如图3-4所示。

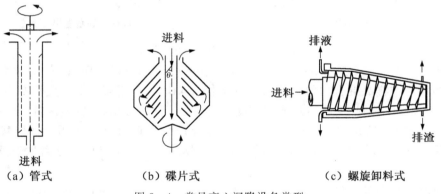

　　　　(a) 管式　　　　　　(b) 碟片式　　　　　　(c) 螺旋卸料式

图 3-4 常见离心沉降设备类型

1. 管式离心机

管式离心机是一种能产生高强度离心力场的离心机,有 GF 型(液-液分离)和 GQ 型(固-液分离)两种。工作时,料液在加压条件下由下部连续送入细长转鼓,然后在转鼓内旋转上升。由于重液和轻液(或固体颗粒和清液)的密度存在差异,在高速离心力的作用下,料液被分为内、外两层,密度较小的轻液(或清液)位于转鼓中央,而重液(或固体颗粒)则向管壁运动。处理乳浊液时,轻重液体由各自的溢流口排出,实现连续的液-液分离。用于悬浮液澄清时,重液出口用垫片堵住,固体颗粒沉积于转鼓内壁,清液由转鼓上部的溢流口排出,但固体容量有限,运转一段时间后,需停车卸下转鼓清理沉渣,操作为间歇式。生产过程中为保持连续处理,采用两台离心机交替使用。

管式离心机构造简单,操作稳定,离心分离因数可达 15000～60000,但生产能力一般仅为 $0.2～2m^3/h$,适于分离小批量的乳浊液及固体颗粒粒径 $0.01～100\mu m$、固含量小于 1% 的难分离悬浮液,如微生物菌体和蛋白质的分离。

管式离心机的生产能力可用下式计算：

$$Q = u_t \frac{2\pi H r^2 \omega^2}{g} \qquad (3-6)$$

$$u_t = \frac{d^2(\rho_p - \rho)g}{18\mu} \qquad (3-7)$$

式中，Q 为生产能力或给料流量，m^3/s；u_t 为重力沉降速度，m/s；H 为转鼓高度，m；r 为转鼓内径，m；ω 为旋转角速度，rad/s。

由式（3-6）可以看出，生产能力与系统的特性 u_t（料液的黏度、密度，固体粒子的大小、密度）、离心机的机械结构（H、r）及操作条件有关。我们可以在固定一种性质的情况下，考虑另一种性质变化的影响，这为离心机的设计使用带来了方便。

2. 碟片式离心机

碟片式离心机又称分离板式离心机，是应用最为广泛的一种离心机。它的密闭转鼓内装有许多锥形碟片，以减小沉降距离，增加沉降面积。碟片间距与颗粒大小的比值一般为 4∶1，至少有 0.5mm 的间距以防止堵塞。对于凝胶状的颗粒，如微生物细胞，间距比一般取 2∶1。料液从中心进料口加入，穿行通过碟片，在离心力的作用下，重液（或固体颗粒）沿各碟片的内表面沉降，并连续向鼓壁移动，由出口连续排出（颗粒则沉积于鼓壁上，可采用间歇或连续的方式除去）；而轻液（或清液）则沿各碟片的斜面向上移动，由顶部的环形缝排出。

分离乳浊液的碟片式离心机，其碟片上开有小孔，如图 3-5 所示。分离悬浮液的碟片式离心机，其碟片上不开孔，根据固体卸料方式不同可分为人工排渣、喷嘴排渣和活塞（活门）排渣三种不同型式。人工排渣为间歇式操作，见图 3-6 所示，为避免经常拆卸除渣，适于处理固体浓度小于 2% 的悬浮液，如牛奶脱脂，也可用于抗生素的提取、疫苗的生产等澄清作业。喷嘴连续排渣方式中，转鼓呈双锥型，其周边有均匀分布的喷嘴，见图 3-7 所示，能连续排渣，适于处理固体颗粒粒度 0.1～100μm、体积浓度小于 25% 的悬浮液，如羊毛脂分离提取。活塞排渣型离心机的转鼓内有与其同轴的排渣活塞装置，活塞可上下移动，自动启闭排渣口，断续自动排渣，见图 3-8 所示，适于处理颗粒直径 0.1～500μm、浓度小于 10% 的悬浮液，还可用于不易压实固体的浓缩脱水以及各种汁液的澄清等。

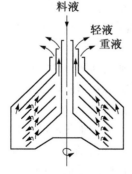

图 3-5　液-液分离碟片式离心机

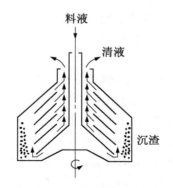

图 3-6　人工排渣碟片式离心机

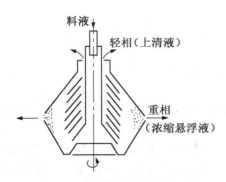

图 3-7 喷嘴排渣碟片式离心机

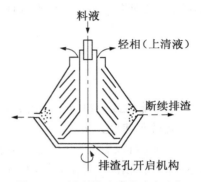

图 3-8 活塞排渣碟片式离心机

碟片式离心机的生产能力与管式离心机是一致的：

$$Q = u_{t} \frac{2\pi n \omega^{2}(r_{1}^{3} - r_{2}^{3})\cot\theta}{3g} \tag{3-8}$$

式中，r_1、r_2 分别为碟片的外径和内径；n 为碟片数；θ 为碟片与旋转轴的夹角[图 3-4(b)]。

碟片式离心机的分离因数为 4000～10000，生产能力较大，分离时间较短，设备管道密闭化，能改善环境卫生，提高药品质量。一般用于大规模的分离过程，在制药行业应用广泛，如中药煎煮液经一次粗滤后，直接进入碟片式离心机除杂，分离后的药液随即进入浓缩设备浓缩，实现生产过程的连续化。

3. 螺旋卸料式离心机

根据主轴方位，螺旋卸料式离心机分为卧式和立式两种，其中卧式用得较多，简称"卧螺机"，见图 3-4(c)所示。该设备主要由圆柱形（用于液相澄清）、圆锥形（用于固相脱水）或柱-锥形（澄清、脱水均可）转鼓以及装在转鼓中的螺旋输送器组成，两者在一定的转速差下同向旋转。料液由中心加料管经进料孔进入转鼓，在离心力的作用下，重相颗粒被抛到转鼓内表面上形成沉渣，经螺旋输送器推动向转鼓小端移动，从排渣孔排出，澄清液由溢流孔流出。

螺旋卸料式离心机可自动连续操作，能长期运行，维修方便，对物料的适应性强，应用广泛，可以处理颗粒粒径为 0.002～5mm、固相浓度 1%～50%、固液密度差大于 50kg/m³ 的悬浮液，如回收晶体和聚合物，特别适合于分离固形物较多的悬浮液。但其所得沉渣含液量较高，且分离因数较低，一般只有 1500～3000，不适合分离较小的细菌、酵母等微生物悬浮液。

凡用于制药的装备，都必须符合药品生产质量管理规范（Good Manufacturing Practice，GMP）。依据 GMP 规范，制药用离心机除能完成生产任务之外，还需要考虑灭菌、无菌操作、防止污染以及防爆等方面的要求。比如离心机应具备在位清洗（clean in place，CIP）的功能，这是设备彻底清洁处理的必要条件。离心机外壳盖应有多种开启方式，即大翻盖、小翻盖和密闭盖，保证离心机内部的所有位置能进行充分检查。对于基因工程产品（如疫苗），在离心过程中，需要系统完全密闭，并经 121℃ 蒸汽灭菌以确保无外界细菌污染，这样就要求离心机进行无菌设计和无菌工艺操作。

3.2 　过 　滤

3.2.1 　概述

过滤是指在外力的作用下,悬浮液中的液体通过多孔性介质(即过滤介质)孔道,而固体被截留下来,从而实现固液分离的过程。原始的悬浮液称为料浆或滤浆,通过多孔材料的液体称为滤液,截留的固体物质称为滤饼(或滤渣)。它既可分离比较粗的颗粒,也可分离比较细的颗粒,甚至可以分离细菌、病毒和高分子物质,常作为沉降、结晶、固液反应等操作的后续操作。促进流体流动的推动力可以是重力、压力差或离心力。

根据过程的机理可将过滤操作分为滤饼过滤和深层过滤两种,如图 3-9 所示。

1. 滤饼过滤

过滤时流体通过过滤介质(织物、多孔固体或孔膜等)的小孔,固体颗粒被阻拦形成滤饼,固液分离主要依靠筛分作用。在过滤开始时,有的小颗粒可

图 3-9 　过滤机理

能会透过介质使滤液浑浊,实际操作中,常将这部分滤液返回料浆槽重新处理。随着过滤的继续进行,在介质网孔中发生架桥现象,此时沉积的滤饼在随后的过滤中起到真正过滤介质的作用。滤饼过滤是在介质的表面进行,故亦称表面过滤。通常用于处理固体含量高于 1% 的悬浮液,如啤酒糖化醪的过滤。

2. 深层过滤

应用砂子、硅藻土、颗粒活性炭等堆积介质作为过滤介质,介质层一般较厚,内部形成长而曲折的通道,通道尺寸大于颗粒直径。过滤时,固体颗粒在过滤介质的孔隙被截留而与流体分开,固液分离过程发生在整个过滤介质内部,介质在过滤中起主要作用。一般只用于处理量较大而流体中颗粒小(直径 $5\sim100\,\mu m$)且固体含量在 0.1% 以下的场合,如浑浊药液的澄清、分子筛脱色、培养基的过滤除菌等。

实际制药生产中以上两种过滤形式均有应用,但以滤饼过滤最为普遍。因此,下面主要讨论滤饼过滤。

3.2.2 　过滤的理论基础

过滤过程的物理实质是流体通过多孔介质和颗粒床层的流动过程,因此流体通过各向同性颗粒床层的流动规律是研究过滤过程的基础。由《化工原理》相关内容已经知道,流体通过具有复杂几何边界的床层可简化为通过均匀圆管的等效流动过程。

过滤操作所涉及的颗粒尺寸一般都较小,液体在滤饼空隙中的流动属于层流,所以可以应用科泽尼(Kozeny)方程,得

$$u = \frac{\varepsilon^3}{a^2(1-\varepsilon)^2} \cdot \frac{1}{K'\mu} \cdot \frac{\Delta p_c}{L} \qquad (3-9)$$

式中，u 为按整个床层截面积计算的滤液流速，m/s；ε 为滤饼空隙率；Δp_c 为滤液通过滤饼层的压降，Pa；a 为颗粒比表面，m^2/m^3；K' 为科泽尼常数，一般取其值为 5.0；μ 为滤液的黏度，Pa·s；L 为滤饼厚度，m。

设过滤设备的过滤面积为 A，在过滤时间 τ 时所获得的滤液量为 V，则过滤速率 u 为单位时间单位过滤面积所得的滤液量，即

$$u = \frac{dV}{A d\tau} = \frac{dq}{d\tau} \qquad (3-10)$$

式中，$q = V/A$ 为通过单位过滤面积的滤液量，m^3/m^2。

令

$$r = \frac{K'a^2(1-\varepsilon)^2}{\varepsilon^3} \qquad (3-11)$$

则式(3-9)可写为：

$$\frac{dV}{A d\tau} = \frac{\Delta p_c}{\mu r L} \qquad (3-12)$$

式中，比阻 r 表示单位厚度滤饼产生的过滤阻力，$1/m^2$。不可压缩滤饼的比阻 r 仅取决于悬浮液的物理性质；可压缩滤饼的比阻 r 则是操作压差的函数，随着压差的增大而增加。

滤液通过过滤介质同样具有阻力，而串联过程中的推动力及阻力分别具有加和性，故有

$$\frac{dV}{A d\tau} = \frac{\Delta p_c}{\mu r L} = \frac{\Delta p_m}{\mu r L_e} = \frac{\Delta p}{\mu r(L + L_e)} = \frac{过程的推动力}{过程的阻力} \qquad (3-13)$$

式中，L_e 为与过滤介质阻力相当的滤饼层厚度，称为当量滤饼厚度，m；Δp_m 为过滤介质两侧的压强差，Pa；Δp 为过滤操作的总压强差，$\Delta p = \Delta p_c + \Delta p_m$，Pa。

任一瞬间滤饼厚度 L 与当时已获得的滤液体积 V 之间的关系为

$$LA = cV \qquad (3-14)$$

式中，c 为滤饼体积与相应滤液体积之比，m^3/m^3。

类似地，得 $L_e A = cV_e$，则式(3-13)可整理为：

$$\frac{dV}{d\tau} = \frac{A^2 \Delta p_c}{\mu r c V} = \frac{A^2 \Delta p_m}{\mu r c V_e} = \frac{A^2 \Delta p}{\mu r c(V + V_e)} \qquad (3-15)$$

式中，V_e 为形成与过滤介质阻力相等的滤饼层所得的滤液量，称为当量滤液量，m^3。

令 $K = \frac{2\Delta p}{\mu r c}$，称为过滤常数，由物料特性及过滤压差决定，可用实验测定，m^2/s。上式则改写为：

$$\frac{dV}{d\tau} = \frac{KA^2}{2(V + V_e)} \qquad (3-16)$$

式(3-16)是过滤计算的基本方程，它表达了过滤过程中任一瞬间的过滤速率与各影响因素(物系性质、操作压差、该时刻以前的累计滤液量)之间的关系，缩短了过滤理论与实践问题

的距离。

1. 过滤的影响因素

由式(3-13)可以看出,过滤速率的大小主要由两个因素决定:一是施加于滤饼与过滤介质两端的压强差 Δp,即过滤操作的推动力,促进滤液流动。对不易变形的坚硬滤饼,增大压差能有效提高滤速。但由于受到过滤介质强度和滤液澄清度等的限制,最大压差一般不超过500kPa。二是阻碍滤液流动的因素 $\mu r(L+L_e)$,包括悬浮液的性质、滤饼与过滤介质特性。液体黏度一般随温度升高而降低,如将水温从 20℃ 提高到 50℃,其黏度降低 45%,提高料浆温度可提高过滤速率。但温度越高,蒸汽压越大,在真空操作时会降低真空度使滤速下降,不宜采用。可以在不影响滤液质量的前提下稀释料浆,也有较好的效果。滤饼阻力是影响过滤速率的主要因素。滤渣厚、颗粒细、结构紧密,则阻力就大。对于比阻较大的难过滤体系,可以通过使用凝结剂、絮凝剂或助滤剂等改善过滤性能。过滤介质的性质对过滤速率的影响也很大,它除了具有过滤作用外,还是滤饼的支撑物,应具有足够的机械强度和尽可能小的流动阻力。为了达到截留效果和过滤速率都比较理想,要根据悬浮液中颗粒的含量与粒度、液体性质、操作压力与温度等选择合适的介质。

2. 过滤的操作方式

过滤过程的典型操作方式有两种:一是恒压过滤,保持恒定压差,过滤速率逐渐减小,如真空过滤;二是恒速过滤,逐渐加大过滤压力,保持滤速不变,如用定量泵供料浆的过滤。为了避免过滤初期猛然加压而使较细的颗粒进入介质孔隙,引起滤液浑浊或介质堵塞,常在过滤开始时先用较小的压差,然后逐步升压,当压力升至设定值后,再转入恒压操作。另外,恒速过滤后期压力升高很多,易使过滤机产生泄漏,泵等动力设备超负荷,实际上也很少采用把恒速过滤进行到底的操作方法,而是采用先恒速后恒压过滤的复合操作方式。连续式过滤机上进行的过滤都是恒压过滤,间歇过滤机上进行的过滤也多为恒压过滤。

在恒定压差下,K 为常数。由式(3-16)可得

$$\int_{V=0}^{V=V}(V+V_e)\mathrm{d}V = \int_{\tau=0}^{\tau=\tau}\frac{KA^2}{2}\mathrm{d}\tau$$

$$V^2 + 2VV_e = KA^2\tau \qquad (3-17)$$

因 $q = \dfrac{V}{A}$ 及 $q_e = \dfrac{V_e}{A}$,则

$$q^2 + 2qq_e = K\tau \qquad (3-18)$$

此两式表示恒压条件下,过滤时累计滤液量 V(或 q)与过滤时间 τ 的关系,称为恒压过滤方程。

式(3-18)可改写为

$$\frac{\tau}{q} = \frac{1}{K}q + \frac{2}{K}q_e \qquad (3-19)$$

由式(3-19)可知,恒压过滤时 τ/q 与 q 有线性关系,如图 3-10 所示,直线的斜率为 $1/K$,截距为 $2q_e/K$。在与工业生产条件相同的试验条件下,测出不同过滤时间 τ 时的累计滤液量,作 τ/q 与 q 的直线图,即得过滤常数 K 与 q_e,可用于指导实际生产。

【例 3 - 3】　用一间歇式过滤机在恒压下过滤某药品悬浮液,已知操作条件下的过滤常数 $K = 6 \times 10^{-5}\,\mathrm{m^2/s}$, $q_e = 0.01\,\mathrm{m^3/m^2}$,若 1h 可得滤液 $4\mathrm{m^3}$,试计算所需的过滤面积。

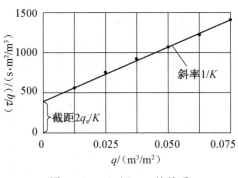

图 3 - 10　$(\tau/q) - q$ 的关系

解　恒压时　　$q^2 + 2qq_e = K\tau$

由已知条件,得

$$q^2 + 2 \times 0.01q = 6 \times 10^{-5} \times 3600$$

解得　　$q = 0.455\,\mathrm{m^3/m^2}$

所以　　$A = V/q = 4/0.455 = 8.8\,\mathrm{m^2}$

3.2.3　常见过滤设备

过滤悬浮液的设备统称为过滤机,由于工业生产中分离的悬浮液性质不同,过滤目的和原料处理不同,过滤设备也不相同。过滤机按操作方法的不同可分为间歇式和连续式两大类;按过滤推动力不同又可分为常压、加压和真空过滤机三种类型。目前制药工业生产中常用的设备主要有板框压滤机、叶滤机和转筒真空过滤机。

1. 板框压滤机

板框压滤机是加压过滤机的代表,由多块带凹凸纹路的滤板和滤框交替排列组装于机架而构成,见图 3 - 11 所示。滤板和滤框的个数可根据生产任务自由调节,一般为 10～60 块,过滤面积为 2～80m²。板和框可用铸铁、碳钢、不锈钢、硬橡胶或塑料等材料制造,无菌过滤时,一般采用不锈钢制造的压滤机。

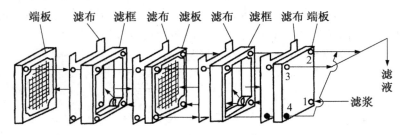

图 3 - 11　板框压滤机操作简图

滤板和滤框的四角开有圆孔,组装叠合后分别构成供滤浆、滤液、洗涤液进出的通道。过滤前,将滤布盖于板和框的交界面上,用压紧装置压紧。悬浮液从通道 1 进入滤框,滤液穿过滤框两边的滤布,再经相邻滤板的暗孔进入通道 2、通道 4 或通道 3 排出机外。当滤框内充满滤饼后,停止过滤,切断料浆通道 1,进行洗涤。洗涤液从通道 3 进入洗涤板两侧,穿过整块滤框内的滤饼,在非洗涤板的表面汇集,由通道 2 和通道 4 排出。洗涤完毕后,退出板框,卸除滤饼,清洗滤布,重新组装,进入下一个操作循环。

板框压滤机的优点是结构简单,过滤面积大,耐受压强差高(0.3～1.0MPa),可以过滤细小颗粒或液体黏度较高的物料,所得滤饼含水率低,比较适合于固体含量 10%～20% 悬浮液的分离。但是这种设备不能连续操作,劳动强度大,卫生条件差,生产能力低。在新型压滤设备——自动板框压滤机中,滤板拆装、滤渣卸除和滤布清洗等操作都能自动进行,大大缩短了非生产的辅助时间,节省了劳动力,提高了效率,使上述缺点在一定程度上得到改善。

2. 叶滤机

叶滤机的核心部件为滤叶,其结构如图 3-12 所示。滤叶通常用金属多孔板或网制造,内部具有空间可供滤液通过,外部覆盖滤布。过滤时,用泵将料浆压入机壳,在压力差的作用下,滤液穿过滤布进入滤叶内部,汇集到下部总管流出,颗粒沉积在滤布上形成滤饼。过滤结束后,进行洗涤,洗涤液的路径与滤液完全相同。洗涤后,用振动器或压缩空气反吹卸滤饼。

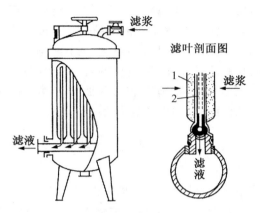

图 3-12　叶滤机
1. 滤饼　2. 滤布

叶滤机的优点是设备紧凑,过滤面积大,机械化程度高,卫生条件较好,且密封操作,也适用于无菌过滤。但是设备的结构比较复杂,造价较高,过滤介质的更换也比较麻烦。

叶滤机和压滤机都是典型的间歇式过滤机,其生产能力可按下式计算

$$Q = \frac{V}{T} = \frac{V}{\tau + \tau_{\text{w}} + \tau_{\text{D}}} \tag{3-20}$$

式中,Q 为生产能力,m^3/s;V 为一个操作周期所得的滤液量,m^3;T 为一个操作周期所需的总时间,s;τ 为一个操作周期内的过滤时间,s;τ_{w} 为一个操作周期内的洗涤时间,s;τ_{D} 为一个操作周期内的辅助时间(组装、卸渣、清洗等),s。

【例 3-4】　现用具有 38 个框的 BMY30/630-25 型(框内每边长 630mm,框厚 25mm)板框压滤机过滤某药品颗粒在水中的悬浮液。过滤操作在 20℃、恒定压差下进行,过滤常数 $K = 5 \times 10^{-5}\,\text{m}^2/\text{s}$,$q_{\text{e}} = 0.02\text{m}^3/\text{m}^2$,滤饼体积与滤液体积之比 $c = 0.04\text{m}^3/\text{m}^3$,滤饼洗涤时间与卸渣、重整等辅助时间共为 35min。求此板框过滤机的生产能力。

解　以一个框为基准进行计算。

过滤面积　　　　　　$A = 2A_{\text{侧}} = 2 \times 0.630 \times 0.630 = 0.794\text{m}^2$

$$V_{\text{饼}} = 0.630 \times 0.630 \times 0.025 = 0.0099\text{m}^3$$

滤液量　　　　　　　$$V = \frac{V_{\text{饼}}}{c} = \frac{0.0099}{0.04} = 0.248\text{m}^3$$

$$q = \frac{V}{A} = \frac{0.248}{0.794} = 0.312\text{m}^3/\text{m}^2$$

再根据恒压过滤方程 $q^2 + 2qq_{\text{e}} = K\tau$,已知 $K = 5 \times 10^{-5}\,\text{m}^2/\text{s}$,$q_{\text{e}} = 0.02\text{m}^3/\text{m}^2$,则

$$\tau = \frac{q^2 + 2qq_{\text{e}}}{K} = \frac{0.312^2 + 2 \times 0.312 \times 0.02}{5 \times 10^{-5}} = 2196.5\text{s} = 36.6\text{min}$$

板框过滤机的生产能力为:

$$Q = \frac{V_{\text{总}}}{\tau + \tau_{\text{w}} + \tau_{\text{D}}} = \frac{38V}{36.6 + 35} = \frac{38 \times 0.248}{71.6 \times 60} = 0.0022\text{m}^3/\text{s} = 7.9\text{m}^3/\text{h}$$

3. 转筒真空过滤机

转筒真空过滤机是一种连续操作的过滤设备,依靠真空系统造成的转筒内外的压差进行

过滤,其主体是一个能连续转动的水平圆筒,称为转鼓,其结构如图 3-13 所示。转鼓表面有一层金属网,上面覆盖滤布。工作时,转鼓下部浸入盛有悬浮液的滤槽中,并以 0.1～3r/min 的转速转动。转鼓旋转一周,相继进行过滤、洗涤、脱水和吹松卸渣等操作,卸料后的转鼓表面必要时可吹入压缩空气,以清理和再生滤布。其单位时间所得的滤液量,即生产能力为

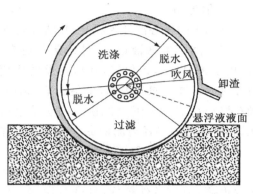

图 3-13　转筒真空过滤机的工作循环

$$Q = \frac{V}{\frac{60}{n}} = \frac{nV}{60} \qquad (3-21)$$

式中,V 为转筒旋转一周所得的滤液量,m^3;n 为转筒的转速,r/min。

转筒真空过滤机机械化程度高,能自动操作,劳动强度较小,处理量较大,适用于容易过滤的悬浮液。采用预涂助滤剂(常用硅藻土)的方法也可用于颗粒较细或黏性物料的过滤,只要调整刮刀的切削深度就能使助滤剂层在长时间内发挥作用。但辅助机械设备复杂,投资大,过滤面积较小,依靠真空过滤推动力有限(最大压差仅为 0.1MPa),导致滤饼含湿量较高(常达 20%～30%)且难以充分洗涤,此外它不能过滤高温料浆。

3.3　离心过滤

离心过滤是在离心力场作用下料浆中的液体穿过离心机多孔转鼓的过滤介质,而固体粒子被截留的分离过程。它以离心力为推动力完成过滤,兼有离心和过滤双重作用。而料浆所受离心力为重力的千百倍,这就强化了过滤过程,加快了过滤速率,所得滤饼含液量也较低。离心过滤一般用于处理颗粒粒径较大(大于 $10\mu m$)、固体含量较高的悬浮液。

离心机转鼓的壁面开有均匀密集的小孔,就成为过滤式离心机,也可称离心过滤机,其工作原理如图 3-14 所示。离心过滤过程一般分为三个主要阶段:滤渣的形成、滤渣的压紧和滤渣的机械干燥。料浆从进料口进入高速旋转的转鼓内,转鼓壁面上覆盖有过滤介质(滤布),在离心力的作用下,料液在转鼓圆筒内壁面几乎分布成一中空圆柱面,固相沉积在鼓壁上形成滤渣,滤渣受到压紧(与离心沉降时压紧沉渣相似),液相则通过鼓壁上的滤渣、介质和滤孔排出。在过滤后期,当空气进入渣内并使被分离物料变成三相体系后,开始进行滤渣压干过程,此时离心分离使滤渣空隙间的液体流出。但是根据物料性质的不同,有时可能只需进行一个或两个阶段。例如,较大颗粒的结晶体就只有第一阶段。

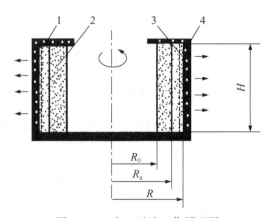

图 3-14　离心过滤工作原理图

1. 滤饼　2. 悬浮液　3. 过滤介质　4. 转鼓

可用下式表达过程的分离能力：

$$Q = \frac{\mathrm{d}V}{\mathrm{d}\tau} = k\pi\omega^2\rho H \frac{R^2 - R_0^2}{\mu\ln\left(\dfrac{R^2}{R_a^2}\right)} \tag{3-22}$$

式中，k 为滤饼的渗透率，由实验测定，m^2；ω 为旋转角速度，rad/s；ρ 为料浆的密度，kg/m^3；H 为转鼓的深度，m；μ 为液相的黏度，$Pa\cdot s$；R 为过滤器圆筒半径，m；R_0 为筒内恒定料液表面离轴半径，m；R_a 为滤饼表面离轴半径，m。

式(3-22)表示分离能力是随着滤饼厚度的变化而变化的，滤饼增厚，即 R_a 减小，则 $\mathrm{d}V/\mathrm{d}\tau$ 也变小，它们都是时间的函数。

典型的过滤式离心机有三足式离心机、卧式刮刀卸料式离心机、活塞推料式离心机等。由于转速一般在 $1000\sim1500 r/min$ 范围内，分离因数不大，只适用于晶体悬浮液和较大颗粒悬浮液的过滤分离以及物料的脱水，如结晶类物质的精制、淀粉的脱水、回收植物蛋白及冷冻浓缩的冰晶分离等。

1. 三足式离心机

三足式离心机(图3-15)是一种常用的间歇式离心机，在我国被普遍采用。转鼓、外壳和传动装置均固定于机座上，而机座则借助拉杆挂在三个支柱上，故而得名。工作时，转鼓的振动由拉杆上的弹簧吸收，不致经轴和轴承传到机座上，因而不会导致转鼓松动。此种离心机结构简单，操作平稳，占地面积小，故在制药工业中得到广泛使用。其分离因数一般为 $500\sim1000$，可分离粒径为 $0.05\sim5mm$ 的悬浮液，对于粒状、结晶状、纤维状的颗粒物料脱水效果好。但卸料时的劳动强度大，滤饼均匀性较差。

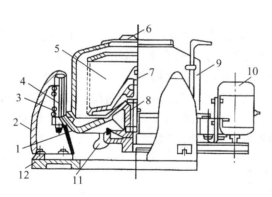

图 3-15　三足式离心机

1. 底盘　2. 支柱　3. 缓冲弹簧　4. 摆杆
5. 转鼓　6. 机盖　7. 主轴　8. 轴承座
9. 机壳　10. 电动机　11. 滤液出口　12. 机座

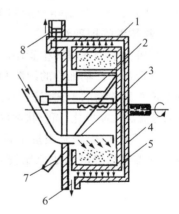

图 3-16　卧式刮刀卸料式离心机

1. 刮刀　2. 耙齿　3. 进料管
4. 机壳　5. 转鼓　6. 滤液出口
7. 卸渣斜槽　8. 油压装置

2. 卧式刮刀卸料式离心机

在固定机壳内，转鼓由一悬臂式主轴带动，悬浮液从进料管加入连续运转的卧式转鼓中，机内设有耙齿以使物料均匀分布，见图3-16所示。当滤饼达到一定厚度时，停止加料，进行洗涤、脱水，然后通过油压控制刮刀上移卸饼，再清洗转鼓。卧式刮刀卸料式离心机可在全速下自动循环进行过滤、洗涤、分离、卸料等工序的操作,具有处理量大、分离效果好、劳动强度低等优点,适于中细粒度悬浮液的脱水及大规模生产,如淀粉乳脱水。但是设备结构复杂,振动严重,且刮刀卸料造成晶体破损率大。

3. 活塞推料式离心机

这种离心机的结构如图 3 - 17 所示,属于连续式离心机。操作时,料液加入旋转的锥形料斗,而后分布到鼓壁滤网上,液体经滤孔流出,固体形成滤渣层。转鼓底部装有与转鼓一起旋转的活塞推料器,做往复运动进行脉动卸料。活塞推料式离心机脱水洗涤效果好,对晶体破坏小,运转平稳,适于固含量 30%～50%、粒度 0.25～10mm 的易滤料浆的脱水。但当推送器一次推送行程过长时会造成滤渣拥阻,可采用多级活塞推料离心机来缩短行程。

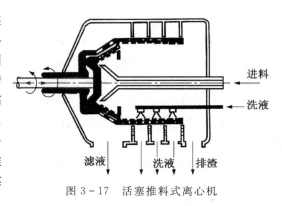

图 3 - 17　活塞推料式离心机

3.4　离心和过滤技术的应用

离心与过滤是制药生产中重要的单元操作,无论是原料药、成药乃至辅料的生产中都有广泛的应用,如结晶体与药液的分离、微生物发酵液菌体和细胞的回收或去除、中药浸出制剂的澄清、药液的除菌、注射用水的制备等。

1. 青霉素的提取纯化

发酵液固液分离是抗生素制品提取工艺中最重要的操作环节,具体方法和设备可根据发酵液特性进行选择。单细胞的细菌和酵母菌,其菌体大小一般在 $1～10\mu m$,高速离心的效果较好,如牛生长激素的提取工艺流程中,多次采用离心法将包涵体与细胞碎片及可溶性蛋白质分开,使后继的分离纯化简单化;而丝状菌(如霉菌和放线菌)体形较大,一般采用过滤的方法处理发酵液。

青霉素为 β-内酰胺类抗生素,其生产由发酵、过滤、萃取等过程组成,工艺过程见图 3 - 18 所示。青霉素培养液的成分比较复杂,除含有较低浓度的青霉素(3%～4%)外,还含有大量的

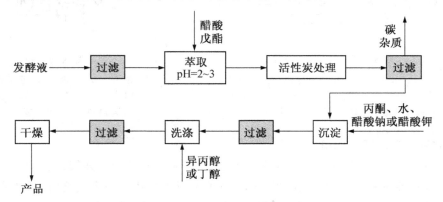

图 3 - 18　青霉素的提取和纯化

菌丝、未被利用的培养基、蛋白质、色素等,可通过预处理改善发酵液特性。首先将氯化钙和一种聚电解质分子加入发酵液中以形成絮状大颗粒,然后快速过滤,滤液用醋酸戊酯进行系列萃取步骤,使青霉素转入到有机相中,再将青霉素从有机溶剂中转入到 pH 中性的水溶液中。加入活性炭去除杂质,然后过滤除去活性炭,并将青霉素制成钠盐或钾盐,加入丙酮使之沉淀,过滤,反复洗涤沉淀物以除去残留杂质,滤得固体经干燥得产品。可见,过滤是青霉素生产中的重要中间环节,对产品的质量及产量等都具有直接影响。

2. 中药野马追提取液的固液分离

中药材来源于植物、动物或矿物,化学成分十分复杂。绝大多数中药制剂都需要通过浸提得到药用成分,药材(饮片)浸出的一般流程如图 3-19 所示,其提取液一般都含有很多药渣碎片、微粒以及没有药效的大分子胶体等杂质,影响药物制剂的体积、澄明度、口感等。通过离心分离异物或沉降过滤,将药液与药渣分开,可提高产品质量,降低以后精制的难度。

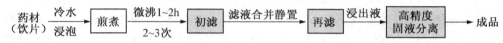

图 3-19　中药浸出一般流程

野马追提取液黏度较大,药液中存在某些可溶性蛋白质与多糖类物质,在一定条件下会逐渐自然聚合成大分子,以胶体形式存在于药液中,增加了两相分离的难度。实验测得其药渣的密度小于药液的密度,应采用过滤的方法进行固液分离。通过对药液基本物性与过滤特性的测定,表明药液的黏度是随着温度的升高而逐渐降低的,常温下的黏度大约是 60℃ 时的 2 倍,所以宜采取趁热过滤;中药提取液形成的滤饼为高度可压缩性滤饼,当滤饼两侧压强差增大时滤饼的比阻会迅速上升,因此过滤操作时不宜采用过高的过滤压强,操作压强为 0.2MPa 左右为宜。通过过滤介质过滤性能的测定,可筛选出适合于药液的过滤介质。采取加压过滤方法不仅能够明显降低药液中杂质的含量,还可以保证其有效成分在过滤后有较高的保留率。同时加入极少量药液允许添加的生物酶,对减少药液长期存放后沉淀的析出效果十分明显。

在制药工业中,还有对原料药结晶体的脱水干燥,活性炭脱色后药液的分离,以及大输液的配制过滤等等,离心与过滤的效果会直接影响产品的质量、分离精度。随着科学技术与工业生产的发展,人们对药物的品种、品位、质量要求越来越高。无论从现有制药工艺的生产技术、设备的更新,还是开发具有更高新技术要求的药品(包括高纯度药液的制取,或高精度分离与提纯),高精度过滤分离及集成工艺技术的开发都是十分必要的。

【思考题】

1. 按分离因数分,离心机有哪些种类?各自的适用范围是什么?
2. 试述碟片式离心机用于固-液分离和液-液分离时的特点。
3. 简述滤饼过滤、深层过滤的机理和应用范围。
4. 影响过滤速率的因素有哪些?
5. 简述离心沉降与离心过滤的异同。

6. 制备某中药口服制剂用离心机的转鼓直径为 1m,转速为 1200r/min,现用一台转鼓直径为 0.15m 的实验离心机模拟上述分离操作,其转速应取多少?

7. 某发酵生产分离用的管式离心机转鼓直径为 0.21m,高为 0.73m,转速为 6500 r/min。已知料液密度为 $1010kg/m^3$,黏度为 $1.03 \times 10^{-3} Pa \cdot s$,被分离菌体细胞视为球形,其直径为 $2 \times 10^{-6}m$,密度为 $1030kg/m^3$,求:

(1) 该分离条件下的生产能力。

(2) 若细胞破碎后离心,此时细胞直径平均降低 1 倍,料浆黏度升高 2 倍,其他条件维持不变,估算上述离心机的处理能力。

8. 在恒压下对某种药品颗粒的水悬浮液进行过滤,过滤 5min 得滤液 1L,再过滤 5min 又得滤液 0.6L。试计算继续过滤 5min 所增加的滤液量。

9. 用板框压滤机在恒压下过滤某药品悬浮液,已知滤框的尺寸为 635mm×635mm×25mm,操作条件下的过滤常数 $K = 1.6 \times 10^{-5} m^2/s$,$q_e = 0.01 m^3/m^2$,每获得 $1m^3$ 滤液所得的滤饼体积为 $0.1m^3$,若滤饼不需洗涤,卸渣、重整等辅助时间为 15min,过滤机的生产能力为 $9m^3/h$,求所需的最少滤框数。

【参考文献】

[1] 王志祥. 制药化工原理. 北京:化学工业出版社,2005
[2] 谭天伟. 生物分离技术. 北京:化学工业出版社,2007
[3] 李淑芬,姜忠义. 高等制药分离工程. 北京:化学工业出版社,2004
[4] 严希康. 生化分离工程. 北京:化学工业出版社,2001
[5] 金绿松,林元喜. 离心分离. 北京:化学工业出版社,2008
[6] Garcia A A,Bonen M R,Ramírez-Vick J,et al. 生物分离过程科学(Bioseparation Process Science). 刘铮,詹劲译. 北京:清华大学出版社,2004
[7] 袁惠新. 分离过程与设备. 北京:化学工业出版社,2008
[8] Rushton A,Ward A S, Holdich R G. Solid-Liquid Filtration and Separation Technology. 朱企新,许莉,谭蔚,等译. 北京:化学工业出版社,2005
[9] 辛秀兰. 生物分离与纯化技术. 北京:科学出版社,2005
[10] 郭勇. 现代生化技术. 第二版. 北京:科学出版社,2005
[11] 康勇,罗茜. 液体过滤与过滤介质. 北京:化学工业出版社,2008
[12] 路振山. 生物与化学制药设备. 北京:化学工业出版社,2005
[13] 马雪松,谭蔚,朱企新. 过滤分离技术应用于中药提取液的实验研究. 过滤与分离,2005,15(4):10~12,20
[14] 李淑芬,白鹏. 制药分离工程. 北京:化学工业出版社,2009
[15] 刘俊果. 生物产品分离设备与工艺实例. 北京:化学工业出版社,2009
[16] 刘小平,李湘南,徐海星. 中药分离工程. 北京:化学工业出版社,2005
[17] 田瑞华. 生物分离工程. 北京:科学出版社,2008

第 4 章

沉淀分离法

 本章要点

1. 掌握沉淀分离法的原理。
2. 熟悉沉淀分离法的常用技术。
3. 了解沉淀分离技术在药物分离中的作用。

4.1 概　述

沉淀分离是一种经典的分离方法,沉淀分离法就是采用适当的措施改变溶液的理化参数,调控溶液中各种成分的溶解度,从而将溶液中的欲提取或预沉淀成分与其他物质分开的技术。物质在水中形成稳定的溶液是有条件的,任何能够影响溶液理化环境的因素都会影响溶液的稳定性。因此,沉淀分离的实质就是通过沉淀,在固液分相后,除去液相或固相中的非必要成分,达到分离纯化的目的。沉淀分离主要是物理变化,也存在有化学反应的沉淀或结晶。沉淀和结晶在本质上同属一种过程,都是新相析出的过程,其区别在于形态的不同:同类分子或离子以有规则排列形式析出称为结晶,以无规则的紊乱的排列形式析出称为沉淀。

伴随着科技的发展,沉淀分离技术的应用也在不断革新。早期沉淀技术的目的是浓缩物料、去除杂质、提取粗品。随着超滤、薄层蒸发等技术的出现,多种新型沉淀剂的使用和更多沉淀方法的涌现,现在沉淀分离技术的主要用途是分离纯化溶液中的活性成分,或者是提取粗品,以便保存或进一步精加工。沉淀分离法的优点是原料易得、流程简单、成本低廉、便于小批量生产,在产物浓度越高的溶液中沉淀越有效,收率越高,而缺点是所得沉淀物可能伴随有多种物质(杂质),或含有大量的盐类,或包裹着溶剂,所以通过沉淀法进行高纯度分离较为困难,所得的产品纯度较低,需重新精制。

为了更好地解决沉淀分离法的缺点,在应用时应注意以下几点:① 采用的分离条件,如酸碱度、温度等是否会破坏待分离成分的化学结构,尤其是对于生物大分子,结构的改变还会造成被分离成分的溶解度改变,所以要求所发生的沉淀反应必须是可逆的;② 加入溶液中的沉淀剂或其他物质是否容易得到,在后续的精加工中是否容易除去;③ 要考虑加入溶液中的物质如沉淀剂等是否会对环境产生污染,是否对人体有毒害作用;④ 沉淀剂在待分离的溶液中要有适当的溶解度,沉淀剂的溶解度受温度的影响应较小。

常用的沉淀分离技术有盐析沉淀法、有机溶剂沉淀法、等电点沉淀法、高分子聚合物沉淀法、复合盐沉淀法等。

4.2 沉淀分离的理论基础

4.2.1 溶液的稳定

沉淀分离的对象主要是生物、农业和医药等方面的提取液、发酵液等。生物药物的表面有很多亲水基团和疏水基团,它们大多以胶体的形式溶解在提取液或发酵液中,因此我们首先讨论胶体溶液的稳定性。

胶体在溶液中高度分散,表面积巨大,表面能处于很高的状态,具有动力稳定性和聚集稳定性的特点。有的胶体能稳定存在很长时间,甚至长达数十年之久。它能长期保持稳定的主要原因是胶体的布朗运动、静电斥力以及胶体周围的水化层。

1. 布朗运动

悬浮微粒不停地做无规则运动的现象叫做布朗运动(Brownian motion),如图 4-1 所示。胶体粒子具有强烈的布朗运动,体系的分散度越大,布朗运动越剧烈,扩散能力越强,其动力稳定性也越强,胶体粒子越不易聚集沉淀。

2. 静电斥力

胶体稳定的另一因素是胶体分子间的静电排斥作用。在电解质溶液中,被带电胶体吸引的带相反电荷的离子称反离子。反离子层并非全部排布在一个面上,而是在距胶粒表面由高到低有一定的浓度分布,形成双电层。双电层可分为紧密层和扩散层两部分:① 在距胶粒一个离子半径处有一斯特恩曲面,反离子被紧紧束缚在胶粒表面、不能流动,该离子层被称为紧密层[斯特恩(Stern)层];② 在紧密层外围,随着距离的增大,反离子浓度逐渐降低,直至达到主体溶液的浓度,该离子层被称为扩散层。胶体粒子在溶液中移动时,总有一层液体随其一起运动,该薄层液体的外表面称为滑动面。紧密层(斯特恩层)、扩散层、滑动面的位置如斯特恩模型图 4-2。

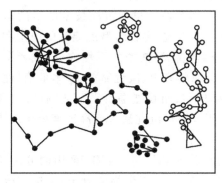

图 4-1 布朗运动

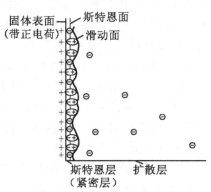

图 4-2 斯特恩模型图

双电层中存在电位分布,距胶粒表面由远及近,电位(绝对值)从低到高。当双电层的电位达到一定程度时,两胶粒间静电斥力强于分子间的相互引力,使胶体在溶液中处于稳定状态。

3. 胶体水化层

根据 X 射线衍射分析,液态水是微观晶体,具有与冰相似的结构,即 1 个中心水分子周围有 4 个水分子在四面体的顶角包围着它,四面体结构是通过氢键形成的。5 个水分子没有占满四面体的全部体积,是一个敞开式的松弛结构。离子溶入水中后,离子周围存在着一个对水分子有明显作用的空间,当水分子与离子间相互作用能大于水分子与水分子间的氢键能时,水的结构就遭到破坏,在离子周围形成水化层。胶体分子周围存在与胶体分子紧密或疏松结合的水化层。胶体周围水化层是防止胶体凝聚沉淀的屏障之一。胶体周围水化层越厚,胶体溶液越稳定。

4.2.2　沉淀的原理

虽然胶体具有聚集稳定性,但它毕竟是热力学不稳定体系。许多外部因素如冷与热、机械作用、化学作用等都可以破坏胶体的稳定。导致溶胶分散度降低,分散相颗粒变大,最后从介质中沉淀析出,这种现象称作聚沉。外部因素诸如电解质可以夺走水分子,破坏水化层,暴露疏水基团,从而使胶体沉淀。或者外因逐渐中和了胶体电荷,使分散层厚度变小,导致紧密层电位降低,静电斥力逐渐减小,分子间相互吸引力加大甚至超越斥力,同时粒子间的布朗运动反而使其聚集沉淀。

4.3　常用沉淀分离技术

4.3.1　盐析沉淀法

1. 盐析原理

从广义上说,把电解质加入胶体,使胶体微粒重新扩散、排列、聚集成新颗粒的物理-化学变化过程叫做盐析。在本章节中,胶体在高离子强度溶液中溶解度降低,以致从溶液中沉淀出来的现象称为盐析。在水溶液中,胶体分子上所带的亲水基团与水分子相互作用形成水化层,避免了相互碰撞,保护了胶体粒子,同时极性基团使分子间相互排斥使胶体形成稳定的胶体溶液。因此,可通过破坏胶体周围的水化层和中和极性基团电荷,降低胶体溶液的稳定性,实现胶体的沉淀。当加入大量中性盐后,夺走了水分子,破坏了水膜,暴露出疏水区域,同时又中和了电荷,使颗粒间的相互排斥力大大降低,胶体分子结合成聚集物而沉淀析出,盐析过程见图 4-3 所示。各种胶体"盐析"出来所需的盐浓度各异,盐析所需的最小盐量称做盐析浓度。盐析法(salting-out precipitation)就是通过控制盐的浓度,使混合溶液中的各个成分分步盐析出来,达到分离的目的。

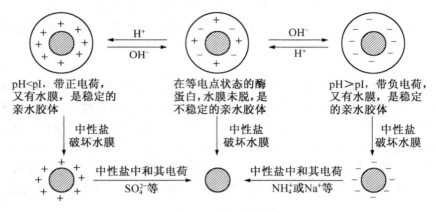

图 4-3 盐析原理

2. 盐析公式

在高浓度盐溶液中,溶质溶解度的对数值与溶液中的离子强度成线性关系,可用 Cohn 经验方程表示:

$$\lg S = \beta - K_s I \tag{4-1}$$

式中,S 为蛋白质溶解度,mol/L;β 为盐浓度为 0 时,目的高分子溶解度的对数值,与高分子种类、温度、pH 有关;I 为离子强度,$I = \frac{1}{2}\sum c_i Z_i^2$,式中 c_i 为第 i 种离子浓度,mol/L;Z_i 为离子化合价;K_s 为盐析常数,与蛋白质和无机盐的种类有关,与温度、pH 无关。

(1)K_s 分级盐析法:蛋白质对离子强度的变化非常敏感,易产生共沉淀。在一定 pH 和温度下,改变体系离子强度进行盐析的方法叫 K_s 分级盐析法。此法常用于蛋白质的粗提。

(2)β 分级盐析法:当溶质溶解度变化缓慢,且变化幅度小,在一定离子强度下,改变 pH 和温度进行盐析的方法叫 β 分级盐析法。此法分辨率更高,常用于对粗提蛋白做进一步的分离纯化。

3. 常用的盐析剂

盐析用盐的要求是:① 盐析作用要强;② 盐析用盐需有较大的溶解度;③ 盐析用盐必须是惰性的;④ 盐析用盐要求来源丰富、经济。可使用的中性盐有:硫酸铵、硫酸钠、硫酸镁、氯化钠、醋酸钠、磷酸钠、柠檬酸钠和硫氰化钾等。Hofmeister 理论认为:半径小而带电荷高的离子的盐析作用较强,而半径大、带电荷量低的离子的盐析作用则较弱。以下为按 Hofmeister 理论排列的各种盐离子的盐析作用的大小顺序:

$IO_3^- > PO_4^{3-} > SO_4^{2-} > CH_3COO^- > Cl^- > ClO_3^- > Br^- > NO_3^- > ClO_4^- > I^- > SCN^-$

$Al^{3+} > H^+ > Ca^{2+} > NH_4^+ > K^+ > Na^+$

其中,硫酸铵、硫酸钠以溶解度大且溶解度受温度影响小、价廉、对目的物稳定性好、沉淀效果好等优点在实际工作中应用最为广泛。

4. 影响盐析的因素

(1)蛋白质种类:不同蛋白质、活性高分子,所需盐析剂不同,盐析浓度不同,盐析效果也不同。在 Cohn 方程(4-1)中,β 和 K_s 与蛋白质种类有关,不同蛋白质 β 和 K_s 值不同。相对分子质量大、结构不对称的蛋白质 K_s 值越大,越易沉淀。

（2）温度和 pH 值：在低离子强度溶液中，生物大分子等的溶解度在一定温度范围内，与温度呈正比例关系，随着温度的升高而增大。但是在高离子强度溶液中，升高温度有利于某些蛋白质失水，因而温度升高，蛋白质的溶解度下降。因此，一般说来盐析时不要降低温度，除非这种蛋白质不耐热。在 pH 等于等电点的溶液中，蛋白质静电荷为零，静电斥力最小，溶解度最低。因此，盐析时 pH 尽量调节到等电点附近。

（3）离子类型：相同的离子浓度下，盐种类的不同对蛋白质的盐析效果不同。这一点，Hofmeister 理论早已有所指明。Hofmeister 对一系列盐析剂进行了盐析测定，根据盐析能力，得出了前述的各种盐离子的盐析作用排序。

（4）蛋白质的原始浓度：蛋白质浓度高时，盐的用量少，但蛋白质浓度须适中，以避免溶液中多种蛋白质共沉。蛋白质浓度过低时，虽然共沉作用小，但消耗大量中性盐，对蛋白质回收也有影响，并且经济效益不高。也就是说，同一种蛋白质在不同浓度下的沉淀比率常常会发生变化。例如，30g/L 的碳氧肌红蛋白溶液，在饱和度为 58%～65% 的硫酸铵溶液中，能大部分沉淀出来。将上述溶液稀释 10 倍后，在饱和度为 66% 的硫酸铵中仅刚开始出现沉淀，直到饱和度为 73% 时，才较完全沉淀。对单一蛋白质溶液，蛋白质的浓度在盐析时应尽可能控制在较高的范围。我们往往实际面对的是一个较为复杂的混合体系，其中往往存在多种蛋白质，对混合蛋白质的盐析，蛋白质浓度过高，会发生较为严重的共沉作用，所以在这种情况下，蛋白质浓度一般不能高，控制浓度范围一般为 2.5%～3%（25～30mg/ml）。

（5）盐的加入方法：通常有两种加入盐析剂的方法：① 直接分批加入固体盐类粉末。在加入时应当充分搅拌，使其完全溶解并防止局部浓度过高，同时还能使蛋白质充分聚集，易沉淀；搅拌时要注意不能破坏某些脆弱目的物。② 盐浓度不需太高时，尤其在实验室和小规模生产中，加入饱和盐溶液，它可防止溶液局部过浓；但应注意加量较多时，溶液会被稀释而影响目的物的浓度。

5. 盐析沉淀法的操作步骤

在实际操作中，最常用的盐析剂是硫酸铵。由于它的盐析能力强，在水中的溶解度大（25℃时溶解度为 4.1mol/L）且价格便宜，浓度高时不会引起蛋白质失去生物活性，因而在生产和实验室中都得到广泛的应用。硫酸钠的应用也比较广泛。硫酸铵的不足之处在于缓冲能力弱，所含氮原子有时会干扰蛋白质分析，而硫酸钠则不含氮，但 30℃ 下溶解度很低，适于30℃ 以上操作。磷酸盐盐析效果强于硫酸铵，但后者溶解度较大（0℃ 时饱和度为 5.35mol/L，25℃ 时饱和度为 5.82mol/L），受温度影响较小。分段盐析时要考虑分段后蛋白质浓度的变化，不同浓度蛋白质要求不同盐析饱和度，而且为了实验结果的重复性，盐析操作条件应严格控制 pH、温度及硫酸铵纯度，一般需放置 30～60min。低浓度硫酸铵盐析后一般通过离心分离。

以蛋白质的盐析沉淀为例，其具体操作步骤包括：① 将蛋白质溶液放置冰浴中，并置于磁力搅拌器上搅拌；② 一边搅拌，一边加入硫酸铵至饱和；③ 继续搅拌 10～30min；④ 10000g 离心 10min 或 3000g 离心 30min；⑤ 弃去上清，沉淀溶解于 1～2 倍沉淀体积的缓冲液中，不溶物离心除去；⑥ 硫酸铵可以通过透析、超滤和凝胶脱盐柱除去。

蛋白质、酶等经过盐析沉淀分离后，产品中若含有盐分，还需进行脱盐处理，常用脱盐处理的方法有透析法、超滤法及凝胶过滤法。

4.3.2　有机溶剂沉淀法

有机溶剂沉淀法的技术已有很悠久的历史了,早在20世纪40年代,Cohn等利用乙醇的低介电常数性质首先研究出不同浓度乙醇分级分离多种医用人血浆蛋白的方法。到21世纪,随着技术的改进与革新,有机溶剂沉淀法在科研和工业生产中更占据着重要的地位。

1. 基本原理

有机溶剂能使特定溶质成分产生沉淀的主要原因有:① 有机溶剂的介电常数比水小,随着有机溶剂的加入,整个溶液的介电常数降低,带电的溶质分子之间的库仑引力逐渐增强,从而相互吸引而聚集;② 加入有机溶剂时,水对蛋白质分子表面电荷基团或亲水基团的水化程度降低,有机溶剂能破坏溶质分子周围形成的水化层,使其静电斥力减弱甚至消失,从而降低了溶质的溶解度。有机溶剂沉淀法的原理如图4-4所示。一般来说,溶质相对分子质量越大,越容易被有机溶剂沉淀,发生沉淀所需要的有机溶剂浓度越低。

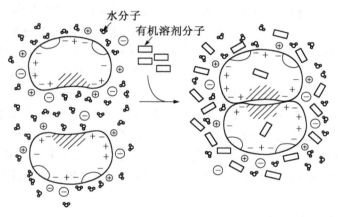

图4-4　有机溶剂沉淀法原理图

2. 影响有机溶剂沉淀效果的因素

(1) 溶液的pH值:在保证生物分子的化学结构不被破坏、药物生物活性不消弱的pH范围内,生物分子的溶解度是随着pH的变化而改变的。为了得到良好的沉淀效果,需要找到使其溶解度最低时的pH。一般情况下,这个pH就是生物分子的等电点。溶液中存在有机溶剂时,该pH会有小幅度的偏离。选择合适pH可以有效地提高沉淀的效率。由于溶液中各种成分的溶解度随pH变化的曲线不同,控制pH还会大大提高沉淀分离的能力。值得注意的是,有少数生物分子在等电点附近不太稳定,会影响其活性,另外要避免溶液中的目的物与其他生物分子(特别是杂质)带有相反的电荷,这会加剧共沉淀现象,造成分离的困难。

(2) 温度:在常温下,由于有机溶剂能够渗入生物分子的内部,致使一些原来包在内部的疏水基团暴露于表面,然后与有机溶剂的某些结构基团发生作用,破坏生物分子结构的稳定性,甚至使生物分子变性。当温度降低到一定程度时,生物分子表面变得十分坚硬,有机溶剂无法渗入其中,这样能够防止变性的发生,因而可以采取低温的手段来防止这种变性的出现。对有机溶剂沉淀法来说温度是一个重要因素,温度偏高时,轻则由于生物分子的溶解度升高而不能有效地沉淀下来,重则造成生物分子的不可逆变性;同时低温可以减少有机溶剂的挥发,有利于安全沉淀,用有机溶剂沉淀物料的温度一般控制在零摄氏度以下。小分子物质的结构比生物大分子要稳定得多,不易被破坏,因此用有机溶剂分离小分子物质时对温度的要求不必过分严格,然而低温对提高沉淀的效果同样有效。

(3) 生物分子的浓度:生物分子浓度较高时,需要的有机溶剂较少,欲沉淀的组分损失也较少,但存在共沉淀作用而使分离的分辨率降低的问题。若要降低浓度,就需要进行稀释,稀释后体积增大,要达到同样的沉淀效果必然要使用更多的有机溶剂,总反应体积因此大大增加,同时还带来回收率降低、活性组分稀释变性、固液分离困难等严重的问题。物料浓度较低的优点是共沉淀少,有更好的分辨率。将溶液中生物分子的浓度控制在一定的范围,可有效调和分离效果和回收率,同时也避免有机溶剂的使用量过大。一般认为,对于蛋白质溶液0.5%~3%的起始浓度比较合适,而对于粘多糖起始浓度以1%~2%为宜。

(4) 溶剂的种类及浓度:不同的有机溶剂由于其介电常数不同,对相同的溶质分子产生的沉淀作用也不同。一般认为,介电常数越低的有机溶剂,其沉淀能力越强。

同一种有机溶剂对不同的溶质分子产生的沉淀作用大小也不一样。在溶液中不断加入有机溶剂,其浓度不断升高,溶液的介电常数逐渐降低,溶质的溶解度在某一范围内会对此十分敏感。也就是说,溶液中某一成分沉淀所需要的有机溶剂浓度的范围是比较窄的,不同溶质分子的溶解度发生急剧变化时的有机溶剂浓度范围是不同的,正因如此,使有机溶剂沉淀法有了较好的分辨率。所以,操作过程中应该严格控制有机溶剂的加入量,避免有机溶剂浓度低造成沉淀不完全甚至不能沉淀,或有机溶剂浓度高造成共沉淀现象。

(5) 离子强度:在低浓度范围内,盐浓度的增加会造成溶质溶解度的升高,即“盐溶”现象;当盐浓度达到一定的数值后,再增加盐浓度反而造成溶质溶解度的降低,这就是“盐析”现象。由于离子强度与盐浓度是相关的,离子强度对溶质溶解度的影响等价于盐浓度影响。离子强度是影响溶质溶解度的一个重要因素。当溶液中含有一定量的中性盐时,胶体在有机溶剂水溶液中的溶解度升高。所以用盐析法制得的粗品,复溶后进一步用有机溶剂法沉淀纯化时,须先透析除盐,否则会增大使胶体沉淀所需要的有机溶剂用量。但如果溶液中含有适量的中性盐会减小有机溶剂沉淀时变性的影响。

(6) 金属离子:溶液中若有某些多价阳离子(如 Ca^{2+} , Zn^{2+} 等),在合适的 pH 范围内可以与呈阴离子状态的高分子溶质形成复合物,这些复合物的溶解度远小于其溶质,并且生物活性并未被破坏。因此,可用加入这些阳离子的方式减少有机溶剂的用量。采用阳离子辅助沉淀时有几个问题需要注意:① 溶液中(包括早期加入的各种缓冲液、酸碱溶液)是否与选定的阳离子发生沉淀反应;② 沉淀反应完成后,阳离子可以去除,并应该尽早去除。

影响有机溶剂沉淀的因素很多,实际上每个因素都不是单独发挥作用的,因此不可能只控制其中的一个因素就能很好地完成沉淀反应。在实际应用时,需要对各种影响因素进行优化,通过它们的综合作用,才能获得理想的分离效果。

3. 有机溶剂的选择

很多有机溶剂都可以使溶液中的蛋白质发生沉淀,如乙醇、甲醇、丙酮、二甲基甲酰胺、二甲基亚砜、异丙醇等。选择合适的有机溶剂,主要应考虑以下几点:① 介电常数小,沉淀作用强;② 致变性作用要小,不参与蛋白质等溶液反应;③ 毒性小,挥发性适中,不易燃;④ 必须与水完全混溶。乙醇和丙酮是常用的有机溶剂。乙醇的沉析作用强、挥发性适中且无毒,常用于蛋白质、核酸、多糖等生物大分子的沉析;丙酮沉淀作用更强,但毒性大,应用范围不如乙醇广泛。

4. 有机溶剂加入量的计算

要将溶液中的有机溶剂调整到一定的浓度,有机溶剂的加入量可以按照下列公式计算:

$$V = \frac{V_0(S_2 - S_1)}{S_3 - S_2} \tag{4-3}$$

式中,V 为需要加入的已知浓度的有机溶剂的体积,V_0 为待沉淀溶液的体积,S_1 为待沉淀溶液中有机溶剂的浓度,S_2 为要求达到的有机溶剂浓度,S_3 为准备加入待沉淀溶液中的有机溶剂的浓度。

若只是为了获得沉淀而不着重于进行分离,可用溶液体积数倍的有机溶剂来进行有机溶剂沉淀。

5. 操作注意事项

在进行有机溶剂沉淀时,应注意以下内容:① 为了把热量迅速扩散出去,有机溶剂沉淀过程应在较大的容器中进行;② 加入的有机溶剂应预冷至低温,包括沉淀离心等沉淀过程都必须在低温下进行;③ 预冷的有机溶剂缓缓加入溶液中,并缓缓搅拌,以防止造成局部沉淀不均;④ 所得沉淀也应迅速溶于足够量的缓冲液中,以减少残留有机溶剂对沉淀物的影响。否则就要采取适当的措施(如冻干)去除有机溶剂后保存,或者密封后在适宜低温下保存。

4.3.3 等电点沉淀法

蛋白质分子表面覆盖有带正电荷和负电荷的基团。当 pH 高于等电点时,表面的负电荷处于优势地位,它将排斥带相似电荷的分子;相反,在 pH 低于等电点时,表面遍布正电荷,带相似电荷的分子也将彼此排斥。然而,在等电点时,蛋白质分子表面的正电荷和负电荷相互抵消,蛋白质分子的净电荷为零,单个分子间静电排斥作用减小,而发生静电吸引作用,形成比较大的粒子从而产生沉淀。简单地说,等电点沉淀主要利用蛋白质分子作为两性电解质在电中性时溶解度最低的特性来选择性沉淀具有不同等电点的蛋白质。在等电点沉淀操作中,大多通过加入无机酸如盐酸、磷酸、硫酸或其钾盐、钠盐等调节 pH 值。等电点沉淀原理如图 4-5 所示。

由于蛋白质在等电点沉淀中可能发生变性和失活,部分蛋白质等电点沉淀后不容易溶解,因而它经常用于沉淀混合蛋白质中的不需要成分,而比较少用于沉淀目的蛋白。应用此法时需事先了解目的蛋白对酸碱的稳定性,有些蛋白质与金属离子结合后等电点有所偏移,而且等电点沉淀对 pH 的要求比较高。

等电点沉淀法常与盐析法、有机溶剂法等一起使用,较少单独使用。不同氨基酸的等电点如表 4-1 所示。

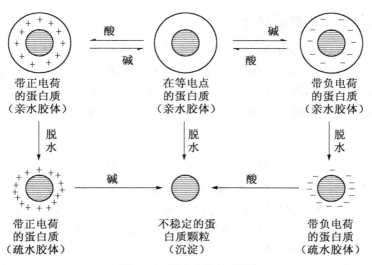

图 4 - 5　等电点沉淀原理

表 4 - 1　不同氨基酸的等电点

氨基酸	pK₁（—COOH）	pK₂（—NH₃⁺）	pKᵣ（R 基）	pI
甘氨酸	2.34	9.60		5.97
丙氨酸	2.34	9.60		6.02
缬氨酸	2.32	9.62		5.97
亮氨酸	2.36	9.60		5.98
异亮氨酸	2.36	9.68		6.02
丝氨酸	2.21	9.15		5.68
苏氨酸	2.63	10.43		6.53
天冬氨酸	2.09	9.82	3.86（β - COOH）	2.97
天冬酰胺	2.02	8.8		5.41
谷氨酸	2.19	9.67	4.25（γ - COOH）	3.22
谷氨酰胺	2.17	9.13		5.65
精氨酸	2.17	9.04	12.48（胍基）	10.76
赖氨酸	2.18	8.95	10.50（ε -氨基）	9.74
组氨酸	1.82	9.17	6.00（咪唑基）	7.59
半胱氨酸	1.71	8.33	10.78（—SH）	5.02
甲硫氨酸	2.28	9.21		5.75
苯丙氨酸	1.83	9.13		5.48
酪氨酸	2.20	9.11	10.07（—OH）	5.66
色氨酸	2.38	9.39		5.89
脯氨酸	1.99	10.60		6.30

4.3.4　高分子聚合物沉淀法

除了盐和有机溶剂可以使生物大分子在非变性情况下产生聚集，Polson 等科研人员发现大相对分子质量、中性的、水溶性的聚合物也可以用来沉淀血浆蛋白。非离子高分子聚合物的发展源于 20 世纪 60 年代，可以用不同相对分子质量系列的聚乙二醇（PEG）、壬苯乙烯化氧（NPED）、葡聚糖、右旋糖酐硫酸钠等。聚乙二醇应用最多，结构式如下：

$$CH_2 \overline{\left(CH_2 - CH_2 - O \right)_{\overline{n}}} CH_2$$
$$|\qquad\qquad\qquad\qquad\quad |$$
$$OH\qquad\qquad\qquad\qquad OH$$

聚乙二醇具有螺旋状结构，亲水性强，用于纯化蛋白质的相对分子质量范围在 4000～20000。聚乙二醇沉淀蛋白质的效果除与蛋白质浓度有关外，也与离子强度、pH 值和温度有关。pH 恒定时，溶液中盐浓度越高，所需的 PEG 浓度越低，PEG 相对分子质量越大，沉淀效果越好。大多数聚合物水溶液的黏度均会比较高，但聚乙二醇例外。该水溶液浓度达到 20%（W/V）时黏度也不会太高，而对于大部分蛋白质溶液中的多数组分可以在它的浓度（20%）以下就已经沉淀下来。聚乙二醇的相对分子质量大于 4000 效果比较好，而常用于蛋白质沉淀的聚乙二醇的相对分子质量是 6000 和 20000。这种方法产生蛋白质沉淀的机理非常类似于有机溶剂沉淀，可以将聚乙二醇看成多聚的有机溶剂。一般认为，PEG 沉淀的主要机理是通过空间排斥，使溶质蛋白质分子聚集在一起而引起沉淀发生。

PEG 沉淀法主要优点是：① 操作条件温和；② 可室温操作；③ 不易引起蛋白质变性或复性；④ 沉淀效果强，很少量的 PEG 即可以沉淀大量蛋白质。

用非离子多聚物沉淀蛋白质等生物大分子一般有两种方法：一是用两种非离子多聚物组成双水相溶液系统，利用生物大分子分配系数的不同进行分离；另一种是在同一液相中利用非离子多聚物的排斥作用使蛋白质聚集析出。PEG 一般与 0.1～1.0mol/L NaCl 溶液联合应用。PEG 从蛋白组分中除去相对比较困难，常用的透析方法不能除去，而使用 Sephadex G-25 的除盐柱分离程度也不好，尤其是使用 PEG20000。PEG 残留浓度比较低时，不会对后续过程产生有害的影响，例如盐析、离子交换、亲和色谱、凝胶过滤均不需事先完全去除 PEG。

用 PEG 沉淀蛋白质等生物大分子的操作步骤为：① 蛋白质溶液中，在缓慢搅拌下加入PEG；② 继续搅拌 30～60min，至完全沉淀为止；③ 10000g 离心 10min；④ 除去上清液；⑤ 使用是沉淀体积 1～2 倍体积的缓冲溶液进行沉淀悬浮。

4.3.5　复合盐沉淀法

生物大分子可以生成盐类复合物以进行沉淀。盐类复合物都具有很低的溶解度，极容易沉淀析出复合盐，也是一种极为重要的沉淀分离剂。

按照生物分子结合功能团的不同复合盐沉淀法一般分为：① 金属复合盐沉淀法；② 有机酸类复合盐沉淀法；③ 无机复合盐（如磷钨酸盐、磷钼酸盐等）沉淀法。

1. 金属复合盐沉淀法

金属复合盐沉淀法是金属离子与生物分子的酸性功能团作用形成金属复合盐而引起生物分子沉淀的方法。常用的金属离子有 Mn^{2+}、Fe^{2+}、Co^{2+}、Ni^{2+}、Cu^{2+}、Zn^{2+}、Cd^{2+}、Ca^{2+}、Ba^{2+}、Mg^{2+}、Pb^{2+}、Hg^{2+}、Ag^+ 等。金属复合盐可通以 H_2S 气体使金属离子变成硫化物而除去，但是一些重金属离子能使生物分子不可逆的变性,在选择沉淀剂时须谨慎。

2. 有机酸类复合盐沉淀法

有机酸离子与生物分子的碱性功能团作用形成有机酸复合盐。可用的有机酸有苦味酸、苦酮酸、鞣酸等。有机酸类复合盐可以加入无机酸并用乙醚萃取,把有机酸等除去,或用离子交换法除去。有机酸类复合盐沉淀时须采取较温和的条件,有时还要加入一定的稳定剂以防止与蛋白质发生不可逆的沉淀。例如,2.5%三氯乙酸(TCA)分离细胞色素 C、胰蛋白酶或拟肽酶等,可以除去大量的杂质蛋白而对酶的活性没有影响。

4.4　各种沉淀方法应用范围

传统的蛋白质分离方法如盐析法、有机溶剂沉淀法在实际分离蛋白中仍有大量的应用,这些可作为蛋白粗分离手段,且后者能有相对更好的分辨率。而等电点沉淀法在适宜条件下也可用于高纯度生物大分子的制备。等电点法常与盐析法、有机溶剂沉淀法或其他沉淀方法联合使用,以提高其沉淀能力。高分子聚合物是 20 世纪 60 年代发展起来的一类重要沉淀剂,最早用于提纯免疫球蛋白、沉淀一些细菌和病毒,近年来逐渐广泛应用在细菌和病毒、核酸和蛋白质三个方面。盐类复合物都具有很低的溶解度,极易沉淀析出,值得注意的是此类方法常使蛋白质发生不可逆沉淀,应用时必须谨慎。

4.5　沉淀分离技术的应用

天然高分子化合物如酶、糖蛋白、多肽等大多具有很强的生理活性,分离制备这些活性物质形成了现代制药的一个重要技术领域。作为一种应用较早的分离技术,沉淀分离法已取得了深入而广泛的应用。

1. 丙酮沉淀分离纯化西洋参中人参二醇类和三醇类皂苷

西洋参为五加科植物西洋参 *Panax quiquefolium* L. 的干燥根,具有补气养阴、清热生津的功效。西洋参总皂苷(PQS)含有人参二醇类皂苷(PQDS)和人参三醇类皂苷(PQTS)。利用 PQDS 与 PQTS 在丙酮溶剂中的溶解度不同,即 PQTS 溶于丙酮留在溶液中,而 PQDS 不溶于丙酮而沉淀,从而进行分离。其操作过程可以概括为:① 将经过提取粗分离好的西洋参总皂苷 6.0g,用 30ml 70% 乙醇溶解,加 300ml 丙酮搅拌,析出大量沉淀,静置,过滤;② 沉淀干燥,得棕黄色干燥疏松粉末 3.5g;③ 母液回收溶剂至干,用 20ml 95% 乙醇溶解,加 200ml 丙酮搅拌,静置,过滤,沉淀干燥,得棕黄色疏松粉末 1.0g;④ 母液回收溶剂,用 10ml 95% 乙醇溶解,加 100ml 丙酮搅拌,静置过滤,沉淀干燥,得棕黄色疏松粉末 0.5g;⑤ 母液回收溶剂,60℃减压干燥,得棕黄色干燥疏松粉末 1.0g,为 PQTS;⑥ 将②③④所得的三部分沉淀合并,用 30ml 水溶解,加 300ml 丙酮搅拌,静置、过滤,沉淀减压干燥,得黄白色干燥疏松粉末 4.0g,为 PQDS。

2. 玉米面筋粉中醇溶蛋白的制备

玉米面筋粉中醇溶蛋白的提取,可以利用稀盐溶液促进醇溶蛋白的等电点沉淀。最佳提取条件为:盐浓度 2%,提取液与盐溶液体积比为 5∶1,醇浓度 30%～50%。此工艺可缩短沉

淀时间,有利于工业化生产。工艺流程如下:

醇溶蛋白提取液 ——{ 溶剂回收 ——→ 稀释 ——→ 调节 pH 至 pI ——→ 盐溶液处理 ——→ 分离
                    { 醇溶蛋白 ——→ 水洗 ——→ 干燥 ——→ 粉碎 ——→ 产品

3. 等电点沉淀-超滤提取猪血 SOD

超氧化物歧化酶(SOD)在体内专一地消除机体新陈代谢中产生的超氧阴离子自由基,生成过氧化氢,再由机体内过氧化氢酶进一步分解生成水和氧,以清除超氧阴离子自由基等中间物的毒性,能有效地防御活性氧对生物体的毒害作用。SOD 应用于临床治疗,具有抗老化、抗辐射、抗炎症等效果,甚至对自身免疫病都有一定的疗效,也被用于高级化妆品、食品、饮料等领域。本工艺采用等电点沉淀结合超滤法,从猪血中制备高纯度、高活力的 SOD 产品。其方法为:取新鲜猪血 500ml,加入 200ml 柠檬酸三钠,在 3000r/min 转速下离心 15min,分离得到血清和血细胞,血细胞用两倍体积的 0.9% NaCl 溶液洗涤三次,每次以 3000r/min 离心 5min。向所得的血细胞中加入等体积的去离子水剧烈搅拌 30min,在 0~4℃下静置过夜,次日取出向溶液中加入适量醋酸钠,然后用醋酸调节 pH 值至 3.0,静置 30min,然后用 3000 r/min 转速离心 15min,去除沉淀,向上清液中加入醋酸钠,调节 pH 至 7.6,65℃水浴 20min 后迅速在冰上冷却,5000r/min 转速下再离心 15min,弃去沉淀物,收集上清液。用超滤器将上清液浓缩纯化至原体积的 1/5,冷冻干燥,得到淡蓝色的成品。该工艺用等电点沉淀、热变性方法除去血红蛋白,用超滤技术浓缩和纯化 SOD,减少了传统方法中有机溶剂的使用,减轻了对环境的危害。此试验制得的 SOD 收率、纯度、比活等方面比传统方法均得到了较大的提高。

4. 盐析法分离苹果渣中的果胶

果胶是一种天然的多糖类高分子化合物,是人体七大营养素中膳食纤维的主要成分之一,具有抗癌、抗腹泻、治疗糖尿病、减肥等功效。此外,由于果胶具有良好的胶凝性和乳化作用,在食品工业和医药工业上应用较广泛,例如生产果冻、果酱、冰淇淋及轻泻剂、止血剂、毒性金属解毒剂等。在酸提取的基础上对其果胶的盐析沉淀是目前性价比较高的提取分离工艺。

果胶液的制备:在苹果渣中加入其质量 12 倍的蒸馏水,搅拌均匀,用磷酸和亚硫酸(体积比 1:2)的混合酸调 pH 值至 2.0,于 90℃下保温浸提 2.0h,然后趁热用 60 目滤布过滤,滤渣用水洗至滤液不黏稠,合并滤液,再用 200 目筛网过滤,然后上填料为 XAD-5 型大孔树脂的层析柱脱色,收集脱色液,备用。

盐析剂的选择:称取 $(NH_4)_2SO_4$、$CuCl_2$、$MgCl_2$、$FeCl_3$、$Al_2(SO_4)_3$ 各 5.0g,分别加入到 100ml 果胶溶液中,搅拌均匀后用浓氨水调节 pH 值至 5.0,60℃保温 1h,然后离心分离沉淀,脱盐,干燥得果胶。不同种类的盐对果胶沉淀效果差异显著:用 $CuCl_2$ 沉淀,果胶得率最高;其次是 $Al_2(SO_4)_3$;用 $FeCl_3$ 和 $MgCl_2$ 沉淀效果次于 $Al_2(SO_4)_3$;用 $(NH_4)_2SO_4$ 沉淀,果胶得率最低。因为 $CuCl_2$ 属于重金属盐类,具有很强的螯合作用,特别是对胶体物质的螯合作用极强,所以果胶的得率最高。其他几种盐属于中性盐,故盐析效果次于 $CuCl_2$。$Al_2(SO_4)_3$ 虽是中性盐,但其本身就是一种胶体,带有与果胶相反的电荷[$Al_2(SO_4)_3$ 盐带正电荷,果胶带负电荷]。两种相反电荷的中和作用很容易引起沉淀的产生,因此盐析效果又比其他三种中性盐好。虽然用 $CuCl_2$ 沉淀所得果胶得率最高,但其沉淀后果胶成品的颜色差(呈褐色),且脱盐时 Cu^{2+} 不容易被完全脱掉,可能是铜盐螯合作用强的缘故。过多的 Cu^{2+} 残留于果胶中还会造成产品重金属超标,影响果胶质量。用 $FeCl_3$ 沉淀的果胶颜色呈浅灰色,用 $MgCl_2$ 和

$(NH_4)_2SO_4$ 沉淀的果胶颜色浅,但其得率太低。用 $Al_2(SO_4)_3$ 沉淀果胶,不仅得率高,呈淡黄色,脱盐也容易,是最好的选择。

5. 茶皂甙纯化工艺研究

茶皂甙是山茶科植物中提取的五环二萜皂甙类物质。茶皂甙作为一种天然的优良非离子型表面活性剂,具有发泡、增溶、润湿、乳化、去污等多种功效,在日用化工领域用途广泛;同时,茶皂甙还具有消炎镇痛、抗肿瘤、抗真菌、灭螺、杀血吸虫等生理活性,在医药和农药等行业应用前景良好。茶皂甙的提取制备方法有溶剂萃取法、化学沉淀法和树脂吸附分离法。其中溶剂萃取法和化学沉淀法得到的产品纯度不高,树脂吸附分离法工艺路线长,以粗茶皂甙为原料(70%)经 N,N-二甲基甲酰胺溶解、乙酸乙酯沉析、胆甾醇络合吸附、苯解吸工艺制备了纯度较高的茶皂甙,既可作为高纯度茶皂甙商品,又可作为新型植物灭螺剂的合成原料。

【思考题】

1. 什么是沉淀分离法?
2. 应用沉淀分离法应注意哪些事项?
3. 常用的盐析剂有哪些,为什么它们能广泛使用?
4. 影响盐析的因素有哪些?
5. 简述有机溶剂沉淀法操作时的注意事项。
6. 常用的沉淀分离法有哪些,各有什么优缺点?
7. 查阅文献,总结现行的沉淀分离新技术,并简述其作用原理。

【参考文献】

[1] 李校堃,袁辉. 药物蛋白质分离纯化技术. 北京:化学工业出版社,2005:42~47

[2] 田瑞华. 生物分离工程. 北京:科学出版社,2008:50~59

[3] 李津,俞詠霆,董德祥,等. 生物制药设备和分离纯化技术. 北京:化学工业出版社,2003:159~166

[4] 侯新朴,詹先成. 物理化学. 第5版. 北京:人民卫生出版社,2005:327~331

[5] 王茹,袁崇均,陈帅,等. 大孔吸附树脂和丙酮沉淀分离纯化西洋参中人参二醇类和三醇类皂苷. 四川中医,2007,25(10):31~33

[6] 郝少莉,仇农学. 沉淀分离技术在蛋白质处理方面的应用. 粮食与食品工业,2007,14(1):20~22

[7] 张相年,赵树进,李超,等. 蛋白分离技术的应用和进展. 中国药业,2006,15(2):72~73

[8] 邱玉华,杨艳芳,何颖,等. 等电点沉淀-超滤提取猪血 SOD. 科技资讯,2008,14:223

[9] 徐金瑞,刘兴华,任亚梅. 苹果渣中果胶的盐析工艺研究. 中国食品学报,2006,6(6):95~99

第 5 章

萃取分离法

➡ **本章要点**

1. 理解弱电解质的分配平衡,理解分配常数、分配系数的概念。
2. 掌握溶剂萃取过程中水相条件的选择,有机溶剂或稀释剂的选择,乳化现象的产生与去除。
3. 熟悉单级萃取、多级错流萃取、多级逆流萃取操作特点及计算方法。
4. 掌握双水相萃取的概念及特点,理解影响双水相萃取分配的因素。
5. 了解双水相萃取技术的发展趋势。
6. 掌握反胶团萃取的理论基础,理解影响反胶团萃取分配的因素。
7. 了解反胶团萃取技术的发展趋势。
8. 了解化学萃取平衡及其在氨基酸稀溶液萃取中的应用。
9. 掌握溶剂萃取、双水相萃取、反胶团萃取等过程典型的工业应用实例。

5.1 概 述

萃取是利用液体或超临界流体为溶剂提取原料中目标产物的分离纯化操作,所以,萃取操作中至少有一相为流体,一般称该流体为萃取剂。以液体为萃取剂时,如果含有目标产物的原料为固体,则称此操作为液-固萃取或浸取,如:用酒精萃取大豆中豆油或用水熬中药。以超临界流体为萃取剂时,含有目标产物的原料可以是液体,也可以是固体,称此操作为超临界流体萃取。以液体为萃取剂时,如果含有目标产物的原料也为液体,则称此操作为液-液萃取。另外,在液-液萃取中,根据萃取剂的种类和形式的不同又分为有机溶剂萃取(简称溶剂萃取)、双水相萃取、液膜萃取和反胶团萃取等。

自固体中萃取化合物,实验室多用脂肪提取器(或叫索氏提取器),装置见图 5-1 所示。通过对溶剂加热回流及虹吸现象,使固体物质每次均被新的溶剂所萃取,效率高,节约溶剂,但对受热易分解或变色的物质不宜采用。高沸点溶剂采用此法进行萃取也不合适。萃取前应先将固体物质研细,以增加固-液接触面积,然后将固体物质放入滤纸筒 1 内(将滤纸卷成圆柱状,直径略小于提取筒的内径,下端折叠封口或用线扎紧),置于提取器 2 中,轻轻压实,上面盖一小圆滤纸。提取器与盛有溶剂的烧瓶连接,装上冷凝管,开始加热回流,蒸气通过玻璃管 3 上升,被冷凝管冷凝成液体滴入提取器中,当提取液超过虹吸管 4 的顶端时,萃取液自动流入加热烧瓶中,萃取出部分物质,再加热回流,如此循环,直到被萃取物质大部分萃取出为止。固体中的可溶性物质富集瓶中,然后用适当方法将萃取物质从溶液中分离出来。

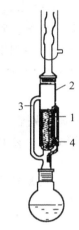

液-液萃取的基本过程如图 5-2 所示。萃取过程在混合器中进行,原料液和萃取剂充分分散,形成大的相界面积,溶质从稀释剂向萃取剂相转移。由于稀释剂和萃取剂部分互溶或不互溶,因此经过充分传质后的两液相进入分层器中利用密度差分层,其中以萃取剂为主的液层称萃取相,以稀释剂为主的液层称萃余相。

实验室中的液-液萃取操作示意如图 5-3 所示。

在溶剂萃取中,萃取剂与溶质间不发生化学反应,且溶质根据相似相容原理在两相间达到分配平衡的称为物理萃取;而通过萃取剂与溶质之间的化学反应(如离子交换或络合反应等)生成复合分子,实现溶质向萃取相的分配,则称化学萃取。

在传统的液-固萃取和液-液萃取技术的基础上,20 世纪 60年代以来又相继出现了一些新型萃取分离技术,如超声波协助浸取、微波协助浸取、反胶团萃取、双水相萃取、超临界萃取等,每种方法各具特点,适用于不同种类产物的分离纯化,它们已开始在生物药和中药的提取分离中展现广阔的应用前景。

图 5-1　索氏提取器示意图
1. 滤纸筒　2. 提取器
3. 玻璃管　4. 虹吸管

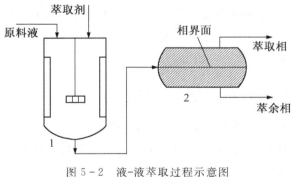

图 5-2　液-液萃取过程示意图
1. 混合器　2. 分层器

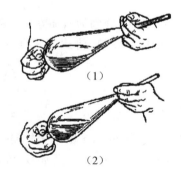

图 5-3　液-液萃取操作示意图
(实验室)

本章主要介绍液-液萃取,同时对双水相萃取、超临界萃取、反胶团萃取、化学萃取这些发展中的新型萃取分离技术进行适当介绍。

5.2　萃取过程的理论基础

5.2.1　分配定律

　　萃取是一种扩散分离操作,不同溶质在两相中分配平衡的差异是实现萃取分离的主要因素。因此,了解分配定律是理解并设计萃取操作的基础。

　　Berthelot 和 Jungfleisch 在 1872 年首先用实验证明了:"溶于两个等体积溶剂中的物质质量的比值是一常数。"随后,Nernst 在 1891 年提出了有名的分配定律:"当某一溶质在基本上不相混溶的两个溶剂中分配时,在一定的温度下两相达到平衡以后,若溶质在两相中的相对分子质量相等,则其在两相中的浓度的比值为一常数。"以公式表示如下:

$$A = c_2/c_1 \tag{5-1}$$

式中,c_1 和 c_2 分别表示达成平衡后溶质在相1(下相)和相2(上相)中的浓度。溶质在两种溶剂中的分子形式上必须是相同的。A 在给定温度下是一常数,称为 Nernst 平衡常数,简称分配常数。

　　式(5-1)可从热力学推导。在恒温恒压下,当溶质在两相间达到平衡时,其化学势必相等,即:

$$\mu_1 = \mu_2 \tag{5-2}$$

而溶质在每一相中的化学势与其活度 α 有如下的关系:

$$\mu_1 = \mu_1^\ominus + RT\ln\alpha_1 \tag{5-3}$$

$$\mu_2 = \mu_2^\ominus + RT\ln\alpha_2 \tag{5-4}$$

式中,$\mu_1^\ominus$ 和 $\mu_2^\ominus$ 分别为溶质在第1和第2溶剂中的标准化学势,通常采用在假想的1mol/L的理想溶液中的化学势,将式(5-3)、式(5-4)代入式(5-2)中,得:

$$\mu_1^\ominus + RT\ln\alpha_1 = \mu_2^\ominus + RT\ln\alpha_2 \tag{5-5}$$

所以

$$A^0 = \frac{\alpha_2}{\alpha_1} = \exp\left(\frac{\mu_1^\ominus - \mu_2^\ominus}{RT}\right) = \frac{\gamma_2 c_2}{\gamma_1 c_1} = A\frac{\gamma_2}{\gamma_1} \tag{5-6}$$

式中,A^0 称为 Nernst 热力学分配平衡常数。如果两种溶剂是完全不混溶,则式(5-6)中的指数部分为常数,所以 A^0 也是常数。γ_1 和 γ_2 分别表示溶质在两种溶液中的活度系数。由此可见,只有当 γ_2/γ_1 趋近于1时,A 才等于真正的热力学常数 A^0。

　　式(5-1)所定义的分配常数是用溶质在两相中的摩尔浓度之比表达的。有些情况下,分配常数用溶质的摩尔分数之比表达。设相1和相2中溶质的摩尔分数分别为 x 和 y,则

$$A = y/x \tag{5-7}$$

　　分配常数是以相同分子形态(相对分子质量相同)存在于两相中的溶质浓度之比,但在多数情况下,溶质在各相中并非以同一种分子形态存在,特别是在化学萃取中。因此,萃取过程中常用溶质在两相中的总浓度之比表示溶质的分配平衡,该比值称为分配系数或分

配比

$$m = \frac{c_{2,t}}{c_{1,t}} \tag{5-8}$$

或

$$m = \frac{y_t}{x_t} \tag{5-9}$$

式中，$c_{1,t}$ 和 $c_{2,t}$ 为溶质在相 1 和相 2 中的总摩尔浓度，x_t 和 y_t 分别为溶质在相 1 和相 2 中的总摩尔分数，m 为分配系数。很明显，分配常数是分配系数的一种特殊情况。

溶质在料液相和萃取相的分配平衡关系是液-液萃取设备及过程设计的基础。在有机化工萃取中常用三角形相图来表示分配平衡关系，而在生物产物的液-液萃取中，一般产物浓度均较低，并且很少出现溶质溶解萃取剂的现象，因此，液-液平衡关系可用简单 x-y 线图表示，即

$$y = f(x) \tag{5-10}$$

这里的 x 和 y 分别表示相 1 和相 2 中溶质的总浓度，并且可以是摩尔浓度，也可以是摩尔分数。

当溶质浓度较低时，分配系数为常数，$y = f(x)$ 可表示成 Henry 型平衡关系：

$$y = mx \tag{5-11}$$

当溶质浓度较高时，$y = mx$ 不再适用，很多情况下可用 Langmuir 型平衡关系表示：

$$y = m_1 x/(m_2 + x) \tag{5-12}$$

其一般形式为

$$y = m_1 x^n/(m_2 + x^n) \tag{5-13}$$

式中，m_1、m_2、n 为常数。当以上三式均不能很好地描述分配平衡关系时，可采用适当的经验关联式（如多项式）。

5.2.2　弱电解质的分配平衡

溶剂萃取常用于有机酸、氨基酸和抗生素等弱酸或弱碱性电解质的萃取。弱电解质在水相中发生不完全解离，仅仅是游离酸或游离碱在两相产生分配平衡，而酸根或碱基不能进入有机相。所以，萃取达到平衡状态时，一方面弱电解质在水相中达到解离平衡，另一方面未解离的游离电解质在两相中达到分配平衡。对于弱酸性和弱碱性电解质，解离平衡关系分别

$$AH \Longrightarrow A^- + H^+$$

$$BH^+ \Longrightarrow B + H^+$$

解离平衡常数分别为：

$$K_a = \frac{[A^-] \times [H^+]}{[AH]} \tag{5-14}$$

$$K_b = \frac{[B] \times [H^+]}{[BH^+]} \tag{5-15}$$

式中，K_a 和 K_b 分别为弱酸和弱碱的解离平衡常数；$[AH]$ 和 $[A^-]$ 分别为游离酸和其酸根离子的浓度；$[B]$ 和 $[BH^+]$ 分别为游离碱和其碱基离子的浓度；$[H^+]$ 为 H^+ 离子浓度。

如果在有机相中溶质不发生缔合,仅以单分子形式存在,则游离的单分子溶质符合分配定律,以弱碱性电解质为例,分配常数为

$$A_b = \frac{[\overline{B}]}{[B]} \tag{5-16}$$

式中,$[\overline{B}]$ 表示有机相中游离碱的浓度,A_b 为游离碱的分配常数。

由于利用一般的分析方法测得的水相浓度为游离碱和碱基离子的总浓度,故为方便起见,用水相总浓度 c 表示碱的浓度,即

$$c = [B] + [BH^+] \tag{5-17}$$

从式(5-15)和式(5-17)得

$$[B] = \frac{K_b c}{K_b + [H^+]} \tag{5-18}$$

将式(5-18)代入式(5-16)得

$$A_b = \frac{[\overline{B}](K_b + [H^+])}{K_b c} \tag{5-19}$$

从式(5-19)可得有机相中游离碱浓度为:

$$[\overline{B}] = A_b c \frac{K_b c}{K_b + [H^+]} \tag{5-20}$$

同样,对于弱酸性电解质,可得有机相中游离酸浓度为:

$$[\overline{AH}] = A_a c \frac{[H^+]}{K_a + [H^+]} \tag{5-21}$$

式中,$[\overline{AH}]$ 为有机相中游离酸的浓度,A_a 为游离酸的分配常数。

从式(5-20)、(5-21)可知,溶质在有机相中的浓度为水溶液中氢离子浓度(即 pH)的函数。设有机相中的浓度 $\bar{c}$ 和水相中浓度 c 之比为分配系数,则从式(5-20)、(5-21)得到

$$m_a = \frac{A_a[H^+]}{K_a + [H^+]} \tag{5-22}$$

$$m_b = \frac{A_b K_B}{K_b + [H^+]} \tag{5-23}$$

上面两式中,m_a 和 m_b 分别为弱酸和弱碱的分配系数,上面两式还可分别表示为:

$$\lg(A_a/m_a - 1) = pH - pK_a \tag{5-24}$$

$$\lg(A_b/m_b - 1) = pK_b - pH \tag{5-25}$$

其中,$pK_a = -\lg K_a$,$pK_b = -\lg K_b$

5.3　影响萃取效果的因素

5.3.1　有机溶剂的选择

虽然,热力学理论目前还不能为溶剂的选择提供定量的理论依据,但一些理论具有定性分析的意义。

1. 利用溶解度参数理论指导溶剂的选择

根据溶解度参数理论,分配系数 A^0 可以写成如下形式:

$$A^0 = \exp\left[\frac{\overline{V}_1(\delta_A - \delta_1)^2 - \overline{V}_2(\delta_A - \delta_2)^2}{RT\,\overline{V}_A}\right]$$

$$(5-26)$$

式中,$\overline{V}_1$、$\overline{V}_2$ 和 $\overline{V}_A$ 分别表示相1(料液)、相2(萃取溶剂)和溶质 A 的偏摩尔体积;δ_1、δ_2 和 δ_A 为对应的溶解度参数。

溶解度参数数值等于内聚能密度的平方根,内聚能密度就是单位体积的内聚能:

$$\delta = \left(\frac{\Delta E}{V}\right)^{\frac{1}{2}} \qquad (5-27)$$

式中,ΔE 为内聚能,J;V 为体积,m^3。一些常用溶剂的溶解度参数列于表5-1。

应用这个理论,在两种已知 δ 值的溶剂萃取实验中,可获得溶质的溶解度参数 δ_A,随后就可以用拟采用溶剂的 δ 值估算分配系数,从而指导溶剂的选择。

2. 根据"极性相似相溶"原则选择溶剂

介电常数是一个化合物摩尔极化程度的量度,如果知道该值,就可以预知一个化合物的极性。物质的介电常数 D,可通过测定该物质在电容器的二极板间的静电容量 C 来确定。如果 C_0 是在完全真空时(无介质)同一电容器中的静电容量值,则:

$$D = C/C_0$$

比较在同一电容器中试样的电容量和一个已知介电常数的标准液体的精确电容量,即可获得试样的介电常数。

如果用 D_1 和 D_2 分别代表试样和标准液的介电常数,而 C_1 和 C_2 分别表示同一电容器内

表 5-1　一些常用溶剂的溶解度参数

溶剂名称	$\delta/(J/m^3)^{1/2}$
甲醇	2.96×10^4
乙醇	2.60×10^4
1-丙醇	2.44×10^4
2-丙醇	2.28×10^4
1-辛醇	2.33×10^4
醋酸乙酯	1.75×10^4
醋酸异戊酯	1.85×10^4
正己烷	1.49×10^4
正十六烷	1.64×10^4
二硫化碳	2.04×10^4
环己烷	1.68×10^4
苯	1.88×10^4
甘油	3.62×10^4
丙酮	2.04×10^4
二甲基亚砜	2.66×10^4
吡啶	2.33×10^4
水	4.78×10^4
乙醚	1.51×10^4
四氯化碳	1.76×10^4
三氯甲烷	1.90×10^4
二氯甲烷	1.98×10^4
甲苯	1.82×10^4
二氧六环	2.04×10^4
二甲基甲酰胺	2.45×10^4
甲酸	2.76×10^4

充满上述两种液体时的静电容量,则:

$$D_1/D_2 = C_1/C_2 \qquad (5-28)$$

因为 D_2 是已知的,C_1 和 C_2 可以被测定,所以 D_1 值可以求得。一些溶剂的介电常数值列于表 5-2 中。

可以通过测定被提取产物的介电常数,来寻找极性相当的溶剂。

5.3.2　水相条件的选择

上述改变萃取剂的办法可使分配系数 A^0 改变,以改进萃取分离。但实际上,由于有些萃取剂价高、易挥发、易燃或有生物毒性,故难于采用。在这种情况下,可用改变溶质在水相中的状态以改善萃取操作条件。使溶质发生变化的具体方法主要有二,即通过溶质离子对的变化和萃取系统 pH 值的改变来实现,但通常不应使溶质发生化学变化,否则会使其丧失生物效能。

1. 通过溶质离子对的变化

如果溶质可以离解,则设法使其离子对发生改变。因为在水中,溶质离解后成一对离子,其正、负电荷相等而总带电量为零。例如,用氯仿从水溶液中萃取氯化正丁胺,测定正丁胺离子 $N(C_4H_9)_4^+$ 在氯仿和水中的分配系数为 $A=1.3$,加入醋酸钠后,其分配系数升至 $A=132$,上升 100 倍,即可在稀的氯化正丁胺水溶液中,用氯仿萃取得到浓的醋酸正丁胺,即 $CH_3COO^- N(C_4H_9)_4^+$。

要使可溶离子对提高分配系数,关键是确定可溶于萃取剂(通常有机溶剂)的离子对。生成有用离子对,可改进萃取操作的盐有:醋酸盐、丁酸盐、正丁胺盐、亚油酸盐、胆酸盐、十二酸盐和十六烷基三丁胺盐等。

2. 通过萃取系统 pH 值的改变

由于待分离的溶质(产物)很多是弱酸或弱碱,故可用改变萃取溶液的 pH 值的方法来提高分配系数。现以弱酸性溶质为例加以说明。

对于弱酸性溶质,由式(5-24)可知,可通过改变溶液 pH 的方法改善萃取操作,以有利于弱酸性物质 A 和 B 的分离,即分离选择性

$$\beta = \frac{m_a(A)}{m_a(B)} = \left[\frac{A_a(A)}{A_a(B)}\right]\left[\frac{1+K_a(B)/[H^+]}{1+K_a(A)/[H^+]}\right] \qquad (5-29)$$

下面举例说明 pH 值改变在萃取操作中的应用。

【例 5-1】 在醋酸戊酯-水系统中,青霉素 K 的 $A_a=215$,青霉素 F 的 $A_a=131$。查手

表 5-2　一些常用溶剂的介电常数(25℃)

溶剂名称	介电常数 $D/(F/m)$
正己烷	1.9
异辛烷	1.94
环己烷	2.02
四氯化碳	2.24
苯	2.28
甲苯	2.37
二硫化碳	2.64
二氯苯	3.03
乙醚	4.22
氯仿	4.87
氯苯	5.61
乙酸乙酯	6.02
乙酸	6.19
二氯甲烷	8.9
1-丁醇	17.8
2-丙醇	18.3
1-丙醇	19.7
丙酮	20.7
乙醇	24.3
甲醇	32.6
乙腈	37.5
乙二醇	37.7
甲酸	59
水	78.5

册得知它们的 pK_a 值分别为 $pK_a(K)=2.77$，$pK_a(F)=3.51$，现有混合物青霉素 F 和青霉素 K，而青霉素 F 是有用的目的产物。若要获得纯度较高的青霉素 F，比较 pH=3.0 和 pH=4.0 时的萃取效果。

解　青霉素 K 和青霉素 F 在醋酸戊酯-水系统中的电离平衡常数为

$$K_a(K)=10^{-2.77}=1.69\times10^{-3}$$

$$K_a(F)=10^{-3.51}=3.09\times10^{-4}$$

再应用式(5-29)，求出 pH=3.0 时青霉素 F 与青霉素 K 在萃取系统中的分离选择性为：

$$\beta_1=\left[\frac{A_a(A)}{A_a(B)}\right]\left[\frac{1+K_a(B)/[H^+]}{1+K_a(A)/[H^+]}\right]=\left(\frac{131}{215}\right)\left(\frac{1+1.698\times10^{-3}/10^{-3}}{1+3.09\times10^{-4}/10^{-3}}\right)=1.256$$

同理，pH=4.0 时

$$\beta_2=\left[\frac{A_a(A)}{A_a(B)}\right]\left[\frac{1+K_a(B)/[H^+]}{1+K_a(A)/[H^+]}\right]=\left(\frac{131}{215}\right)\left(\frac{1+1.698\times10^{-3}/10^{-4}}{1+3.09\times10^{-4}/10^{-4}}\right)=2.679$$

故在 pH=4.0 时进行萃取操作可得到纯度较高的青霉素 F 产品。

5.3.3　乳化和破乳

1. 乳化

液-液萃取中常遇到乳化问题，影响萃取分离操作的进行。一般形成乳状液要有不互溶的两相溶剂、表面活性物质(如中药成分皂苷、多种植物胶，发酵液中的蛋白质和固体颗粒等)等条件。中药和发酵液的分离时，一般都具备这些条件，因而萃取过程中乳化问题比较突出。防止萃取过程发生乳化和破乳，是液-液萃取的重要课题。

乳化的结果可能形成两种形式的乳状液，一种是水包油型(O/W)，另一种是油包水型(W/O)。

关于乳状液的形成和稳定性有多种学说，概括起来，乳状液的液滴界面上由于表面活性物质或固体粉粒的存在，形成了一层牢固的带有电荷的膜(固体粉粒膜不带电荷)，因而阻碍液滴的聚结分层。乳状液虽有一定的稳定性，但乳状液高分散度、表面积大、表面自由能高，是一个热力学不稳定体系，它有聚结分层、降低体系能量的趋势。

2. 破乳

破乳就是利用其不稳定性，削弱和破坏其稳定性，使乳状液破坏。破乳的原理主要是破坏它的膜和双电层，常见的方法有以下几类：

(1) 顶替法：加入表面活性更强的物质，把原来的界面活性剂顶替出来，常用低级醇，如戊醇，其界面活性强，但碳链短，不能形成牢固的膜而使乳状液被破坏。

(2) 变型法：针对乳状液类型和界面活性剂类型，加入相反的界面活性剂，促使乳状液转型，在未完全转型的过程中将其破坏，如阳离子表面活性剂溴化十五烷吡啶用于破坏 W/O 型乳状液，阴离子型如十二烷基磺酸钠用于破坏 O/W 型乳状液。

(3) 反应法：如已知乳化剂种类，可加入能与之反应的试剂，使之破坏、沉淀，如皂苷类乳化剂加入酸，钠皂加入钙盐等。对离子型乳化剂，因其稳定性主要是由其双电层维持，故可加入高价电解质，破坏其双电层和表面电荷，使乳状液破坏。

(4) 机械法：即采用离心或过滤的方法，分散相液滴在重力场或离心力场作用下会加速碰撞而聚合,适度搅拌也可以起促聚作用。

(5) 加热法:适当地升高温度,既可降低连续相的黏度,又可以提高分散相液滴的碰撞频率而加速聚合。

(6) 电场法:采用直流或交流电场均可造成带电分散相液滴的定向运动而加速聚合,一般认为这种破乳方法只对水相为分散相时有效。

(7) 调节水相酸度法:加酸往往可以达到破乳的目的,但这时需要考虑其他工艺条件的限制。

3. 乳化的防止

破乳方法不仅耗费能量和物质,而且都是在乳化产生后再消除。同时,这些方法必须首先将界面聚结物分离出来再处理,在工业上较难实行。因此,最好采用预处理手段,对于萃取过程的乳化首先是要设法防止它的产生,对此,针对乳化产生的原因采取相应的预防措施,除了适度的搅拌外还包括:

(1) 有效地过滤以减少菌丝体及其他固体杂质泄漏进入滤洗液。

(2) 控制萃取工艺和操作条件,如水相料液中的 pH 值、萃取操作温度等,以防止金属离子水解或被萃有机物降解而导致乳化。

(3) 萃取体系的选择:虽然这不是选择萃取体系的第一考虑因素,但却是必须考虑的因素之一。对于易于产生严重乳化且难于破乳的萃取体系,乳化与否就成了决定其取舍的决定性因素。

5.4　萃取方式与过程计算

5.4.1　基本概念

在工业生产操作中,完整的萃取操作应该包括:① 混合:原料液与萃取剂的充分混合,完成溶质 A 由原溶剂 B 转移到萃取剂 S 的过程;② 分离:萃取相与萃余相分离过程;③ 萃取剂 S 的回收:从萃取相和萃余相中回收萃取剂 S 供循环使用。

根据操作方式不同,萃取操作可分成间歇萃取操作和连续萃取操作。根据原料液和溶剂接触与流动的情况,可以将萃取操作过程分成单级萃取操作过程和多级萃取操作过程,后者又可分为多级错流接触和多级逆流接触萃取过程。

不论是何种萃取方式,萃取效率(级效率)是实际萃取级与理论级的比值。经过萃取后,萃取相 E 与萃余相 R 为互成平衡的两个液相,则称为理论级。而工业生产中的萃取设备,若要达到理论级的状态是不太可能的,这是因为萃取过程是传质过程,随着过程的进行,传质推动力越来越小,意味着要达到平衡需要无限长时间,而工业萃取过程,两相接触的时间是有限的;其次两相完全分离也是不可能的。引入理论级的概念是为了便于研究萃取级的传质情况,并可作为实际萃取级传质优劣的标准。实际萃取级则是通过实验得到的。

在萃取操作过程计算中,无论是单级还是多级萃取操作,均假设:① 萃取相和萃余相之间能很快达到平衡,即每一级都是理论级;② 两相完全不互溶,并能完全分离。

5.4.2　单级萃取

单级萃取是液-液萃取中最简单的操作形式,一般用于间歇操作,也可用于连续操作。单级萃取过程见图 5-4 所示,单级萃取常用设备——单级混合澄清器见图 5-5 所示。

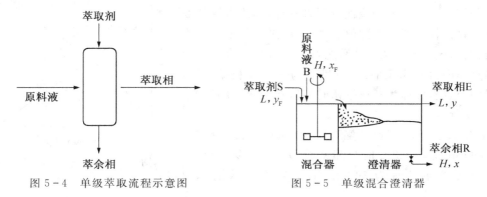

图 5-4　单级萃取流程示意图　　　　　　　　图 5-5　单级混合澄清器

单级萃取过程的计算方法有解析法和图解法之分,分述如下。

1. 单级萃取过程的解析计算法

下面以间歇操作为例,说明单级萃取操作的计算方法。

假定萃取剂全部进入萃取相,原料液中溶剂全部进入萃余相,对如图 5-5 所示萃取过程进行物料衡算,溶质 A 在萃取前的总质量应等于萃取后的总质量,即

$$Hx_F + Ly_F = Hx + Ly \tag{5-30}$$

式中,H 为原料液 B 中溶剂的质量或物质的量;L 为初始萃取剂 S 的质量或物质的量;x_F 为原料液 B 中溶质 A 的浓度;y_F 为初始萃取剂 S 中溶质 A 的浓度;x 为萃取平衡后萃余相 R 中溶质 A 的浓度;y 为萃取平衡后萃取相 E 中溶质 A 的浓度。在单级萃取中,初始萃取剂 S 中溶质 A 的浓度一般为零($y_F = 0$),则上式变为:

$$Hx_F = Hx + Ly \tag{5-31}$$

对于稀释溶液,当两相萃取平衡时:$y = mx$,把 $x = y/m$ 代入上式,可得:

$$y = \frac{mx_F}{1+E} \tag{5-32}$$

同理可得:

$$x = \frac{x_F}{1+E} \tag{5-33}$$

式中,E 称为萃取因子,为萃取平衡后萃取相 E 与萃余相 R 中溶质质量之比:

$$E = \frac{mL}{H} \tag{5-34}$$

单级萃取中,萃取相 E 中溶质 A 的量为 Ly,溶质 A 的总量为 Hx_F,其收率或萃取分率 η 为两者的比值,即

$$\eta = \frac{Ly}{Hx_F} = \frac{E}{1+E} \tag{5-35}$$

$$y = \frac{H}{L}x_F$$

另外,用 φ 表示萃余分率,则

$$\varphi = \frac{Hx}{Hx_F} = \frac{1}{1+E} \qquad (5-36)$$

2. 单级萃取过程的图解计算法

当分配平衡关系为非线性方程时,用图解法求算萃取平衡浓度就比较方便。在图解法中,溶质平衡关系式称为平衡线方程,质量衡算关系式称为操作线方程。直线坐标系上描点作图得到两条曲线,分别称为平衡线和操作线,两条线的交点坐标即为萃取平衡时溶质在两相中的浓度,如图5-6所示。

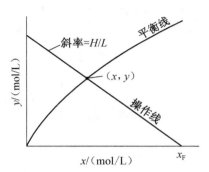

图5-6　单级萃取的图解计算

【**例5-2**】　利用乙酸乙酯萃取发酵液中的放线菌素 D(Actinomycin D),pH3.5 时分配系数 $m=57$。令 $H=450$ L/h,单级萃取剂流量为39L/h。计算单级萃取的萃取分率。

解　单级萃取的萃取因子:$E = mL/H = 57 \times 39/450 = 4.94$

单级萃取分率:$\eta = E/(1+E) = 4.94/(1+4.94) = 0.832$

5.4.3　多级错流萃取

单级萃取效率不高,萃余相中溶质 A 的组成仍然很高。为使萃余相中溶质 A 的组成达到要求值,可采取多级错流萃取,其流程如图5-7所示。

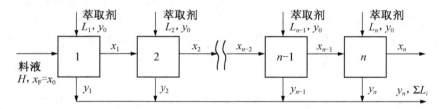

图5-7　多级错流萃取流程示意图

多级错流萃取可采用混合澄清器单元串联起来。图5-8是三级错流混合器萃取设备流程。由图可见,青霉素发酵料液经过滤后,进入第一级混合萃取罐,在此与新鲜溶剂混合接触,然后流入第一级沉降器分成上下两液层,上层为萃取相,富含目的产物,而下层为萃余相,含目的产物的浓度已比新鲜料液低得多,送第二级与新鲜溶剂混合接触萃取回收产物。如此经三级萃取后,最后一级的萃余相作为废液排走。

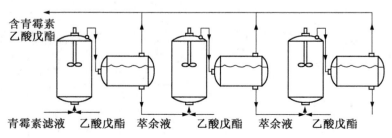

图5-8　三级错流萃取设备流程

1. 多级错流萃取过程的解析计算法

假设每一级中溶质的分配均达到平衡状态,并且分配平衡符合线性关系,则

$$y_i = mx_i (i = 1, 2, \cdots, n)$$

如果通入每一级的萃取剂流量均相等(等于 L),则第 i 级的物料衡算式为:

$$Hx_{i-1} + Ly_0 = Hx_i + Ly_i \tag{5-37}$$

其中,y_0 为萃取剂中溶质浓度。若 $y_0 = 0$,得

$$x_i = \frac{x_{i-1}}{1 + E}$$

即

$$x_1 = \frac{x_0}{1 + E} = \frac{x_F}{1 + E}$$

$$x_2 = \frac{x_1}{1 + E} = \frac{x_F}{(1 + E)^2}$$

依次类推,得到

$$x_n = \frac{x_F}{(1 + E)^n} \tag{5-38}$$

因此,萃余分率

$$\varphi_n = \frac{Hx_n}{Hx_F} = \frac{1}{(1 + E)^n} \tag{5-39}$$

而萃取分率为:

$$\eta = 1 - \varphi_n = \frac{(1 + E)^n - 1}{(1 + E)^n} \tag{5-40}$$

如果萃取平衡不符合线性关系,或者各级的萃取剂流量不同,则各级的萃取因子 E_i 也不相同,可采用逐级计算法

$$\varphi'_n = \frac{1}{\displaystyle\prod_{i=1}^{n} (1 + E_i)} \tag{5-41}$$

2. 多级错流萃取过程的图解计算法

当萃取平衡不符合线性关系时,用图解法比解析法更方便。设平衡线方程为:

$$y_i = mx_i$$

若通入每一级中的萃取溶剂的用量相等,第 i 级的物料衡算式为:

$$Hx_{i-1} + Ly_0 = Hx_i + Ly_i$$

由此可得第 i 级的操作线方程:

$$y_i = -\frac{H}{L}(x_i - x_{i-1}) + y_0 \tag{5-42}$$

各级加入的均为新鲜萃取剂 S,则 $y_0 = 0$,由此得

第一级操作线方程为：

$$y_1 = -\frac{H}{L}(x_1 - x_F)$$

第二级操作线方程为：

$$y_2 = -\frac{H}{L}(x_2 - x_1)$$

第 n 级操作线方程为：

$$y_n = -\frac{H}{L}(x_n - x_{n-1})$$

各操作曲线的斜率均为 $(-H/L)$，分别通过 x 轴上的点 $(x_F,0)$，$(x_1,0)$，$\cdots(x_{n-1},0)$（图 5-

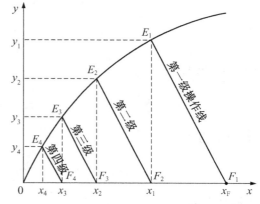

9），具体解法如下：

（1）首先在直角坐标图上，根据平衡线方程的数据，作出平衡线；

（2）确定第一操作线的初始点 $(x_F,0)$。以 $(-H/L)$ 为斜率，自 F_1 点 $(x_F,0)$ 作直线与平衡线交于 E_1，E_1 点的坐标为 (x_1,y_1)，得出第一级萃余相与萃取相的平衡溶质浓度。

（3）第二级的进料浓度为 x_1，由 E_1 点作垂线交 x 轴于 F_2 点 $(x_1,0)$，F_2 是第二级操作线的初始点。从 F_2 点开始以斜率 $(-H/L)$ 作直线与平衡线相交于 E_2 点，E_2 点坐标 (x_2,y_2)，即为第二级萃余相和萃取相的平衡溶质浓度。

图 5-9   多级错流萃取的图解示意图

（4）依照（2）、（3）步骤，依次作操作线，直到某操作线与平衡线交点的横坐标值（萃余相浓度）小于生产指标为止。此时重复所作的操作线即为所需的级数。

若入口处萃取剂 S 已带有少量溶质 A，则 $y_0 \neq 0$，在相图上有一截距存在，垂线不与 x 轴相交，而是与平行 x 轴、截距为 y_0 的直线相交，其余步骤与上述相同。若萃取剂 S 的入口处流量 L 不等，则各操作线斜率不同。

多级错流萃取流程特点是萃取的推动力大，萃取效果好，但所用萃取剂量较大，回收萃取剂时能耗大，不经济，工业上此种流程较少。

【例 5-3】   利用乙酸乙酯萃取发酵液中的放线菌素 D（Actinomycin D），pH3.5 时分配系数 $m = 57$。采用三级错流萃取，令 $H = 450$L/h，三级萃取剂流量之和为 39L/h。分别计算 $L_1 = L_2 = L_3 = 13$L/h 和 $L_1 = 20$L/h，$L_2 = 10$L/h，$L_3 = 9$L/h 时的萃取率。

解   萃取剂流量相等时，$E = mL/H = 57 \times 13/450 = 1.65$

萃取率

$$\eta = \frac{(1+E)^3 - 1}{(1+E)^3} = \frac{(1+1.65)^3 - 1}{(1+1.65)^3} = 0.946$$

若各级萃取剂流量不等，则 $E_1 = 2.53$，$E_2 = 1.27$，$E_3 = 1.14$，

于是

$$\varphi'_n = \frac{1}{\prod\limits_{i=1}^{n}(1+E_i)} = \frac{1}{(1+2.53)\times(1+1.27)\times(1+1.14)} = 0.058$$

$$\eta = 1 - \varphi'_3 = 0.942$$

5.4.4 多级逆流萃取

将若干个单级萃取器分别串联起来,料液和萃取剂分别从两端加入,使料液和萃取液逆向流动,充分接触,即构成多级逆流萃取操作。图 5-10 为多级逆流萃取示意图。萃取剂 S 从第一级加入,逐次通过第 2,3,…,n 各级,萃取相 E 从 n 级流出,浓度为 y_n;料液 B 从第 n 级加入,逐次通过 $n-1$,…,2,1 各级,萃余相 R 由第一级排出,浓度为 x_1。

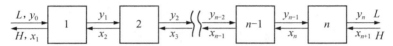

图 5-10 多级逆流萃取流程示意图

将多个混合-澄清器单元串联起来,分别在左右两端的混合器中连续通入料液和萃取剂,使料液和萃取剂逆流接触,即构成多级逆流接触萃取。图 5-11 是三级逆流混合器萃取设备流程。由图可见,青霉素发酵料液经过滤后,进入第三级混合萃取罐,在此与从第二级沉降器来的萃取相(含产品青霉素)混合接触,然后流入第三级沉降器分成上、下两液层,上层为萃取相,富含目的产物,而下层为萃余相,含目的产物的浓度已比新鲜料液低得多,送第二级萃取回收产物。如此经三级萃取后,第一级的萃余相作为废液排走。

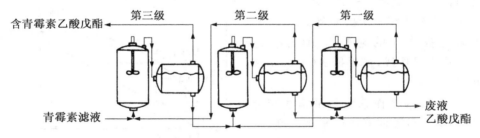

图 5-11 三级逆流萃取设备流程

1. 多级逆流萃取过程的解析计算法

假设各级中溶质的分配均达到平衡,并且分配平衡符合线性关系。另外,第 i 级的物料衡算式为

$$Hx_i + Ly_i = Hx_{i+1} + Ly_{i-1} \tag{5-43}$$

对于第一级($i=1$),设 $y_0=0$,所以,根据 $y=mx_i(i=1,2,\cdots,n)$ 得到

$$x_2 = (1+E)x_1$$

同样,对于第二级,

$$x_3 = (1+E+E)x_1$$

依次类推,对于第 n 级,

$$x_{n+1} = (1 + E + E^2 + \cdots + E^n)x_1$$

或

$$x_F = \frac{E^{n+1} - 1}{E - 1}x_1 \tag{5-44}$$

式(5-44)为最终萃余相和进料中溶质浓度之间的关系。若已知进料浓度(x_F)、萃取因子(E)和级数(n),即可计算萃余相中溶质浓度(x_1)。

利用式(5-44)可得萃余分率为:

$$\varphi_n = \frac{Hx_1}{Hx_F} = \frac{E - 1}{E^{n+1} - 1} \tag{5-45}$$

而萃取分率为:

$$\eta = 1 - \varphi_n = \frac{E^{n+1} - E}{E^{n+1} - 1} \tag{5-46}$$

2. 多级逆流萃取过程的图解计算法

当萃取平衡关系为非线性方程时,解析方法不适用,此时,可用图解法。设平衡线方程为:

$$y_i = mx_i$$

对整个萃取流程作物料衡算,得操作线方程:

$$y_n = \frac{H}{L}(x_{n+1} - x_1) + y_0 \tag{5-47}$$

具体解法如下,见图5-12所示。

(1) 先在直角坐标上绘出平衡线;

(2) 确定操作线的起始点 $A(x_1, y_0)$、$H(x_F, y_n)$,作出操作线,或根据 $A(x_1, y_0)$ 和斜率绘出操作线;

(3) 从 $A(x_1, y_0)$ 作垂线与平衡线交点 $B(x_1, y_1)$ 为第一级萃取器内的平衡浓度;从 $B(x_1, y_1)$ 作水平线与操作线交点为 $C(x_2, y_1)$。如此逐次进行,就可确定进料浓度为 x_F 时所需级数(图中 $n = 3$)。

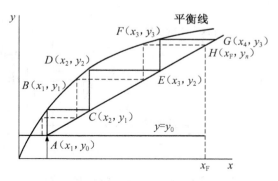

图5-12 多级逆流萃取的图解示意图

另一种图解法是,从操作线上的进料浓度处 $H(x_F, y_n)$ 开始,如图5-12的虚线所示,使萃余相浓度低于 x_1 所需级数仍为三级。

【例5-4】 设例5-3中 $L = 39\text{L/h}$,其他操作条件不变,计算采用多级逆流接触萃取时使收率达到99%所需的级数。

解 $E = mL/H = 57 \times 39/450 = 4.94$

因为收率为99%,即 $\eta = 0.99$,则由 $\eta = \dfrac{E^{n+1} - E}{E^{n+1} - 1}$ 可得 $n = 2.74$,故需要三级萃取操作。

可计算采用三级逆流接触萃取的收率为99.3%,高于例5-3的错流萃取,说明多级逆流接触萃取效率优于多级错流萃取。

5.5 溶剂萃取法新技术

5.5.1 双水相萃取

随着生物技术的发展,特别是基因工程技术的出现,很多生物产品无法使用有机溶剂萃取的方法来进行分离纯化,其原因是有机溶剂对这些生物物质有毒害作用。因此,需要开发大规模生产的、经济简便的、快速高效的分离纯化技术,其中双水相萃取技术是极有前途的新型分离技术。

两种水溶性高聚物或一种高聚物与盐类在水中能形成两层互不相溶的匀相水溶液,这样的水相系统称为双水相系统。双水相萃取现象最早是 1896 年由 Beijerinck 在琼脂与可溶性淀粉或明胶混合时发现的,这种现象被称为聚合物的"不相溶性"(incompatibility)。20 世纪60 年代瑞典 Lund 大学的 Albertsson P A 及其同事们最先提出双水相萃取技术并做了大量的工作。20 世纪 70 年代中期,西德的 Kula M R 和 Kroner K H 等人首先将双水相系统应用于从细胞匀浆液中提取酶和蛋白质,大大改善了胞内酶的提取效果。20 世纪 80 年代,人们还发现了一些特殊的双水相系统,其中最为典型的是聚氧乙烯基表面活性剂与水构成的双水相系统,当温度超过浊点温度时,具有聚氧乙烯基团的非离子型表面活性剂的水溶液可形成两个互不相溶的水相:上相富含聚合物,下相则几乎完全是水,这种双水相系统只使用一种成相组分,如果浊点较低,在生物分离中使用时特别有利于高聚物的回收。还有一种由脂肪醇和盐类构成的双水相系统。20 世纪 90 年代,人们又发现了阴阳离子两种表面活性剂在水溶液中可形成双水相,从而使双水相的内容不断丰富,应用也活跃起来。双水相应用的主要问题是相体系回收,这方面的研究正在进行,并取得了一定进展。

1. 双水相体系

(1)双水相体系的形成:在聚合物-盐或聚合物-聚合物系统混合时,会出现两个不相混溶的水相,典型的例子如在水溶液中的聚乙二醇(PEG)和葡聚糖,当各种溶质均在低浓度时,可以得到单相匀质液体;但是,当溶质的浓度增加时,溶液会变得浑浊,在静止的条件下,会形成两个液层,实际上是其中两个不相混溶的液相达到平衡,在这种系统中,上层富集了 PEG,而下层富集了葡聚糖,如图 5-13 所示。

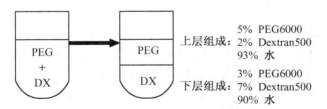

图 5-13 典型双水相体系

这两个亲水成分的非互溶性,可用它们各自分子结构上的不同所产生的相互排斥来说明,葡聚糖本质上是一种几乎不能形成偶极现象的球形分子,而 PEG 是一种具有共享电子对的高密度直链聚合物。各个聚合物分子,都倾向于在其周围有相同形状、大小和极性分子,同时,由于不同类型分子间的斥力大于同它们的亲水性有关的相互吸引力,因此聚合物发生分离,形成两个不同的相,这就是所谓的聚合物不相溶性。

某些聚合物溶液与一些无机盐溶液相混时,只要浓度达到一定范围时,体系也会形成两相,成相机理目前还不十分清楚,有人认为是盐析作用。

(2)双水相体系的相图:双水相形成的条件和定量关系可用相图来表示,图 5-14(a)是两种高聚物和水形成的双水相体系相图。图 5-14 中以聚乙二醇(PEG)的质量分数为纵坐标,以葡聚糖(Dextran)的质量浓度为横坐标。图中把均匀区与两相区分开的曲线,称为双节线(binodal)。如果体系总组成配比取在双节线下面的区域,两高聚物均匀溶于水中而不分相;如果体系总组成配比取在双节线上方的区域,如图 5-14(b)中的 A、B、C、D、E 点,体系就会形成两相,上相富集了高聚物 PEG,下相富集了高聚物葡聚糖。

如图 5-14(a),用 A 点代表体系总组成,B 点和 C 点分别代表互相平衡的上相和下相组成,称为节点。A、B、C 三点在一条直线上,称为系线(tieline)。系线的长度是衡量两相间相对差别的尺度,系线越长,两相间的性质差别越大,反之则越小。若 A 向双节线移动,B、C 两点接近,系线长度趋向于零时,即 A 点在双节线 K 点时,体系变成一相,K 称为临界点(critical point)。在同一系线上不同的点,总组成不同,而上、下两相组成相同,只是两相体积 V_T、V_B 不同,但它们均服从杠杆原理,即 B 相和 C 相质量之比等于系线上 CA 与 AB 的线段长度之比。又由于两相密度相差很小(双水相体系上、下相密度常在 $1.0\sim1.1\text{kg/dm}^3$ 之间),故上、下相体积之比也近似等于系线上 CA 与 AB 线段长度之比,即:

$$\frac{V_T}{V_B}=\frac{\overline{CA}}{\overline{AB}} \tag{5-48}$$

式中,V_T、V_B 为上相和下相体积;$\overline{CA}$ 为 C 点与 A 点之间的距离;$\overline{AB}$ 为 A 点与 B 点之间的距离。

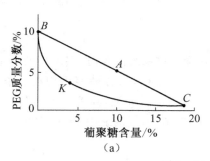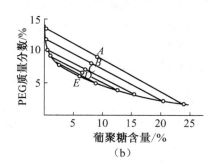

图 5-14　双水相体系相图

(3)双水相体系的种类

① 高聚物-高聚物双水相:这类双水相体系以聚乙二醇-葡聚糖(PEG-Dextran)为典型代表,易于与后续处理连接,如直接上离子交换柱而不必脱盐。

② 高聚物-盐双水相:如聚乙二醇-磷酸盐、聚乙二醇-硫酸铵等双水相,这类双水相体系盐浓度高,蛋白质易盐析,废水处理困难。

③ 非离子表面活性剂水胶团双相体系:典型的如 TritonX-114 表面活性剂形成的水胶团双相体系。这种双水相体系构成分简单,易于回收,应用还不多。

④ 阴阳离子表面活性剂双水相体系:将阳离子表面活性剂与阴离子表面活性剂及水相混合形成双水相体系。典型的相体系如:阳离子型表面活性剂十二烷基硫酸钠(SDS)和阴离子型表面活性剂十六烷基三甲基溴化铵(CTAB)混合产生的表面活性剂水溶液的双水相。

　　另外,醇-盐双水相体系,如乙醇-无机盐-水形成双水相,丙醇-无机盐-水形成双水相等也是另一种双水相。

　　常见的双水相体系成相高聚物或盐列于表 5-3 中。

表 5-3　常见的双水相体系

聚合物-聚合物-水	聚合物电解质-聚合物-水	聚合物电解质-聚合物电解质-水	聚合物-盐-水
聚丙烯乙二醇-甲氧基聚乙二醇	硫酸葡聚糖钠盐-聚丙烯乙二醇	硫酸葡聚糖钠盐-羧甲基纤维素钠盐	聚丙烯乙二醇-磷酸钾
聚乙二醇-聚乙烯醇	羧甲基葡聚糖钠盐-甲基纤维素	硫酸葡聚糖钠盐-羧甲基葡聚糖钠盐	甲氧基聚乙二醇-磷酸钾
聚乙二醇-葡聚糖			聚乙二醇-磷酸钾
聚吡咯烷酮-甲基纤维素			聚丙烯乙二醇-葡聚糖

　　(4) 双水相体系萃取的特点

　　① 双水相分配技术易于放大,各种参数可以按比例放大而产物收率几乎不降低。若系统物性研究透彻,可运用化学工程中的萃取原理进行放大,但要加强萃取设备方面的研究。

　　② 双水相系统之间的传质和平衡过程速度快,目标产物的分配系数一般大于 3,大多数情况下,目标产物有较高的收率。如选择适当体系,回收率可达 80% 以上,提纯倍数可达 2~20 倍。

　　③ 易于进行连续化操作,设备简单,且可直接与后续提纯工序相连接,无需进行特殊处理,大量杂质能够与所有固体物质一起去掉。与其他常用固液分离方法相比,双水相分配技术可省去一两个分离步骤,使整个分离过程更经济。

　　④ 系统的含水量多达 75%~90%,两相界面张力极低(10^{-6}~10^{-4} N/m),有助于保持生物活性和强化相际间的质量传递,但也有系统易乳化的问题,值得注意。

　　⑤ 操作条件温和,整个操作过程在常温常压下进行。

　　⑥ 不存在有机溶剂残留问题,高聚物一般是不挥发性物质,因而操作环境对人体无害。

　　由于双水相操作的成本较高,用于分离的聚合物价格昂贵,难以回收,从而减缓了其工业化进程。

2. 双水相萃取的基本原理

　　双水相系统萃取属于液-液萃取范畴,其基本原理仍然是依据物质在两相间的选择性分配,与水-有机物萃取不同的是萃取系统的性质不同。其分配规律服从能斯特分配定律,即

$$m = \frac{c_t}{c_b} \qquad\qquad (5-49)$$

式中,c_t、c_b 分别为上相和下相中溶质(分子或粒子)的浓度。

　　已有大量研究表明,生物分子的分配系数取决于溶质与双水相系统间的各种相互作用,主要有静电作用、疏水作用和亲和作用等,其分配系数可为各种相互作用之和:

$$\ln m = \ln m_e + \ln m_h + \ln m_l \qquad\qquad (5-50)$$

式中,m 为总分配系数;m_e、m_h、m_l 分别为静电作用、疏水作用、亲和作用对溶质分配系数的贡献。生物亲和作用的影响将在第 12 章介绍,本节主要讨论前两种作用,这两种作用也是双水相

系统中普遍存在的。

(1) 静电作用：双水相体系中常含有缓冲液和无机盐等电解质，这些荷电溶质的存在会导致溶质在两相中分配浓度的差异，由此在两相间产生电位差，常称为唐南电位。从相平衡热力学理论推导溶质的分配系数 K_p 表达式为：

$$\ln m = \ln m_0 + \frac{FZ}{RT}\Delta\varphi \qquad\qquad (5-51)$$

式中，m_0 为溶质净电荷为零时的分配系数；F 为法拉第常数；Z 为溶质的净电荷数；$\Delta\varphi$ 为相间电位差。

由式（5-51）可知，荷电溶质的分配系数的对数与溶质的净电荷数成正比。在另一方面，分配系数因荷电的正负离子、荷电数而异，如图 5-15 所示，为 5.8%PEG-6000 和 8.4%Dx-T500 所组成的双水相系统，在 20℃ 时，含有不同负离子的无机盐其电荷对分配系数产生影响。

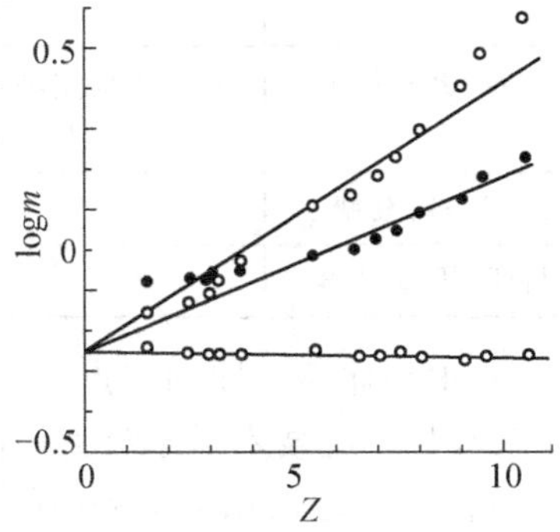

(2) 疏水作用：某些大分子物质的表面具有疏水区，疏水区所占比表面越大，常意味着其疏水性越强。因此，在双水相系统中，两种组分的表面疏水性差异使各自在系统的两相中产生相应的分配平衡。对于等电点双水相系统中，氨基酸的分配系数可用以下公式计算：

$$\ln m_{aa} = HF(RH + B) \qquad (5-52)$$

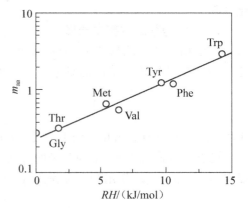

图 5-15　核糖核酸酶的分配系数与其电荷的关系

5.8%PEG 6000/8.4%Dx-T500，20℃

○.0.1mol/dm³ KSCN　●.0.1mol/dm³ KCl

□.0.1mol/dm³ K₂SO₄

式中，HF 为相间的疏水性差，也称疏水性因子；RH 为氨基酸的相对疏水性；B 为比例常数。设甘氨酸的相对疏水性 $RH=0$，通过测定氨基酸在水和乙醇中溶解度的差别，其计算方程如下：

$$B = \ln m_{Gly}/HF \qquad\qquad (5-53)$$

式中，m_{Gly} 为甘氨酸的分配系数。

由式（5-53）可知，pH=pI 时氨基酸在双水相系统中的分配系数与其 RH 值呈线性关系，如图 5-16所示，在 pH≈pI 时，由 PEG-4000/KPi 所组成的双水相体系，直线的斜率就是该双水相系统的疏水性因子 HF 值。研究结果表明，PEG/Dx 和 PEG/KPi 系统的 HF 值与上下相中 PEG 的浓度差成正比，PEG/Dx 系统的 HF 值约为 0.005～0.02mol/kJ，PEG/KPi 系统的 HF 值约为 0.1～0.4mol/kJ。

双水相系统的疏水性与成相聚合物的种类、相对分子质量、浓度，添加盐的种类、浓度以及 pH 值有关，一般随聚合物的相对分子质量、浓度以及盐析盐浓度的增大而增大。

图 5-16　双水相系统疏水性的测定

氨基酸的相对疏水性与分配系数的关系

14%PEG 4000/14%KPi，pH≈pI

3. 影响双水相分配的主要因素

除了静电作用、疏水作用及亲和作用等各种相互作用因素外,影响双水相分配的因数还有高聚物的相对分子质量和浓度、盐的种类和浓度、pH 值、温度等。适当选择各参数在最适条件下,可获得较高的分配系数和选择性。

(1) 高聚物的相对分子质量:在高聚物浓度保持不变的前提下,降低该高聚物的相对分子质量,被分配的可溶性生物大分子如蛋白质或核酸,或颗粒如细胞或细胞碎片和细胞器,将更多地分配于该相。对 PEG-Dextran 体系而言,Dextran 的相对分子质量减小,分配系数会减小;PEG 的相对分子质量减小,物质的分配系数会增大(表 5-4),这是一条普遍规律。这种影响与蛋白质相对分子质量也存在关系,相对分子质量越大,影响也随之增大。

表 5-4 葡聚糖分子对不同相对分子质量蛋白质分配系数的影响

蛋白质种类（相对分子质量）	葡聚糖相对分子质量				
	20000	40500	83000	180000	280000
细胞色素 C(12384)	0.18	0.14	0.15	0.17	0.21
卵清蛋白(45000)	0.58	0.60	0.74	0.78	0.86
牛血清白蛋白(69000)	0.18	0.23	0.31	0.24	0.41
乳酸脱氢酶(140000)	0.06	0.05	0.09	0.15	0.10
过氧化氢酶(250000)	0.11	0.23	0.40	0.78	1.15
血红蛋白(20000)	1.9	2.9	—	12	42
β-半乳糖苷酶(540000)	3.24	0.38	1.38	1.50	1.61
磷酸果糖激酶(800000)	0.01	<0.01	0.01	0.02	0.03
二磷酸核酮糖羧基酶(800000)	0.05	0.06	0.15	0.28	0.50

(2) 高聚物的浓度:当成相系统的总浓度增大时,系统远离临界点,系线长度增加,两相性质的差别(疏水性等)增大,界面张力也随着增大,蛋白质分子的分配系数将偏离临界点处的值($m=1$),即大于 1 或小于1。如图 5-17 所示为藻红蛋白和血清蛋白在不同浓度 PEG-葡聚糖体系中的分配,图中横坐标为葡聚糖在两相中的浓度差,此浓度差越大,系线越长。可以看出,随着组成浓度差的变化,分配系数 m 有很大的改变。

因此,成相物质的总浓度越高,系线越长,蛋白质越容易分配于其中的某一相。对于细胞等颗粒来说,在临界点附近,细胞大多分配于一相中,而不吸附于界面。随着高聚物浓度的增加,细胞会越来越多地吸附在界面上,这种现象给萃取操作带来困难。但对于可溶性蛋白质,这种界面吸附现象很少发生。

(3) 盐的种类和浓度:盐的种类和浓度对分配系数的影响,主要反映在相间电位、蛋白质疏水性的差异上。

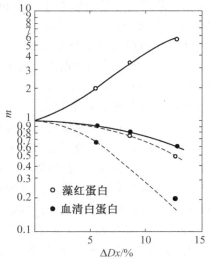

图 5-17 蛋白质分配系数随葡聚糖浓度的变化

实线:0.01mol/dm^3 磷酸盐,pH6.8
虚线:0.01mol/dm^3 磷酸盐,0.1mol/dm^3 NaCl,pH6.8

图 5-18 列出了几种离子在 PEG/Dx 系统中的分配系数，不同种类盐的正、负离子具有各自的分配系数。在 PEG-Dextran 各为 8%（质量分数）所形成的双聚合物双水相系统中，如 NaCl 中的 Na^+ 分配系数 m^+ 为 0.889，而 Cl^- 的分配系数 m^- 为 1.12，其原因主要由相间电位引起。

这是由于当双水相系统中存在这些电解质时，达到平衡时，各相均需保持电中性的原则。因此，盐的种类和组成影响蛋白质、核酸等生物大分子的分配系数。

（4）pH 值的影响：双水相系统的 pH 值能影响蛋白质上可解离基团的离解度，使蛋白质表面电荷数改变，影响其分配系数。对某些蛋白质，pH 值的微小变化足以使其分配系数改变 2～3 个数量级；另外，pH 值也会影响磷酸盐的解离，改变 $H_2PO_4^-$ 和 HPO_4^{2-} 的比例，使两相间电位发生变化，导致分配系数改变。

不同种类的盐其相间电位 $\Delta\varphi$ 有差异，使分配系数与 pH 值的函数关系也不一样。在蛋白质的等电点处，由于 $Z=0$，则分配系数应相同，即两条 pH-K 关系曲线交于一点（图 5-19）。因此，可以通过测定两种不同盐类下的 pH 值与分配系数关联曲线的交点，来测得蛋白质、细胞器的等电点，这种方法称为交叉分配法。

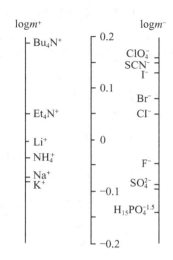

图 5-18　各种电解质的分配系数 8wt%PEG3000-3700/8wt%Dx500K 盐浓度 0.020～0.025mol/dm³，25℃

在相间电位为零的双水相中，原则上蛋白质的分配系数不受 pH 值的影响。但对不少蛋白质，当相间电位为零时，分配系数中的 K_0 随 pH 值的变化有所增减。这是由于蛋白质自身结构和性质随 pH 值的变化所致，如疏水性、带电性的变化，形成二聚体或二聚体的解离，与其他共存蛋白质或小分子形成复合物等。尤其当体系的 pH 值与蛋白质的等电点相差愈大时，更会导致蛋白质自身结构和性质的改变。因此，对于酶蛋白，体系应控制在酶稳定的 pH 值范围内。根据 K_0 随 pH 值的变化情况可判断 pH 值对蛋白质结构和形态的影响。

（5）操作温度：温度影响双水相系统的相图，继而影响蛋白质的分配系数，在临界点附近尤为显著；当双水相系统离临界点足够远时，温度的影响很小，1～2℃的温度改变不影响目标产物的萃取分离。

在大规模双水相萃取生产过程中，由于室温下成相聚合物 PEG 对蛋白质有稳定作用，不易失活或变性，溶液黏度较低，容易相分离，故一般采用室温操作。

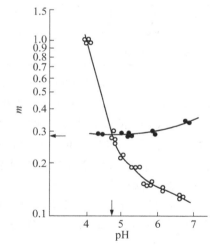

图 5-19　BSA 的交叉分配曲线，箭头所指为交叉点处的 pH 和 m 值
4.4%PEG6000/7%Dx-T500，20℃
○ 0.1mol/dm³ NaCl　● 0.05mol/dm³ Na₂SO₄

4. 双水相萃取技术的发展

（1）廉价双水相体系的开发：30 多年来双水相技术研究绝大多数集中在高聚物-高聚物（PEG-Dextran 系列）双水相体系上，然而该体系的成相高聚物价格昂贵，因而在工业化大规模

生产时,寻找廉价的有机物双水相体系是双水相体系的一个重要发展方向。用变性淀粉(PPT)、乙基羟乙基纤维素(EHEC)、糊精、麦芽糖糊精等有机物代替昂贵的葡聚糖(Dextran),羟基纤维素、聚乙烯醇(PVA)、聚乙烯吡咯烷酮(PVP)等代替 PEG 已取得了阶段性成果。研究发现,由这些聚合物形成的双水相体系的相图与 PEG-Dextran 形成的双水相体系相图非常相似,其稳定性也比 PEG-盐双水相体系好,并且具有蛋白质溶解度大、黏度小等优点。

(2) 新的双水相体系探索:随着双水相技术研究的不断深入,新的双水相体系表面活性剂-表面活性剂-水体系、普通有机物-无机盐-水体系、双水相胶团体系等相继被发现。现有的研究表明,这些双水相体系各有优势,表面活性剂双水相体系与高聚物双水相体系相比,有更高的含水量,因而条件更为温和,表面活性剂的增溶作用,不仅可以用于可溶性蛋白质分离,而且可用于水不溶性蛋白质的分离;普通有机物型双水相体系最大的优点是价格便宜,分离后续工作处理简单。另外,特别值得提到的一种新的体系是只有一种成相聚合物的双水相体系,上相几乎 100% 是水,聚合物绝大部分集中在下相,该体系不仅操作成本低,萃取效果好,而且还为生物物质提供了更温和的条件。

(3) 可循环使用的双水相成相高聚物:双水相体系在发展中存在的关键问题是相体系回收困难。为了降低生产成本及减少污染,用过的相体系需要回收和重复使用。过去几十年这方面已取得了一些进展,但尚未取得突破性发展,从而妨碍了这一技术的应用。到 20 世纪 90 年代,人们找到了可回收利用的相体系,即氧化乙烯(EO)与氧化丙烯(PO)无规共聚物组成热诱导相分离体系。然而,这种温度诱导相分离的方法只能回收一种高聚物(EO-PO),而对另一种高聚物或盐则无法回收,仍然没有完全解决双水相应用中的成本和环保问题。此外,这种相体系相分离温度偏高,可能会对生物分子造成破坏。除了温度敏感的成相高聚物 EO-PO外,研究人员又合成了异丙基丙烯酰胺类热敏高聚物,但回收率偏低。除此之外,研究人员还相继尝试了利用挥发性盐类进行相体系回收,这些方法尚在发展之中。

5.5.2　反胶团萃取

传统的分离方法,如液-液萃取技术,尤其是有机溶剂液-液萃取技术,由于具有操作连续、多级分离、放大容易和便于控制等优点,在化工、石化等工业中备受关注。溶剂萃取技术尽管已广泛应用于抗生素生产中,但却难以应用于蛋白质的萃取和分离,其主要原因有两个:一是被分离对象——蛋白质等在 40~50℃便不稳定,开始变性,而且绝大多数蛋白质都不溶于有机溶剂,若使蛋白质与有机溶剂接触,也会引起蛋白质的变性;二是萃取剂问题,蛋白质分子表面带有许多电荷,普通的离子缔合型萃取剂很难奏效。因此,研究和开发易于工业化的、高效的生化物质分离方法已成为当务之急。反胶团萃取法就是在这一背景下发展起来的一种新型分离技术。

1977 年,瑞士的 Luisi 等人首次提出用反胶团萃取蛋白质,但并未引起人们的广泛注意。直到 20 世纪 80 年代,生物学家们才开始认识到其重要性。反胶团萃取的本质仍是液液有机溶剂萃取,但与一般有机溶剂萃取不同的是,反胶团萃取利用表面活性剂在有机相中形成的反胶团进行萃取,反胶团在有机相内形成一个亲水微环境,使蛋白质类生物活性物质溶解于其中,从而避免在有机相中发生不可逆变性。此外,构成反胶团的表面活性剂往往具有溶解细胞的能力,因此可用于直接从完整细胞中提取蛋白质和酶,省却了细胞破壁。

近年来该项研究已在国内外深入展开,从所得结果来看,反胶团萃取具有成本低、溶剂可反复使用、萃取率和反萃取率都很高等突出的优点,同时具有分离和浓缩的效果。可见,反胶团萃取技术为蛋白质等物质的分离开辟了一条具有工业开发前景的新途径。

1. 反胶团溶液形成的条件和特性

(1) 胶团与反胶团的形成:将表面活性剂溶于水中,当其浓度超过临界胶团浓度(critical micelle concentration,CMC)时,表面活性剂就会在水溶液中聚集在一起而形成聚集体,在通常情况下,这种聚集体是水溶液中的胶团,称为正常胶团(normal micelle),结构示意见图 5-20(a)。在胶团中,表面活性剂的排列方向是极性基团在外,与水接触,非极性基团在内,形成一个非极性的核心,在此核心可以溶解非极性物质。若将表面活性剂溶于非极性的有机溶剂中,并使其浓度超过临界胶团浓度(CMC),便会在有机溶剂内形成聚集体,这种聚集体称为反胶团,其结构示意见图 5-20(b)。在反胶团中,表面活性剂的非极性基团在外与非极性的有机溶剂接触,而极性基团则排列在内形成一个极性核(polar core)。此极性核具有溶解极性物质的能力,极性核溶于水后,就形成了"水池"(water pool)。当含有此种反胶团的有机溶剂与蛋白质的水溶液接触后,蛋白质及其他亲水物质能够通过螯合作用进入此"水池"。由于周围水层和极性基团的保护,保持了蛋白质的天然构型,不会造成失活。蛋白质的溶解过程和溶解后的情况示意于图 5-21 中。

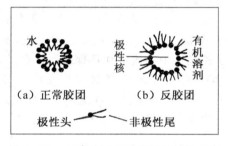

图 5-20   正常胶团和反胶团的结构示意

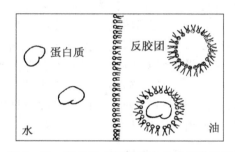

图 5-21   蛋白质在反胶团中的溶解示意图

(2) 常用的表面活性剂:表面活性剂是由亲水憎油的极性基团和亲油憎水的非极性基团两部分组成的两性分子,可分为阴离子表面活性剂、阳离子表面活性剂和非离子型表面活性剂,它们都可用于形成反胶团;常用的表面活性剂及相应的有机溶剂见表 5-5 所示。

表 5-5   常用的表面活性剂及其相应的有机溶剂

表面活性剂	有机溶剂	表面活性剂	有机溶剂
AOT	n-烃类(C_6—C_{10})、异辛烷、环己烷、四氯化碳、苯	Brij60	辛烷
CTAB	己醇/异辛烷,己醇/辛烷	TritonX	己醇/环己烷
	三氯甲烷/辛烷	磷脂酰胆碱	苯、庚烷
TOMAC	环己烷	磷脂酰乙醇胺	苯、庚烷

在反胶团萃取蛋白质的研究中,用得最多的是阴离子表面活性剂 AOT(Aerosol OT),其化学名为丁二酸-2-乙基己基酯磺酸钠,结构式见图 5-22 所示。

这种表面活性剂容易获得,其特点是具有双链,极性基团较小,形成反胶团时不需加助表面活性剂,并且所形成的反胶团较大,半径为 170nm,有利于大分子蛋白质进入。

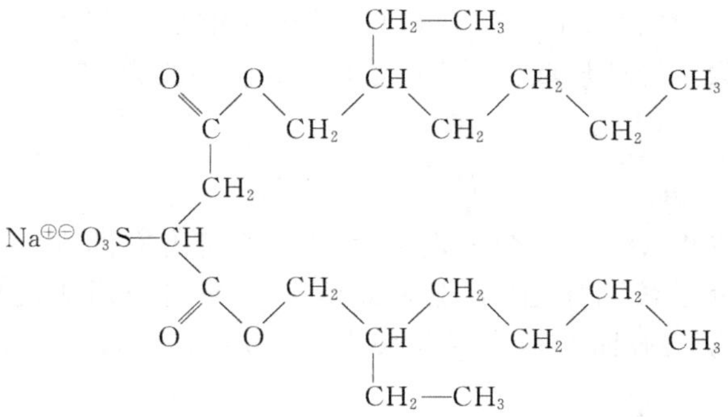

图 5-22　AOT 的结构式

常使用的阳离子表面活性剂名称和结构如下：

① CTAB(cetyl-trimethyl-ammonium bromide)溴化十六烃基三甲铵

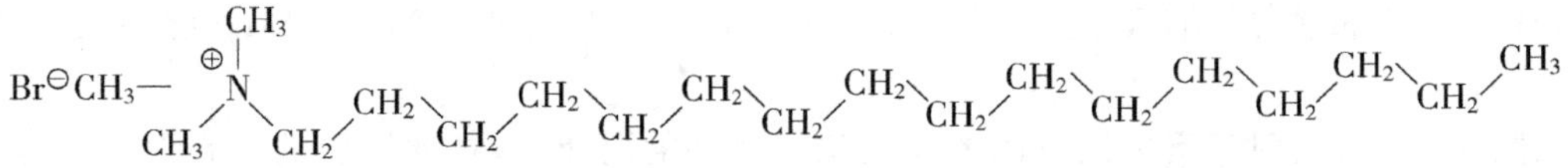

② DDAB(didodecyldimethyl ammonium bromide)溴化双十二烷基二甲铵

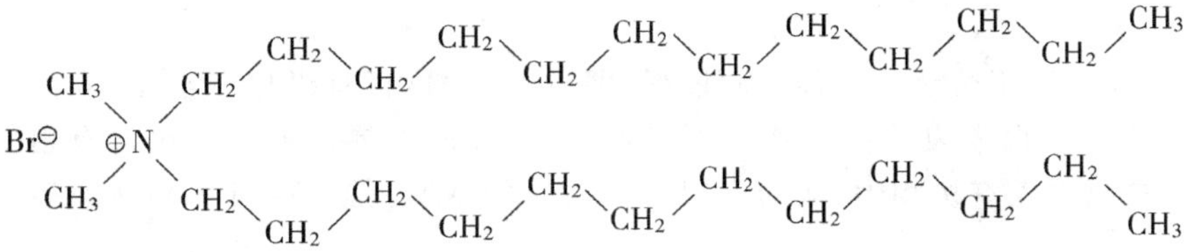

③ TOMAC(trioctylmethyl ammomum chloride)氯化三辛基甲铵

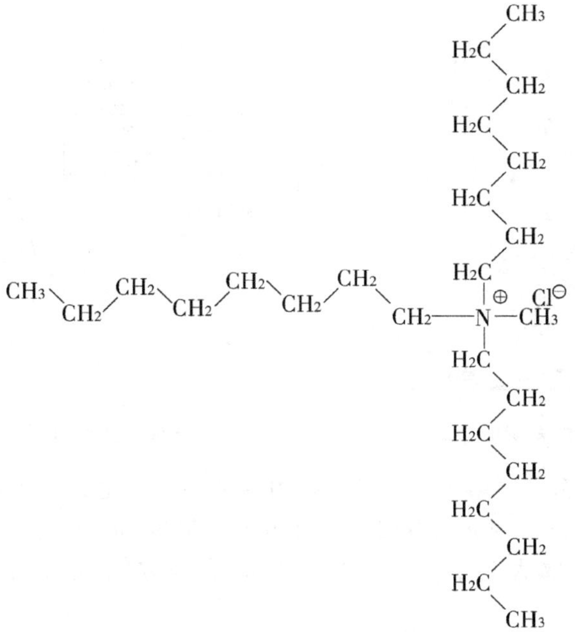

（3）反胶团的形状与大小：用于萃取蛋白质等生化物质的胶团是反胶团，反胶团的形状通常为球形，也有人认为是椭球形或棒形；反胶团的半径一般为 $10\sim100\text{nm}$，可由理论模型推算，计算公式如下：

$$R=3W_0V_w/A_s \qquad\qquad (5-54)$$

式中，V_w 为水的分子体积；A_s 为每个表面活性剂分子所占有的面积；W_0 为每个反胶团中水分子与表面活性剂分子数的比值，假定表面活性剂全用于形成反胶团并忽略有机溶液中的游离水，则 W_0 等于反胶团溶液中水与表面活性剂的摩尔浓度比值：$W_0\approx[\text{H}_2\text{O}]/[$表面活性剂$]$。

反胶团的尺寸更多地是采用实验手段来测定的，如离心法、小角度中子散射法、似弹性光散射法等。

2. 反胶团萃取蛋白质的基本原理

（1）三元相图及萃取蛋白质：对一个由水、表面活性剂和非极性有机溶剂构成的三元系统，存在有多种共存相，可用三元相图表示，图 5-23 是水-AOT-异辛烷系统的相图示例。

从图中可知，能用于蛋白质分离的仅是位于底部的两相区，在此区内的三元混合物分为平衡的两相：一相是含有极少量有机溶剂和表面活性剂的水相；另一相是作为萃取剂的反胶团溶液。这共存的两相组成，用系线（图 5-23 中虚线）相连。这一体系的物理化学性质非常适合于萃取操作。

蛋白质进入反胶团溶液是一种协同过程，即在宏观两相（有机相和水相）界面间的表面活性剂层，同邻近的蛋白质发生静电作用而变形，接着在两相界面形成了包含有蛋白质的反胶团，此反胶团扩散进入有机相中，从而实现了蛋白质的萃取，其萃取过程和萃取后的情况见图 5-24。

改变水相条件（如 pH 值和离子种类及其强度等）又可使蛋白质由有机相重新返回水相，实现反萃取过程。

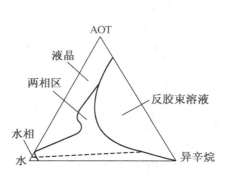

图 5-23　水-AOT-异辛烷系统的相图示例

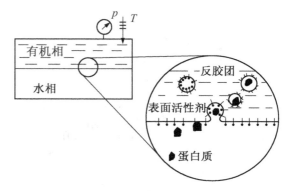

图 5-24　反胶团萃取蛋白质的示意图

（2）反胶团中生物分子的溶解：由于反胶团内存在微水池这一亲水微环境，可溶解氨基酸、肽和蛋白质等生物分子，因此反胶团萃取可用于氨基酸、肽和蛋白质等生物分子的分离纯化，特别是蛋白质类生物大分子。对于蛋白质的溶解方式，已先后提出了四种模型，见图 5-25。

图 5-25 中(a)为水壳模型;(b)为蛋白质中的疏水部分直接与有机相接触;(c)为蛋白质被吸附在胶团的内壁上;(d)为蛋白质的疏水区与被几个反胶团的表面活性剂疏水尾发生作用,并被反胶团所溶解。上述四种模型中,现在被多数人所接受的是水壳模型,尤其对于亲水性蛋白质,因为水壳模型很好地解释了蛋白质在反胶团内的状况,其间接证据较多,如① 似弹性光散射研究证实在蛋白质分子周围至少存在一个单分子的水层;② α-糜蛋白酶在反胶团中的荧光特性与在主体水中很相像;③ 反胶团中酶所显示的动力学特性接近于在主体水中等,这些事实都有力地支持了水壳模型。

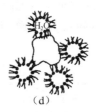

(a)　　　　　　　(b)　　　　　　　(c)　　　　　　　(d)

图 5-25　蛋白质在反胶团中溶解的四种可能模型

由图 5-25 可知,在水壳模型中,蛋白质居于"水池"的中心,而此水壳层则保护了蛋白质,使它的生物活性不会改变。

(3) 蛋白质溶入反胶团溶液的推动力:蛋白质溶入反胶团溶液的推动力主要包括表面活性剂与蛋白质的静电作用力和位阻效应。

① 静电作用力:在反胶团萃取体系中,表面活性剂与蛋白质都是带电的分子,因此静电相互作用肯定是萃取过程中的一种推动力。其中一个最直接的因素是 pH 值,它决定了蛋白质带电基团的离解速率及蛋白质的净电荷。当 pH=pI 时,蛋白质呈电中性;当 pH<pI 时,蛋白质带正电荷;当 pH>pI 时,蛋白质带负电荷,即随着 pH 的改变,被萃取蛋白质所带电荷的符号和多少是不同的。因此,如果静电作用是蛋白质增溶过程的主要推动力,对于阳离子表面活性剂形成的反胶团体系,萃取只发生在水溶液的 pH>pI 时,此时蛋白质与表面活性剂极性头间相互吸引,而当 pH<pI 时,静电排斥将抑制蛋白质的萃取;对于阴离子表面活性剂形成的反胶团体系,情况正好相反。

此外,离子型表面活性剂的反离子并不都固定在反胶团表面,对于 AOT 反胶团,约有30%的反离子处于解离状态,同时,在反胶团"水池"内的离子和主体水相中的离子会进行交换,这样,在萃取时会同蛋白质分子竞争表面活性剂离子,从而降低了蛋白质和表面活性剂的静电作用力。另一种解释则认为,离子强度(盐浓度)影响蛋白质与表面活性剂极性头之间的静电作用力是由于离解的反离子在表面活性剂极性头附近建立了双电层,称为德拜屏蔽,从而缩短了静电吸引力的作用范围,抑制了蛋白质的萃取,因此在萃取时要尽量避免后者的影响。

② 位阻效应:许多亲水性物质,如蛋白质、核酸及氨基酸等,都可以通过溶入反胶团"水池"来达到它们溶于非水溶剂中的目的,但是反胶团"水池"的物理性能(大小、形状等)及其中水的活度是可以用 W_0 的变化来调节的,并且会影响大分子如蛋白质的增溶或排斥,达到选择性萃取的目的,这就是所谓的位阻效应。

许多有关反胶团萃取的实验研究已经表明,随着 W_0 的降低,蛋白质的萃取率也减少,说明确实存在一定的位阻效应。如有人用正己醇作助表面活性剂与 CTAB 一起形成混合胶团来萃取牛血清蛋白(BSA),由于正己醇一方面提高了表面活性剂亲油基团的数目,使 HLB 减小,另一方面溶入"水池"的正己醇会使池内溶液的介电常数减小从而使 HLB 减小,因此 W_o 变小,使 BSA 的萃取率降低,由于醇分子不带电荷,所以正己醇含量对萃取率的影响,不可能是静电作用,而只能是位阻效应(W_o 变化)所引起的。

3. 影响反胶团萃取蛋白质的主要因素

蛋白质的萃取,与蛋白质的表面电荷和反胶团内表面电荷间的静电作用,以及反胶团的大小有关,所以,任何可以增强这种静电作用或导致形成较大的反胶团的因素,都有助于蛋白质的萃取。影响反胶团萃取蛋白质的主要因素,见表 5-6,只要对这些因素进行系统的研究,确定最佳操作条件,就可得到合适的目标蛋白质萃取率,从而达到分离纯化的目的。

表 5-6 影响反胶团萃取蛋白质的主要因素

与反胶团相有关的因素	与水相有关的因素	与目标蛋白质有关的因素	与环境有关的因素
表面活性剂的种类	pH 值	蛋白质的等电点	系统的温度
表面活性剂的浓度	离子的种类	蛋白质的大小	系统的压力
表面溶剂的种类	离子的强度	蛋白质的浓度	
助表面活性剂及其浓度		蛋白质表面的电荷分布	

(1)水相 pH 值对萃取的影响:水相的 pH 值决定了蛋白质表面电荷的状态,从而对萃取过程造成影响。只有当反胶团内表面电荷,也就是表面活性剂极性基团所带的电荷与蛋白质表面电荷相反时,两者产生静电引力,蛋白质才有可能进入反胶团。故对于阳离子表面活性剂,溶液的 pH 值需高于蛋白质的 pI 值,反胶团萃取才能进行;对于阴离子表面活性剂,当 pH>pI 时,萃取率几乎为零,当 pH<pI 时,萃取率急剧提高,这表明蛋白质所带的净电荷与表面活性剂极性头所带电荷符号相反,两者的静电作用对萃取蛋白质有利,如果 pH 值很低,在界面上会产生白色絮凝物,并且萃取率也降低,这种情况可认为是蛋白质变性之故。

(2)表面活性剂:阴离子表面活性剂、阳离子表面活性剂和非离子表面活性剂都可用于形成反胶团。目前最为常用的是 AOT,因为它不需要助表面活性剂就能形成反胶团。表面活性剂的种类会影响反胶团的大小和形状,而其中的疏水部分对反胶团的影响最大。一般认为具有双疏水链,且链中含有不饱和键的表面活性剂易形成反胶团。这类表面活性剂在水相中的溶解性很差,对目的物的污染很轻,纯化方便。表面活性剂浓度对胶团的大小和结构影响很小,但随着浓度的增大,萃取效率不断提高,这可能是因为表面活性剂浓度的增大一方面增加了胶团的数目,另一方面增大了"水池"的体积。但对有些蛋白质来说,表面活性剂存在一个临界浓度,高于或低于此浓度,都会引起萃取率的降低,估计这个浓度是表面活性剂刚好在酶分子表面形成单分子层膜所需的浓度。

(3)水相中的离子:水相中的离子强度、离子种类、离子半径、离子价数与离子的电性都会对蛋白质的萃取和反胶团产生显著的影响。离子强度对萃取的影响表现在以下 4 个方面:① 离子强度增大,反胶团内表面的双电层变薄,减弱了蛋白质与反胶团内表面之间的静电引力,降低了蛋白质在反胶团中的溶解度。② 反胶团内表面的双电层变薄后,也减弱了表面活性剂极性基团之间的斥力,使反胶团变小,使大分子蛋白质进入反胶团的阻力增大。③ 离子强度增大后,增大了盐份向反胶团内"水池"迁移并取代蛋白质的倾向,使蛋白质从反胶团中盐析出来。④ 盐与蛋白质或表面活性剂的相互作用,可改变蛋白质的溶解性,盐浓度越高,影响越大。再者,与形成反胶团的表面活性剂带有相反电荷的离子对萃取的影响大于带相同电荷的离子,价数相同的条件下,离子半径越大,影响越大;离子半径近似时,价数越高,影响越大。

4. 反胶团萃取蛋白质新进展

(1) 新型表面活性剂的设计与开发:虽然现有的表面活性剂名目繁多,但能用于形成反胶团萃取蛋白质的并不多,其主要原因是它们在非极性溶剂中的溶解度不够高,而在水中有相当大的溶解度。目前最为常用的是阴离子表面活性剂 AOT,其优点是可不用助表面活性剂就形成反胶团,但其不足之处在于不能萃取相对分子质量较大的蛋白质。尽管有文献报道,在AOT 反胶团溶液中加入天然生物表面活性剂磷脂,能使胶团尺寸变大,在一定程度上提高了血红蛋白和枯草杆菌-α 淀粉酶的萃取率。但是如何进一步选择与合成更优的表面活性剂,将是今后应用研究的一个重要方面。

(2) 蛋白质的反萃取过程研究:应用反胶团萃取法提取蛋白质,须考虑的另一个重要问题是如何从负载有机相中反萃取出蛋白质。简单地依靠调节反萃液性能,回收率一般都较低,甚至不能获得具有活性的蛋白质。现已开发的有膜萃取、硅胶吸附、分子筛脱水、有机溶剂抽提等,但这些方法的可行性尚待继续研究和探讨。

(3) 提高萃取的选择性:选择性通常是衡量一个分离过程是否优化的指标。除了表面活性剂和溶剂,添加助表面活性剂是提高选择性的有效途径,但这会使反胶团体系的相图变得很复杂,使传质机理研究变得更为困难。此外,添加助表面活性剂还可拓宽萃取的 pH 范围。反胶团膜萃取和亲和反胶团萃取具有极高的选择性和专一性。

5.5.3　化学萃取

前面讨论的液-液萃取,萃取剂与溶质之间不发生化学反应,依据相似相溶原理在两相间达到分配平衡而实现的,这类萃取称为物理萃取。而化学萃取则是利用脂溶性萃取剂与溶质之间的化学反应生成脂溶性复合物实现溶质向有机相的分配。

由于氨基酸和一些极性较大的抗生素的水溶性很强,在有机相中的分配系数很小甚至为零,利用一般的物理萃取效率很低,甚至无法萃取。为了解决这一类极性有机物稀溶液的分离问题,20 世纪 80 年代初,美国加州大学 King C J 教授提出了一种新的分离方法——基于可逆络合反应的萃取分离方法,是典型的化学萃取过程。可逆络合反应萃取分离(简称络合萃取法)的工艺过程是:溶液中的待分离溶质与含有络合剂的萃取溶剂(由络合剂、助溶剂、稀释剂组成)相接触,络合剂与待分离溶质反应形成络合物,使其转移到萃取溶剂相内达到分离的目的。第二步则是通过温度变化或 pH 值变化等方式使反应逆向进行,从而萃取溶剂再生循环使用,溶质得以回收。络合萃取分离方法为极性有机物稀溶液的分离提供了一条新的途径,但极性有机物络合萃取的过程机理有其特定的复杂性,这方面的研究工作还处于初始阶段。

1. 化学萃取平衡

常用于氨基酸的萃取剂有季铵盐类(如氯化三辛基甲铵)、磷酸酯类[如二(2-乙基己基)

磷酸]等。氨基酸解离平衡为：

$$\underset{\underset{A^+}{\overset{|}{NH_3^+}}}{RCHCOOH} \overset{K_1}{\rightleftharpoons} \underset{\underset{A}{\overset{|}{NH_3^+}}}{RCHCOO^-} + H^+ \tag{5-55}$$

$$\underset{\underset{A}{\overset{|}{NH_3^+}}}{RCHCOO^-} \overset{K_2}{\rightleftharpoons} \underset{\underset{A^-}{\overset{|}{NH_2}}}{RCHCOO^-} + H^+ \tag{5-56}$$

式中，K_1 和 K_2 为解离平衡常数。分别用 A、A^+ 和 A^- 表示偶极离子、阳离子和阴离子型氨基酸，则

$$K_1 = \frac{[A][H^+]}{[A^+]} \tag{5-57}$$

$$K_2 = \frac{[A^-][H^+]}{[A]} \tag{5-58}$$

利用阴离子交换萃取剂氯化三辛基甲铵（记作 R^+Cl^-），只有阴离子型氨基酸与萃取剂发生离子交换反应，反应平衡常数为：

$$K_{eCl} = \frac{[\overline{R^+A^-}][Cl^-]}{[\overline{R^+Cl^-}][A^-]} \tag{5-59}$$

氨基酸和 Cl^- 的表观分配系数分别为：

$$m_A = \frac{[\overline{R^+A^-}]}{c_A} \tag{5-60}$$

$$m_{Cl} = \frac{[\overline{R^+Cl^-}]}{[Cl^-]} \tag{5-61}$$

式中，m_A 和 m_{Cl} 分别为氨基酸和氯离子的分配系数，c_A 为水相氨基酸总浓度，

$$c_A = [A^+] + [A] + [A^-] \tag{5-62}$$

从式（5-57）到式（5-62）可以推导出下式：

$$m_A = K_{eCl}m_{Cl}\left(1 + \frac{[H^+]}{K_2} + \frac{[H^+]^2}{K_1K_2}\right)^{-1} \tag{5-63}$$

事实上，阴离子氨基酸的离子交换反应需在高于其等电点的 pH 范围内进行，所以式（5-62）中的 $[A^+]$ 可忽略不计，式（5-63）简化成下式：

$$m_A = K_{eCl}m_{Cl}\left(\frac{K_2}{K_2 + [H^+]}\right) \tag{5-64}$$

二（2-乙基己基）磷酸（D2EHPA）记做 HR，是阳离子交换萃取剂，其在有机相中通过氢键作用以二聚体的形式存在。当氨基酸与 D2EHPA 的摩尔比很小时，两个二聚体分子与一个阳离子氨基酸发生离子交换反应，释放一个氢离子。

$$A^+ + 2(\overline{HR})_2 \rightleftharpoons \overline{AR(HR)_3} + H^+ \tag{5-65}$$

离子交换平衡常数为：

$$K_{eH} = \frac{[\overline{AR(HR)_3}]}{[A^+][\overline{(HR)_2}]^2}[H^+] \tag{5-66}$$

氨基酸的表观分配系数为：

$$m_A = \frac{[\overline{AR(HR)_3}]}{c_A} \tag{5-67}$$

由式(5-57)、(5-58)、(5-62)、(5-66)和(5-67)可推导出用 D2EHPA 为萃取剂时氨基酸的分配系数表达式：

$$m_A = \frac{K_{eH}[\overline{(HR)_2}]^2}{[H^+]}\left(1 + \frac{K_1}{[H^+]} + \frac{K_1 K_2}{[H^+]^2}\right)^{-1} \tag{5-68}$$

由于阳离子氨基酸的离子交换反应需在 pH 小于其等电点的 pH 范围内进行，所以式(5-62)中的$[A^-]$可忽略不计，式(5-68)可简化成下式：

$$m_A = \frac{K_{eH}[\overline{(HR)_2}]^2}{[H^+] + K_1} \tag{5-69}$$

2. 常用的络合反应萃取剂

用作络合剂的有机试剂，必须具备以下两个条件：

(1) 络合剂分子中至少有一个萃取功能基，通过它与被萃取溶质结合形成萃合物，常见的萃取功能基是 O、N、P 等原子，它们一般都有孤对电子，是电子给予体。

(2) 络合剂分子中必须有相当长的烃链或芳环，其目的之一是使萃取剂难溶于水相而减少萃取剂的溶解损失。另一方面，萃取剂的碳链增长，油溶性增加，可与被萃物形成难溶于水而易溶于有机相的萃合物，实现相转移。如果碳链过长，相对分子质量太大，则会使用不便，同时萃取容量降低。因此，一般络合剂的相对分子质量介于 350～500 之间为宜。

除了具备上述两个必要条件外，一般来说，对于一种工业萃取剂还应该有如下要求：① 萃取能力强、萃取容量大；② 选择性高；③ 化学稳定性强；④ 溶剂损失小；⑤ 萃取剂的密度、黏度及体系界面张力等基本物性适当，保证在萃取和反萃取过程中传质速率较快，两相分离和流动性能良好；⑥ 易于反萃取和溶质回收；⑦ 无毒或毒性小，便于安全操作；⑧ 制备方法较为简单，价格便宜。

当然，选择萃取剂的条件很难同时满足，一般需要根据实际工业应用的条件，综合考虑这些因素，发挥某一萃取体系的特殊优势，设法克服其不足之处。对于工业上的大规模应用，萃取剂的高效性和经济性则是选择萃取剂的两个关键条件。

络合萃取溶剂体系一般是由络合剂、助溶剂及稀释剂组成的。络合萃取(溶)剂通常是有机试剂，其品种繁多，而且不断出现新的品种。常用的络合剂按其组成和结构特征，可以分为中性含磷类萃取剂、酸性含磷类萃取剂和胺类萃取剂。表 5-7 列出了常用的络合剂及其物性参数。表 5-8 列出了作为助溶剂及稀释剂的常用物理溶剂及其物性参数。

表 5-7　常用的络合剂及其物性参数

类型	名称	商品名或缩写	密度/(g/cm³)	沸点/℃(mmHg)③	闪点/℃	黏度/mPa·s	表面张力/(10⁻³N/m)	水中溶解度/(g/L)
中性含磷类萃取剂	磷酸三丁酯	TBP	0.9727(25℃) 0.9727(25℃)(水饱和)	289(760)分解 150(10)	145	3.32(25℃) 3.39(25℃)(水饱和)	26.7	0.39(25℃)
	磷酸三辛酯	TOP	0.9198(25℃)	130(0.05)				
	三辛基氧膦	TOPO		210~225(3)				0.008
	三烷基氧膦	TRPO						
酸性含磷(有机磷)类萃取剂	二(2-乙基己基)磷酸	D2EHPA或HDEHP(P204)①	0.970(25℃)	233	206	34.77(25℃)		0.012
	2-乙基己基磷酸单(2-乙基己基酯)	HEHEHP或MEHEHP(p507)①	0.9475	235	198	36(25℃)		
胺类萃取剂	伯胺	N1923① 7101①	0.8154(25℃)	140~202(5)		7.773		0.0625(0.5mol/L H₂SO₄)
	仲胺	7201②		185~230(1)				
	叔胺	N₂₃₅① 7301②	0.8153(25℃) 0.8156(25℃)	180~230(3) 180~230(3)	189 189	10.4(25℃) 10.5(25℃)	28.2(25℃) 31	<0.01(25℃) <0.01(25℃)
	季铵盐类氯化三烷基甲铵	N₂₆₃	0.8952(25℃)		160	1204(25℃)	31.1(25℃)	0.04

① 为中国科学院上海有机化学研究所研制产品代号。
② 为中国核工业总公司北京化工冶金研究所研制产品代号。
③ 1mmHg=133.322Pa。

表 5-8　常用的物理溶剂及其物性参数

类型	名称	密度/(g/cm³)	沸点/℃	闪点/℃	黏度μ/mPa·s	表面张力σ/(10⁻³N/m)	水中溶解度
醇类	正辛醇	0.826(20℃)	195.28		10.640(15℃)	26.06(20℃)	0.0538%(25℃)
	仲辛醇	0.8193(20℃)	178.5				1.0g/L
	正己醇	0.82239(15℃)	157.47	58.2	4.592(25℃)	24.48(20℃)	0.706%(20℃)

续　表

类型	名　称	密度 /(g/cm³)	沸点 /℃	闪点 /℃	黏度 μ /mPa·s	表面张力 σ /(10⁻³N/m)	水中溶解度
醚类	二异丙醚	0.72813(20℃)	68.27	7.8	0.329 (20℃)	17.34(24.5℃)	0.87%（质量分数） (20℃)
	二正丁醚	0.77254(15℃)	141.97		0.741 (15℃)	23.40(15℃)	0.1g/L
酮类	甲基异丁 基酮	0.8006(20℃)	115.65	15.6	0.585 (20℃)	23.64(20℃)	1.7%（质量分数） (25℃)
	二异丁酮	0.805(21℃)	168.16				0.06g/100g
酯类	醋酸乙酯	0.901(20℃)	77.114	−2.2	0.426 (25℃)	23.75(20℃)	8.08g/100g (25℃)
	醋酸丁酯	0.8813(20℃)	126.114	28.9	0.688 (25℃)	24.6(25℃)	0.5% (25℃)
	醋酸戊酯	0.8573(20℃)	149.2	25	0.862 (25℃)	25.25(25℃)	0.2ml/100ml (20℃)
芳香 烃	苯	0.87368(25℃)	80.103	−10.7	0.6028 (25℃)	28.78(20℃)	0.180g/100g (25℃)
	甲苯	0.86231(25℃)	110.623	4.4	0.5516 (25℃)	28.53(20℃)	0.627g/L (25℃)
氯化 碳氢 化合 物	四氯化碳	1.5842(25℃)	76.75	不易燃	0.965 (20℃)	26.15(25℃)	0.8g/L (20℃)
	氯仿	1.4892(20℃)	61.152	不易燃	0.596 (15℃)	26.53(25℃)	10g/L (15℃)

3. 氨基酸稀溶液的络合萃取

氨基酸是一种具有两性官能团的物质。所有的氨基酸都有一个 α-氨基、一个 α-羧基及一个侧链。根据侧链基团的不同,氨基酸可以分为 3 类:酸性氨基酸、碱性氨基酸和中性氨基酸。氨基酸分子的净电荷符号和各类存在形态摩尔分数的大小是随溶液的 pH 值变化而变化的。

通常采用两种形式的离子交换反应萃取:一种是在低 pH 下萃取氨基酸阳离子,另一种是在高 pH 下萃取氨基酸阴离子。酸性磷氧类萃取剂,如二(2-乙基己基)磷酸(P204)和季铵盐[如三辛基甲基氯化铵(TOMAC)]是典型的阳离子交换萃取剂和阴离子交换萃取剂。

国外有学者研究了高 pH 范围内,TOMAC 对各种氨基酸的萃取平衡。氨基酸阴离子和季铵盐阴离子之间发生离子交换。不同氨基酸的萃取平衡常数有很大的差异。对色氨酸所获得的萃取平衡常数最大,它是甘氨酸萃取平衡常数的 260 倍。又有研究者用 TOMAC 作载体对 D,L-苯丙氨酸的反应萃取作了平衡研究。由于缓冲离子与 OH⁻ 的竞争萃取,平衡常数受到初始 pH 值的影响。另外氨基酸的浓度越低,季铵盐浓度对分配系数的影响就越大。

20 世纪 80 年代以来,陆续出现了有关二(2-乙基己基)磷酸(P204)萃取氨基酸的研究报道。有人对二(2-乙基己基)磷酸-煤油体系萃取异亮氨酸的研究结果进行了报道;人们还考察了二(2-乙基己基)磷酸-正庚烷萃取色氨酸时的萃取剂浓度、氨基酸初始浓度、pH 值及离子强度等因素对萃取平衡的影响。国内有学者以二(2-乙基己基)磷酸(P204)-正辛烷及 P204-正辛醇为萃取剂,L-苯丙氨酸、L-异亮氨酸和 L-色氨酸为分离对象,研究了 P204 浓度、氨基酸初始浓度以及萃取平衡 pH 值对分配系数的影响。

5.6　萃取分离技术的应用

萃取分离技术在制药工业中已有一定的应用,并具有广阔的应用前景。对此本文不可能一一列举,下面仅对若干典型应用举例说明。

1. 液-液萃取在药物分离中的应用

(1) 赤霉素的萃取:赤霉素是一种重要的植物生长调节剂,我国俗称为"920"。赤霉素具有刺激细胞分裂和细胞生长,或两者兼而有之的作用,由于它用量少、作用快、效果显著、应用范围广及无任何毒副作用,所以受到人们的普遍重视,成为当今重要的植物生长激素。

由于赤霉素结构复杂,至今尚不能用化学合成的方法制备,目前国内均是由稻恶苗菌经培养发酵制取。

从发酵液中提取赤霉素的方法,现国内普遍采用的是溶剂萃取法。其生产工艺流程如图 5-26 所示。

首先对发酵液进行预处理,通过酸化、过滤除去菌丝体和蛋白而得到过滤清液,清液经真空蒸发浓缩,得浓缩液,然后用醋酸乙酯进行两级错流萃取,把赤霉素萃取到有机相中。该萃取操作多在搅拌釜内进行,对所得醋酸乙酯萃取液进行蒸发浓缩而得赤霉素晶体,湿晶体经洗涤、干燥、粉碎、过筛后即进行分装而得成品。

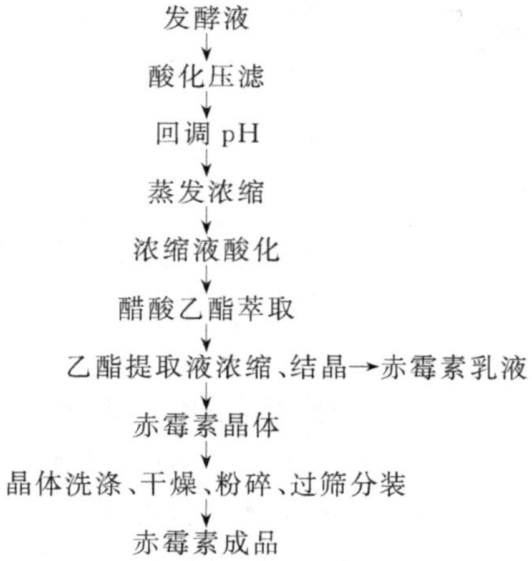

(2) 麻黄素的萃取:麻黄是我国传统的常用中药材,主要来自草麻黄、木贼麻黄和中麻黄的干燥草质茎,其药用成分是生物碱,草麻黄中生物碱的含量达 1.3% 以上。生物碱中的主要成分麻黄碱占生物碱总量的 60% 以上,其次为伪麻黄碱,两者都是拟肾上腺素药,具有发汗和平咳止喘的功用,临床上多制成盐酸盐,用于治疗支气管哮喘、过敏反应等病症。

目前生产上多采用甲苯或二甲苯有机溶剂萃取法从麻黄草浸出液中提取麻黄碱和伪麻黄碱,后用草酸溶液反萃取,再利用生成的草酸-伪麻黄碱难溶于水,而草酸-麻黄碱易溶于冷水的特点达到分离麻黄碱和伪麻黄碱的目的。工业上主要用此方法生产盐酸(一)麻黄碱,其简

发酵液
↓
酸化压滤
↓
回调 pH
↓
蒸发浓缩
↓
浓缩液酸化
↓
醋酸乙酯萃取
↓
乙酯提取液浓缩、结晶→赤霉素乳液
↓
赤霉素晶体
↓
晶体洗涤、干燥、粉碎、过筛分装
↓
赤霉素成品

图 5-26　赤霉素生产工艺流程

要生产流程如图 5-27 所示。

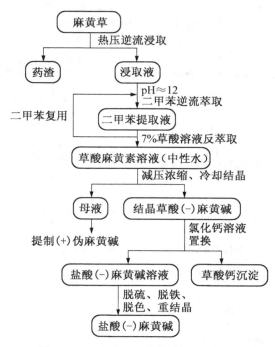

图 5-27　盐酸(一)麻黄碱生产流程图

2. 双水相萃取在药物分离中的应用

（1）细胞匀浆液中蛋白质的纯化：细胞匀浆液中的目标产物（蛋白质）可以经过多步萃取获得较高的纯化倍数。图 5-28 为三步萃取流程图：第一步萃取使细胞碎片、大部分杂蛋白和亲水性核酸、多糖等发酵副产物分配于下相，目标产物分配于上相。如目标产物尚未达到所需纯度，向上相中加入盐使其重新形成双水相。第二步萃取可除去大部分多糖和核酸。第三步：使目标产物分配于盐相，使目标产物与 PEG 分离，便于 PEG 的重复利用和目标产物的进一步加工处理。以上步骤中，如果第一步的选择性足够大，可省略中间步骤，在第二步中即将目标产物分配于盐相。

（2）人生长激素的提取：用 6.6% PEG4000/14% 磷酸盐体系从 *E. coli* 碎片中提取人生长激素（hGH），当 pH 值为 7，菌体含量为 1.35%（W/V）干细胞，混合 5~10s 后，即可达到萃取平衡，hGH 分配在上相，其分配系数高达 6.4，相比为 0.2，收率大于 60%，对蛋白质纯化系数为 7.8。若进行三级错流萃取，见图 5-29，总收率可达 81%，纯化系数为 8.5。

（3）中草药有效成分的提取：有文献报道，以聚乙二醇-磷酸氢二钾双水相系统萃取甘草有效成分，在最佳条件下，分配系数达 12.80，收率达 98.3%。

用 PEG6000-K_2HPO_4-H_2O 的双水相系统对黄芩苷和黄芩素进行萃取实验。由于黄芩苷和黄芩素都有一定憎水性，主要分配在富含聚乙二醇（PEG）的上相，两种物质分配系数最高可达 30 和 35，分配系数随温度升高而降低，且黄芩苷降幅比黄芩素大。

虽然有关双水相萃取技术提取中草药有效成分的报道不多，但这展示了双水相系统萃取中草药有效成分有着良好的应用前景。

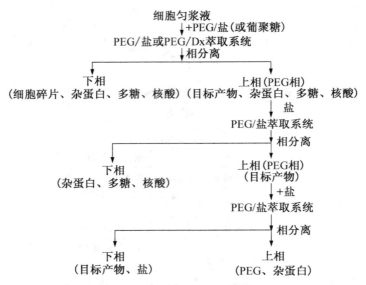

图 5-28　三步双水相萃取纯化蛋白质的典型流程

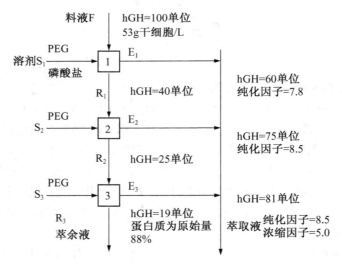

图 5-29　从 *E. coli* 中提取 hGH 的三级错流萃取

3. 反胶团萃取在药物分离中的应用

（1）分离蛋白质混合物：相对分子质量相近的蛋白质，由于它的 pI 值及其他因素而具有不同的溶解度，可利用反胶团溶液的选择性溶解进行分离。例如，对于三种低相对分子质量蛋白质的混合物细胞色素 C、核糖核酸酶 A 和溶菌酶，通过控制水相 pH 和 KCl 浓度可将它们分离开来，其分离过程见图 5-30。

在 pH=9 时，核糖核酸酶带负电，在有机相中溶解度很小，保留在水相而与其他两种蛋白质分离；相分离得到的反胶团相（含细胞色素 C 和溶菌酶）与 0.5mol/dm^3 的 KCl 水溶液接触后，细胞色素 C 被反萃到水相，而溶菌酶保留在反胶团相；再通过调节 pH 值和盐浓度实现溶菌酶的反萃。

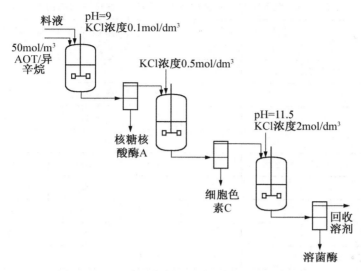

图 5-30　三种蛋白质的混合物分离过程示意图

（2）浓缩 α-淀粉酶：用 AOT/异辛烷反胶团溶液对 α-淀粉酶水溶液进行两级（混合-澄清槽）连续萃取和反萃取操作，结果可使 α-淀粉酶浓缩 8 倍，酶活力损失约为 30%，如果在反胶团相中添加非离子型表面活性剂以提高其分配系数并增大搅拌转速提高其传质速率，则反萃取水相中的 α-淀粉酶活力得率可达到 85%，浓缩 17 倍，反胶团相每次循环的表面活性剂损失可减少到 2.5%。

（3）不同微生物脂肪酶的分离：有学者研究了从工业脂肪酶中分离不同脂肪酶的可行性。原料由两种不同性质的脂肪酶 A（相对分子质量为 120000）和脂肪酶 B（相对分子质量为 30000）组成。等电点分别为 3.7（A）和 7.3（B）。利用 AOT 反胶团在 pH 值为 6 的情况下将脂肪酶 B 萃入反胶团相，而脂肪酶 A 仍留在水相。另外，脂肪酶也可以在等电点以上萃取。在 pH 为 9 时 50% 的脂肪酶 B 萃入有机反胶团相，这表明除了静电相互作用外，脂肪酶与表面活性剂之间的疏水相互作用也影响脂肪酶的萃取分配。

将脂肪酶 B 萃入反胶团相后，还需利用反萃技术将其反萃到第二个水相中。但是，用不同 pH 值和离子强度的反萃液都不能实现脂肪酶 B 的反萃，这说明体系内存在着很强的非静电相互作用。向水相中加入少量的乙醇（2.5%），可以将 85% 的脂肪酶 B 从 50mmol/L K_2HPO_4，50mmol/L KCl，pH 值为 9 的水溶液中反萃出来。加入长烷基链醇则反萃效果差，当烷基链的碳原子数大于 6 时，根本不能进行反萃。

（4）直接提取胞内酶：反胶团萃取的另一个用途是可直接从发酵液中提取胞内酶，如用 CTAB/己醇-辛烷（1∶9，V/V）体系反胶团溶液从棕色固氮菌细胞悬浮液中提取、纯化胞内脱氢酶。菌体细胞在表面活性剂的作用下破裂，析出的胞内酶随即进入反胶团的水池中，再通过加入合适的溶液改变环境，酶又能被反萃取，进入水溶液。具体结果见表 5-9。

表 5-9 用反胶团从棕色固氮菌培养液中直接提取胞内酶

酶	条件	总蛋白 /μg	总酶活 /mu	比活 /(u/mg)	蛋白回收率 /%	酶活回收率 /%	纯化系统 /倍
异柠檬酸脱氢酶	无细胞抽提液	225	262	1.2	100	100	1
	$W_0=5$	49	172	3.5	23	65	2.8
	$W_0=15$	41	296	7.2	18	113	6.2
	$W_0=25$	21	83	4.0	9	31	3.4
β-羟丁酸脱氢酶	无细胞抽提液	225	30	0.13	100	100	1
	$W_0=5$	49	25	0.51	23	85	3.7
	$W_0=15$	41	33	0.80	18	110	6.1
	$W_0=25$	21	21	1.0	9	69	7.6
葡萄糖-6-磷酸脱氢酶	无细胞抽取液	225	36	0.16	100	100	1
	$W_0=5$	49	0	0	23	0	0
	$W_0=15$	41	0	0	18	0	0
	$W_0=25$	21	0	0	9	0	0

由表 5-9 可知,对异柠檬酸脱氢酶($M_r=80000$)、β-羟丁酸脱氢酶($M_r=63000$),萃取效果在 W_0 达到 15 时最佳,酶活性回收率超过 100%(相对于用无细胞抽提液),纯化系数可达到 6,而对相对分子质量较大的葡萄糖-6-磷酸脱氢酶($M_r=200000$),不能提取有活性的酶。细胞碎片会留在反胶团中是这种方法的缺点所在,有待研究解决。

【思考题】

1. 单级萃取、多级错流萃取、多级逆流萃取各有什么特点,其萃余分率如何计算?

2. 试推导弱酸电解质在有机溶剂萃取过程中的分配平衡关系式。

3. 分析溶剂萃取中产生乳化现象的原因,并给出破乳的一般方法。

4. 胶团与反胶团是在什么条件下形成的?

5. 分别说明反胶团萃取、双水相萃取的基本原理和特点。举例说明它们在制药领域中的应用。

6. 利用乙酸乙酯萃取发酵液中的苄青霉素,在 0℃、pH2.5 时分配系数 $m=30$,令 $H=900L/h$,单级萃取剂流量为 $300L/h$。计算单级萃取的萃取率。

7. 利用水萃取正丁醇中的甘氨酸,在 25℃ 时分配系数 $m=70.4$。采用三级错流萃取,令 $H=1500L/h$,三级萃取剂流量之和为 $300L/h$。分别计算 $L_1=L_2=L_3=100L/h$ 和 $L_1=150L/h$,$L_2=100L/h$,$L_3=50L/h$ 时的萃取率。

【参考文献】

［1］戴猷元.新型萃取分离技术的发展及应用.北京：化学工业出版社,2007

［2］严希康.生化分离工程.北京：化学工业出版社,2001

［3］孙彦.生物分离工程.北京：化学工业出版社,1998

［4］欧阳平凯,胡永红.生物分离原理及技术.北京：化学工业出版社,1999

［5］曹学君.现代生物分离工程.上海：华东理工大学出版社,2007

［6］李淑芬,姜忠义.高等制药分离工程.北京：化学工业出版社,2004

［7］陈欢林.新型分离技术.北京：化学工业出版社,2005

［8］朱屯,李洲.溶剂萃取.北京：化学工业出版社,2008

［9］汪家鼎,陈家镛.溶剂萃取手册.北京：化学工业出版社,2000：1028～1060

［10］徐宝财,王嫒,肖阳,等.反胶团萃取分离技术研究进展.日用化学工业,2004,34(6)：390～393

［11］朱自强,关怡新,李勉.双水相分配技术提取生物小分子的进展.化工进展,1996(4)：29～34

［12］Chu I M,Chang S L,Wang S H,et al. Extraction of amino acids by aqueous two-phase partition. Biotech Techniques,1990,4(2)：143～146

［13］Goklen K E,Hatton T A. Liquid-liquid extraction of low-molecular weight proteins by selective solubilisation in reversed micelles. Sep Sci Tech,1987,22：831～841

［14］Dekker M,van't Riet K,Bijsterbosch B H,et al. Mass transfer rate of protein extraction with reversed micelles. Chem Eng Sci,1990,45(9)：2949～2957

［15］Krei G A,Hustedt H. Extraction of enzymes by reverse. Micelles Chem Eng Sci,1992,47(1)：99～111

［16］Albertson P A. Partition of cell particles and macromolecules. 3rd ed. New York：John Wiley & Sons,1986

第 6 章

吸附分离法

➤ **本章要点**

1. 掌握吸附分离技术的原理。
2. 熟悉常用吸附剂的特点和应用。
3. 掌握吸附分离技术的基本操作。
4. 掌握吸附分离技术在药物分离中的应用。

6.1 概 述

吸附(adsorption)是溶质从液相或气相转移到固相的现象。如果吸附仅仅发生在表面上，就称为表面吸附；如果被吸附的物质遍布整个相中，则称为吸收。利用固体吸附的原理从液体或气体中除去有害成分或分离回收目标产物的过程称为吸附操作。吸附操作所使用的固体材料一般为多孔微粒或多孔膜，具有很大的比表面积，称为吸附剂(adsorbent)或吸附介质(adsorption medium)。

吸附分离技术广泛应用于生物分离过程，在原料液脱色、除臭、目标产物的提取、浓缩和粗分离方面发挥着重要作用。尤其是在药物发酵分离方面，早期的青霉素的提取、链霉素的精制、维生素 B_{12} 提取和精制、林霉素的分离、大环内酯类抗生素的分离和纯化、氨基酸发酵的脱色等都需要分别用活性炭、酸性白土、氧化铝、弱酸性离子交换树脂和大网格聚合物吸附剂等进行吸附；在抗生素的筛选中，吸附法的应用也很广。

与其他工程分离技术相比，吸附法一般具有下列特点：① 可不用或少用有机溶剂；② 操作简便、安全，设备简单；③ 生产过程中 pH 变化小，适用于稳定性较差的微生物药物；④ 常用于从稀溶液中将溶质分离出来，由于受固体吸附剂的限制，处理能力较小；⑤ 对溶质的作用小，这一点在蛋白质的分离中特别重要；⑥ 可以直接从发酵液中分离所需的产物，成为发酵和分离的耦合过程，从而可以消除某些产物对微生物的抑制作用；⑦ 溶质和吸附剂之间的相互作用及吸附平衡关系通常是非线性的,故设计比较复杂,实验的工作量大。

6.2　吸附过程的理论基础

6.2.1　概论

固体可分为多孔性和非多孔性两类。非多孔性固体只具有很小的比表面,用粉碎的方法可以增加其比表面。多孔性固体由于颗粒内微孔的存在,比表面很大,每颗可达几百平方米。换句话说,非多孔性固体的表面是由"外表面"和"内表面"所组成,内表面积可比外表面积大几百倍,并且有较高的吸附势,因此,应用多孔性吸附剂较有利。

固体表面分子(或原子)处于特殊的状态。从图 6-1 中可见,固体内部分子所受的力是对称的,故彼此处于平衡。但在界面的分子同时受到不平等的两相分子的作用力,因此界面分子的力场是不饱和的,即存在一种固体的表面力,它能从外界

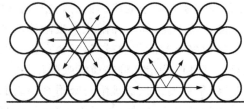

图 6-1　界面上分子的内部和分子所受到的力

吸附分子、原子或离子,并在吸附表面形成多分子层或单分子层。物质从流动相(气体或液体)浓缩到固体表面从而实现分离的过程称为吸附作用,在表面上能发生吸附作用的固体称为吸附剂,而被吸附的物质称为吸附物。

6.2.2　吸附的类型及特性

通常来说,吸附作用是根据吸附剂和吸附物相互作用力的不同来分类的。按照范德华力、分子间或键合力的特性,吸附可以分为三种类型。

1. 物理吸附

吸附剂和吸附物之间作用力是通过分子间引力(范德华力)产生的吸附称为物理吸附(physical adsorption)。这是最常见的一种吸附现象,它的特点是吸附不局限于一些活性中心,而是整个吸附界面都起吸附作用。

物理吸附分离在原理上可分为四种类型:

(1) 选择性吸附:吸附力为固体表面的原子或基团与外来分子间的引力,本质是范德华力,吸附力的大小与表面和分子两者的性质有关,这些性质的差异引起了吸附力的差异,这就是选择性吸附。

(2) 分子筛效应:多孔性固体的微孔孔径是均一的,而且与分子尺寸相当,小于微孔孔径的分子可以进入微孔而被吸附,比孔径大的分子则被排斥在外,这种现象称为分子筛效应。

(3) 通过微孔的扩散:气体在多孔性固体中的扩散速率与气体的性质、吸附剂材料的性质以及微孔尺寸等因素有关,利用扩散速率的差别可以将混合物分离。

(4) 微孔中的凝聚:毛细管中液体曲面上的蒸气压与其正常蒸气压不同,毛细管上的可凝气体会在小于其正常蒸气压的压力下在毛细管中凝聚。

分子被吸附后,一般动能降低,故吸附是放热过程。物理吸附的吸热量较少,一般为 20～

42kg/mol。物理吸附在低温下也可进行，不需要较高的活化能，物理吸附类似于凝聚现象，因此吸附速率和解析速率都比较快，易达到平衡状态，有时吸附速率很慢，这是由吸附剂颗粒空隙中的扩散速率控制所致。

物理吸附是可逆的，即在吸附的同时，被吸附的分子由于热运动会离开固体表面，分子脱离固体表面的现象称为解吸。物理吸附可以分成单分子层吸附或多分子层吸附，但由于吸附物性质不同，吸附的量有所差别。物理吸附与吸附剂的表面积、孔分布和温度等因素有密切的关系。

2. 化学吸附

化学吸附(chemical adsorption)是由于吸附剂表面活性点与吸附物之间有电子的转移，发生化学反应而形成化学键，属于库仑力范围。这是由于固体表面原子的价未完全被相邻原子价所饱和，还有剩余的成键能力，它与通常的化学反应不同，即吸附剂表面的反应原子保留了原来的格子不变，同时伴随化学吸附放出的热量很大，一般在 41.8～418kJ/mol 的范围内，但化学吸附需要的活化能较高，需要在较高的温度下进行。化学吸附的选择性较强，即一种吸附剂只对某种或特定几种物质有吸附作用，因此化学吸附只能是单分子层吸附，吸附后稳定，不易解吸，平衡慢。化学吸附与吸附剂的表面化学性质以及吸附物的化学性质直接有关。

化学吸附是吸附物和吸附剂分子间的化学键作用所引起的吸附，与物理吸附比较，其结合力大得多，放热量与化学反应热数量级相当，过程往往不可逆。化学吸附在催化中起重要作用，分离过程中较少使用。

物理吸附与化学吸附虽有基本区别，但有时很难严格划分，两种吸附的比较见表 6-1 所示。

表 6-1　物理吸附与化学吸附的特点

项　目	物理吸附	化学吸附
作用力	范德华力	库仑力
吸附力	较小，接近液化热	较大，接近反应热
选择性	几乎没有	有选择性
吸附速率	较快，需要活化能较小	慢，需要较高的活化能
吸附分子层	单分子或多分子层	单分子

3. 交换吸附

吸附剂表面如为极性分子或离子所组成，它会吸引溶液中带相反电荷的离子而形成双电层，这种吸附称为极性吸附。同时吸附剂与溶液发生离子交换，即吸附剂吸附离子后，同时等当量的离子进入溶液中，因此也称为交换吸附(exchange adsorption)。离子的电荷是交换吸附的决定因素，离子所带的电荷越多，它在吸附剂表面相反电荷点上的吸附力也就越强；电荷相同的离子，其水化半径越小，越易被吸附。离子交换的吸附物一般通过提高离子强度或调节 pH 值的方法洗脱。

吸附分离技术中常用的吸附操作主要基于物理吸附，化学吸附现象的应用很少。另外，各种类型的吸附之间不可能有明确的界线，有时很难区别，有时几种吸附同时发生。

6.2.3　影响吸附的因素

固体在溶液中的吸附比较复杂,影响因素也较多,主要有吸附剂、吸附物和溶剂的性质以及吸附过程的具体操作条件等。现将影响吸附作用的主要因素简述如下。

1. 吸附剂的性质

吸附剂的结构决定其理化性质,理化性质决定其吸附效果,一般要求吸附剂的吸附容量大,吸附速率快,机械强度好,容易吸收。吸附容量除与外界条件有关外主要与比表面有关,比表面越大,孔隙度越高,吸附容量就越大;吸附速率主要与颗粒度和孔径分布有关,颗粒度越小,吸附速率越快,孔径分布适当,有利于吸附物向空隙中扩散。所以要吸附相对分子质量大的物质时,应选择孔径大的吸附剂;反之,要吸附相对分子质量小的物质,则选择比表面高及孔径小的吸附剂。极性吸附剂易吸附极性溶质;非极性吸附剂易吸附非极性溶质。如活性炭在水中吸附脂肪酸同系物时,吸附量随酸的碳原子数增加而增加;如吸附剂改为硅胶,介质仍为水,则吸附次序就完全相反,如丁酸<乙酸<甲酸。

2. 吸附物的性质

主要与溶质分子的结构、在溶液中的溶解度、介质中是否解离以及溶剂形成氢键有关。

(1)溶质分子结构:吸附物分子的大小和化学结构对吸附也有较大的影响。因为吸附速率受内扩散速率的影响,吸附物(溶质)分子的大小与吸附剂孔径大小成一定比例,最利于吸附,在同系物中,分子大的较分子小的易被吸附,不饱和链化合物较饱和链化合物易被吸附,芳香族有机物较脂肪族有机物易被吸附。

(2)溶质在溶液中的溶解度:溶解度愈小易被吸附。同一族物质的溶解度随链的加长而降低,而吸附容量随同系物的系列上升或相对分子质量的增大而增加。有机化合物引入取代基后,由于其溶解度的改变,则吸附量也随之改变。

(3)离解情况:吸附物若在介质中发生离解,其吸附量必然下降。

(4)形成氢键的情况:吸附物若能与溶剂形成氢键,则吸附物极易溶于溶剂之中,这样,吸附物就不易被吸附剂所吸附;如果吸附物能与吸附剂形成氢键,则可提高吸附量。

3. 溶剂的影响

单溶剂和混合溶剂对吸附作用有不同的影响。一般地,吸附物溶解在单溶剂中易被吸附,而溶解在混合溶剂(无论是极性与非极性混合溶剂还是极性与极性混合溶剂)中不易被吸附。所以一般用单溶剂吸附,用混合溶剂解吸。

4. 溶液 pH 值的影响

溶液 pH 值控制了酸性或碱性化合物的离解度,当 pH 值达到某个范围时,这些化合物就要离解,从而影响对这些化合物的吸附。通过调节溶液 pH 值可控制某些化合物的解离度,使溶液中的化合物呈分子状态,有利于吸附。各种溶质吸附的最佳 pH 值,可通过实验确定。如有机酸类溶于碱,胺类溶于酸。所以,有机酸在酸性条件下、胺类在碱性条件下较易为非极性吸附剂所吸附。

溶液的 pH 值还会影响吸附质(溶质)的溶解度,以及影响胶体物质吸附质(溶质)的带电情况。

5. 温度的影响

吸附是放热反应。吸附热(即活性炭吸附单位重量的吸附质(溶质)放出的总热量,以

kJ/mol为单位)越大,温度对吸附的影响越大。物理吸附,一般吸附热较小,温度变化对吸附的影响不大;对于化学吸附,低温时吸附量随温度升高而增加。温度对吸附物的溶解度有影响,吸附物的溶解度随温度升高而增大者,不利于吸附;相反,有利于吸附。

6. 其他组分的影响

当溶液中存在两种以上溶质时,根据溶质的性质,可以互相促进、干扰或互不干扰。一般说,当溶液中存在其他溶质时,往往会引起吸附而使另一种溶质的吸附量降低,对混合溶质的吸附较纯溶质的吸附效果差,但有时也有例外,对混合溶质的吸附效果反而较单一组分为好。应用吸附技术分离药物植物活性成分时,通常提取液中不只是单一的活性物质,而是多组分药效部位的混合物,在吸附时,不同活性成分之间可以共吸附,互相促进或互相干扰。

6.2.4　吸附等温线

吸附是一种平衡分离方法,即根据不同溶质在液固两相间分配平衡的差别实现分离。因此,溶质的吸附平衡行为既是评价吸附性能的一个重要指标,也是吸附过程分析和设计的理论基础。

当溶液中吸附质的浓度和吸附剂单位吸附量不再发生变化时,吸附达到平衡,溶液中吸附质的浓度称为平衡浓度。固体吸附剂从溶液中吸附溶质达到平衡时,其吸附量与溶液浓度和温度有关,当温度一定时,吸附量与浓度之间的函数关系称为吸附等温线(adsorption isotherm)。由于吸附剂和吸附物之间的作用力不同,吸附剂表面状态不同,则吸附等温线也相应不同。

描述吸附平衡的方程式很多,如 Dubinin-Astskhov 式、Langnuir 式、BET 式、Gibbs 式等,其中 Langnuir 建立的吸附等温线方程比较常见,在推导等温线方程时 Langnuir 提出下列假设:

(1)吸附是在活性中心进行的,这些活性中心具有均匀的能量,而且相隔较远,因此吸附物分子之间无相互作用力。

(2)每一个活性中心只能吸附一个分子,即形成单分子吸附层。根据气体吸附和液体中吸附是相似的过程出发,可以认为吸附速率应该与溶液浓度 c 和吸附剂表面未被占据的活性中心数目成正比。

(3)解吸速率应该与吸附剂表面为该溶质占据的活性中心数目成正比。

设 m 为每克吸附剂吸附溶质量,m_∞ 为每克吸附剂所有活性中心都吸附着一个分子的吸附量(最大吸附量),$(m_{\infty-m})$ 为吸附剂空白位置即吸附剂表面未被占据的活性中心数,则:

$$吸附速度 = K_1(m_{\infty-m})c,解吸速度 = K_2 m$$

当达到平衡时:
$$K_1(m_{\infty-m})c = K_2 m$$

令 $b = K_1/K_2$ 则:

$$m = m_\infty bc/(1 + bc) \tag{6-1}$$

式(6-1)称为 Langnuir 方程式。当溶液中浓度很稀时,$1 + bc \approx 1$,则 $m = m_\infty bc$ 为直线方程;当浓度很高时,$1 + bc \approx bc$,$m = m_\infty$,是恒定值。因此在稀溶液中,吸附量和浓度的一次方成正比;而在浓溶液中,吸附量和浓度的零次方成正比;在中等浓度溶液中,吸附量和浓度的 $1/n$ 次方成正比($n > 1$),则公式为:

$$m = K'c^{1/n} \qquad\qquad (6-2)$$

式(6-2)中 K' 为常数。式(6-2)恰是 Freundlich 经验方程式,若将式(6-2)取对数,可得:

$$\lg m = \lg K' + (1/n)\lg c \qquad\qquad (6-3)$$

若以 $\lg m$ 对 $\lg c$ 作图应得到一直线,其斜率为 $1/n$,截距为 $\lg K'$,即可求出 n 和 K'。

例如,红霉素在 EDD 型大孔吸附树脂上的吸附等温线服从式(6-2),求得 $K' = 440.6$, $n = 1.376$。而赤霉素在 XAD-2 型大孔吸附树脂上的吸附等温线也服从式(6-2),求得 $K' = 0.86$, $n = 4$。

另外,Freundlich 根据经验提出 Freundlich 等温线方程,如下:

$$q = Kc^{\frac{1}{2}} \qquad\qquad (6-4)$$

式中, K 和 n 均为常数, n 大于 1。

这个方程虽然没有理论依据,但用于关联从溶液中吸附的实验数据时效果良好。Freundlich 等温线方程可以描述大多数抗生素、类固醇、甾类激素等在溶液中的吸附过程。

6.3　常用吸附剂及特点

吸附剂按其化学结构可分为两大类:一类是有机吸附剂,如活性炭、淀粉、聚酰胺、纤维素、大孔树脂等;另一类是无机吸附剂,如白土、氧化铝、硅胶、硅藻土、碳酸钙等。

6.3.1　无机材料吸附剂

1. 漂白土

应用较多的是酸性漂白土(acid earth),也叫活性白土。其制法是将水和土制成浆,过筛,用泵送入反应器,加入盐酸(约为重量之 28%~39%),以过热蒸汽加热至 105℃,经 2~3h 后反应完毕,再经压滤机过滤后,用水洗除去盐类及残余酸,最后干燥、压碎即得产品。早期从链霉素发酵液中提取维生素 B_{12} 就是采用活性白土作为吸附剂的。

2. 氧化铝

氧化铝(aluminum oxide)吸附能力很强,可以活化到不同程度,重现性好,且再生容易,故是最常用的吸附剂之一。其缺点是,有时会产生副反应。氧化铝有碱性、中性和酸性之分,碱性氧化铝适用于碱性条件下稳定的化合物,而酸性氧化铝适用于酸性条件下稳定的化合物。

将碱性氧化铝加 3~5 倍重量的水,加热 30min,冷却,倾出上清液,如此反复洗 20 次左右,可得中性氧化铝。或加醋酸乙酯,在室温下静置数天,或用稀盐酸洗也都可得中性氧化铝。

将碱性氧化铝用水调成浆状,加 2mol/L 盐酸至对刚果红呈酸性,倾去上清液,然后用热水洗至对刚果红呈弱紫色,过滤,加热活化可得酸性氧化铝。

氧化铝的活性与含水量有很大关系。水分会掩盖活性中心,故含水量愈高,活性愈低。氧化铝一般可反复使用多次,用水或某些极性溶剂洗净后,铺成薄层,先放置晾干,再次放入炉中加热活化。氧化铝通常用作吸附层析剂。

3. 硅胶

硅胶(silica gel)具有多孔性的硅氧烷交链结构,骨架表面具有很多硅醇—Si—OH 基团,能吸附很多水分,此种水分几乎以游离状态存在,加热即能除去。在高温下(500℃)硅胶的硅醇结构被破坏,失去活性。

硅胶比氧化铝容易再生,先以甲醇或乙醇充分洗涤,再以水洗,晾干,在 120℃ 活化 24h。另一再生方法:加入 5～10 倍体积的 1‰ 氢氧化钠,煮沸 30min,趁热过滤,用水洗涤 3 次,再加 3～6 倍体积的 5‰ 醋酸煮沸 30min,过滤,用水洗涤至中性,然后活化。

6.3.2 有机材料吸附剂

1. 活性炭

活性炭具有吸附力强、分离效果好、价格低、来源方便等优点,但不同来源、制法、生产批号的产品,其吸附能力就可能不同,因此很难使其标准化。生产上常因采用不同来源或不同批号的活性炭而得不到重复的结果,另外,由于色黑质轻,往往易污染环境。

活性炭有三种基本类型:粉末状活性炭、颗粒状活性炭和锦纶活性炭。选用活性炭吸附生物物质时,应根据生物物质的特性,选择吸附力适当的活性炭是成功的关键,当欲分离的生物物质不易被吸附时,则选择吸附力强的活性炭;反之,则选择吸附力弱的活性炭。活性炭是非极性吸附剂,因此在水溶液中吸附力最强,在有机溶剂中吸附力较弱,对不同物质的吸附力也不同。

2. 大孔网状聚合物吸附剂

大孔网状聚合物吸附剂又称为大孔吸附树脂,是 20 世纪 60 年代末发展起来的一类有机高聚物吸附剂,它具有多孔网状结构和较好的吸附性能,目前已广泛应用于废水处理、医药工业、临床鉴定和食品等领域。在我国,大孔吸附树脂法在中药研究中已被用来进行单味中药的药用成分提取、分离或者复方制剂的纯化、制备,在中药现代化过程中发挥着重要的作用。

3. 纤维素

纤维素是 $\beta-1,4$ 相连的 D-葡萄糖的线性聚合物。纤维素及其众多的衍生物已被广泛地用于蛋白类物质的纯化。其缺点是由于微晶型结构和无定型结构两部分组成,物理结构不均一,并缺乏孔度,因此在生物大分子物质的分离中受到了限制。

6.4 吸附操作技术

化学和制药工业上利用固体的吸附特性进行吸附分离的操作方式主要包括搅拌罐吸附、固定床吸附、流化床和膨胀床吸附。其中流化床吸附主要应用于处理量较大的过程,而搅拌罐吸附和固定床吸附在制药工业中的应用较为广泛。

6.4.1 搅拌罐吸附

搅拌罐吸附通常是在带有搅拌器的釜式吸附罐中进行的,在此过程中吸附剂颗粒悬浮于溶液中,搅拌使溶液呈湍动状态,其颗粒外表面的浓度是均一的,由于罐内溶液处于激烈的湍动状态,吸附剂颗粒表面的液膜阻力减小,有利于液膜扩散控制的传质,这种工艺所需设备简单,但是吸附剂不易再生、不利于自动化工业生产,并且吸附剂寿命较短。

　　搅拌罐吸附的操作方式有三种,即一次吸附、多次吸附和多次逆流吸附(如图 6-2 所示)

　　对于图所示的搅拌罐,由物料衡算可得操作线方程:

$$G(Y_1 - Y_{n+1}) = V(c_0 - c_n) \tag{6-5}$$

式中,V 为物料加入量,kg;G 为吸附剂加入量,kg;Y 为溶质在吸附剂中的含量,kg/kg;c 为溶液的浓度,kg/kg。

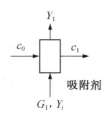
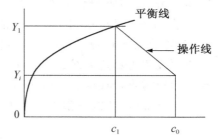

（a）一次吸附

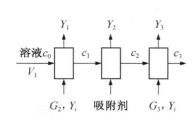
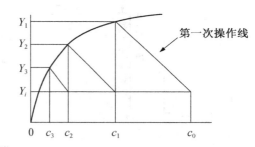

（b）多次吸附

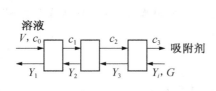
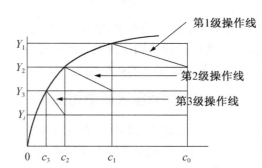

（c）多次逆流吸附

图 6-2　搅拌罐吸附的操作方式

　　吸附过程所需的接触时间(t)则可通过操作线和吸附平衡等温线由图解积分求得:

$$t = \frac{1}{K_F a_p}\left(\frac{V}{G}\right)\int \frac{\mathrm{d}c}{c - c^*} \tag{6-6}$$

式中,K_F 为以流体浓度差为基准的总传质系数,m/h;a_p 为单位质量吸附剂颗粒的表面积,m²/kg。c^* 为流体相中与其呈平衡的吸附质的浓度;$c - c^*$ 为总传质系数。

6.4.2　固定床吸附操作

固定床吸附(fixed-bed adsorption)操作是把吸附剂均匀堆放在吸附柱或吸附塔中的多孔支承板上,含吸附质的流体可以自上而下流动,也可自下而上流过吸附剂。在吸附过程中,吸附剂不动。如图6-3所示,吸附柱内填充固相吸附介质,料液连续输入吸附柱中,溶质被吸附剂吸附。从吸附剂入口开始,吸附剂的溶质浓度不断上升,达到饱和吸附浓度(即与入口料液浓度相平衡)。当吸附柱内全部吸附剂的溶质吸附接近饱和时,溶质开始从柱中流出,出口浓度逐渐上升,最后达到入口料液的溶质浓度,即吸附达到完全饱和。当吸附达到完全饱和后,若继续输入料液,则输入的溶质全部流出吸附柱。吸附过程中吸附柱出口溶质浓度的变化曲线称为穿透曲线(breakthrough curve),如图6-4所示。出口处溶质浓度开始上升的点称为穿透点(breakthrough point),达到穿透点所用的操作时间称为穿透时间。由于穿透点难于准确测定,故一般习惯上将出口浓度达到入口浓度5%~10%的时间称为穿透时间。

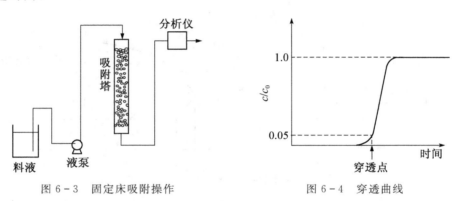

图6-3　固定床吸附操作　　　　　　　　图6-4　穿透曲线

当吸附操作达到穿透点时,继续进料不仅对增加吸附量的效果不大,而且由于出口溶质浓度迅速增大,造成目标产物的损失。故在穿透点附近需停止吸附操作,顺次转入杂质的清洗、吸附溶质的洗脱和吸附剂的再生操作。

6.4.3　流化床和膨胀床吸附操作

在一个设备中,将颗粒物料堆放在分布板上,当气体由设备下部通入床层,随气流速度加大到某种程度,固体颗粒在床层上呈沸腾状态,这状态称流态化,而这床层也称流化床。

流化床吸附(fluidized bed adsorption)操作是使流体自下而上流动,流体的流速控制在一定的范围,保证吸附剂颗粒被托起,但不被带出,处于流态化状态进行的吸附操作。该操作的生产能力大,但吸附剂颗粒磨损程度严重,且由于流态化的限制,使操作范围变窄。流化床吸附技术在实验室药物分离方面应用不多,在制药工业领域中,采用这种方法辅以其他技术可完成药物物料的干燥、制粒、混合、包衣和粉碎等功能。

近年来Chase HA等人在研究流化床吸附的基础上,发展出了膨胀床吸附。膨胀床是液固相返混程度较低的液固流化床,作为一种特殊形式的流化床,膨胀床兼有固定床和流化床的优点,同时又克服了后两者的一些缺陷。

膨胀床吸附与固定床吸附不同,众所周知,固定床吸附的料液是从柱上部的液体分布器流经层析介质层,从柱的下部流出并分部收集,流体在介质层中基本上呈平推流,返混小,柱效高,但固定床无法处理含颗粒的料液,因为它会堵塞床层,造成压力降增大而最终使操作无法进行,所以在固定床吸附前需先进行培养液的预处理和固液分离;流化床虽能直接吸附含颗粒的料液,但是存在较严重的返混,使床层理论塔板数降低,引起分离效率下降;膨胀床吸附综合了固定床和流化床吸附的优点,它使介质颗粒按自身的物理性质相对稳定地处在床层中的一定层次上实现稳定分级,而流体保持以平推流的形式流过床层,同时介质颗粒间有较大的空隙,使料液中的固体颗粒能顺利通过床层(图 6-5)。膨胀床吸附技术可以直接从含颗粒的料液中提取生物大分子物质,将固液分离和吸附过程结合起来。由于膨胀床的床层结构特性和处理原料特点,其吸附操作方式与固定床不尽相同。处理细胞悬浮液或细胞匀浆液的一般操作流程,如图 6-6 所示。首先用缓冲液膨胀床层,以便于输入料液,开始膨胀床吸附操作。当吸附接近饱和时,停止进料,转入清洗过程,在清洗过程初期,为除去床层的微粒子,仍采用膨胀床操作,待微粒子清除干净后,可恢复固定床操作,以降低床层体积,减少清洗剂用量和清洗时间。清洗操作之后的目标产物洗脱过程亦采用固定床方式。

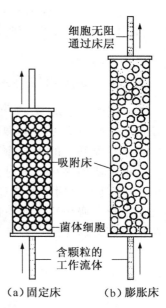

图 6-5　固定床与膨胀床操作状态比较

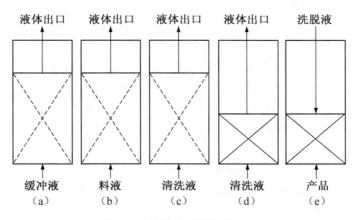

图 6-6　膨胀床吸附操作过程

(a) 缓冲液膨胀(膨胀床);(b) 进料(吸附)(膨胀床);(c) 清洗微粒(膨胀床);
(d) 清洗可溶性杂质(固定床);(e) 洗脱(固定床)

清洗操作可利用一般缓冲液或黏性溶液。利用黏性溶液清洗时流体流动更接近平推流,清洗效率高,清洗液用量少。目标产物的洗脱操作采用固定床方式不仅可节省操作时间,而且可提高回收产物的浓度。另外,洗脱液流动方向可与吸附过程相反,以提高洗脱效率。由于处理料液为悬浮液,吸附污染较严重,为循环利用吸附剂,洗脱操作后需进行严格的吸附剂再生,恢复其吸附容量。

由于各个操作阶段液相的黏度和密度等物性不同,若采用恒温操作,床层高度将发生变化。例如,料液黏度和密度高于普通缓冲液,恒速进料时床层高度增加,为保持一定的膨胀率,需降低进料流速;吸附操作后期由于蛋白质的吸附,吸附剂密度上升,此时又需要提高流速。

6.4.4 吸附剂的再生

吸附剂的再生是指在吸附剂本身不发生变化或变化很小的情况下,采用适当的方法将吸附质从吸附剂中除去,以恢复吸附剂能力,从而达到重复使用的目的。

对于性能稳定的大孔聚合物吸附剂,一般用水、稀酸、稀碱或有机溶剂就可以实现再生。大部分吸附剂可以通过加热再生,例如硅胶、活性炭、分子筛等,在采用加热法进行再生时,需要注意吸附剂的热稳定性,吸附剂晶体所能承受的温度可由差热分析(DTA)曲线特征峰测出。吸附再生的条件还与吸附质有关,此外,还可以通过化学法、生物降解法将被吸附的吸附质转化或者分解,使吸附剂得到再生。工业吸附装置的再生大多采用水蒸气吹扫的方法。

6.5 吸附分离技术的应用

吸附法在药物分离中,主要应用在天然药物化学和微生物制药成分的分离纯化,采用的吸附剂一般是大孔吸附树脂、活性炭和氧化铝等。

1. 大孔吸附树脂吸附法

大孔吸附树脂(macroporous adsorptionresins)是一种不含交换基团、具有大孔结构的高分子吸附剂,它是利用树脂能发生吸附-解吸作用的特性,以达到物质的分离、纯化目的的一类可以反复使用的树脂。大孔吸附树脂在医药领域有其独特的作用,与传统吸附剂相比,大孔吸附树脂具有比表面积大、选择性好、吸附容量高、吸附速度快、易于解吸附、物理化学稳定性高、使用周期长、再生处理简便、耐污染等优点。近年来,随着微滤膜的使用,对药液直接进行澄清处理为树脂吸附提供了可靠的预处理,进而使大孔吸附树脂在医药领域的应用更为广泛。

大孔吸附树脂吸附原理:大孔吸附树脂是吸附性和分子筛性原理相结合的分离材料,它的吸附性是由于范德华引力或产生氢键的结果,分子筛性是由于其本身多孔性结构的性质所决定。以范德华力从很低浓度的溶液中吸附有机物,其吸附性能主要取决于吸附剂的表面性质,如表面的亲水性或疏水性决定了它对不同有机化合物的吸附特性,非极性化合物在水中易被非极性树脂吸附,极性树脂则易在水中吸附极性物质,中极性树脂既可由极性溶剂中吸附非极性物质,又可由非极性溶剂中吸附极性物质。另外,物质在溶剂中的溶解度大,树脂对此物质的吸附力就小,反之就大;相对分子质量大、极性小的化合物与非极性大孔吸附树脂吸附作用强。

(1)影响大孔吸附树脂吸附作用的因素

① 树脂本身化学结构的影响:大孔吸附树脂是一种表面吸附剂,其吸附力与树脂的比表面积、表面电性、能否与被吸附物形成氢键等有关。引入极性基团可以改变表面电性或使其与某些被分离的化合物形成氢键,影响吸附作用。

② 溶剂的影响：被吸附的化合物在溶剂中的溶解度对吸附性能也有很大的影响。通常一种物质在某种溶剂中溶解度大，树脂对其吸附力就弱；酸性物质在酸性溶液中进行吸附，碱性物质在碱性溶液中进行吸附较为适宜。

③ 被吸附化合物的结构影响：被吸附化合物的相对分子质量大小不同，要选择适当孔径的树脂以达到有效分离的目的。在同一种树脂中，树脂对相对分子质量大的化合物吸附作用较大，化合物的极性增加时，树脂对其吸附力也随之增加，若树脂和化合物之间产生氢键作用，吸附作用也将增强。

④ 吸附温度的影响：大孔吸附树脂吸附为一放热过程，故一般采用低温吸附、高温解吸的方式。但有些过程相反，在用 AB-8 大孔吸附树脂分离紫甘薯色素的研究表明，当吸附时间相同时，温度越高，吸附率越高，吸附速度越快。因此实验研究中，必须重视温度的影响。

（2）在中药有效成分分离方面的应用

大孔吸附树脂在中药有效成分分离中有着广泛的应用，并日益显示出其独特的作用。目前中药化学成分分离中最常用的树脂有 D101、DA201、D3520、D4020、D1300、X-5、S-8、AB-8、H103、LD605、CDA-40 型等，其他还有 NKA 和 SIP 系列。大孔吸附树脂在黄酮类、生物碱类及苷类成分分离方面应用较广泛。应用大孔吸附树脂可将中药有效成分中水溶性的成分分离出来，特别有利于解决中药大、黑、粗的问题。下面举例介绍大孔吸附树脂在分离中药有效成分方面的应用。

① 黄酮类化合物：大孔吸附树脂分离纯化葛根总黄酮工艺如图 6-7 所示，葛根药材先用50%乙醇提取液回流 2 次（第一次 2h，第二次 1.5h），然后过滤，减压浓缩至稠膏状的葛根醇提液；采用 LSA-10 大孔树脂，树脂与药液的比例为 4：1，以 1BV/h 流速上柱至树脂饱和；然后进行洗脱，先以 2BV/h 水洗，再以 4BV 50% 乙醇洗脱，控制流速 0.5BV/h，得到的乙醇洗脱液减压浓缩，并在真空下干燥得到产品葛根总黄酮。

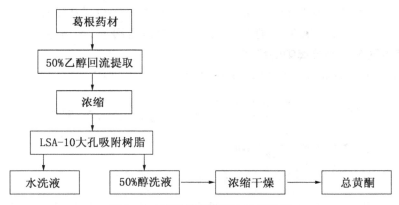

图 6-7 葛根总黄酮提取工艺流程

② 生物碱类化合物：生物碱类可用离子交换树脂分离，但酸、碱或盐类洗脱剂会给下一步分离造成麻烦，用大孔吸附树脂可避免引入外来杂质的问题。大孔吸附树脂吸附中药中碱类成分时吸附作用随吸附对象的结构不同而有所差异，且易被有机溶剂洗脱。

大孔吸附树脂分离纯化川芎中川芎嗪工艺如图 6-8 所示。川芎药材先用 90% 乙醇回流提取,回流 3 次,每次 3h,并过滤浓缩至稠膏状的川芎提取液;然后进行树脂吸附,采用的是 D101 大孔吸附树脂,调节 pH 至 10,树脂与药液的比例为 4:1,以 4BV/h 流速上柱至饱和;先以 2BV/h 水洗,再选用 95% 乙醇作为洗脱剂,以 4BV/h 流速解吸得到醇洗脱液;最后减压浓缩,并干燥得到淡黄色粉末,即川芎嗪。

③ 苷类化合物:近年来大孔吸附树脂在苷类成分的分离纯化中得到广泛的应用,利用弱极性的大孔树脂吸附后,很容易用水将糖等亲水性成分洗脱下来,然后再用不同浓度乙醇进行梯度洗脱,洗下被树脂吸附的苷类从而达到纯化的目的。

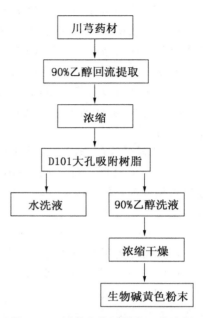

图 6-8　川芎生物碱提取工艺流程

大孔吸附树脂分离纯化人参总皂苷的工艺:① 先将人参饮片进行预处理,用 8 倍量 60% 乙醇回流提取,提取 3 次,每次 4h,过滤得人参醇提液,减压回收乙醇,过滤,得到人参上清液。提取次数、提取时间对人参总皂苷的影响很大,延长提取时间和增加提取次数均有利于收率的提高。但是,提取时间和提取次数的增加也会增加消耗,所以要做到高效,一般是提取 3 次,每次提取 4h。② 提取液中加入 4% 的无机盐,不仅能够加快树脂对人参总皂苷的吸附速率,而且吸附量明显增大,因为加入无机盐降低了人参皂苷在水中的溶解度,使人参皂苷更容易被树脂吸附。用水稀释成含生药量 0.5mg/ml 后,以 2BV/h 吸附流速上柱;D101 型大孔吸附树脂在此条件下能选择性地吸附人参成分中总皂苷。③ 饱和树脂先用水洗涤至无糖,再用 10 倍柱床体积的 70% 乙醇将吸附在树脂上的人参总皂苷洗脱下来。收集洗脱液,洗脱率达 90% 以上,减压浓缩后即得人参总皂苷粗品。④ 经 D101 型大孔吸附树脂吸附纯化后,人参总皂苷固体物明显得到富集并大大地提高了纯度。利用大孔吸附树脂分离纯化人参总皂苷效果好,且操作简便、重现性好,适用于工业化生产。

2. 活性炭吸附在药物分离中的应用

用活性炭提取放线酮的工艺流程如图 6-9 所示。

制霉菌素发酵液 $\xrightarrow[\text{板框过滤}]{}$ 滤液 $\xrightarrow[\text{活性炭}]{}$ 炭饼 $\xrightarrow[\text{用氯仿洗脱2次}]{\text{解吸}}$ 洗脱液 $\xrightarrow[\text{减压浓缩}]{}$ 粗制品 $\xrightarrow[\text{用醋酸丁酯溶解}]{\text{溶解}}$ 溶解液 $\xrightarrow[\text{活性炭}]{\text{脱色}}$ 结晶(放线酮 90%)

图 6-9　用活性炭提取放线酮工艺流程

中药的提取分离是中药研究及生产过程中的重要环节,也是目前提高中药质量的关键问题。传统的中药提取工艺及设备已越来越不能满足中药现代化发展的需要,但我国大多还在沿用着传统的滞后的工艺方法,致使中药产品粗(杂质多)、大(服用量大)、黑(颜色深),制约了中药产业化和市场国际化。采用吸附分离技术对中药提取液进行精制具有如下优势:① 能有效减少服用剂量,提高中药制剂的质量;② 减少产品的吸湿性;③ 实验工艺简便,所需实验设备简单,降低了成本。

【思考题】

1. 影响大孔吸附树脂吸附作用的因素有哪些？天然药物成分的树脂纯化过程中应该注意哪些问题？

2. 活性炭吸附剂脱色 1000kg 的淡色溶液,用活性炭吸附剂吸附掉 99% 的色素,每千克的色素含量为 96%。平衡关系符合 Freundlich 等温线,$q = 275y^{0.60}$,其中,q 和 y 分别为固体和液体浓度。若活性炭原来不含色素,则间歇吸附需要多少活性炭？若固定床的穿透曲线为阶跃函数,则需要多少活性炭？

3. 简述膨胀床吸附与固定床吸附的不同点。

【参考文献】

[1] 顾觉奋. 分离纯化工艺原理. 北京:中国医药科技出版社,2002

[2] 严希康. 生化分离工程. 北京:化学工业出版社,2001

[3] 孙彦. 生物分离工程(第二版). 北京:化学工业出版社,2005

[4] 顾觉奋. 离子交换与吸附树脂在制药工业上的应用. 北京:中国医药科技出版社,2008

[5] 田亚平. 生化分离技术. 北京:化学工业出版社,2006

[6] 张静泽,颜艳. 吸附树脂分离技术在中药研究中的应用. 中国中药杂志,2004,29(7):627

[7] 李淑芬,白鹏. 制药分离工程. 北京:化学工业出版社,2009

[8] Roger G. Harrison. Bioseparations Science and Engineering. Oxford University Press,2003

第7章

离子交换吸附法

 本章要点

1. 了解离子交换剂的结构、类型、命名及其特性。
2. 掌握离子交换技术的理论基础。
3. 掌握离子交换技术的操作过程。
4. 熟悉离子交换技术在药物分离中的应用。

7.1 概　述

离子交换是指能够解离的不溶性固体物质能与溶液中的离子发生离子交换反应。利用离子交换剂与不同离子结合力的强弱，可以将某些离子从水溶液中分离出来，或者使不同的离子得到分离。离子交换过程是液固两相间的传质与化学反应过程，在离子交换剂内外表面上进行的离子交换反应通常很快，过程速率主要受离子在液固两相的传质过程制约。该传质过程与液固吸附过程非常相似，均包括外扩散和内扩散步骤。离子交换剂也与吸附剂一样存在再生问题，可以把离子交换视为一种特殊的吸附过程。离子交换吸附法系利用离子交换剂作为吸着剂，将溶液中的物质依靠库仑力吸附在介质上，然后在适宜的条件下洗脱下来，达到分离、浓缩、提纯的目的。

离子交换吸附法的特点是离子选择性较高，介质无毒性且可反复再生使用，少用或不用有机溶剂，因而具有设备简单、操作方便、劳动条件较好的优点。同时，离子交换吸附法亦有生产周期长、一次性投资大、产品质量有时稍差等缺点。此外，在生产运行中，有些介质破碎或衰退较快导致工艺效果下降，所有这些均应在使用过程中注意。

离子交换剂依据其骨架来分，主要分为两大类：一类是无机物骨架离子交换剂，如沸石、磷酸钙凝胶等；一类是有机物骨架离子交换剂，其又可分为疏水性骨架离子交换剂，如苯乙烯类、丙烯酸类、酚醛类等，也称离子交换树脂，另一种是亲水性骨架离子交换剂，如多糖类（葡聚糖、琼脂糖、纤维素等）、有机聚合物（聚乙烯醇、聚丙烯酰胺等），也称亲水性离子交换剂。前者由于是有机物聚合而成,骨架大多呈疏水性,孔度小,电荷密度大,主要适用于小分子的分离纯化,后者由多糖或亲水性的有机物交联而成,骨架呈亲水性,大多带有凝胶孔,孔度大,电荷密度小,方便大分子自由进出,因此主要应用于生物大分子的分离。

目前,离子交换吸附法已广泛应用于离子物质的分离、转盐、去离子以及制备软水等,而且随着新介质(骨架)的不断涌现,该法已经渗透到水处理、金属冶炼、糖类精制、食品加工、医药卫生、分析化学、环境保护、有机合成的催化剂以及药物分离等领域。

7.2　离子交换树脂

7.2.1　离子交换树脂的结构

离子交换树脂是一种不溶于酸、碱和有机溶剂的,具有网状立体结构的固态高分子化合物,也是目前最常用的离子交换吸附剂。其化学稳定性良好,且具有离子交换能力,其高分子活性基团一般是多元酸或多元碱。其巨大的分子可分成两部分:一部分是不能移动的、多价的高分子(通常以 R 表示),构成树脂的骨架,使树脂具有上述溶解度和化学稳定性,惰性不溶的网络骨架和活性基[如—SO_3^-、—$N(CH_3)_3$]是联成一体的,不能自由移动;另一部分是可移动的离子,称为活性离子(即可交换离子,如 H^+、OH^-),它在树脂骨架中进进出出,就发生了离子交换的现象,这种交换是等当量进行的。离子交换树脂的构造模型如图 7-1 所示。

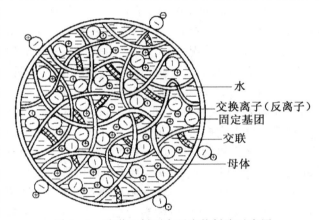

水
交换离子(反离子)
固定基团
交联
母体

图 7-1　聚苯乙烯型离子交换树脂示意图

由于高分子的惰性骨架和单分子的活性离子带有相反的电荷,共处于离子交换树脂中。从电化学的观点来看,离子交换树脂是一种不溶性的多价离子,其四周包围着可移动的带相反电荷的离子;从胶体化学观点来看,离子交换树脂是一种均匀的弹性亲液凝胶;亦可把离子交换树脂看作固体的酸或固体的碱。高分子活性基团是决定离子交换树脂主要性能的因素,如果活性基释放的是阳离子,称为阳离子交换树脂;如果活性离子是阴离子,则称为阴离子交换树脂。交换过程如示意图 7-2。

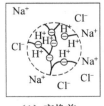

（1）交换前

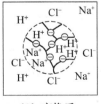

（2）交换后

（a）氢型阳离子交换树脂与Na^+的交换

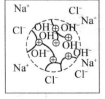

（1）交换前

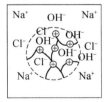

（2）交换后

（b）羟型阴离子交换树脂与Cl^-的交换

图 7-2　离子交换树脂的交换过程示意图

7.2.2　离子交换树脂的类型

离子交换树脂有多种不同的分类方法,主要有以下四种:

(1) 按树脂骨架的主要成分分类:如聚苯乙烯型树脂(001×7)、聚丙烯酸型树脂(112×4)、环氧氯丙烷型多乙烯多胺型树脂(330)、酚醛型树脂(122)等。

(2) 按聚合的化学反应分类:共聚型树脂(001×7)和缩聚型树脂(122)。

(3) 按骨架的物理结构分类:凝胶型树脂(201×7)(微孔树脂)、大网格树脂(D201)(大孔树脂)以及均孔树脂。

(4) 按《中华人民共和国国家标准》(GB1631-79),离子交换树脂按活性基团分类,分为含酸性基团的阳离子交换树脂和含碱性基团的阴离子交换树脂,又由于活性基团的电离强度强弱不同又可分为强酸性和弱酸性阳离子交换树脂及强碱性和弱碱性阴离子交换树脂,还有含其他功能基团的螯合树脂、氧化还原树脂以及两性树脂等。

7.2.3　离子交换树脂的命名

离子交换树脂的命名,国际上迄今还没有统一的规则,国外是以厂家或商家牌号、代号来表示。我国早期生产的树脂类似情况,如 732、717、724 等,一至沿用至今,20 世纪 60 年代后逐步规划统一的命名法是:1～100 为强酸性阳离子交换树脂(如 1×7);100～200 为弱酸性阳离子交换树脂(如 101×4,110);200～300 为强碱性阴离子交换树脂(如 201×7);300～400 为弱碱性阴离子交换树脂(如 311×4300)。1997 年我国石化部颁布了新的规范化命名法,离子交换树脂的型号由三位阿拉伯数字组成,第一位数字代表产品的分类,第二位数字代表骨架,第三位数字为顺序号,用于区别基团、交联度等。分类代号和骨架代号都分成 7 种,分别以 0～6 七个数字表示,其含义如表 7-1。

表 7-1　国产离子交换树脂命名法的分类代号及骨架代号

代号	分类名称	骨架名称
0	强酸性	苯乙烯系
1	弱酸性	丙烯酸系
2	强碱性	酚醛系
3	弱碱性	环氧系
4	螯合性	乙烯吡啶系
5	两性	脲醛系
6	氧化还原	氯乙烯系

凝胶型离子交换树脂和大孔型离子交换树脂命名原则可以用图 7-3 来表示。

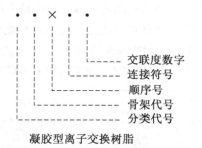

图 7-3　国产离子交换树脂命名原则图示

例如:001×7 表示凝胶型苯乙烯系强酸性阳离子交换树脂(交联度 7%),D201 表示大孔型苯乙烯系季铵Ⅰ型强碱性阴离子交换树脂。

由于种种原因,上述命名法仍交叉使用,使用中经常会遇到同一树脂有多种名称,如 001×7、

1×7、732 都是同一产品。

7.2.4　常用离子交换树脂的类型及特性

1. 强酸性阳离子交换树脂

该类树脂的活性基团有—SO_3H(磺酸基团)和—CH_2SO_3H(次甲基磺酸基团)。它们都是强酸性基团,其电离程度大而不受溶液 pH 变化的影响,在 pH1～14 范围内均能进行离子交换反应。

以 001×7 树脂为例,其交换反应有:

中和:$RSO_3^-H^+ + Na^+OH^- \longrightarrow RSO_3^-Na^+ + H^+Cl^- + H_2O$

中性盐分解:$RSO_3^-H^+ + Na^+Cl^- \rightleftharpoons RSO_3^-Na^+ + H^+Cl^-$

复分解:$RSO_3^-H^+ + K^+Cl^- \rightleftharpoons RSO_3^-K^+ + Na^+Cl^-$

2. 弱酸性阳离子交换树脂

活性基团有—$COOH$(羧基),—OCH_2COOH(氧乙酸基),—C_6H_5OH(酚羟基)等弱酸性基团。它们都是弱酸性基团,其电离程度受溶液 pH 的变化影响很大,在酸性溶液中几乎不发生交换反应,其交换能力随溶液 pH 的下降而减小,随 pH 的升高而递增。

弱酸性阳离子交换树脂仅能起中和反应和复分解反应:

中和反应:$RCOO^-H^+ + Na^+OH^- \rightleftharpoons RCOO^-Na^+ + H_2O$

复分解反应:$RCOO^-Na^+ + K^+Cl^- \rightleftharpoons RCOO^-K^+ + Na^+Cl^-$

3. 强碱性阴离子交换树脂

这类树脂的活性基团为季铵基团,如 $RN^+(CH_3)_3OH^-$(三甲胺基)和二甲基-β-羟基乙基胺基 $RN^+(CH_3)_2(C_2H_5OH)OH^-$。与强酸性离子交换树脂相似,其活性基团电离程度较强,不受溶液 pH 变化的影响,在 pH1～14 范围内均可使用。其交换反应有:

中和:$RN^+(CH_3)_3OH^- + H^+Cl^- \longrightarrow RN^+(CH_3)_3Cl^- + H_2O$

中性盐分解:$RN^+(CH_3)_3OH^- + Na^+Cl^- \rightleftharpoons RN^+(CH_3)_3Cl^- + H_2O$

复分解:$RN^+(CH_3)_3Cl^- + Na_2^+SO_4^{2-} \rightleftharpoons R[N^+(CH_3)_3]_2SO_4^{2-} + 2Na^+Cl^-$

强碱性阴离子交换树脂成氯型时较羟型稳定,难热性亦较好,因此工业生产应用大多以氯型。

4. 弱碱性阴离子交换树脂

活性基团为伯胺(—NH_2)、仲胺(—NHR)或叔胺(—$N(R)_2$)等,碱性较弱。其基团的电离程度弱,与弱酸性阳离子树脂一样交换能力受溶液 pH 的变化影响很大,pH 越低,交换能力越高。其交换反应有:

中和:$RN^+H_3OH^- + H^+Cl^- \rightleftharpoons RN^+H_3Cl^- + H_2O$

复分解:$R(N^+H_3Cl^-)_2 + Na_2^+SO_4^{2-} \rightleftharpoons R(N^+H_3)_2SO_4^{2-} + 2Na^+Cl^-$

7.2.5　离子交换树脂的理化性质

离子交换树脂是一种不溶于水及一般酸、碱溶液和有机溶剂,并有良好化学稳定性的高分子聚合物。有使用价值的离子交换树脂必须具备一定要求的理化性质。

1. 外观和粒度(颗粒度)

商品树脂多制成球形,其直径为 0.2～1.2mm(16～70 目),球形可增大比表面、提高机械强度和减少流体阻力,普通凝胶型树脂是透明球珠,大孔树脂呈不透明雾状珠球。抗生素提取一般使用粒度为 16～60 目占 90% 以上的球形树脂,因为料液黏度较大、夹杂物较多。粒度过小,容易产生阻塞;粒度过大,强度下降、装填量少、内扩散时间延长,不利于有机大分子的交换。

2. 交换容量(交换当量)

交换容量,又叫交换当量,是表征树脂活性基团数量(交换能力)的重要参数,有重量交换容量(mmol/g 干树脂)和体积交换容量(mmol/ml 湿树脂)两种表示方法。体积交换容量较直观地反映了生产设备的能力,关系到产品质量、收率高低和设计投资额大小。工作交换容量(实用交换量)是指,在某一指定的应用条件下树脂实际表现出来的交换量,此时所有的交换基团并未完全被利用。树脂失效后要再生才能重新使用,一般并不再生完全,在指定的再生剂用量条件下的交换容量是再生交换容量。再生剂用量对工作交换容量影响很大,交换容量、工作交换容量和再生交换容量三者的关系为:

再生交换容量＝0.5～1.0 倍交换容量;

工作交换容量＝0.3～0.9 倍再生交换容量。

离子交换树脂利用率是工作交换容量与再生交换容量之比。

离子交换树脂的交换容量与交联度有关,交联度减小,则单位重量的活性基增多,重量交换容量增大。

3. 机械强度(不破损率)

机械强度的测定方法:将离子交换树脂先经过酸、碱溶液处理后,将一定量的树脂置于球磨机中撞击、磨损,一定时间后取出过筛,以完好树脂的重量百分率表示。商品树脂的机械强度规定在 90% 以上。

4. 膨胀度

干树脂在水(有机溶剂)中溶胀,湿树脂在功能基离子转型或再生后洗涤时也有溶胀现象(因为极性功能基强烈吸水或高分子骨架非极性部分吸附有机溶剂所致的体积变化),外部水分渗透内部促使树脂骨架变形,空隙扩大而使树脂体积膨胀。

膨胀度(膨胀系数):膨胀前后树脂的体积比。膨胀度又称膨胀率、膨胀系数。

在设计离子交换罐时,树脂的装填系数应以工艺过程中膨胀度最大时为上限参数,避免发生装量过多或设备利用率低的现象。

膨胀度的影响因素有:

① 交联度:膨胀度随交联度的增大而减小,交联度大,结构中线性伸展的活动性小,树脂骨架弹力较大,所以膨胀度就较小。

② 活性基团的性质和数量:若树脂上活性基团的亲水性强,则膨胀度较大。对活性基团相同的树脂,其膨胀度随活性基团数量的增加而增加。

③ 活性离子的性质:膨胀度随活性离子价数的升高而降低;对于同价离子,膨胀度则随裸离子半径的增大而减小,但 H^+ 和 OH^- 例外。

④ 介质的性质和浓度:经水溶胀后的树脂与低级醇或高浓度电解质溶液(如酸、碱或盐溶液)接触时,由于水分从树脂内部向外部转移,可使树脂体积缩小。

⑤ 骨架结构:无机离子交换树脂不易溶胀;有机离子交换树脂由于碳—碳链的柔韧性及无定型的凝胶性质,膨胀度较大;大孔离子交换树脂的交联度比较大,所含空隙又有缓冲作用,故膨胀度较小。

5. 含水量

每克干树脂吸收水分的数量,一般是 0.3～0.7g,交联度、活性基团性质及数量、活性离子的性质对树脂含水量的影响与对树脂膨胀度的影响相似。例如高交联度的树脂,含水量就低。

干燥的树脂易破碎,商品树脂均以湿态密封包装。因此,冬季贮运,应有防冻措施。干燥树脂初次使用前,应先用盐水浸润后再用水逐步稀释以防止暴胀破碎。

6. 堆积密度及湿真密度

堆积密度是指树脂在柱中堆积时,单位体积湿树脂(包括树脂间空隙)的质量(g/mL),其值为 0.6～0.85g/mL。湿真密度是指单位体积湿树脂的质量,用布氏漏斗抽干得到一定质量的湿树脂除以这些树脂排阻水的体积可得。常用比重瓶测定,一般树脂的湿真密度为 1.1～1.4g/mL。

7. 稳定性

(1) 化学稳定性:如苯乙烯系磺酸树脂对各种有机溶剂、强酸、强碱等稳定,可长期耐受饱和氨水、0.1mol/L KMnO₄、0.1mol/L HNO₃ 及温热 NaOH 等溶液而不发生明显破坏。阳离子交换树脂的化学稳定性比阴离子交换树脂好;阴离子交换树脂中弱碱性树脂最差。低交联阴离子交换树脂在碱液中长期浸泡易降解破坏,羟型阴离子交换树脂稳定性差,故以氯型存放为宜。

(2) 热稳定性(表 7-2):干燥的树脂受热易降解破坏。强酸、强碱性离子交换树脂的盐型比游离酸(碱)型稳定,苯乙烯系比酚羟系树脂稳定,阳离子交换树脂比阴离子交换树脂稳定。

表 7-2 各种离子交换树脂的最高工作温度

类型	强酸性离子交换树脂		弱酸性离子交换树脂		强碱性离子交换树脂		弱碱性离子交换树脂	
	Na 型	H 型	Na 型	H 型	Cl 型	OH 型	丙烯酸系 OH 型	苯乙烯系 Cl 型
最高工作温度/℃	100～120	150	120	120	小于 76	小于 60	小于 60	小于 94

8. 滴定曲线

离子交换树脂是不溶性的多元酸(多元碱),具有滴定曲线,如图 7-4 所示。滴定曲线能定性地反映树脂活性基团的特征,可鉴别树脂酸碱度的强弱。强酸和强碱树脂的滴定曲线开始有一段是水平的,随酸、碱用量的增加而出现曲线的突升和陡降,此时表示活性基团已经达到饱和,而弱酸、弱碱性树脂的滴定曲线不出现水平部分和转折点而呈渐进的变化趋势。

9. 孔度、孔径、比表面

孔度是指单位重量或体积树脂所含有的孔隙体积,以 ml/g 表示。树脂的孔径大小差别很大,凝胶树脂的孔径决定于交联度,在湿态时才几纳米;大孔树脂的孔径在几纳米到上千纳米范围内变化。孔径大小对离子交换树脂选择性的影响很大,对吸附有机大分子尤为重要。凝胶树脂的比表面不到 1m²/g,大孔树脂

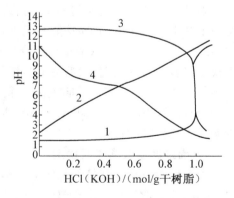

图 7-4　各种离子交换树脂的滴定曲线

1. 强酸型树脂 Amberlit IR-120
2. 弱酸型树脂 Amberlit IRC-84
3. 强碱型树脂 Amberlit IRA-400
4. 弱碱型树脂 Amberlit IR-45

则由数个单位到几百个单位(m^2/g),在合适的孔径基础上,选择比表面较大的树脂有利于提高吸附量和交换速率。

7.3　亲水性离子交换剂

离子交换树脂的骨架材料常用的是各种聚合有机物类,这类离子交换剂非常适合小分子物质的分离,但是对于大分子物质(如蛋白质、酶等)而言,有其局限性,因为蛋白质是高分子物质,它的分子体积比无机离子或其他小分子大很多,而且蛋白质具有四级结构,只有在温和的条件下,才能维持高级结构,否则,将遭到破坏而变性。因此,分离大分子蛋白质的离子交换剂,除了具有一般离子交换树脂具备的性能外,还需具有一些特殊的性能,如亲水性和较大的交换空间,可方便大分子在骨架内自由进出,从而增加交换容量,另外还要求其对生物活性有稳定作用(至少没有变性作用),便于洗脱,这就要求骨架内电荷密度不能过大,否则大分子发生多点吸附,易发生结构变型,且不利于洗脱。

以多糖为骨架的离子交换剂是经典的分离生物大分子的材料,这类介质具有网状结构,可允许生物大分子透过而不发生变性,其主要特性是:

① 亲水性:构成这类骨架材料如葡聚糖、琼脂糖、纤维素等均含有大量的亲水基团,在水中可充分溶胀而成为"水溶胶"类物质。

② 孔度大:具备均匀的大孔网状结构,可以允许大分子物质的自由进出。

③ 电荷密度适中:由于高电荷密度和高交联度,不仅会让蛋白质的吸附容量减少,而且还可能使其发生空间构象变化导致失活而变性,同时也由于结合较牢固,难以洗脱造成不可逆吸附,因此这类亲水性离子交换剂的电荷密度和交联度比较适中,非常有利于大分子的分离。

目前,这类分离剂已经被大规模应用,根据多糖种类的不同,多糖类骨架离子交换剂可分为葡聚糖凝胶离子交换剂、琼脂糖凝胶离子交换剂和纤维素离子交换剂等。

多糖类骨架离子交换剂的命名,目前还没有统一的规定,大多由生产厂家直接命名,但遵循一个基本的通用原则,即功能基团+骨架组成,如目前市售比较经典的离子交换剂商品为美国 GE 公司的 Sephadex(葡聚糖凝胶)、Sepharose(琼脂糖凝胶)、Sephacel(纤维素)系列,都是交换功能基团写在前面,然后写上多糖骨架代号,最后写原骨架的编号,另外为区别阳离子交换剂与阴离子交换剂,可能在编号前添字母"C"(阳离子)或"A"(阴离子),如 DEAE-Sepharose、SP-Sephacel、DEAE-Sephadex A-50、CM-Sephadex C-75 等,下面介绍几种多糖类骨架离子交换剂的特性。

1. 葡聚糖凝胶离子交换剂

葡聚糖凝胶离子交换剂是将活性基团偶联在交联后的葡聚糖凝胶上制得的各种交换剂,由于交联葡聚糖具有一定孔隙的三维结构,所以兼有分子筛的作用。常用的葡聚糖凝胶离子交换剂的主要特性见表 7-3 所示。

表 7 - 3　常用的葡聚糖凝胶离子交换剂的主要特性

商品名	化学名	类型	活性基结构	反离子	对小离子的吸附容量 /(mmol/g)	对血红蛋白的吸附容量 /(g/g)	稳定 pH
CM-Sephadex C-25	羧甲基	弱酸阳离子	$-CH_2-COO^-$	Na^+	4.5 ± 0.5	0.4	6～10
CM-Sephadex C-50	羧甲基	弱酸阳离子	$-CH_2-COO^-$	Na^+		9	
DEAE-Sephadex A-25	二乙氨基乙基	中强碱阴离子	$-(CH_2)_2-NH^+(C_2H_5)_2$	Cl^-	3.5 ± 0.5	0.5	2～9
DEAE-Sephadex A-50	二乙氨基乙基	中强碱阴离子	$-(CH_2)_2-NH^+(C_2H_5)_2$	Cl^-		5	
QAE-Sephadex A-25	季铵乙基	强碱阴离子	$-(CH_2)_2N^+C_2H_5$ 上接 CH_2CHCH_3（OH），下接 C_2H_5	Cl^-	3.0 ± 0.4	0.3	2～10
QAE-Sephadex A-50	季铵乙基	强碱阴离子	$-(CH_2)_2N^+-C_2H_5$ 上接 C_2H_5，下接 CH_2CHCH_3（OH）	Cl^-		6	
SE-Sephadex C-25	磺乙基	强酸阳离子	$-(CH_2)_2-SO_3^-$	Na^+	2.3 ± 0.3	0.2	2～10
SE-Sephadex C-50	磺乙基	强酸阳离子	$-(CH_2)_2-SO_3^-$	Na^+		3	
SP-Sephadex C-25	磺丙基	强酸阳离子	$-(CH_2)_2-SO_3^-$	Na^+	2.3 ± 0.3	0.2	2～10
SP-Sephadex C-50	磺丙基	强酸阳离子	$-(CH_2)_2-SO_3^-$	Na^+		7	
CM-Sephadex CL-6B	羧甲基	强酸阳离子	$-CH_2COO^-$	Na^+	12 ± 2	10.0	3～10
DEAE-Sephadex CL-6B	二乙氨基乙基	中强碱阴离子	$-(CH_2)_2-NH^+(C_2H_5)_2$	Cl^-	12 ± 2	10.0	3～10

2. 琼脂糖凝胶离子交换剂

琼脂糖凝胶离子交换剂与葡聚糖凝胶离子交换剂类似,其骨架是由精制过的琼脂糖经交联制备而成的,同样具有一定孔度,易发生溶胀,也兼有分子筛的作用。目前,市售琼脂糖凝胶离子交换剂主要有 Pharmacia(GE)公司生产的 Sepharose 系列,Bio-Rad 公司生产的 Bio-gel 系列等。常用的琼脂糖凝胶离子交换剂的主要特性见表 7-4 所示。

表 7-4　常用的琼脂糖凝胶离子交换剂的主要特性

商品名	活性基团结构	交换容量 /(mmol/ml)	对血红蛋白的吸附容量 /(mg/mol)
DEAE-Sepharose CL-6B	—OC$_2$H$_4$N(C$_2$H$_5$)$_2$	0.15±0.020	110
CM-Sepharose CL-6B	—O—CH$_2$—COOH	0.12±0.020	—
DEAE Bio-GelA	—O—C$_2$H$_4$N(C$_2$H$_5$)$_2$	0.02±0.005	45±10
CM Bio-GelA	—O—CH$_2$—COOH	0.02±0.005	45±10

3. 纤维素离子交换剂

纤维素离子交换剂为开放的长链骨架,大分子物质能自由地在其中扩散和交换,亲水性强,比表面大,易吸附大分子;交换基团稀疏,对大分子的实际交换容量大;吸附力弱,交换和洗脱条件温和,不易引起变性;而且分辨力强,能分离复杂的生物大分子混合物。根据偶联在纤维素骨架上的活性基团的性质,可分为阳离子纤维素交换剂和阴离子纤维素交换剂两大类,目前,市售的纤维素离子交换剂主要有 Pharmacia(GE)公司生产的 Sephacel 系列,Bio-Rad 公司生产的 Cellex 系列,此外 Watman 公司以及国内部分厂家也生产纤维素离子交换剂,其功能基团主要有 DEAE-、CM-、SP-、QAE-等。常用的纤维素离子交换剂的主要特性见表 7-5 所示。

表 7-5　常用的纤维素离子交换剂的主要特性

类型		离子交换剂名称	活性基团结构	简写	交换容量 /(mmol/g)	pK[①]	特点
阳离子交换纤维素	强酸型	甲基磺酸纤维素	—O—CH$_2$—S(=O)(=O)—O$^-$	SM-C			用于低 pH
		乙基磺酸纤维素	—O—CH$_2$—CH$_2$—S(=O)(=O)—O$^-$	SE-C	0.2~0.3	2.2	用于低 pH
	中强酸型	磷酸纤维素	—O—P(=O)(—O$^-$)—O$^-$	P-C	0.7~7.4	pK_1=1~2, pK_2=6.0~6.2	用于低 pH
	弱酸型	羧甲基纤维素	—O—CH$_2$—C(=O)—O$^-$	CM-C	0.5~1.0	3.6	在 pH>4 时应用,适用于分离中性和碱性蛋白质

续　表

类型		离子交换剂名称	活性基团结构	简写	交换容量/(mmol/g)	pK[①]	特点
阴离子交换纤维素	强碱型	二乙基氨基乙基纤维素	$-O-(CH_2)_2-N^+H-C_2H_5$ (上 C_2H_5)	DEAE-C	0.1～1.1	9.1～9.2	在 pH<8.6 时使用,适用于分离中性和酸性蛋白质
		三乙基氨基乙基纤维素	$-O-(CH_2)_2-N^+-C_2H_5$ (上下 C_2H_5)	TEAE-C	0.5～1.0	10	
		胍乙基纤维素	$-O-(CH_2)_2NH-C-NH_3^+$ (上 NH)	GE-C	0.2～0.5	>12	在极高 pH 仍可使用
	中强碱型	氨基乙基纤维素	$-O-CH_2-CH_2-NH_3^+$	AE-C	0.3～1.0	8.5～9.9	适用于分离核苷、核酸和病毒
		ECTEOLA-纤维素	$-O-(CH_2)_2N^+(C_2H_5OH)_3$	ECTEOLA-C	0.1～0.5	7.4～7.6	
	弱碱型	对氨基苄基纤维素	$-O-CH_2\text{—}\bigcirc\text{—}NH_3^+$	PAB-C	0.1～0.3 0.2～0.5		

① pK 为在 0.5mol/L NaCl 中的表观解离常数的负对数。

7.4　离子交换技术理论基础

离子交换是一种自然现象。能够解离的不溶性固体物质与溶液中的离子发生离子交换反应,如下式所示:

$$R^-A^+ + B^+ \Longrightarrow R^-B^+ + A^+$$

在达成平衡时在固相和液相中均存在一定比例的 A^+ 和 B^+。式中 R^-A^+ 由不溶解的 R^- 和能通过离子交换而进入液相的阳离子 A^+ 组成。R^-A^+ 称为阳离子交换剂,R^- 称为固定离子,A^+ 称为抗衡离子或反离子。由固定离子 R^+ 和能进行离子交换的阴离子组成的 R^+A^- 称为阴离子交换剂,在与溶液接触时能与溶液中的阴离子 B^- 发生离子交换反应,如下式所示:

$$R^+A^- + B^- \Longrightarrow R^+B^- + A^-$$

离子交换树脂进行电解质分离有三类反应:

1. 分解盐的反应

强型离子交换剂能够进行中性盐的分解反应,生成相应的酸和碱,例如:

$$R_{CS}H + NaCl \Longrightarrow R_{CS}Na + HCl$$
$$R_{AS}OH + NaCl \Longrightarrow R_{AS}Cl + NaOH$$

下标 C 表示阳离子交换剂，A 表示阴离子交换剂，S 表示强型介质。弱型介质无此种能力，但弱酸性阳离子交换剂可分解碱式盐，如 $NaHCO_3$。

2. 中和反应

强型和弱型介质均能与相应的碱和酸进行中和反应，强型介质的反应性强，反应速度快，交换基团的利用率高，但中和得到的盐型介质再生困难，再生剂用量多；弱型介质中和后再生剂用量少，可接近理论用量。

3. 离子交换反应

盐式的强、弱型介质均能进行交换反应，但强型介质的选择性不如弱型介质的选择性好，但可用相应的盐直接再生，例如：

$$2RSO_3Na + Ca^{2+} \Longrightarrow (RSO_3)_2Ca + 2Na^+$$

交换后的 $(RSO_3)_2Ca$ 可以用浓 NaCl 溶液进行再生；弱型介质则很难用这种方法再生，而需用相应的酸和碱再生。

$$R_2Ca + 2HCl \Longrightarrow 2RH + CaCl_2$$
$$RH + NaOH \Longrightarrow RNa + H_2O$$

离子交换剂进行的分离过程有以下三种类型：

（1）离子转换或提取某种离子：例如水的软化，将水中的 Ca^{2+} 转换成 Na^+，此时可利用对 Ca^{2+} 有较高选择性的盐式阳离子交换树脂，将 Ca^{2+} 从水中分离出来。

（2）脱盐：例如除掉水中的阴阳离子制取纯水，此时可用强型树脂的分解中性盐反应和强型或弱型树脂的中和反应。例如，水溶液中除去 NaCl 可用下列反应：

$$R_{CS}H(s) + NaCl(l) \Longrightarrow R_{CS}Na(s) + HCl(l)$$
$$R_{AS}OH(s) + HCl(l) \Longrightarrow R_{AS}Cl(s) + H_2O$$

（3）不同离子的分离：当溶液中各离子的选择性相差不大时，用简单的离子转换不能单独将某种离子吸附而分离出来，此时需用类似吸附分馏或离子交换色谱法分离。

7.4.1　离子交换层析原理

离子交换层析（ion exchange chromatography，IEC）是以离子交换剂作为固定相，以适宜的溶剂作为流动相，离子交换剂上具有固定离子基团及可交换的离子基团，当流动相带着组分电离生成的离子通过固定相时，组分离子与离子交换剂上可交换的离子基团进行可逆交换，根据组分离子对离子交换剂亲和力的不同而得到分离。1848 年，Thompson 等人在研究土壤碱性物质交换过程中发现离子交换现象。20 世纪 40 年代，出现了具有稳定交换特性的聚苯乙烯离子交换树脂。20 世纪 50 年代，离子交换层析进入生物化学领域，应用于氨基酸的分析。目前，离子交换层析仍是生物化学领域中常用的一种层析方法，广泛应用于各种生化物质如氨基酸、蛋白质、糖类、核苷酸等的分离纯化。

7.4.2　离子交换过程理论

1. 离子交换过程机制

假设有一颗树脂放在溶液中,发生下列交换反应:

$$A^+ + RB \Longrightarrow RA + B^+$$

不论溶液的运动情况怎样,在树脂表面始终存在着一层薄膜,起交换的离子只能借分子扩散而通过这层薄膜(图7-5)。搅拌愈激烈,这层薄膜的厚度也就愈薄,液相主体中的浓度就愈趋向于均匀一致,一般来说,树脂的总交换容量与其颗粒的大小无关,由此可知,不仅在树脂表面,而且在树脂内部,也有交换作用。因此和所有多相化学反应一样,离子交换过程应包括下列五个步骤:① A^+ 离子自溶液中扩散到树脂表面;② A^+ 离子从树脂表面再扩散到树脂内部的活性中心;③ A^+ 离子与 RB 在活性中心发生复分解反应;④ 解吸离子 B^+ 自树脂内部的活性中心扩散到树脂表面;⑤ B^+ 离子再从树脂表面扩散到溶液中。

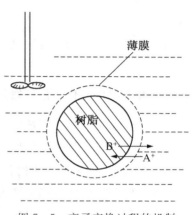

图 7-5　离子交换过程的机制

众所周知,多步骤过程的总速度决定于最慢的一个步骤的速度(称为控制步骤)。要想提高整个过程的速度,最有效的办法是加速控制步骤的速度。首先应该注意到,根据电荷中性原则,步骤①和⑤同时发生且速度相等,即有 1g 当量的 A^+ 离子扩散经过薄膜到达颗粒表面,同时必有 1g 当量的 B^+ 离子以相反方向从颗粒表面扩散到液体中;同样,步骤②和④也同时发生,方向相反,速度相等。因此,离子交换实际上只有 3 个步骤:外部扩散(经液膜的扩散)、内部扩散(在颗粒内部的扩散)和化学交换反应。一般来说,离子间的交换反应速度是很快的,有时甚至快到难以预测,所以除极个别场合外,化学反应不是控制步骤,而扩散是控制步骤。

到底是内部扩散还是内部扩散是控制步骤,要随操作条件而变,一般说,液相速度愈快或搅拌愈剧烈,浓度愈浓,颗粒愈大,吸着愈弱,愈趋向于内部扩散控制;相反,液体流速愈慢,浓度愈稀,颗粒愈细,吸着愈强,愈趋向于外部扩散控制。当树脂吸着抗生素等大分子时,由于大分子在树脂内扩散速度慢,常常为内部扩散控制。

2. 离子交换平衡

一般公认离子交换过程是按化学当量进行的。交换过程是可逆的,最后达到平衡。

如果有 Na 型磺酸树脂在氯化钠溶液中,当交换开始后,除有机网状骨架固定离子 RSO_3^- (或 RN^+)不能透过固-液面外,其他两种离子都可以透过界面自由扩散,扩散的结果是一定量的 Na^+ 和 Cl^- 通过界面,形成如下组成的两相:

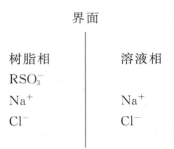

当扩散进行到"界面"两边电解质的化学位相等时,就达到道南(Donnan)平衡,即

$$\overline{\mu}_{NaCl}=\mu_{NaCl}$$

因一种电解质的化学位可取其离子化学位之和,故:

$$\overline{\mu}_C+\mu_{Cl^-}=\mu_{Na^+}+\mu_{Cl^-}$$

$$\mu^0_{Na^+}+RT\ln\overline{a}_{Na^+}+\mu^0_{Cl^-}+RT\ln\overline{a}_{Cl^-}=\mu^0_{Na^+}+RT\ln a_{Na^+}+\mu^0_{Cl^-}+RT\ln a_{Cl^-}$$

以上各式中 $\overline{\mu}$、$\overline{a}$ 为树脂相的化学位和活度;μ、a 为溶液相的化学位和活度。

上式表明"界面"两边离子活度积相等时,电解质在"界面"两边的分配即达到平衡。

为了满足"界面"两边的电中性法则,还必须有:

$$a_{Na^+}=a_{Cl^-} \quad 及 \quad \overline{a}_{Na^+}=\overline{a}_{RSO_3^-}+\overline{a}_{Cl^-}$$

即

$$a_{Na^+}\cdot a_{Cl^-}=a^2_{Cl^-} \quad 及 \quad \overline{a}_{Na^+}>\overline{a}_{Cl^-}$$

由于

$$a^2_{Cl^-}=\overline{a}_{Na^+}\cdot\overline{a}_{Cl^-}=\overline{a}_{Cl^-}(\overline{a}_{RSO_3^-}+\overline{a}_{Cl^-})=\overline{a}^2_{Cl^-}+\overline{a}_{Cl^-}\cdot\overline{a}_{RSO_3^-}$$

所以可得

$$a_{Cl^-}>\overline{a}_{Cl^-}$$

这就是说,在达到道南平衡时,出现了电解质在"界面"两边不均匀分配,由于树脂固定阴离子(RSO_3^-)的排斥,外界溶液相的 NaCl 浓度将大于树脂相。如果把一个高交换容量(或固定离子浓度)的树脂放到稀电解质溶液中,则将只有很少的游离电解质能扩散到交换树脂中。例如,磺酸型阳离子交换树脂的钠盐(RSO_3^- Na^+)含有固定离子浓度 5mol/L,当其与 0.1mol/L NaCl 溶液平衡时,将只有 0.002mol/L 的氯离子进入树脂相中。

同树脂骨架相同电荷的离子(这里是 Cl^-)称为同离子,那些带树脂骨架相反电荷的离子(这里是 Na^+)称为反离子。道南平衡导致树脂离子对同离子的部分排斥,这个现象产生了离子交换膜的选择透过性质,同时成为离子排斥法的理论基础,利用道南排斥效应进行分离,可用于有机酸和氨基酸的分离,以及从生物分子中分离无机离子。

7.4.3　离子交换过程的选择性

离子交换剂的选择性就是对不同离子交换亲和力的差别,一般说,离子与离子交换剂活性基的亲和力越大,就越容易被该离子交换剂吸附;当吸附后,骨架的膨胀度减小时,则对该离子的交换力也大。离子交换选择性集中地反映在交换常数 K 值上,K_{BA}(B 离子取代树脂上 A 离子的交换常数)的值愈大,就愈易吸附 B 离子。影响 K 的因素很多,它们彼此之间既互相依赖,又互相制约,因此在实际应用时必须作具体的分析。表 7 - 6 列举几种强碱树脂对各种离子的交换常数。

表 7 - 6　强碱树脂对不同阳离子的交换常数

树脂＼阳离子	Na^+	Ba^{2+}	Mg^{2+}	Ni^+	Co^{2+}	Mn^{2+}	Ca^{2+}	Zn^{2+}	Cu^{2+}	H^+	Fe^{2+}	Pb^{2+}
磷酸树脂	0.2	2.0	2.3	17.0	23	51	195	370	890	1000		5000
磺酸树脂	1.5	8.7	2.5	3.0	2.8	2.3	2.9	2.7	2.9	1.0	2.5	7.5

1. 离子的水化半径

对无机离子而言,离子水合半径越小,离子和离子交换剂活性基团的交换力就越大,也就越容易被吸附,这是因为离子在水溶液中都要与水分子发生水和作用形成水化离子,此时的半径才表达离子在溶液中的大小,当原子序数增加时,离子表面电荷密度相对减小,水化能降低,吸着的水分子减少,水化半径亦因之减少,离子对离子交换剂活性基的结合力增大。

按水化半径次序,各种离子对离子交换剂亲和力的大小有以下序列:

对一价阳离子:$Li \leqslant Na^+$、$K^+ \approx NH_4^+ < Rb^+ < Cs^+ < Ag^+ < Ti^+$

对二价阳离子:$Mg^{2+} \approx Zr^{2+} < Cu^{2+} \approx Ni^{2+} < Co^{2+} < Ca^{2+} < Sr^{2+} < Pb^{2+} < Ba^{2+}$

对一价阴离子:$F^- < HCO_3^- < Cl^- < HSO_3^- < Br^- < NO_3^- < I < ClO_4^-$

同价离子中水化半径小的能取代水化半径大的。但在非水介质中,在高温、高浓度下,差别缩小,有时甚至相反。

2. 离子的化合价

在常温的稀溶液中,离子交换呈现明显的规律性:离子的化合价越高,就越易被交换,例如 $Tb^{4+} > Al^{3+} > Cu^{2+} > Na^+$。当溶液中两种不同价离子的浓度由于加水稀释,两种离子浓度均下降但比值不变,此时高价离子比低价离子更易被吸附。

3. 溶液的 pH(酸碱度)

各种离子交换剂上活性基团的解离程度不同,因而交换时受溶液 pH 的影响而有较大的差别。对强酸、强碱离子交换剂来说,任何 pH 条件下都可以进行交换反应,对弱酸、弱碱离子交换剂则交换应分别在偏碱性、偏酸性或中性溶液中进行。弱酸、弱碱性离子交换剂不能进行中性盐复分解反应即与此有关,另外,对弱酸性、弱碱性或两性的被交换物质来说,溶液的 pH 会影响甚至改变离子的电离度或电荷性质(如两性化合物变成偶极离子)使交换发生质的变化。

4. 有机溶剂的影响

离子交换剂在水和非水体系中的行为是不同的。有机溶剂的存在会使离子交换剂收缩、结构变紧密、降低吸附有机离子的能力而相对提高吸附无机离子的能力,原因有二,一是有机溶剂使离子溶剂化程度降低、易水化的无机离子降低程度大于有机离子;二是有机溶剂会降低物质的电离度,对有机物的影响更明显。两种因素都导致在有机溶剂存在时不利于有机离子的吸附。利用这个特性,常在洗脱剂中加适当有机溶剂来洗脱难洗脱的有机物质。

7.5　离子交换操作技术

对于任何一种物质,要想获得好的分离效果,实验条件的选择和优化是至关重要的。在选择了采用离子交换技术后,需要考虑的问题包括:分离的规模有多大,采用何种分离模式,选用什么样的离子交换剂,何种规格的层析柱,选用何种缓冲液,起始条件如何确定,采用何种方式洗脱等,只有在这些问题都得到解决之后,才能设计出初步的设计方案并付诸实施,然后根据实验结果进一步改进方案。

离子交换一般都在柱中进行。因为在柱中随流而下的样品相继与新鲜离子交换剂接触,所以不会产生逆交换。如果有两种以上的离子,可利用交换能力的差异把各成分分别洗脱,这就是离子交换层析,下面以常见的离子交换树脂为例,介绍其操作过程及注意事项。

层析柱的准备:把树脂放在烧杯中,加水充分搅拌,将气泡全部赶掉,放置几分钟使大部分树脂沉降,倾去上面的泥状微粒,反复上述操作到上层液透明为止。微粒度小的树脂,搅拌后要放置稍久,因为较难沉降。如果急于倒水,往往损失较大。

准备好层析柱,在底部放一些玻璃丝,玻璃丝一般含有少量水溶性碱,因此要用水煮沸后反复洗涤到洗涤液呈中性为止,用玻璃棒或玻璃管将其压平,厚约 1~2cm 即可,用上述方法准备好的树脂,加少量水搅拌后倒入保持竖直的层析管中,使树脂沉下,让水流出。如果把颗粒度大小范围较大的树脂和多量的水搅拌后分几次倒入,柱子上下部的树脂粒度往往会不一致。另外在离子交换中要注意不让气泡进入树脂层,如果有气泡进来,样品溶液和树脂的接触就不均匀,因此要注意把液面经常保持在树脂层的上面,接侧管是一种好办法,侧管末端要靠近液面,滴加时要注意不要把树脂冲散,放一块玻璃浮球或一层玻璃丝也可以避免冲散树脂。

样品量与交换剂的比例:每一种树脂都有一定的交换当量(1g 干燥树脂理论上能交换样品的毫克当量数),如国产弱碱 330 树脂的交换当量为 9 毫克当量/克。

7.5.1　交换剂的选择

选择合适的树脂是应用离子交换法的关键,选用树脂的主要依据是被分离物的性质和分离目的,树脂的选用,最重要的一条是根据分离要求和分离环境,保证分离目的物与主要杂质对树脂的吸附力有足够的差异,一般来说,对强碱性产物宜选用弱酸性树脂,用强酸性树脂固然也能吸附,但解吸较困难。对弱碱性产物宜选用强酸性树脂,若选用弱酸性树脂则因弱酸、弱碱所成的盐易水解故不易吸附。弱酸性产物宜用强碱性树脂;强酸性产物宜用弱碱性树脂。选择树脂还应考虑其交联度大小,多数生物分子都较大,应选择交联度较低的树脂,但交联度过小会影响树脂的选择性,且易粉碎,造成使用过程中树脂流失,故选择交联度的原则是:在不影响交换容量的条件下,尽量提高交联度。

离子交换剂的种类很多,没有一种离子交换剂能够适合各种不同的分离要求,所以必须根据分离的实际情况,选择合适的离子交换剂,这中间包含了选择合适的基质和功能基团。在选择离子交换剂时,主要的依据包括:分离的规模、采用的模式和特殊要求、目标物质的分子大小、等电点和化学稳定性等。

7.5.2　交换剂预处理

离子交换树脂通常是以干态形式出售,使用前要进行溶胀,溶胀是介质颗粒吸水膨胀的过程,膨胀度与基质种类、交联度、带电基团种类、溶液的 pH 和离子强度等有关。溶胀过程通常应将交换剂放置在起始缓冲液中进行,在常温下完全溶胀需要 1~2 天,在沸水浴中需 2h 左右。离子交换介质在加工制作过程中会产生一些细的颗粒,它们的存在会对流速特性产生影响,应当将其除去,具体的方法是将交换介质在水中搅匀后进行自然沉降,一段时间后将上清液中的漂浮物倾去,然后再加入一定体积的水混合,反复数次即可。有些树脂制造完成后未经处理,其中含有很多杂质成分,在使用前必须进行洗涤,洗涤的方法是先用 2mol/L NaOH 溶液浸泡半小时,倾析除去碱液,用蒸馏水将交换剂洗至中性,再用 2mol/L HCl 溶液浸泡半小时,再洗至中性,然后用 2mol/L NaOH 溶液浸泡半小时,最后洗至中性即可。酸碱洗涤顺序也可反过来,用酸→碱→酸的顺序洗涤。酸碱处理的顺序决定了最终离子交换剂上平衡离子的类型,对于阴离子交换树脂,用碱→酸→碱的顺序洗涤,最终平衡离子为 OH^-,若用酸→碱→酸的顺序洗涤,平衡离子为 Cl^-;对于阳离子交换树脂,用碱→酸→碱的顺序洗涤,最终平衡离子是 Na^+,若用酸→碱→酸的顺序洗涤,平衡离子为 H^+。洗涤完以后,必须用酸或碱将离子交换树脂的 pH 调节到起始 pH 后才能装柱使用。洗涤好的树脂使用前必须平衡至所需的 pH 和离子强度。已平衡的交换剂在装柱前还要减压除气泡。为了避免颗粒大小不等的交换剂在自然沉降时分层,要适当加压装柱,同时使柱床压紧,减少死体积,有利于分辨率的提高。柱子装好后再用起始缓冲液淋洗,直至达到充分平衡方可使用。

7.5.3　离子交换吸附

当层析柱和样品都制备好以后,接下来就是将样品加到层析柱上端,使样品溶液进入柱床,目的物就发生吸附。

上柱分离液中的分子在此柱条件下有与离子交换剂带相反电荷的,因而能够与之竞争结合,而不同的分子在此条件下带电荷的种类、数量及电荷分布不同,表现出与离子交换剂在结合程度上的差异,为下面的洗脱提供可能性。

7.5.4　洗脱

多数情况下,在完成了加样吸附和洗涤过程后,大部分的杂质已经从层析柱中被洗去,形成穿透峰,即样品已经实现部分分离。然后需要改变洗脱条件,使起始条件下发生吸附的目的物从离子交换剂上解吸而洗脱,如果控制洗脱条件变化的程度,还可以实现不同的组分在不同时间发生解吸,从而对吸附在柱上的杂质进一步分离。

使目的物从离子交换剂上解吸而被洗脱,采取的方法有如下几种:

(1) 改变洗脱剂的 pH,这样会导致目的物分子带电荷情况的变化,当 pH 接近目的物等电点时,目的物分子失去静电荷,从交换剂上解吸并被洗脱下来。对于阴离子交换剂,为了使目的物解吸应当降低洗脱剂的 pH,使目的物带负电荷减少;对于阳离子交换剂,洗脱时应当升高洗脱剂的 pH,使目的物带正电荷减少,从而被洗脱下来。

(2) 增加洗脱剂的离子强度,此时目的物与交换剂的带电状态均未改变,但离子与目的物竞争结合交换剂,降低了目的物与交换剂之间的相互作用而导致洗脱,常用 NaCl 与 KCl。

(3) 往洗脱剂中添加一种置换剂,它能置换离子交换剂上所有被交换分子,目的物先于置换剂从柱中流出,这种层析方式称为置换层析。

根据洗脱剂发生改变时的连续性,洗脱阶段分为阶段洗脱和梯度洗脱。

阶段洗脱是指在一个时间段内用同一种洗脱剂进行洗脱,而在下一个时间段用另一种改变了 pH 或离子强度等条件的洗脱剂进行洗脱的分段式不连续洗脱方式。阶段洗脱分为 pH 阶段洗脱和离子强度阶段洗脱。

pH 阶段洗脱使用一系列具有不同 pH 的缓冲液进行洗脱,多数情况下这些缓冲液的缓冲物质是相同的,只是弱酸碱和盐的比例不同。pH 的改变造成目的物带电状态的改变,会在某一特定 pH 的缓冲液中被洗脱而与其他阶段被洗脱的杂质实现分离。

离子强度阶段洗脱是使用具有相同 pH 而离子强度不同的同一种缓冲液进行洗脱,不同的离子强度通过添加不同比例的非缓冲盐来实现,最常用的非缓冲盐是 NaCl,也可通过添加乙酸铵等挥发性盐的方法来增加离子强度,或直接增加缓冲液中缓冲物质的浓度来增加离子强度。

梯度洗脱是一种连续性的洗脱方式,在洗脱过程中,洗脱剂的离子强度或 pH 是连续发生变化的,在某一条件下,吸附最弱的组分先被洗脱,在进一步改变洗脱条件后另一组分被洗脱。梯度洗脱与阶段洗脱的原理是相同的,但由于洗脱剂的洗脱能力是连续增加的,故洗脱峰的峰宽一般会小于阶段洗脱。梯度洗脱分为 pH 梯度洗脱和离子强度梯度洗脱。

获得连续性的 pH 梯度比较困难,它无法通过按线性体积比混合两种不同 pH 的缓冲液来实现,因为缓冲能力与 pH 具有相关性,而且 pH 的改变往往会使离子强度发生同步变化,因此,pH 梯度洗脱很少被使用。

离子强度梯度洗脱即盐浓度梯度洗脱,是离子交换层析中最常用的洗脱技术,它再现性好,而且易于生产,只需将两种不同离子强度的缓冲液(起始缓冲液和极限缓冲液)按比例混合即可得到需要的离子强度梯度,此过程中缓冲液的 pH 始终不变。起始缓冲液是根据实验确定的起始条件而选择的由浓度很低的缓冲物质组成的特定 pH 的缓冲溶液,通常缓冲溶液的浓度在 $0.02\sim0.05\text{mol/L}$。极限缓冲液是往起始缓冲液中添加非缓冲盐如 NaCl 后得到的,也可以是缓冲物质和 pH 与起始缓冲液相同但缓冲物质浓度较高的缓冲液,其中前一种方法使用较多。例如,某离子交换层析的起始缓冲液为 pH6.5、0.005mol/L 的 Tris-HCl 缓冲液,极限缓冲液为含 1mol/L NaCl 的 pH6.5、0.05mol/L 的 Tris-HCl 缓冲液,将两种缓冲液按一定比例混合,可以得到 NaCl 浓度在 $0\sim1\text{mol/L}$ 之间连续变化的离子强度梯度。

7.5.5 再生

离子交换剂使用一段时间后,吸附的杂质接近饱和状态,就要进行再生处理,用化学药剂将离子交换剂所吸附的离子和其他杂质洗脱除去,使之恢复原来的组成和性能。在实际运用中,为降低再生费用,要适当控制再生剂用量,使树脂的性能恢复到最经济合理的再生水平,通常控制性能恢复程度为 $70\%\sim80\%$。如果要达到更高的再生水平,那么再生剂量要大量增加,再生剂的利用率则下降。

离子交换剂的再生应根据其骨架种类、特性,功能基团性质,以及运行的经济性,选择适当的再生剂和工作条件。疏水性骨架离子交换剂(树脂类)常用再生剂为 $1.0\sim2.0\text{mol/L}$ 酸、碱(HCl、NaOH)。亲水性骨架离子交换剂常用再生剂为 $0.1\sim0.5\text{mol/L}$ 酸、碱(HCl、NaOH)。一般再生过程:酸→水洗→碱→水洗→酸→水洗,或者碱→水洗→酸→水洗→碱→水洗。

离子交换剂再生时的化学反应是树脂原先的交换吸附的逆反应,按化学反应平衡原理,提高化学反应某一方物质的浓度,可促进反应向另一方进行,故提高再生液浓度可加速再生反应,并达到较高的再生水平。

为加速再生化学反应,通常先将再生液加热至 $70\sim80℃$,它通过树脂的流速一般为 $1\sim2\text{BV/h}$,也可采用先快后慢的方法,以充分发挥再生剂的效能,再生时间约为 1h,随后用软水顺流冲洗树脂约 1h(水量约 4BV),待洗水排清之后,再用水反洗,至洗出液无色、无混浊为止。

一些树脂在再生和反洗之后,要调校 pH 值,因为再生液常含有碱,树脂再生后即使经水洗,也常呈碱性。而一些脱色树脂(特别是弱碱性树脂)宜在微酸性下工作,此时可通入稀盐酸,使树脂 pH 值下降至 6 左右,再用水正洗、反洗各一次。

离子交换剂在使用较长时间后,由于它所吸附的一部分杂质(特别是大分子有机胶体物质)不易被常规的再生处理所洗脱,逐渐积累而将树脂污染,使树脂效能降低,此时要用特殊的方法处理,例如,阳离子树脂受含氮的两性化合物污染,可用 4% NaOH 溶液处理,将它溶解而排掉;阴离子树脂受有机物污染,可提高碱盐溶液中的 NaOH 浓度至 0.5%~1.0%,以溶解有机物。

7.6　离子交换法的应用

离子交换技术在制药工业中有着广泛的应用,首先,制药用的超纯水主要依靠离子交换方法提供。而抗生素、生化药物、药用氨基酸、药用核酸以及中药和其他药剂的提取、制备也都离不开现代离子交换提纯技术。离子交换树脂在制药中还可以用作离散剂、缓释剂等。

1. 软水和去离子水的制备

(1) 水的软化机理:

$$2R—Na^+ + Ca^{2+} \Longrightarrow R_2—Ca^{2+} + 2Na^+$$

$$2R—Na^+ + Mg^{2+} \Longrightarrow R_2—Mg^{2+} + 2Na^+$$

(2) 去离子水制备工艺流程:

原水(自来水、井水、山水等)——→Na 型酸性阳离子交换树脂——→软水

(3) 去离子水的制备原理:

$$R—H^+ + R—OH^- + MeX \Longrightarrow R—Me^+ + R—X^- + H_2O$$

2. 离子交换剂在微生物制药分离纯化上的应用

离子交换剂在各类抗生素、氨基酸、核酸类药物等微生物制药的分离纯化上有着广泛的应用,其中包括发酵液的过滤及预处理,然后进行树脂的吸附与解吸,最后对洗脱液的精制。

例如,从猪血水解液中提取组氨酸:组氨酸是婴儿营养食品的添加剂,医疗上还可以作为治疗消化道溃疡、抗胃痛的药物并用作输液配料。将相当于 140kg 猪血粉的猪血煮熟,离心脱水后置于 1000L 搪瓷反应锅内,加 500kg 工业盐酸水解,经石墨冷凝器回流 22h,水解液减压浓缩回收盐酸,用活性炭脱色,在搪瓷过滤器内减压过滤,静置后滤去酪氨酸,滤液加水配成相对密度为 1.02 的溶液,以强酸性氢型阳离子交换剂进行固定床吸附,当流出液中检验出组氨酸时停止吸附,用水正洗柱,之后用 0.1mol/L NH₃·H₂O 洗脱。收集 pH 值为 7~10 的洗脱液,树脂用水反冲后经 1.5~2mol/L 盐酸再生,树脂水洗至流出液 pH 值为 4,待用。洗脱液浓缩 10 倍调 pH 值至 3.0~3.5,经多次重结晶、过滤、洗涤最后烘干即得成品。

3. 离子交换剂在中药中的应用

中药有效部位生物碱中大多为碱性含氮化合物,因而在中性或酸性条件下以阳离子形式存在,可以用阳离子交换剂从提取液中富集分离出来。

（1）生物碱：生物碱是自然界中广泛存在的一类碱性物质，是多种中草药的有效成分，它们在中性和酸性条件下以阳离子形式存在，因此可用阳离子交换树脂将它们从提取液中富集分离出来。另外，生物碱在醇溶液中能较好地被吸附树脂所吸附，离子交换吸附总生物碱后，可根据各生物碱组分碱性的差异，采用分步洗脱的方法，将生物碱组分一一分离。

例如苦参碱的纯化，先预处理苦参饮片，分别加 6,6,5 倍量 1％冰醋酸水溶液，冷浸 3 次，每次 8h，过滤冷浸提取液；将苦参 1％醋酸水冷浸提取液减压浓缩至相对密度 1.15～1.20（60℃），依次用 70％、80％、90％乙醇，醇沉 3 次，每次过夜后过滤，取上清减压回收乙醇，浓缩，真空干燥，得到苦参总碱；上柱液用水稀释后，上 732 柱进行阳离子树脂层析（1BV），树脂与药液体积比 1∶4；饱和树脂先用 10 倍量树脂蒸馏水洗至 pH4.0，再以 60％乙醇洗除杂质，取出树脂，用 2 倍量 5％氨水乙醇 80～85℃水浴回流提取 3 次，每次 1h；合并提取液，减压回收乙醇，真空干燥 24h，即得苦参总生物碱成品。

（2）黄酮：黄酮类化合物是指母核为 2－苯基色原酮的化合物，一般具有酚羟基，有的还有羧基，故呈弱酸性，不能很好地与阴离子交换树脂发生交换，却能被吸附树脂较强地吸附。

（3）糖类：糖类分子中含有许多醇羟基，具有弱酸性，在中性水溶液中可与强碱性阴离子交换树脂（OH 型）进行离子交换，并易被 10％ NaCl 水溶液解析，但是许多糖类在强碱性条件下会发生异构化和分解反应，因而限制了强碱性阴离子树脂在糖类分离纯化中的应用，非极性吸附树脂，如 DMD 型不易吸附水中的单糖，但能很好地吸附菊糖等相对分子质量稍大的多糖，故可用于中草药水溶性成分中糖的纯化。

（4）在中药复方中的应用：同一型号大孔吸附树脂对不同有效成分的吸附能力不同，以 LD605 型大孔吸附树脂为例，吸附能力为：生物碱＞黄酮＞酚类＞有机物。因此，在使用同一型号大孔吸附树脂纯化含不同有效成分的中草药复方时，应选择适宜的树脂型号和合适的纯化条件。

离子交换树脂对吸附质的作用主要是通过静电引力和范德华力达到分离纯化化合物的目的。因为有活性的中药有效成分的结构和性质千差万别，所以对树脂的要求也不同。因此，在筛选树脂时，必须对树脂的骨架、功能基、孔径、比表面积和孔容等进行全面综合的考虑。

4. 离子交换法在蛋白质分离中的应用

血红蛋白是存在于动物血红细胞中具有生物传氧功能的重要蛋白质，以血红蛋白为基础的血液代用品可较好地解决输血血源短缺及血源污染等问题，但对其纯度有较高的要求。利用离子交换法可以从猪血中分离纯化得到高纯度的猪血红蛋白，首先样品用 $0.2\mu m$ 滤膜过滤，然后上 DEAE-Sepharose Fast Flow（DEAE-Sepharose FF）阴离子交换柱，柱规格为 3.5cm×20cm，洗脱液 A 液为 50mmol/L Tris-HCl 缓冲液（pH 8.5），B 液为 50mmol/L Tris-HCl 缓冲液＋ 0.5mol/L NaCl（pH 8.5）；梯度洗脱程序为 0～50min，100％ A 液；50～240min，从 100％ A 液线性变化到 100％ B 液；240～300min，100％ B 液；洗脱流速为 6.1mL/min，紫外检测波长为 280nm，经过超滤的猪血红蛋白在 DEAE-Sepharose FF 阴离子交换色谱柱上的分离图谱如图 7-6 所示。

由图 7-6 可以看出，猪血红蛋白经 DEAE-Sepharose FF 柱分离后得到 4 个洗脱峰：峰Ⅰ（25～35min）、峰Ⅱ（40～52min）、峰Ⅲ（120～180min）和峰Ⅳ（272～285min），收集各洗脱峰，在 415nm 下分别对各峰进行检测，其中峰Ⅰ、Ⅱ、Ⅳ组分在 415nm 下均没有特征吸收，为杂蛋白组分；峰Ⅲ为目的蛋白峰。收集图 7-6 中的峰Ⅲ流出液，通过 SDS-PAGE、高效凝胶排阻色谱和高效反相液相色谱方法，鉴定其纯度均达到98.5％以上。

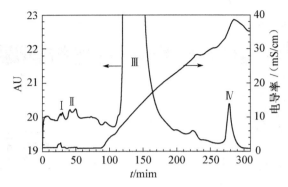

图7-6 经膜过滤的猪血红蛋白在 DEAE-Sepharose FF 柱上的分离谱图

【思考题】

1. 何谓离子交换吸附法？离子交换剂按骨架组成一般可分为哪几种？
2. 简述离子交换树脂的结构、组成。按活性基团不同可分为哪几大类？
3. 离子交换树脂有哪些理化性能指标？
4. pH值是如何影响离子交换剂分离效果的？
5. 普通型离子交换树脂为何不能用来分离提取蛋白质分子？
6. 简述软水、去离子水的制备工艺路线。
7. 对生物大分子物质的分离，离子交换剂是如何选择的？
8. 从离子交换技术角度，自己设计一个方案用离子交换吸附法从链霉素发酵液过滤液中分离纯化链霉素。
9. 如何利用离子交换技术从中药材川芎中分离出生物碱类物质？

【参考文献】

[1] 顾觉奋.分离纯化工艺原理.北京：中国医药科技出版社,2002

[2] 李淑芬,白鹏.制药分离工程.北京：化学工业出版社,2009

[3] 严希康.生化分离工程.北京：化学工业出版社,2001

[4] 孙彦.生物分离工程.第二版.北京：化学工业出版社,2005

[5] 顾觉奋.离子交换与吸附树脂在制药工业上的应用.北京：中国医药科技出版社,2008

[6] 田亚平.生化分离技术.北京：化学工业出版社,2006

[7] Roger G. Harrison. Bioseparations Science and Engineering . Oxford University Press,2003

[8] 周勃,边六交.从猪血中分离纯化高纯度的猪血红蛋白.色谱[J],2008,26(3):384～387

第 8 章

层析分离法

本章要点

1. 掌握层析技术的过程理论。
2. 熟悉各种常用层析技术的原理及操作技术。
3. 了解一些新型层析分离技术。
4. 了解各种层析分离技术在药物分离中的应用。

8.1 概 述

8.1.1 层析分离的发展

层析(charmatography)是一组相关技术的总称,是指样品中各组分依据其在固定相与流动相之间分配行为的差异进行多次分离的过程,也称为色谱、色层等。层析过程最早是由俄国化学家茨维特于 1903 年发现的,他发现溶解在石油醚中的植物绿叶色素流经装在玻璃柱中的碳酸钙粉末时,绿叶色素可以分成不同颜色的谱带,故将该过程命名为"层析"。其后,Matin 和 Synge 于 1941 年提出了液相分配层析理论,为层析的发展奠定了基础。层析是目前分离复杂混合物效率最高的一种方法,也是获得高纯度产物最有效的技术,目前被广泛应用于药物分析检测、制备及生产等方面。高效液相层析技术(HPLC)可以分析分离非挥发性物质、热敏性物质以及具有生物活性的物质,从根本上解决了气相层析技术的不足之处,从而不断得到广泛应用。随着技术的进步,逐步发展了制备层析,实现了经典的分离方法(如精馏、吸收、萃取、结晶等)难以实现的分离要求,从而满足了不同的研究需要和用途。

层析分离过程具有许多优越的特点,主要表现在:

(1) 分离对象广:分离的对象可以从极性到非极性、离子型到非离子型、小分子到大分子、无机物到有机物及生物活性物质、热稳定到不稳定的化合物,尤其在生物大分子分离和制备方面,是其他方法无法替代的。

（2）分离效率高：通过提高理论塔板数可以分离极复杂的混合物,且通常收率和纯度都较高。

（3）分离方法多样：在分离过程中,可以依据分离对象的不同性质,或不同分离要求选择不同的分离方法或方法组合,如可选择吸附层析、分配层析、凝胶层析、亲和层析等不同的层析分离方法也可以进行两种或多种分离方式的组合;可选择不同的固定相和流动相状态及种类等。

目前,层析技术在物质的分离纯化尤其是生物大分子的分离纯化中的地位更显重要,发展也非常迅速,主要体现在以下几个方面：① 新一代高效、高选择性层析介质的发展,如新型多孔硅胶、树脂和新型交联琼脂糖的出现;② 新的层析技术的出现,如流动相为超临界流体的超临界流体层析,固定相为流体的高速逆流层析等;③ 新的操作方式的出现,如灌注层析、径向层析等。

8.1.2　层析分离的分类

层析法是包括多种分离类型、检测方法和操作方式的分离分析技术,有多种分类方法,下面介绍几种主要的分类方法。

1. 按分离机制

（1）吸附层析(adsorption chromatography)：根据物质各个组分对固定相的吸附力差异进行分离,如离子交换层析(ion exchange chromatography,IEC)、物理吸附层析、疏水作用层析(hydrophobic interaction chromatography, HIC)、金属螯合层析(immobilized metal-chelated affinity chromatography,IMAC)、有机染料配体亲和层析(dye-ligand affinity chromatography)、亲和层析(affinity chromatography,AC)等。

（2）分配层析(partition chromatography)：根据物质在两相间分配系数的差异进行分离,其中在液-液分配层析中,根据流动相和固定相相对极性的不同,可分为正相分配层析(normal phase partition chromatography,NPC)和反向分配层析(reverse partition chromatography,RPC)。

（3）体积排阻层析(size exclusion chromatography,SEC)：根据物质的尺寸大小进行分离,由于固定相通常为多孔性凝胶,故也称为凝胶渗透层析(gel permeation chromatography,GPC)。

2. 按两相物理状态

层析法根据流动相的相态分为气相层析、液相层析和超临界流体层析,气相层析的流动相为气体,液相层析的流动相是液体,超临界流体层析采用的流动相是一种特殊的超临界流体。固定相有固体和液体,根据流动相和固定相的状态,可以组合成五种主要层析类型：

（1）液-固层析(liquid-solid chromatography,LSC)

（2）液-液层析(liquid-liquid chromatography,LLC)

（3）气-固层析(gas-solid chromatography,GSC)

（4）气-液层析(gas-liquid chromatography,GLC)

（5）超临界流体层析(supercritical fluid chromatography,SFC)

3. 按固定相的形态

（1）柱层析（column chromatography）：固定相装在层析柱内称为柱层析。根据层析柱的尺寸、结构和制备方法不同，又分为填充柱（packed column）层析和毛细管柱（capillary column）或开管柱（open tubular column）层析。凝胶层析、高效液相层析均为柱层析。

（2）平板层析（planar chromatography）：固定相呈平板状，包括薄层层析（thin-layer chromatography，TLC）和纸层析（paper chromatography，PC）。固定相以均匀的薄层涂敷在玻璃板或塑料板上，或将固定相直接制成薄板状，称为薄层层析（TLC）。用滤纸作固定相或固定相载体的层析，称为纸层析（PC）。纸层析和薄层层析多用于分析，而柱层析易于放大，适用于分离，是主要的层析分离手段。

4. 按展开技术

（1）顶替法（displacement analysis）：又称为置换法、排代法，利用一种吸附力比各被吸附组分更强的物质洗脱（即流动相为置换剂），此法处理量大且各组分分层清楚，但层与层相连，不易完全分离。该法通常用于族分离，如石油产品中烷烃、烯烃、芳烃的分析。

（2）迎头法（frontal analysis）：又称为前沿法，样品本身即为流动相，将混合物溶液连续通过层析柱，只有吸附能力最弱的组分以纯品状态最先自柱中流出，其他各组分都不能达到分离。此法仅适用于简单混合物的分离。

（3）淋洗法（elution analysis）：又称为冲洗法、洗提法，将混合物尽量浓缩后引入层析柱上部，再用纯溶剂洗脱。洗脱剂可选用原来的溶解液，也可另选溶液。绝大多数层析分析均为淋洗法。

8.2 层析技术的理论

层析理论是研究层析过程中分子运动的规律，探索微观分子运动与层析分离的内在联系的理论。样品在层析体系或柱内运行有两个基本特点：一是同组分在层析体系迁移过程中分子分布离散（spreading），它是指同一化合物分子沿层析柱迁移过程中发生分子分布扩散或分子离散；二是混合物中不同组分在柱内的差速迁移（differential migration），它是指不同组分通过层析系统时迁移速率不同。因此，试样在层析中的分离过程的基本理论包括两个方面：

（1）试样中各组分在两相间的分配情况——热力学过程；

（2）试样中各组分在层析柱中的运动情况——动力学过程。

8.2.1 层析过程及相关术语

1. 层析的基本过程

层析分离纯化的基本过程如图 8-1 所示，从图中可以看出 A、B、C 三种组分的混合物一起进入层析柱，混合物中的各个组分与固定相之间由于分配系数的不同，造成不同组分分子的迁移速率不一样，分配系数小的组分 A 不易被固定相滞留，最早流出层析柱，其次是 B 组分，分配系数最大的组分 C 在固定相上滞留时间最长，最后出来。各组分在经过检测器时，将浓度转化为电信号，其随洗脱时间变化的曲线即为层析图。

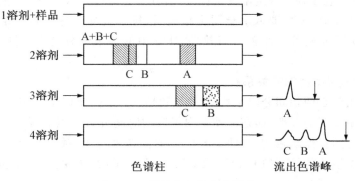

图 8-1 层析分离的基本原理

2. 分配系数 K

分配系数是指在层析柱中,达到分配"平衡"后,组分在固定相(S)和流动相(m)中的浓度(c)之比。

在吸附层析法中,平衡关系一般可以用兰格谬尔(Langmuir)方程表示:

$$q = \frac{ac}{1+bc} \qquad (8-1)$$

式中,q、c 分别为溶质在固定相和流动相中的浓度;a、b 为常数。

当流动相浓度 c 很低时(在 X 点以下),如图 8-2 所示,$1+bc \approx 1$,则 $q=ac$,平衡关系符合直线吸附等温线,此时吸附常数 $a=q/c$。

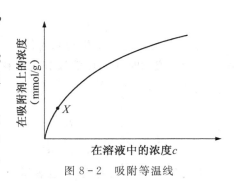

图 8-2 吸附等温线

在分配层析法中,平衡关系服从分配定律,当浓度很低时,分配系数 K 为一常数,如式(8-2),式中 c_1、c_2 表示在两相中物质的浓度,故平衡关系也为一直线:

$$K = \frac{c_1}{c_2} \qquad (8-2)$$

在凝胶层析法中,渗透参数表示凝胶颗粒内部水分中溶质分子所能达到的部分,如式(8-3),式中 V_o、V_i、V_e 分别指外水体积、内水体积、洗脱体积,当用一定的颗粒凝胶层析一定溶质时,渗透参数 K_d 也为常数:

$$K_d = \frac{V_e - V_o}{V_i} \qquad (8-3)$$

因此,无论层析分离机理如何,当溶质浓度较低时,固定相浓度和流动相浓度都成线性平衡关系,即两者之比可用分配系数 K 来表示:

$$K = \frac{c_s}{c_m} \qquad (8-4)$$

在不同的分离机理中,K 有不同的概念:吸附层析中指吸附系数,分配层析中指分配系数,凝胶层析中指渗透参数。一定温度条件下,组分的分配系数 K 越大,样品与固定相的作用强,出峰慢;样品一定时,K 主要取决于固定相性质,每个组分在各种固定相上的分配系数 K 不同,选择合适的固定相可以改善分离效果,样品中的各个组分具有不同的 K 值是分离的基础。

3. 分配系数与保留行为的关系

混合物中各组分在两相间分配系数 K 的不同是分离的决定因素。假设在单位时间内,一个分子在流动相中出现的概率(即在流动相中停留的时间分数),以 R' 表示,若 $R'=1/3$,即这个分子有 1/3 的时间在流动相,2/3(即 $1-R'$)的时间在固定相,对于大量分子,则分别表示在流动相和固定相中溶质的量,可用 $c_m V_m$ 及 $c_s V_s$ 分别表示(其中 V_m、V_s 分别为层析柱中流动相和固定相的体积),因此,

$$\frac{1-R'}{R'}=\frac{c_s V_s}{c_m V_m} \tag{8-5}$$

由式(8-4)和式(8-5)可知:

$$\frac{1-R'}{R'}=K\frac{V_s}{V_m}$$

即

$$R'=\frac{1}{1+K\dfrac{V_s}{V_m}} \tag{8-6}$$

由于 R' 表示的是单位时间内,分子在流动相中停留的时间分数,假设流动相分子的流动速度为 U_1,流动时间 t,则溶质分子的移动速率为:

$$U_2=\frac{U_1 \times tR'}{t}$$

即

$$R'=\frac{U_2}{U_1} \tag{8-7}$$

从式(8-7)可以看出 R' 也表示溶质分子在层析柱上相对于流动相的移动速率(常用 R_f 表示,称为比移值或阻滞因子),如果层析柱长 L,流动相分子流经整个层析柱的时间用 t_0 表示(称为死时间),溶质分子流经同样的路径所需时间用 t_R(称为保留时间)表示,则

$$t_R=\frac{t_0}{R'} \tag{8-8}$$

由式(8-6)及式(8-8)可知,分配系数 K 与保留时间 t_R 的关系可以表示为:

$$t_R=t_0\left(1+K\frac{V_s}{V_m}\right) \tag{8-9}$$

从式(8-9)可以看出,在层析柱一定时,V_s 和 V_m 一定,若流速、温度也保持一定,t_0 不变,则 t_R 主要取决于分配系数 K,K 值大的组分 t_R 也大,后流出柱;K 值小的组分 t_R 也小,先流出柱。由于 K 与组分、流动相和固定相的性质及温度有关,当固定相、流动相及温度一定时,t_R 主要取决于组分的性质,因此可用于定性。

4. 比移值 R_f

比移值(R_f)是指在层析系统中溶质的移动速率与一理想标准物质(通常是与固定相没有

亲和力的流动相,即 $K=0$ 的物质)的移动相之比,即

$$R_f = \frac{溶质的移动速率}{流动相在层析系统中的移动速率}$$

由式(8-7)、式(8-8)及式(8-9)可知

$$R_f = \frac{1}{1 + K\dfrac{V_s}{V_m}} \qquad\qquad (8-10)$$

式中,V_s 和 V_m 分别为层析柱中固定相和流动相的体积。

因此,当层析柱一定(V_s 及 V_m 不发生改变)时,一定的分配系数 K 有相对应的 R_f 值。而 V_s 及 V_m 一般决定于柱子填料的紧密程度。

5. 容量因子 k

容量因子是指在平衡状态下组分在固定相与流动相中的质量比,因此也称为质量分配系数或分配容量,以 k 表示:

$$k = \frac{溶质在固定相的量}{溶质在流动相的量}$$

即

$$k = \frac{m_s}{m_m} = \frac{t_R'}{t_0} \qquad\qquad (8-11)$$

式中,m_s 为组分在固定相中的质量;m_m 为组分在流动相中的质量;t_R' 为组分的调整保留时间;t_0 为死时间。

容量因子的物理意义:表示一个组分在固定相中的停留时间 t_R' 是不保留组分保留时间 (t_0)的几倍。当 $k=0$ 时,化合物全部存在于流动相中,在固定相中不保留,$t_R'=0$;k 越大,说明固定相对此组分的容量越大,出柱慢,保留时间越长。

由式(8-4)和式(8-11)可知分配系数与容量因子的关系:

$$K = \frac{c_s}{c_m} = \frac{\dfrac{m_s}{V_s}}{\dfrac{m_m}{V_m}} = k\frac{V_m}{V_s} \qquad\qquad (8-12)$$

6. 分离因子(α)或选择性因子

分离因子(α)又称选择性因子,是指相邻两组分的分配系数或容量因子之比,可表示为:

$$\alpha = \frac{K_2}{K_1} = \frac{k_2'}{k_1'} \qquad\qquad (8-13)$$

从式(8-13)可知,要使两组分得到分离,必须使 $\alpha \neq 1$,α 与化合物在固定相和流动相中的分配与物质的性质、柱温有关,与柱尺寸、流速、填充情况无关。从本质上来说,α 的大小表示两组分在两相间的平衡分配热力学性质的差异,即分子间相互作用力的差异。选择性因子越大,层析峰间的距离就越远。

【例 8-1】　某层析柱,在一定的层析条件下分离组分 A 和组分 B,其中组分 A 在 12min 洗脱出来,组分 B 在 18min 洗脱出来,若死时间为 3min,试计算:(1)组分 A 和组分 B 分别在柱内的容量因子;(2)组分 A 和组分 B 之间的分离因子。

解　(1) 组分 A 在柱内的容量因子由式(8-11)可得：$k_A = t'_{RA}/t_0 = (12min-3min)/3min = 4$；

组分 B 在柱内的容量因子由式(8-11)可得：$k_B = t'_{RB}/t_0 = (18min-3min)/3min = 5$。

(2) 组分 A、B 之间的分离因子由式(8-13)可得：$\alpha = k_B/k_A = 5/4 = 1.25$。

7. 层析流出曲线与参数

(1) 层析流出曲线与层析峰

1) 层析流出曲线：样品被流动相冲洗，通过层析柱，流经检测器后所形成的浓度信号(常为电信号)随洗脱时间变化而绘制的曲线，称为层析流出曲线(简称流出曲线)，即浓度-时间曲线。

2) 层析峰：层析流出曲线上的突出部分称为层析峰(peak,图 8-3)

① 层析峰峰形：正常层析峰为对称形正态分布曲线，曲线有最高点，以此点横坐标为中心，曲线对称地向两侧快速单调下降(图 8-3a)。不正常层析峰有两种，即拖尾峰和前延峰。拖尾峰(tailing peak)：前沿陡峭、后沿拖尾的不对称峰(图 8-3b)。前延峰(leading peak)：前沿平缓、后沿陡峭的不对称峰(图 8-3c)

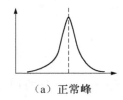 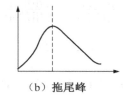 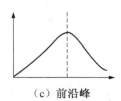

（a）正常峰　　　　　　　（b）拖尾峰　　　　　　　　（c）前沿峰

图 8-3　层析峰及峰形

② 不对称因子(f_s)或称为拖尾因子(T)

正常峰与不正常峰可用不对称因子(f_s)来衡量(图 8-4)，即有

$$f_s = \frac{B+A}{2B} \qquad (8-14)$$

式中，$f_s = 0.95 \sim 1.05$ 为正常峰；$f_s < 0.95$ 为前延峰；$f_s > 1.05$ 为拖尾峰。

(2) 层析参数

1) 保留值：保留值是各组分自层析柱中滞留的数值，通常包括时间及各组分流出层析柱所需要的相的体积等参数。

① 保留时间(t_R)指从注射样品到某个组分在柱后出现浓度极大值的时间，以 s 或 min 为单位。

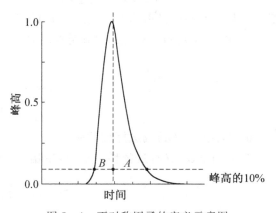

图 8-4　不对称因子的定义示意图

死时间(t_0)：不保留组分的保留时间，即流动相(溶剂)通过层析柱的时间。

调整保留时间(t'_R)：样品保留时间扣除死时间后的保留时间，即

$$t'_R = t_R - t_0 \qquad (8-15)$$

② 保留体积(V_R)指从进样开始到某组分在柱后出现浓度极大值时流出溶剂的体积,又称洗脱体积。

死体积(V_0):由进样器进样口到检测器流动池未被固定相所占据的空间,它包括四部分:进样器至层析柱管路体积、柱内固定相颗粒间隙(被流动相占据,V_m)、柱出口管路体积、检测器流动池体积。

调整保留体积(V_R'):保留体积扣除死体积后的保留体积:

$$V_R' = V_R - V_0 \tag{8-16}$$

2) 柱效:层析柱的柱效通常用理论塔板数或有效理论塔板数衡量,而它们的大小取决于区域宽度。

① 区域宽度即层析峰的宽度,通常用下面三种方法表示,如图 8-5 所示。

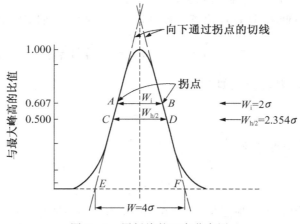

图 8-5　层析峰的正态分布图

● 标准偏差(σ):在图 8-5 中 AB 距离的一半叫标准偏差。标准偏差的大小,说明组分在流出层析柱过程物质的分散程度。σ 小,分散程度小,峰顶点对应的浓度大、峰形窄、柱效高;反之,σ 大,峰形宽,柱效低。

● 半峰宽($W_{h/2}$):指在峰高一半处的层析峰的宽度,即图 8-5 中 CD。

● 峰宽(W):指在流出曲线拐点处作切线,在图 8-5 中于基线上相交于 E、F 处,此两点间的距离叫峰宽。

以上三者的关系如下:

$$W = 4\sigma \tag{8-17}$$

$$W_{h/2} = 2\sqrt{2\ln2}\,\sigma = 2.354\sigma \tag{8-18}$$

在一定实验条件下,区域宽度越大(峰越"胖"),柱效(或板效)越低;反之,柱效越高。

② 理论塔板数与理论塔板高度:理论塔板数与理论塔板高度是衡量柱效的指标。理论塔板数取决于固定相种类、性质(粒度、粒度分布等)、填充(或铺涂)状况,柱长(或板长),流动相的流速及测定柱效(或板效)所用物质的性质。在液相层析法中还与流动相的种类、性质有关。

● 理论塔板数 n 计算公式如下：

$$n = \left(\frac{t_R}{\sigma}\right)^2 \qquad (8-19)$$

因为

$$\sigma = \frac{1}{2.354} W_{h/2}$$

所以式(8-19)也可写成

$$n = 5.54 \left(\frac{t_R}{W_{h/2}}\right)^2 \qquad (8-20)$$

用半峰宽($W_{h/2}$)计算理论塔板数(n)是最常用的方法。组分的保留时间(t_R)越长，σ、$W_{h/2}$ 或 W 越小(即峰越瘦)，则理论塔板数越大，柱效越高。

若应用调整保留时间 t_R' 计算理论塔板数，所得值称为有效理论塔板数(n_{eff})。

$$n_{eff} = \left(\frac{t_R'}{\sigma}\right)^2 = 5.54 \left(\frac{t_R'}{W_{h/2}}\right)^2 = 16 \left(\frac{t_R'}{W}\right)^2 \qquad (8-21)$$

● 理论塔板高度 H 计算公式如下：

$$H = \frac{L}{n} \qquad (8-22)$$

式中，L 为柱长；n 为理论塔板数。

$$H_{有效} = \frac{L}{n_{有效}} \qquad (8-23)$$

【例8-2】 某人填装了一根层析柱，柱长 $L = 30cm$，不知填装效果如何，于是用一标准品 A 进样检测，结果样品 A 的峰型如图 8-4 所示，其中 $t_0 = 1.5min$，$t_R = 7.5min$，$W_{h/2} = 0.35$(min)，$A = 0.31cm$，$B = 0.26cm$。(1)试计算该层析柱的理论塔板数 n 和理论塔板高度 H；(2)试计算该样品 A 峰的不对称因子 f_s；(3)由于实验需要，如果填装的层析柱每米的理论塔板数 n 小于8000，不对称因子 $f_s > 1.1$ 或 $f_s < 0.9$ 都需要重新装填，请问这个柱子需不需要重新装填？

解 (1)该层析柱的理论塔板数 n 由式(8-20)可得：$n = 5.54 (t_R/W_{h/2})^2 = 5.54 \times (7.5/0.35)^2 \approx 2544$。

理论塔板高度 H 由式(8-22)可得：$H = L/n = 30/2544 \approx 0.0118cm$。

(2)该样品 A 峰的不对称因子 f_s 由式(8-14)可得：$f_s = (A+B)/(2B) = (0.31 + 0.26)/(2 \times 0.26) \approx 1.096$。

(3)根据前面计算可知1米的柱子的理论塔板数 $n(米) = 100cm/H \approx 8475 > 8000$，而且 $f_s \approx 1.096 < 1.1$，所以该柱子可以不重新填装。

3)分离度：分离度又称分辨率，表示层析柱在一定的层析条件下对混合物综合分离能力的指标。既能反映柱效率又能反映选择性，称总分离效能指标。

分离度(R)定义为2倍的峰顶距离除以两峰宽之和，峰宽以基线宽度定义，则：

$$R = \frac{2(t_{R(2)} - t_{R(1)})}{W_{(1)} + W_{(2)}} \qquad (8-24)$$

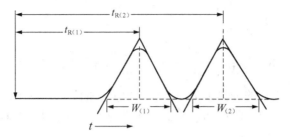

图 8-6 分离度的计算示意图

当 $R=1$ 时,两峰的峰面积有 5% 的重叠,即两峰分开的程度为 95%。当 $R=1.5$ 时,分离程度可达到 99.7%,可视为达到基线分离。因此,一般将 $R\geqslant1$ 作为层析能较好分离的依据,如图 8-7 所示。

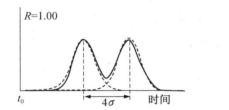
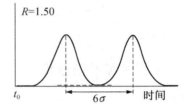

图 8-7 分离度 $R=1$、$R=1.5$ 的峰形

分离度与柱效、分配系数比(α)有如下关系:

$$R=\frac{\sqrt{n}}{4}\frac{\alpha-1}{\alpha}\frac{k'_2}{1+k'_2} \qquad (8-25)$$

式中,n 为层析柱的理论塔板数;k'_2 为相邻两组分中保留时间长的组分的容量因子;α 为分离选择性因子或分配系数比或容量因子比(k'_2/k'_1);k'_1 为保留时间短的组分的容量因子。

由式(8-25)可看出,提高分离度有以下三种途径:① 增加塔板数。分离度与塔板数的平方根成正比,因此增加塔板数的方法之一是增加柱长,但这样会延长保留时间、增加柱压。更好的方法是降低塔板高度,提高柱效。② 增加选择性。当 $\alpha=1$ 时,$R=0$,无论柱效有多高,组分也不可能分离。一般可以采取以下措施来改变选择性:a. 改变流动相的组成及 pH;b. 改变柱温。③ 改变容量因子。这常常是提高分离度的最容易方法,可以通过调节流动相的组成来实现。

【例 8-3】 采取柱长 $L=15cm$ 的层析柱在一定的条件下分离某混合物,死时间为 $0.8min$,其中 A 组分的保留时间($t_{R(A)}$)和层析峰的半峰宽($W_{h/2}$)$_A$ 分别为 $7.25min$ 和 0.98(min),B 组分的保留时间($t_{R(B)}$)和层析峰的半峰宽($W_{h/2}$)$_B$ 分别为 $9.37min$ 和 1.13(min)。(1)试计算这两种组分的分离度;(2)若要组分 A 和组分 B 达到完全分离($R\geqslant1.5$),则在柱效保持不变(即 H 不变)且其他条件不改变的情况下,柱长应该增加到多少?

解 (1) A 组分的峰底宽 W_A 由式(8-17)、(8-18)可得:

$$W_A=4(W_{h/2})_A/2.354=1.67$$

B 组分的峰底宽 W_B 由式(8-17)、(8-18)可得:

$$W_B = 4(W_{h/2})_B/2.354 = 1.92$$

组分 A 和 B 的分离度由式(8－24)可得：

$$R = \frac{2(t_{R(B)} - t_{R(A)})}{W_A + W_B} = 2 \times \frac{9.37 - 7.25}{1.67 + 1.92} = 1.18$$

（2）设目前组分 A 和 B 的分离度为 R_1，柱子由 L_1 加长至 L_2 后的分离度为 R_2，则有 $R_1 = 1.18$，$R_2 \geqslant 1.5$，$L_1 = 15\text{cm}$，柱子 L_1 的理论塔板数为 n_1，柱子 L_2 的理论塔板数为 n_2，由式 (8－25)可得：

$$\frac{R_1}{R_2} = \sqrt{\frac{n_1}{n_2}}$$

再由式(8－22)可得：

$$\frac{R_1}{R_2} = \sqrt{\frac{L_1}{L_2}} \Rightarrow L_2 = \frac{L_1 R_2^2}{R_1^2} = \frac{15 \times 1.5^2}{1.18^2} = 24.24\text{cm}$$

即至少要加长 $L = L_2 - L_1 = 24.24 - 15 = 9.24\text{cm}$。

8.2.2　层析过程基础理论

1. 塔板理论

塔板理论最早是由 Martin 和 Synge 于 1941 年提出，该理论是为了解释层析分离过程，采用与蒸馏塔类比的方法得到的半经验理论，虽然现在它已经被更符合实际的速率理论模型所取代，但其描述层析过程谱带展宽的术语具有重要意义并沿用至今。

塔板理论模型的推导，如图 8－8 所示。其实做了几个假设，它将一根层析柱看作是一根精馏柱，其内径和柱内填料填充均匀；它由许多单级蒸馏的小塔板或小短柱组成，流动相以不连续的方式在板间流动；每一个单级蒸馏的小塔板或小短柱长度很小，每个塔板内溶质分子在两相间可瞬间达到平衡且纵向分子扩散可以忽略，溶质在各塔板上的分配系数是一个常数，与溶质在每个塔板上的量无关，就像在精馏塔内进行精馏一样；这种假想的塔板或小短柱越小或越短，就意味着在一个精馏塔或分离柱上允许反复进行的平衡的次数就越多，即具有更高的分离效率。一根层析柱上能包容的塔板的数目，称为该柱的理论塔板数（n）[见式(8－20)]，而每一层塔板的长度或高度，则称为理论塔板高度（H）[见式(8－22)]。

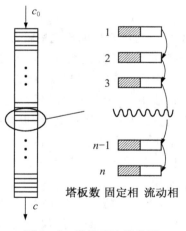

图 8－8　塔板理论示意图

根据塔板理论，待分离组分流出层析柱时的浓度沿时间呈现二项式分布，当层析柱的塔板数很高的时候，二项式分布趋于正态分布。由式(8－22)可以看出理论塔板高度越低，在单位长度层析柱中就有越大的塔板数，则柱效越高，分离能力就越强。若塔板高度一定，柱越长，则理论塔板数越大，因此用理论塔板数表示柱效时应注明柱长。决定理论塔板高度的因素有：固定相的材质、层析柱的均匀程度、流动相的理化性质以及流动相的流速等。

塔板理论是一种半经验性理论,它用热力学的观点定量说明了溶质在层析柱中移动的速率,解释了流出曲线的形状,并提出了计算和评价柱效高低的参数。但是在真实的层析柱中并不存在一片片相互隔离的塔板,也不能完全满足塔板理论的前提假设,如塔板理论认为物质组分能够迅速在流动相和固定相之间建立平衡,还认为物质组分在沿层析柱前进时没有径向扩散,这些都是不符合层析柱实际情况的,因此塔板理论只能定性地给出板高概念,却不能解释板高受哪些因素影响,也不能说明为什么在不同的流速下,可以测得不同的理论塔板数,因而限制了它的应用。

2. 速率理论

尽管塔板理论在解释流出曲线形状、评价柱效等方面很成功,但是由于塔板理论没有把分子的扩散、传质等动力因素考虑进去,故无法解释柱效与流动相速率的关系,以及影响柱效的因素。1956 年,荷兰人范第姆特(van Deemter)等人在总结前人工作的基础上,提出了层析过程动力学速率理论,该理论考虑了组分在两相间的扩散和传递过程,在动力学的基础上很好地解释了各种影响因素,这就是范第姆特方程式:

$$H=A+\frac{B}{u}+C\overline{u} \tag{8-26}$$

式中,H 为塔板高度;A 为涡流扩散项;B 为纵向扩散项,或叫分子扩散项;C 为传质阻力项;$\overline{u}$ 为流动相载气的平均流速;

(1)涡流扩散项 A:当流动相碰到填充物颗粒时不断改变流动方向,使试样组分在流动相中形成类似"涡流"的流动(图 8-9),因而引起层析峰的扩张。

$$A=2\lambda d_{\mathrm{p}} \tag{8-27}$$

式中,λ 为柱子的填充不规则因子,填充越不均匀,λ 就越大,通常在 1~8 范围内;d_{P} 为载体颗粒的直径。

因此,为减少涡流扩散,应选用形状一致(最好是球形)、大小均匀的细粒载体,层析柱要装得均匀,填充越不均匀,λ 越大,柱效就越低;d_{P} 越小越好,但太小,则不易填匀,而且柱阻也大。因此,普通填充柱多采用粒度 60~80 目或 80~100 目的填料。一般而言,对于分析柱,颗粒大小对柱效影响明显;而对于制备柱,均匀性则是关键的影响因素。

图 8-9　填充柱中涡流扩散现象

(2)纵向扩散项 B:又称分子扩散项。在层析过程中,组分的前后由于存在浓度差而向层析柱纵向扩散,引起层析峰展宽的现象,叫做纵向扩散。B 与路径弯曲因子 γ 及组分在流动相中的扩散系数 D 有关。对于气相层析:

$$B=2\gamma D_{\mathrm{g}} \tag{8-28}$$

式中，D_g 为组分分子在载气中的扩散系数，cm/s，γ 为弯曲因子，表示组分分子在柱中流路的弯曲情况。对填充柱 $\gamma < 1$，在 $0.5 \sim 0.7$ 之间，用来校正载气线速。

纵向扩散的程度与分子在流动相中的停留时间及扩散系数成正比，停留时间越长 D_g 越大，由纵向扩散引起的峰展宽 Z 就越大（图 8-10）。D_g 与组分的性质、载气相对分子质量及柱温、柱压有关。组分相对分子质量越大，D_g 越小；载气相对分子质量越大，D_g 越小；D_g 随柱温升高而加大，随柱压加大而变小。因此，为减小纵向扩散、降低 H、提高柱效，应选用相对分子质量大的载气，适当增大载气线速，缩短组分在柱内的滞留时间，选择较低的柱温等。

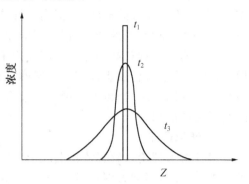

图 8-10　分子扩散对层析展宽 Z 的影响（$t_3 > t_2 > t_1$）

（3）传质阻力项 C：传质阻力项包括气相传质阻力项 C_g 和液相传质阻力项 C_L（图 8-11）。

① 气相传质阻力项

$$C_g = \frac{0.01K'^2 d_f^2}{(1+K')^2 D_g} \tag{8-29}$$

式中，K' 为分配比；C_g 为气相传质阻力项。

② 液相传质阻力项

$$C_L = \frac{8K' d_f^2}{\pi^2 (1+K')^2 D_L} \tag{8-30}$$

式中，D_L 为组分分子在液相中的扩散系数；d_f 为固定液的液膜厚度；C_L 为液相传质系数。

组分分子

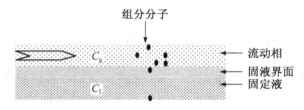

图 8-11　传质阻力项示意图

由于 C_g 很小，故常常可以忽略，传质阻力项主要由液相传质阻力项 C_L 产生，从式（8-30）可看出：液相传质阻力与固定相液膜厚度的平方成正比，与组分分子在固定液内的扩散系数 D_L 成正比。因此，使用固定液与载体比例低的层析柱，可降低液膜厚度，减小组分分子在固定液中传质所受的阻力；也可适当提高柱温，降低固定液的黏度，提高组分在固定液中的扩散系数，达到减小液相传质阻力的目的。

van Deemter 方程是一个双曲线函数，即理论塔板高度 H 是流动相线速度 $\bar{u}$ 的函数。双曲线函数是有极值的，也就是说，应该有一个最佳的流速，此时可获得最高的柱效。图8-12给出了一个典型的 $H - \bar{u}$ 曲线。

从 $H - \bar{u}$ 曲线可以清楚地看出，柱填料粒径对柱效影响非常大，且粒径越小柱效越高。从

van Deemter 方程计算得知,优化的流动相线速度($\bar{u}_{opt}$)可近似表示为

$$\bar{u}_{opt} = 1.62 D_m/d_p \qquad (8-31)$$

式中,D_m 是组分分子在流动相中的扩散系数,d_p 是填料颗粒的直径。

此时的最小理论塔板高度为:

$$H_{min} = 2.48 d_p \qquad (8-32)$$

这一关系不依溶质、流动相以及固定相的改变而改变,具有一定的通用性。依此关系式可以方便地估算出不同粒径填料的层析柱在最佳条件下所能得到的最小理论塔板高度。van Deemter 方程比较满意地描述和解释了发生于层析过程中的谱带展宽过程。

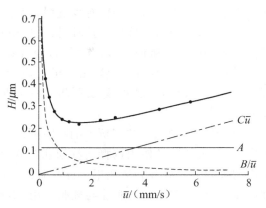

图 8-12　van Deemter 方程的 $H-\bar{u}$ 曲线

8.3　常用层析技术

由于物理吸附层析和离子交换层析在前面第 6 章和第 7 章已叙述,这里就不再赘言了,下面介绍另外几种常见的层析技术。

8.3.1　薄层层析

1. 概述

薄层层析(TLC)是一种将作为固定相的支持剂均匀地铺在支持板(一般是玻璃板)上,成为薄层,把样品点到薄层上,用适宜的溶剂展开,从而使样品各组分达到分离的层析技术。如果支持剂是吸附剂,如硅胶、氧化铝、聚酰胺等,则称之为薄层吸附层析;如果支持剂是纤维素、硅藻土等,层析时的主要依据是分配系数的不同,则称之为薄层分配层析;如果支持剂是离子交换剂,则称为薄层离子交换层析;薄层若由凝胶过滤剂制成,则称为薄层凝胶层析。

薄层层析的基本原理是 1938 年苏联学者在研究植物提取物时首先提出来的,但并没有引起人们的注意,直到 1956 年西德学者欺塔尔比较完整地发展了该方法才日益引起人们的重视,目前它已是层析法中的一个重要分支。薄层层析与传统柱层析、纸层析等相比,具有如下优点:① 设备简单,操作方便;② 快速,展开时间短;③ 薄层层析的适用性广,可以广泛选用各种固定相和移动相,而且由于广泛采用无机物作吸附剂,因此可以采用腐蚀性的显色剂,如浓硫酸、浓盐酸和浓磷酸等;④ 薄层层析既适于分析小量样品(一般几到几十微克,甚至可小到 10^{-11} g),也适用于大型制备层析;⑤ 薄层层析法更适于分析热不稳定、难于挥发的样品,但它不适于分析挥发性样品。因此,由于薄层层析操作简单,试样和展开剂用量少,展开速度快,所以经常被用于探索柱层析分离条件和监测柱层析过程。

2. 薄层层析原理

薄层层析的操作过程是:将吸附剂涂布在玻璃板上,形成薄薄的平面涂层,干燥后在涂层

的一端点样,竖直放入一个盛有少量展开剂的有盖容器中(图8-13),展开剂接触到吸附剂涂层,借毛细管作用向上移动,与柱层析过程相同,经过在吸附剂和展开剂之间的多次吸附-溶解作用,将混合物中各组分分离成孤立的样点,实现混合物的分离,由此可见,除了固定相的形状和展开剂的移动方向不同以外,薄层层析和柱层析在分离原理上基本相同。

图8-13 薄层层析装置

(1) 固定相选择:柱层析中的吸附剂都可以用作薄层层析的固定相,分离性能及使用选择与柱层析的选择原则相同,其中最常用的吸附剂是硅胶和氧化铝。硅胶略带酸性,适用于酸性和中性物质的分离;碱性物质则能与硅胶作用,不易展开,或发生拖尾的斑点,不好分离。反之,氧化铝略带碱性,适用于碱性和中性物质的分离而不适用于酸性物质。不过,也可以在铺层时用稀碱液制备硅胶薄层,用稀酸液制备氧化铝薄层以改变它们原来的酸碱性。

用于薄层层析的固定相颗粒大小要适当,颗粒大,展开速度快,但颗粒过大时,分离效果不好;而颗粒过小,则展开速度太慢,容易出现拖尾现象。如纤维素粉的颗料为70~140目(直径0.1~0.2mm),薄层厚度为1~2mm;氧化铝、硅胶等的颗粒一般为150~300目,薄层厚度为0.25~1mm。

(2) 展开剂选择:薄层层析展开剂的选择原则与柱层析一样,主要根据样品中各组分的极性、溶剂对于样品中各组分的溶解度等因素来考虑。展开剂的极性越大,对化合物的洗脱能力也越大。以硅胶薄层层析为例,选择展开剂时,除参照表8-1所列溶剂强度参数来选择外,更多地采用试验的方法,在一块薄层板上进行试验:① 展开剂对分离物质应有一定的解吸能力,但又不能太大,若所选展开剂使混合物中所有的组分点都移到了溶剂前沿,此溶剂的极性过强;② 展开剂对被分离物质应有一定的溶解度,若所选展开剂几乎不能使混合物的组分点移动,留在了原点上,则此溶剂的极性过弱。

表8-1 常用溶剂的洗脱能力顺序

洗脱能力递减									
溶剂	戊烷	四氯化碳	苯	氯仿	二氯甲烷	乙醚	丙酮	二氧六环	乙腈
溶剂强度参数	0.00	0.11	0.25	0.26	0.32	0.38	0.47	0.49	0.50

当一种溶剂不能很好地展开各组分时,常选用混合溶剂作为展开剂。先用一种极性较小的溶剂为基础溶剂展开混合物,若展开不好,用极性较大的溶剂与前一溶剂混合,调整极性,再次试验,直到选出合适的展开剂组合。合适的混合展开剂需多次仔细选择才能确定。

(3) 相对移动值:在同一展开条件下,各组分的移动距离相对于展开剂的移动距离,称为相对移动值,或比移值(R_f),它以组分斑点中心离原点的距离(a)与溶剂前沿离原点的距离(b)的比值表示(图8-14):

$$R_f = \frac{斑点中心到原点的距离}{溶剂前沿到原点的距离} = \frac{a}{b} \quad (8-33)$$

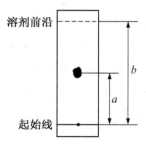

图8-14 比移值的测定示意图

R_f 一般以 0~1 的数字表示,两种物质的 R_f 差大于 0.05 时,足以能使之分开,被分离物质的 R_f 希望在 0.05~0.85。在一定条件下,特定化合物的 R_f 为一个常数,因此可用于鉴别化合物。但是,为了消除各种层析条件变异引起的误差,鉴定时应与标准样进行对比。

（4）显色：将展开剂挥发除尽后才可显色,显色的方法有以下几种:

1）物理显色法：某些化合物本身发光,展开后在紫外灯光下观察荧光斑点,用铅笔在薄层上画出记号即可。

2）化学显色法：① 蒸气显色：利用某些物质的蒸气与样品作用的显色。通用的显色方法有碘蒸气显色：将展开的薄层板挥发干展开剂后,放在盛有碘晶体的封闭容器中,升华产生的碘蒸气能与有机物分子形成有色的缔合物,完成显色。② 喷雾显色：将显色剂配成一定浓度的溶液,用喷雾的方法均匀喷洒在薄层上而显色。

3）其他：有时对于特殊有机物使用专用的显色剂显色,此时还有生物显迹法、双光束薄层层析扫描仪等。

3. 薄层层析操作

（1）制板(以硅胶板为例)：选择合适的玻璃板(常使用显微镜上的载玻片),依次用水和乙醇洗净,晾干。取适量薄层层析用的硅胶,加适量蒸馏水调成糊。调制时慢慢搅拌,勿使产生气泡。将糊倒在玻璃板上,摇动摊平,晾干。使用前放入烘箱内,在 105~115℃ 左右烘干 40~50min,冷却后使用。

（2）点样：将试样用最少量展开剂溶解,用毛细管蘸取试样溶液,在薄层板上点样。在样点上轻轻画出一条平行于玻璃板底边的细线。薄层层析板载样量有限,勿使点样量过多。

（3）展开：吹干样点,竖直放入盛有展开剂的有盖展开瓶中。展开剂要接触到吸附剂下沿,但切勿接触到样点。盖上盖子,展开。待展开剂上行到一定高度(由试验确定适当的展开高度)时,取出薄层板,再画出展开剂的前沿线。

（4）显色,计算 R_f 值：挥发干展开剂,选择合适的显色方法显色。量出展开剂和各组分的移动距离,计算各组分的相对移动值。

4. 薄层层析应用

薄层层析应用非常广泛,可用于判断两个化合物是否相同(同一展开条件下是否有相同的移动值),确定混合物中含有的组分数,以及为柱层析选择合适的展开剂,监视柱层析分离状况和效果等过程提供判断依据。因此,薄层层析被广泛应用于中草药品种鉴别和成分分析、中成药鉴别和质量标准研究、合成药物的定性鉴别、纯度检查、稳定性考察和药物代谢以及合成工艺监控分析、生化和抗生素研究等方面,如杜迎翔等采用硅胶 GF_{254}-0.50% 羧甲基纤维素钠层析板,以甲醇-氯仿-二乙胺-石油醚(35∶40∶1.0∶75)为展开剂,分离了合成药物铋甲西林片中的阿莫西林和甲硝唑,分离效果良好,两主药斑点经紫外灯定位后,不经显色即可直接进行双波长薄层层析扫描进行含量测定;此法更广泛应用于中草药与中成药主要有效成分定量分析,如张子忠等采用甲基键合硅胶 GF_{254} 板,以甲醇-水(7∶3)为展开剂,对北沙参的成分进行测定,测出 8 个主要谱峰,并对欧前胡素成分进行了定性;另外 Ohno T 等采用反向薄层层析对人参、红参中人参皂苷 Rg1、龙胆、日本龙胆中龙胆苷,葛根中葛根素,栀子中栀子苷,五味子中五味子素进行了鉴定,结果都良好;另外,薄板层析还经常应用于生物样品的分离、分析及鉴定,如杨绪明等采用硅胶 GF254-0.2% 羧甲基纤维素钠层析板,以氯仿-甲醇-氨水(25%)(5∶4∶3)为展开剂,成功实现了庆大霉素发酵液中主要成分庆大霉素 C_1、C_{1a}、C_2(C_{2a}+C_2)

等的有效分离检测。

8.3.2　亲和层析

1. 概述

亲和层析(AC)是指利用生物分子与其互补体间特异识别能力进行多次差别分离的过程。自 1978 年 Ohlson 等首次使用硅胶作为亲和层析的刚性基质后就产生了高效亲和层析(high performance affinity chromatography,HPAC),将传统亲和层析的专一性与 HPAC 的快速、稳定、检测方便等优点结合起来,使其在生物大分子的分离纯化方面应用很广泛。亲和层析与其他层析技术相比,具有纯化过程简单、迅速,分离效率高,实验条件温和等优点,但由于其是通过生物分子与其互补结合体(配基)的结合来分离的,故对一种分离对象就需要制备专一的吸附剂和建立相应的实验条件,而且制备过程烦琐,制备得到的吸附剂通用性差。

2. 亲和层析的原理

亲和层析是基于样品中各种物质与固定在载体上的配基之间的亲和作用的差别而实现分离的。其操作过程如图 8-15 所示,首先将含有目标产物的料液连续通入层析柱,直至目标产物在柱出口穿透为止[图 8-15(a)];然后用缓冲液清洗层析柱,除去未被吸附的杂蛋白[图 8-15(b)],所用缓冲液应与溶解原料的溶液组成相同;再利用洗脱液洗脱目标产物,洗脱液可使目标产物与配基发生解离,得到纯化的目标产物[图 8-15(c)];最后为分离纯化下一批原料,需利用清洗液清洗再生层析柱,使其吸附分离能力得到恢复[图 8-15(d)]。

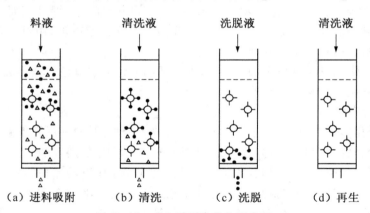

图 8-15　亲和层析法操作示意图

●目标产物　　△杂蛋白　　✧亲和载体

亲和层析主要依靠生物分子对的专一吸附作用来实现,常见的具有专一性亲和力的生物分子对有:① 酶-底物(包括酶的竞争性抑制剂和辅酶因子);② 特异性抗原-抗体;③ 激素-受体;④ DNA-互补的 DNA 或 RNA;⑤ 凝集素和糖蛋白等。

3. 亲和层析介质的制备

亲和层析介质是将亲和配基通过化学键接在层析介质上而得到的,常用的层析介质并不能直接与亲和配基化学结合,一般先要进行活化或功能化,即先要引入反应基团,活化后的层析介质能够通过反应基团与亲和配基反应,从而制备出亲和层析介质。一般亲和层析介质的制备至少应包括以下几步：

（1）载体和配基的选择

1）对载体的要求：① 高度亲水，并具有强的惰性；② 具有大量可供活化的化学基团，并在温和条件下能与配基共价结合；③ 具有较大孔径的网状结构；④ 具有良好的化学、物理、生物稳定性；⑤ 良好的机械性能，具有好的液体流动性。

载体通常分为三类：一类是多糖类，包括琼脂糖、葡聚糖以及纤维素类等；二类是有机聚合物，包括聚乙烯醇、聚丙烯酰胺等；而第三类为混合类，包括改性硅胶、多糖与树脂类等，表 8 - 2 列出了最常用的几种载体的性能。

表 8 - 2　常用载体的特性

常用载体	商品名	型号	型号含义	特　　点
琼脂糖	Sepharose	2B、4B、6B	琼脂糖浓度为 2%、4%、6%	亲水性强，网孔大，理化性质稳定，非特异性吸附小，有机溶剂耐受性差
葡聚糖凝胶	Sephadex	G-25、G-75、G-100	每克干凝胶吸水量×10	网孔小，理化性质稳定，耐碱不耐酸
聚丙烯酰胺凝胶	Bio-Gel p	P-100～P-300	排阻极限，×1000 相当于允许进入凝胶内部的最大相对分子质量	干胶理化性质稳定，pH 稳定性范围 2～11，抗微生物能力强

2）配基的选择：亲和配基是指对生物分子具有专一识别性或特异性相互作用的物质，因此亲和配基需具有以下特性：① 对于欲纯化的生物物质应具有专一亲和性；② 必须具备能被修饰的功能基团；③ 配基与配体有足够的亲和力，且结合应该是可逆的；④ 配基的分子大小必须合适。常用的亲和配基如表 8 - 3 所示。

表 8 - 3　常用的亲和配基

特异性	待纯化的生物分子	配　基
高特异性	特定抗体 特定抗原 受体、结合蛋白 核酸 酶 凝集素、糖苷酶	对应抗原 对应单克隆或多克隆抗体 对应信号分子、效应物（如荷尔蒙等） 互补碱基链段、核酸结合蛋白 底物、辅酶、酶的抑制剂等 对应糖
群特异性	免疫球蛋白/抗体 脱氢酶、激酶、聚合酶、限制酶等 凝集因子、脂酶、DNA 聚合酶等 糖蛋白、细胞、细胞表面受体等 酶、蛋白质 酶、蛋白质	蛋白 A、蛋白 G 染料配体（如三嗪类色素 F3GA 等） 肝素 凝集素（如 Con A 等） 氨基酸（如组氨酸等） 过渡金属离子（如 Cu^{2+}、Zn^{2+} 等）

（2）介质的活化或功能化：用于活化惰性层析介质的化学反应主要由介质本身的一些性质（如稳定性等）决定，因此在制备亲和介质过程中，亲和配基和层析介质的化学反应过程应相

对比较温和,尽可能保持配基和介质原来的性质,以便保持目标产物与亲和介质之间特异性或专一性的作用。载体不同,活化的方式也不同,用得最多的是多糖类载体,其常用的活化方法是溴化氰法和环氧法等。

1)多糖基质的活化

① 溴化氰法:活化过程主要是生成亚胺碳酸活性基团,它可以和伯氨(RNH_2)反应,主要生成异脲衍生物。反应如图 8-16 所示。

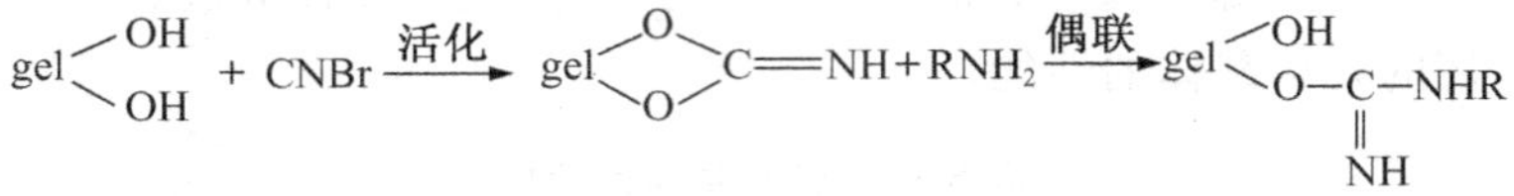

图 8-16 溴化氰活化偶联反应

含有伯氨基的配体,如氨基酸、蛋白质都可以结合在基质上,对于蛋白质而言,最可能发生反应的基团是 N-末端的 α-氨基和赖氨酸残基上的 ω-氨基。

溴化氰活化的基质可以在温和的条件下与配体结合,结合的配体量大。利用溴化氰活化的基质通过进一步处理还可以得到很多其他的衍生物。这种方法的缺点是偶联后生成的异脲衍生物中通常会带一定的正电荷,增大了非特异性吸附,影响亲和层析的分辨率;当与小配体结合时,基质与配体结合不够稳定,可能会出现配体脱落现象;另外,溴化氰有剧毒、易挥发,所以操作不便。

② 环氧乙烷基活化:这类方法活化后的基质都含有环氧乙烷基,如在含有 $NaBH_4$ 的碱性条件下,1,4-丁二醇-双缩水甘油醚的一个环氧乙烷基可以与羟基反应,而将另一个环氧乙烷基结合在基质上,另外也可以用环氧氯丙烷活化,将环氧乙烷基结合在基质上。由于活化后的基质都含有环氧乙基,可以结合含有伯氨基(—NH_2)、羟基(—OH)和硫醇基(—SH)等基团的配体,反应如图 8-17 所示。

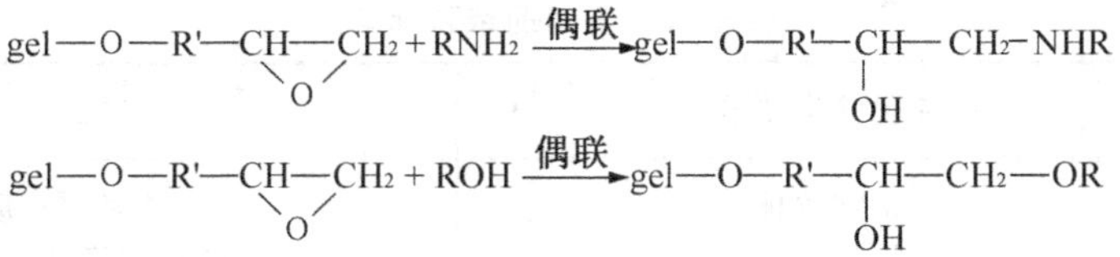

图 8-17 环氧乙烷基活化反应

这种活化方法的优点是活化后不引入电荷基团,而且基质与配体形成的 N—C、O—C 和 S—C 键都很稳定,所以配体与基质结合紧密,亲和吸附剂使用寿命长,而且便于在亲和层析中使用较强烈的洗脱手段,另外这种处理方法没有溴化氰的毒性。它的缺点是用环氧乙基活化的基质在与配体偶联时需要碱性条件,pH 为 9~13,温度为 20~40℃,这样的条件对于一些比较敏感的配体可能不适用。

上面两种方法是比较常用的方法,另外还有很多种活化方法,如:N-羟基琥珀酰亚胺(NHS)活化、三嗪(triazine)活化、高碘酸盐(periodate)活化、羰酰二咪唑(carbonyldiimidazole)活化、2,4,6-三氟-5-氯吡啶(FCP)活化、乙二酸酰肼(adipic acid dihydrazide)活化、二乙烯砜(divinylsulfone)活化等,总之,目前对基质的活化方法很多,各有其特点,应根据实际需要选择适当的活化方法。

2）聚丙烯酰胺的活化：聚丙烯酰胺凝胶有大量的甲酰胺基，可以通过对甲酰胺基的修饰而对聚丙烯酰胺凝胶进行活化。一般有以下三种方式：氨乙基化作用、肼解作用和碱解作用。另外，在偶联蛋白质配体时也通常用戊二醛活化聚丙烯酰胺凝胶。

3）多孔玻璃珠的活化：对于多孔玻璃珠等无机凝胶的活化通常采用硅烷化试剂与玻璃反应生成烷基胺-玻璃，在多孔玻璃上引进氨基，再通过这些氨基进一步反应引入活性基团，与适当的配体偶联。

（3）亲和层析剂中"间隔臂"：当配基的相对分子质量很小（一般＜1000）时，将其直接固定在载体上，会由于载体的空间位阻效应，配基与生物大分子不能发生有效的亲和吸附作用，这时需要增大配基与载体之间的距离，使其与生物大分子发生有效的亲和结合，如图 8-18 所示。

常用作"间隔臂"的化合物：① 乙二胺；② 己二胺；③ 6-氨基己酸；④ 环氧氯丙烷；⑤ 1,4-丁二醇缩水甘油醚等。"间隔臂"的结合方法类似于配基的共价偶联反应。但是需要注意的是，"间隔臂"的引入长度是有一定限制的，当"间隔臂"超过一定长度时，配基与目标分子的亲和力会减弱。Lowe 等研究表明，"间隔臂"的长度对固定化核苷酸与脱氢酶和激酶的亲和力影响很大，当"间隔臂"含有 6~8 个亚甲基时亲和力最大，当"间隔臂"再增大时，亲和力会下降，这可能是由于"间隔臂"过长反而容易发生弯曲，使配基与载体之间的距离缩短，不能有效地与酶的亲和结合部位接触，从而减弱了与酶的亲和作用。

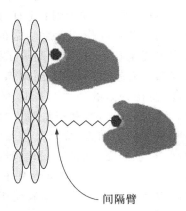

图 8-18　"间隔臂"的空间效应

（4）残余电荷的掩蔽：活化介质与亲和配基的偶联，偶联后未发生偶联反应的反应基团必须封闭或钝化，防止产生非特异性吸附，一般可以通过化学反应消除基团上的残余电荷，具体方法有：① 自发水解；② 如果残余基团为氨基，可以加入醋酸酐，使之钝化，见图 8-19(a)；③ 如果残余基团为羧基，可以加入水溶性碳二亚胺，使之钝化，见图 8-19(b)所示。

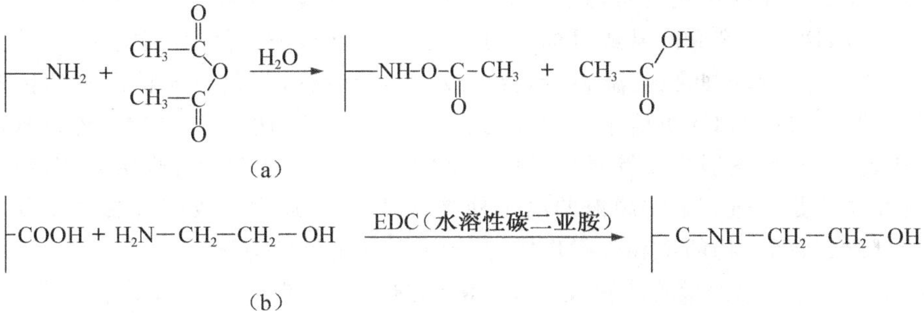

(a)

(b)

图 8-19　残余电荷的掩蔽

4. 亲和层析基本操作

（1）样品制备：上亲和层析柱的样品应该溶解在水溶液中，因此对胞内物质首先应该进行细胞破碎或抽提的方式将其释放出来；又由于一般生物料液中的目标产物浓度很低，杂质大量存在,非特异性吸附会大大降低纯化效果,缩短亲和层析介质的使用寿命,因此对于复杂样品,如组织、培养的细胞、植物材料、发酵产物等,应首先进行分级粗提,如过滤、离心、膜分离等去除颗粒、细胞碎片、膜片段等才能用于亲和层析。

(2)装柱与平衡:亲和层析的柱大小和形状通常没有严格要求,多使用短粗的柱子,一般床体积为 $1\sim10\mathrm{ml}$;如果目标底物量很大,可根据亲和吸附剂的吸附容量扩大柱尺寸。但是如果配体对目标分子的亲和性比较低($K_d>10^{-4}\mathrm{mol/L}$),目标分子易被柱子所阻滞,则要达到较好的分离效果,可以提高柱子的长度和较低上样量(5%床体积),亲和柱的配体密度也应提高,并降低上样和洗脱时的流速。

亲和层析时的装柱方法与凝胶过滤层析和离子交换层析一样,装柱后应使用几个床体积的不含样品的起始缓冲液进行平衡,起始缓冲液应确保目标分子最适于结合到柱上。

(3)上样、亲和吸附:上样过程就是目标分子的吸附过程,由于生物分子与配体之间是通过次级键相互作用发生结合的,因此应根据相互作用方式来选择条件,如果其相互作用方式主要是疏水键,则提高离子强度将增强吸附;若为离子键,则需要减低离子强度。温度对亲和力有较大的影响,通常亲和力随温度的升高而下降,所以在上样时可以选择较低的温度,使待分离的物质与配体有较大的亲和力,能够充分地结合;而洗脱时选择较高的温度,下降亲和力,有利于洗脱。另外,增加固定化配体的浓度有利于提高目标生物分子对亲和吸附剂的亲和力;降低上样流速,延长吸附时间也能提高生物分子与固定化配体的结合程度,对于标准的低压亲和层析,流速多为 $50\mathrm{cm/h}$,而高效液相亲和层析的流速一般为$50\sim125\mathrm{cm/h}$。如果不了解生物分子与配体之间的相互作用类型,可预先用小样进行比较实验,以确定最佳吸附条件。亲和层析的上样量以不超过层析介质的吸附容量即可,可用紫外检测仪跟踪。

(4)淋洗与洗脱:由于亲和柱上可能会存在一定的非特异性吸附,如果不去除,会降低纯化效果,因此在洗脱之前通过淋洗的方式降低非特异性吸附,常用低浓度的盐加洗脱缓冲液的方式淋洗。

淋洗后,在保证蛋白质或配体发生不可逆变性的前提下,通过改变洗脱条件,降低目标分子对配体的亲和性,可将目标分子洗脱下来。目标产物的洗脱方法有两种,即特异性洗脱和非特异性洗脱。特异性洗脱利用含有与亲和配基或目标产物具有亲和结合作用的小分子化合物溶液作为洗脱剂,通过与亲和配基或目标产物的竞争性结合,洗脱目标产物。由于特异性洗脱一般在中性 pH 下进行,因此比较温和,不会导致蛋白质变性,但是特异性洗脱的价格可能会比较高,且洗脱下来的蛋白质可能很难与洗脱液分离,还需借助凝胶过滤层析进行脱盐解吸或透析分离,因此,特异性洗脱主要针对特异性较低的亲和体系,或非特异性吸附较严重的物系。非特异性洗脱主要是通过调节洗脱液的离子种类、pH、离子强度或改变洗脱温度以及添加促溶剂等措施,降低目标产物的亲和吸附作用,是较多采用的洗脱方法。

(5)再生与保存:用大量的洗脱液或较高浓度的盐溶液洗涤,再用平衡液重新平衡;严重的不可逆吸附时,使用高浓度的盐溶液、尿素等变性剂或加入适当的非专一性蛋白酶。一般加入 0.01%叠氮化钠,4℃下保存。

5. 亲和层析的应用

由于亲和层析具有操作简便、快速、专一和高效等特点,其应用十分广泛,已普及到生命科学的各个领域,尤其是在生物分子的分离和分析领域有着广阔的应用前景,主要表现在:

（1）分离和纯化各种生物分子：亲和层析主要应用于具有亲和对的生物大分子的分离、纯化，一般包括：采用免疫亲和层析进行抗原、抗体的分离纯化；利用各种维生素等辅酶或辅助因子与对应酶，或者酶的抑制剂、激活剂或底物等与对应酶的亲和力，对多种酶进行分离纯化；利用激素和受体蛋白之间的高亲和力分离受体蛋白；利用生物素和亲和素之间的特异性亲和力分离纯化生物素和亲和素；利用 poly－U 分离 mRNA 及各种 poly－U 结合蛋白；利用 poly－A 分离各种 RNA、RNA 聚合酶以及其他 poly－A 结合蛋白；以 DNA 作为配体分离各种 DNA 结合蛋白、DNA 聚合酶、RNA 聚合酶、核酸外切酶等多种酶等。

周华蕾等报道了应用蛋白质 A（protein A）亲和层析法，从采集的小鼠腹水中纯化出了抗凝血因子Ⅷ单克隆抗体。蛋白质 A 是金黄色葡萄球菌的表面蛋白，其与免疫球蛋白 IgG 有 6 个不同的结合位点，其中有 5 个位点对 IgG 的 Fc 片段显示很强的特异性亲和力，不同的位点可独立地与抗体结合，这一特点使之非常适合用于纯化腹水或细胞培养上清中的单克隆抗体（简称单抗）。取 1.5g Protein A-Sepharose CL-4B 干凝胶加入 6～7ml 蒸馏水溶胀，再用

0.02mol/L，pH7.4 磷酸盐缓冲液（上样缓冲液）浸泡 15min 后装入层析柱中，在流速为 1ml/min 下用 10 倍柱床体积的上样缓冲液平衡，然后取预处理过的腹水 5ml，用上样缓冲液稀释至 50ml 后上样，控制流速为 1ml/min。先用上样缓冲液淋洗，随后用 0.02mol/L，pH4.0 柠檬酸缓冲液洗脱抗体，用收集器收集洗脱峰，并立即用 1mol/L，pH9.0 Tris－HCl 缓冲液调整 pH 值至 7.0，就可以得到抗凝血因子Ⅷ单克隆抗体，如图 8－20 所示。

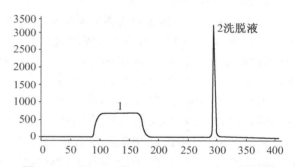

图 8－20 Protein A－Sepharose CL－4B 层析图
横坐标：时间（min）；纵坐标：280nm 波长 OD 值（mAU）。峰 1：穿透峰；峰 2：洗脱峰

（2）分离纯化各种功能细胞、细胞器、膜片段和病毒颗粒：利用配体与病毒、细胞表面受体的相互作用可以分离病毒和细胞；利用凝集素、抗原、抗体等作为配体可以分离细胞，例如各种凝集素可以用于分离红细胞以及各种淋巴细胞，胰岛素可以分离脂肪细胞等。

（3）用于各种生物物质的分析检测：亲和层析技术在生化物质的分析检测中也已广泛应用。例如，利用亲和层析可以检测羊抗 DNP（二硝基苯酚）抗体等。

8.3.3 疏水作用层析

1. 概述

疏水作用层析（HIC）是利用样品中各组分具有不同的疏水作用的性质进行分离的方法。关于在疏水作用层析条件下进行分离的概念最早是在 1948 年由 Tiselius 提出的，不过该技术真正得到发展和应用是在 20 世纪 70 年代后，Hjerten S 引入了 Octyl-，Pheny-基团制备了 Sepharose 系列疏水介质，而且从热力学上解释了疏水层析，从而奠定了疏水层析的基础。

疏水作用层析（HIC）主要是利用物质疏水基团作用的大小不同而得到分离的，这个与反相分配层析（RPC）的机理是一样的，但两者又不完全相同，主要差别见表 8－4 所示。

表 8 - 4 疏水层析与反相层析的区别

不同点	疏水作用层析（HIC）	反相分配层析（RPC）
疏水基质	一般为 $10\sim50\mu mol/ml$ 胶,配基一般为 2～8 个碳的烷基或苯基	一般采用数量级为 $100\mu mol/ml$ 胶,配基为 4～18 个碳的烷基
流动相体系	水溶液	一般为有机溶剂（如甲醇、乙醇等）
分离对象	主要针对含疏水基团较多的蛋白质	主要为小分子或多肽等
再生条件	条件比较温和,采用降低盐浓度等方法再生	再生条件剧烈,如采用极性小的有机溶剂再生

目前,关于疏水作用层析的文献报道已非常多,由于疏水作用层析对样品预处理方面的要求非常低,且能够与传统的沉淀技术结合使用,使得该技术非常适合于整个纯化方案的早期阶段,而且非常适合规模化生产,因此该技术已被广泛应用于蛋白质及细胞等的分离纯化。

2. 疏水作用层析的原理

疏水作用层析的固定相表面为弱疏水性基团,它的疏水性要比反相分配层析固定相低几十到几百倍,而流动相为高离子强度的盐溶液,利用蛋白质上的疏水基团或区域在一个疏水体系（高盐浓度水溶液）中,通常称这些疏水性基团为疏水补丁,疏水补丁可以与疏水性层析介质发生疏水性相互作用而结合。不同的分子由于疏水性不同,它们与疏水性层析介质之间的疏水性作用力强弱不同,当用流动相洗脱时逐渐降低流动相的离子强度,蛋白质分子按其疏水性的大小被依次洗脱出来,疏水性小的先流出,疏水性大的后流出。在这样的高盐水溶液中,蛋白质不会失活。疏水作用层析就是依据这一原理分离纯化蛋白质和多肽等生物大分子的。其原理如图 8 - 21 所示。

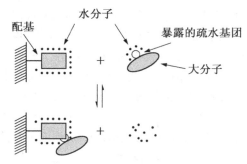

图 8 - 21 疏水作用层析示意图

虽然对蛋白质在疏水层析柱上的保留机理进行了大量研究,但到目前为止尚无统一的说法,主要有以下几种观点:

（1）疏溶剂化理论（solvophobic theory）：该理论认为蛋白质与层析填料之间的相互作用分两步：首先,在填料表面的水层中形成一空穴,然后蛋白质分子填充到这一空穴中,并被吸附在层析填料的表面。蛋白质与层析填料表面的相互作用包括范德华力和静电相互作用力。在疏水相互作用层析中,起初随着盐浓度的增加,由于静电相互作用力的增强,蛋白质结合量减少,容量因子（K'）也降低;当盐浓度继续上升时,疏水相互作用力成为主要作用力,蛋白质结合量、容量因子均随之上升,当盐浓度足够高时,$\lg K'$ 与盐摩尔浓度呈线性关系：$\lg K' = \Delta A\sigma m + c$,式中,$A$ 是配基和蛋白质暴露在流动物中表面结合与非结合区域的比值,σ 为摩尔表面张力增量（盐的一个特征常数）,m 为摩尔浓度,c 为与盐无关的一个常数。因此,高盐浓度可以增加溶剂的表面张力和蛋白质在疏水层析填料上的滞留时间。

（2）优先水化理论（preferential interaction model）：该理论认为,在高盐浓度下,盐被从紧邻的区域排斥出来,因为蛋白质优先进行水化,所以盐的存在增大了体系的自由能,且自由能增量与蛋白质表面的疏水区域成正比。分子间疏水基团间的相互作用可以减少蛋白质分子上疏水基团与极性分子的接触,从而减弱这种自由能的增加。因此,在高盐浓度下,与疏水性配基结合的蛋白质从热力学角度来看要比没结合的蛋白质稳定,即在高盐浓度下,蛋白质疏水性区域有减少与水接触的倾向;蛋白质与疏水性配基的结合是伴随着它暴露在极性溶剂中非极性表面减少而进行的。该理论认为,蛋白质在层析柱上的保留行为取决于蛋白质构象的变化,不同的疏水层析填料、不同种类及浓度的盐对这种蛋白质构象变化有不同的影响,这种构象变化有利于蛋白质表面相互作用区域的暴露,从而利于疏水相互作用。

3. 疏水作用层析的介质及影响因素

(1) 疏水作用层析的介质:疏水作用层析的介质通常由作为骨架的惰性基质和参与疏水作用且共价连接在基质上的配基组成。

① 基质:许多类型的基质都可以用来合成疏水层析介质,其中使用最为广泛的是多糖、硅胶和有机聚合物。多聚糖(如琼脂糖)是疏水层析填料最常用的基质,它具有亲水性强、表面基团丰富、较宽的 pH 使用范围及与生物大分子良好的相容性等优点,但其机械强度不能用于高压疏水层析,且与配基偶联时常需剧毒 CNBr 活化;另外一种常用的疏水层析填料基质是硅胶,其最大的优点是机械强度好,能承受较高的流速和压力,可用于高压层析。但硅胶作为层析填料基质,只有形成 Si—O—Si—C 键或 Si—C 键的键合相衍生物才稳定,且其 pH 使用范围较多聚糖窄(pH 2~8)。近年来,采用表面包被一层高分子材料的硅胶作基质,然后在高分子表层上共价连接上疏水配基作疏水层析填料,使其具备良好的层析性能而被广泛应用。

② 配基:疏水层析填料配基的一个重要特征是具弱疏水性,与蛋白质作用温和,从而能保证蛋白质的生物活性不丧失。烷基、芳香基是目前常用的疏水层析填料配基,配基密度一般较低,碳链长度一般在 C4~C8 之间,很少使用疏水性更强的具有更长碳链的烷基,如果结合力过强,使蛋白质难以被洗脱下来,而使用一些强洗脱条件又易造成蛋白质丧失生物活性,芳香基则多用苯基。图 8-22 显示了几种常用的疏水配基。

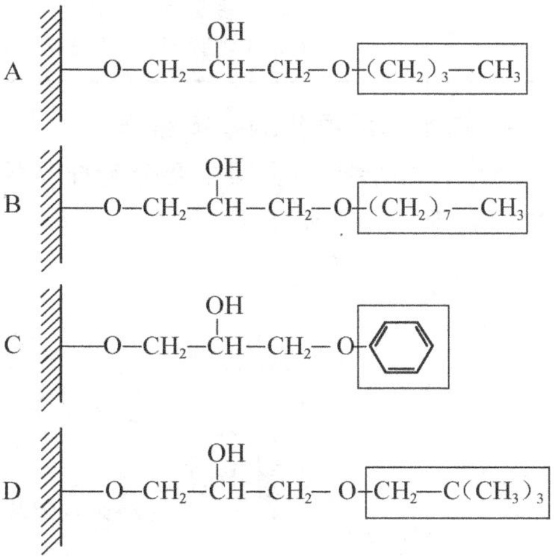

图 8-22　常见的几种疏水配基类型

方框内部分为疏水配基,斜杠部分代表载体,两者中间部分为连接基团。

配基类型分别为:A. 丁基,B. 辛基,C. 苯基,D. 新戊基

③ 偶联:将疏水配基偶联至基质的方法与亲和层析介质的偶联方法相似,其中最有代表性的是羟基,琼脂糖基团带有大量的羟基,而硅胶及其他聚合物基质也会因表面包裹修饰后带上羟基。将疏水配基连接至羟基通常是使用带有环氧化物基团的配基分子与羟基发生成醚反应而形成稳定的共价键,环氧化物基团反应后开环形成配基与基质之间的连接部分,反应式如图 8-23 所示。

图 8-23　环氧化物与羟基的反应式

式中,R 代表疏水配基;M 代表基质。通过调节两种反应物的比例可以方便地控制所得介质的配基密度。

（2）影响疏水层析的因素：影响疏水层析的因素很多,包括固定相、流动相等,其影响趋势如表 8-5 所示。

表 8-5 疏水层析的影响因素

影响因素	变化趋势
固定相的疏水性	HIC 固定相的疏水性比 RPC 的疏水性低 10～100 倍,否则会引起不可逆吸附
溶液的盐浓度	溶液的盐浓度增大,疏水吸附作用增强,特别是对盐析沉淀有效的盐类,但盐浓度太高,非特异性吸附会增强,难于得到较高的分辨率
pH	pH 变化对蛋白的溶解度和活性不利。在中性 pH 条件下吸附,洗脱时适当降低洗脱剂的 pH 有利于降低疏水吸附的强度,有利于洗脱
温度	对大多数蛋白,温度升高会增大保留作用,也会使溶解度和活力降低,因此降低洗脱操作温度往往对洗脱有利

4. 疏水作用层析的基本操作

疏水作用层析的步骤主要分为样品的准备、平衡、上样、淋洗、洗脱、再生等过程,其中主要的过程如图 8-24 所示。

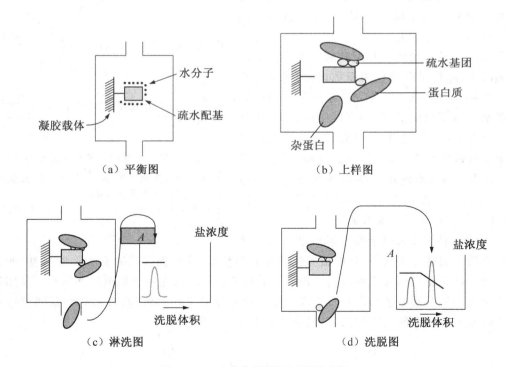

图 8-24 疏水作用层析过程示意图

（1）样品的准备：相对于其他层析技术而言,HIC 在样品准备方面的要求比较低。主要需注意以下几个方面：如果加样前样品中有颗粒状物质，必须通过过滤或离心的方法去除；若样品黏度过大，则需通过稀释的方法降低样品黏度；缓冲液体系的 pH 以满足吸附条件和样品的稳定性为准，一般无需改变样品的缓冲液体系；样品中添加足够浓度的盐，使样品溶液中的盐浓度达到与流动相中基本一致，同时确保在该盐浓度条件，样品组分不会发生沉淀。

（2）平衡：加样前层析柱先用流动相充分平衡。流动相是层析的起始条件，在绝大多数情况下，人们采用使目标分子结合至层析柱而水性较弱的杂质不被吸附而穿透的方式。此时需要确定的是流动相中缓冲液的种类、盐的种类和浓度、pH 等条件。确定缓冲液的种类主要考虑所需采用的 pH，缓冲液在此 pH 附近必具备强的缓冲能力，且不对蛋白质的稳定性造成不利影响。流动相中盐浓度主要依靠额外添加的盐类维持，缓冲液中缓冲盐本身的浓度一般不需要很高，通常在 0.01～0.05mol/L 之间，仅需具有足够的缓冲能力即可；在 HIC 中最有效并且使用最广泛的盐是 $(NH_4)_2SO_4$ 和 Na_2SO_4，此外 NaCl 有时也被使用。控制流动相的 pH 条件很重要，它直接影响着目标分子在介质上的结合强度及分离过程的选择性，在保证目标蛋白良好稳定性的同时，确保在该 pH 条件下目标蛋白与介质能有效结合且有较好的分离选择性。

（3）上样：样品上样体积主要受到样品中组分浓度和介质的结合容量的影响，对于稀释样品无需浓缩可以直接加样，但如果样品体积过大，溶液中的盐浓度或 pH 与流动相有较大差异时，一次加样体积不能太大，否则无法确保样品有效吸附，可以采用将样品分作若干份进行加样的方式，加完一份样品后用一定体积的流动相通过层析柱，重新提高柱中盐浓度，使组分完成吸附，再进行下一份样品的加样，如此循环直至样品添加完毕。一般样品被添加至层析柱，并用 1～2 个柱体积的流动相通过层析柱完成样品的吸附。

（4）洗脱：样品上完样后，就可以进行洗脱了。HIC 中将样品洗脱的方式主要有三种：① 采用降低流动相盐浓度的方式洗脱。随着盐浓度的下降，样品组分与介质间的疏水作用不断减弱，从而按各组分疏水性由弱到强的顺序被洗脱，这是 HIC 中最常用的洗脱方式。② 采用降低流动相极性的方式洗脱。通常往流动相中添加有机溶剂，如乙二醇、丙醇、异丙醇等，极性的降低会大大减弱疏水性，可使一些较难被洗脱的组分被洗脱下来，但该方法对生物大分子的稳定性产生不利影响。③ 往流动相中加入竞争性吸附剂的方式洗脱。如添加去污剂等，去污剂本身能与介质发生强烈吸附，可将目标组分置换下来，但这种洗脱方法有较大的局限性，因为去污剂会破坏蛋白质的空间结构，且与介质结合过牢而难以被清洗下来，对介质的再生不利，因此一般只在分离膜蛋白时采用。

最为常用的降低盐浓度的洗脱方式，又可分为梯度洗脱和阶段洗脱。在摸索实验阶段，一般首选梯度洗脱[图 8 - 25(a)]，可采用简单下降线性梯度，梯度的终点即流动相 B 多为不含盐的与流动相 A 具有相同 pH 的缓冲液；阶段洗脱[图 8 - 25(b)]一般在目标组分位置及解析条件基本确定的前提下采用，其优势在于操作简单，不同批次间重复性良好。

（5）再生与保存：在每次层析操作后，都必须将吸附在层析柱内的组分完全清洗下来，恢复介质原有的性能，这就是再生。对于不同类型的介质，再生的方法有所不同，最常规的再生方法是在洗脱过程完成后用蒸馏水清洗，如果有疏水性很强的物质如脂类、变性蛋白等牢固结合在介质上，则需要用合适的清洗剂进行清洗，如用 NaOH 溶液或促溶盐类的水溶液。

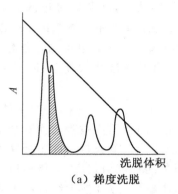 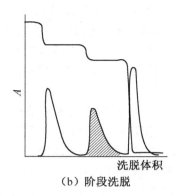

（a）梯度洗脱   （b）阶段洗脱

图8-25　洗脱方式

阴影部分代表目标分子的洗脱峰；直线代表洗脱过程中盐浓度的变化

疏水层析介质一般悬浮在20％左右的乙醇中保存，如果在水溶液中保存，需加入0.01％左右的叠氮化钠，以防微生物生长。

5. 疏水作用层析的应用

疏水作用层析已被广泛地应用于生物分子特别是蛋白质的分离纯化中，它既可作为单独的纯化步骤使用，但更多的则是与其他分离技术结合使用。例如，HIC可以与硫酸铵沉淀等沉淀技术联合使用，加入适当浓度的硫酸铵使部分杂质沉淀后，目标蛋白存在于含有高浓度盐的上清液中，无需脱盐就能直接加样至HIC柱；HIC还能与包括离子交换层析、凝胶过滤层析、亲和层析在内的基于不同原理的层析技术联合使用，达到理想的纯化效果。

赵荣志等报道了应用疏水作用层析一步分离正确折叠与错误折叠的复合干扰素的研究，成功去除了复性过程中产生的错误折叠体、聚集体及杂蛋白。将复性复合干扰素溶液中加入0.8mol/L硫酸铵，进样至缓冲液A（20mmol/L Tris-HCl，0.8mol/L（NH₄）₂SO₄，pH8.3）平衡的疏水柱（Butyl Sepharose 4 FastFlow，∅16mm×135mm），缓冲液A淋洗2个柱体积，然后用12个柱体积进行线性梯度洗脱，线流速为90cm/h，梯度范围从30％上升至100％的缓冲液B（20mmo/L Tris-HCl，pH8.3），收集含复合干扰素正确折叠体的洗脱峰P₁（图8-26），Sephadex G-25脱盐分析测定，最终目标蛋白反相高效液相层析检测纯度达到99.6％，还原及非还原型SDS-PAGE电泳均呈单一条

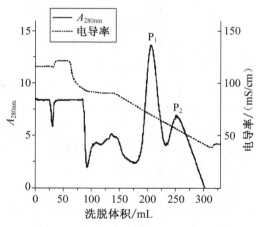

图8-26　疏水作用层析纯化复合干扰素

带，其比活为2.3×10⁹IU/mg，回收率为36.7％，结果很理想。

8.3.4　凝胶层析

1. 概述

凝胶层析（gel chromatography，GC）又称分子筛层析、分子排阻层析等，是利用具有网状

结构的凝胶的分子筛作用,根据被分离物质的分子大小不同来进行分离。该技术是在 20 世纪 50 年代前后发展起来的,特别是在 1959 年,利用线性的葡聚糖分子通过环氧氯丙烷交联而成的交联葡聚糖凝胶 Sephadex™ 的诞生,大大增加了凝胶的机械稳定性,使之适合于各种生物分子的分离过程,后来 Arne Tisselius 将之称为凝胶过滤层析,目前已成为生物分子最常用的分离纯化手段之一。

凝胶层析按其流动相的不同分为两大类:一类是以水或缓冲液为流动相,称为凝胶过滤层析(gel filtration chromatography,GFC),其所用凝胶是亲水性的,适用于分离水溶性化合物;另一类是以有机溶剂为流动相,称为凝胶渗透层析(gel permeation chromatography,GPC),所用的凝胶是疏水性的,适用于分离油溶性化合物。

凝胶层析的突出优点就是载体是惰性的,不带电荷,吸附力弱,而且操作条件比较温和,可在相当广的温度范围下进行,设备简单,易于操作,目标物回收率高,它的缺点是样品不断被稀释,上样量不能太大,否则分辨率变差。

2. 凝胶层析的原理

(1) 凝胶层析的基本过程:凝胶层析是利用凝胶过滤层析介质的网状结构,根据分子大小进行分离的一种方法,基本原理是含有不同尺寸大小分子的样品进入层析柱后,较大的分子不能通过孔道扩散进入凝胶珠体内部,而与流动相一起流出层析住,较小的分子可通过部分孔道,更小的分子可通过任意孔道扩散进入珠体内部。这种颗粒内部扩散的结果使小分子向柱下的移动减慢,从而样品根据分子大小的不同依次从柱内流出而达到分离的目的,其层析原理如图 8-27 所示。

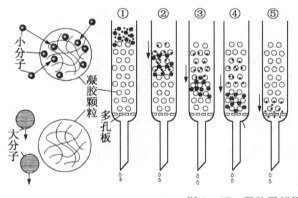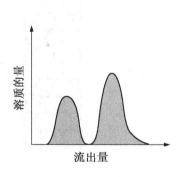

图 8 - 27　凝胶层析原理图

(2) 凝胶特性参数

① 排阻参数:排阻极限是指不能扩散到凝胶网络内部的最小分子的相对分子质量。如图 8-28中 A 点,即大于 A 的分子被排阻在凝胶颗粒之外。

渗透极限是指能全部进入凝胶颗粒的微孔中最大分子的相对分子质量。如图 8-28 中 B 点,即小于 B 的分子全部进入凝胶颗粒的微孔中。

分级范围是指能为凝胶阻滞并且相互之间可以得到分离的溶质的相对分子质量范围。

② 体积参数:总柱床体积(V_t)是指凝胶经溶胀、装柱、沉降,体积稳定后所占据层析柱内的总体积。

外水体积(V_o)是指柱中凝胶颗粒间隙的液相体积的总和。

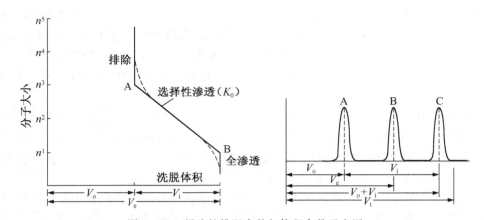

图8-28 凝胶的排阻参数与体积参数示意图

组分 A 为全排阻分子;组分 B 为部分渗透分子;组分 C 为全渗透分子

内水体积(V_i)是指存在于溶胀后的凝胶颗粒网孔中的液相体积的总和。

凝胶体积(V_g)又称干胶体积,是指凝胶颗粒固相所占据的体积。

洗脱体积(V_e)是指被分离物质通过凝胶柱所需洗脱液的体积,即自样品加至层析柱上部开始,至洗脱组分达到最大浓度(对应洗脱峰峰顶)时流经层析柱的洗脱液的体积。如图8-29所示,总柱床体积等于外水体积、内水体积与凝胶体积之和,即:

$$V_t = V_o + V_i + V_g \qquad (8-34)$$

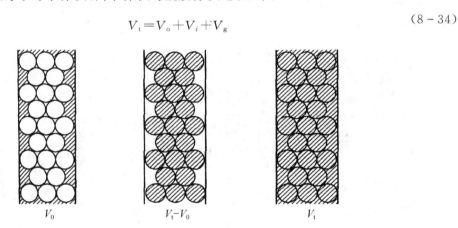

图8-29 凝胶层析柱体积参数示意图

③ 柱效:分配系数(K_d):凝胶过滤层析是一种分配过程,凝胶颗粒内部吸附的溶剂为固定相,流经层析柱的洗脱剂为流动相,样品的洗脱过程就是溶质分子在两相中不断分配平衡的过程,而某种物质的洗脱体积 V_e 的大小取决于该物质在流动相和固定相之间的分配系数 K_d,其关系式为:

$$V_e = V_o + K_d V_i$$

即
$$K_d = (V_e - V_o)/V_i \qquad (8-35)$$

式中,K_d 与被分离物质的相对分子质量和分子形状、凝胶颗粒间隙和网孔大小有关,与层析柱的长短、粗细无关。很显然,K_d 的值在 0～1 之间,当 $K_d = 0$ 时,是全排阻分子的情况;当 $K_d =$

1 时,是全渗透分子的情况;当 $0 < K_d < 1$ 时,是部分渗透分子的情况。

　　分辨率(R_s)：分辨率是用来描述两种物质之间分离效果的参数。在凝胶层析中分辨率可以定义为两个洗脱峰峰顶对应的洗脱体积之差比上两峰在基线上峰宽的和的平均值,如图 8-30 所示,即

$$R_s = \frac{V_{e2} - V_{e1}}{(W_{b1} + W_{b2})/2} \qquad (8-36)$$

式中,V_{e1} 和 V_{e2} 分别为洗脱峰 1 和峰 2 的洗脱体积;W_{b1} 和 W_{b1} 分别为洗脱峰 1 和峰 2 的峰宽;R_s 为分辨率,相邻两峰的相对分离程度的衡量标准。

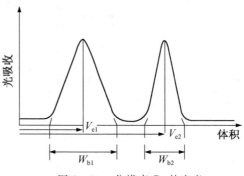

图 8-30　分辨率 R_s 的定义

　　理论塔板数及塔板高度：柱效在特定实验条件下用层析柱的理论塔板数 n 来表示,通常表示为每米层析床所包含的理论塔板数,其计算公式为：

$$n = 5.54 \left(\frac{V_e}{W_{h/2}} \right)^2 \qquad (8-37)$$

式中,V_e 为组分的洗脱体积;$W_{h/2}$ 为洗脱峰半峰高时对应的峰宽。

　　柱效还可用一个理论塔板的高度 H 来表示：

$$H = L/n \qquad (8-38)$$

式中,L 为柱长。凝胶过滤时柱效的好坏取决于层析柱的填充效果、凝胶颗粒的尺寸、柱长、流速等因素,良好的装柱操作、较细的介质、较长的层析柱都有利于提高柱效。

3. 凝胶层析的介质

　　理想的凝胶过滤介质具有高机械强度及化学稳定性,能够耐受高温高压和强酸强碱,具有高化学惰性,内孔径分布范围窄,颗粒大小均一度高。目前,已商品化的凝胶介质很多,依据基质的组成可分为葡聚糖凝胶、琼脂糖凝胶、聚丙烯酰胺凝胶、聚苯乙烯凝胶以及由两种或两种以上物质混合而成的复合凝胶,如葡聚糖-琼脂糖混合凝胶、琼脂糖-聚丙烯酰胺混合凝胶等。

　　(1)葡聚糖凝胶

　　① Sephadex 系列：Sephadex G 称为交联葡聚糖凝胶,是最早问世且至今仍被广泛使用的凝胶过滤介质,商品名为 Sephadex™(瑞典,Pharmacia),由葡聚糖通过环氧氯丙烷交联形成的颗粒状凝胶。根据加入交联剂的比例不同可得到交联度不同的凝胶,交联剂在原料总质量中所占的比例叫做交联度,交联度越大,凝胶的网状结构越紧密,吸水量越小,吸水后膨胀体积就越小。不同规格型号的葡聚糖用英文字母 G 表示,G 后面的阿拉伯数字是根据干胶的吸水量而定的,数字相当于干胶吸水量的 10 倍,例如,G-25 为每克凝胶膨胀时吸水 2.5ml。常见 Sephadex G 系列凝胶类型及性质如表 8-6 所示。

表 8-6　常见 Sephadex G 系列凝胶类型及性质

凝胶规格		吸水量（以干凝胶计）/ml·g⁻¹	膨胀体积（以干凝胶计）/ml·g⁻¹	分离范围（相对分子质量）		浸泡时间/h	
型号	干粒直径/μm			肽或球状蛋白	多糖	20℃	100℃
G-10	40～120	1.0±0.1	2～3	约700	约700	3	1
G-15	40～120	1.5±0.2	2.5～3.5	约1500	约1500	3	1
G-25	粗粒 100～300 中粒 50～150 细粒 20～80 极细 10～40	2.5±0.2	4～6	1000～5000	100～5000	3	1
G-50	粗粒 100～300 中粒 50～150 细粒 20～80 极细 10～40	5.0±0.3	9～11	1500～30000	500～10000	3	1
G-75	40～120 极细 10～40	7.5±0.5	12～15	3000～70000	1000～5000	24	3
G-100	40～120 极细 10～40	10±0.1	15～20	4000～150000	1000～100000	72	5
G-150	40～120 极细 10～40	15±1.5	20～30 18～20	5000～400000	1000～150000	72	5
G-200	40～120 极细 10～40	20±2.0	30～40 20～25	5000～800000	1000～200000	72	5

② Sephadex LH-20 系列：Sephadex LH-20 是 Sephadex G-25 的羧丙基衍生物，能溶于水及亲脂溶剂，用于分离不溶于水的物质。

（2）琼脂糖凝胶

① Sepharose/Bio-Gel-A/Sagavac 系列：该类型琼脂糖凝胶是由琼脂糖分子自发聚集形成的，商品名常见的有 Sepharose™（瑞典，Pharmacia）、Bio-Gel-A™（美国，Bio-Rad）、Sagavac™（英国，Sagavac）等。琼脂糖凝胶是依靠糖链之间的次级键如氢键来维持网状结构的，网状结构的疏密依靠琼脂糖的浓度，其化学稳定性不如葡聚糖凝胶。琼脂糖凝胶没有干胶，需在溶胀状态下保存。琼脂糖凝胶没有带电基团，对蛋白质的非特异性吸附小于葡聚糖凝胶，它能分离相对分子质量几万至几千万的物质，颗粒强度随凝胶浓度上升而提高，而分离范围却随浓度上升而下降。琼脂糖凝胶适用于核酸类、多糖类和蛋白类物质的分离。常见 Sepharose、Bio-Gel-A、Sagavac 系列凝胶类型及性质如表 8-7 所示。

表 8 - 7　常见 Sepharose、Bio-Gel-A、Sagavac 系列凝胶类型及性质

商品名称	琼脂糖浓度/%	分离范围(蛋白质相对分子质量)	商品名称	琼脂糖浓度/%	分离范围(蛋白质相对分子质量)
Sepharose 6B	6	$10^4 \sim 4 \times 10^6$	Bio-Gel A - 50m	2	$10^5 \sim 5 \times 10^7$
Sepharose 4B	4	$6 \times 10^4 \sim 2 \times 10^7$	Bio-Gel A - 150m	1	$10^6 \sim 1.5 \times 10^8$
Sepharose 2B	6	$7 \times 10^4 \sim 4 \times 10^7$	Sagavac 10	10	$10^4 \sim 2.5 \times 10^5$
Bio-Gel A - 0.5m	10	$10^4 \sim 5 \times 10^5$	Sagavac 8	8	$2.5 \times 10^4 \sim 7 \times 10^5$
Bio-Gel A - 1.5m	8	$10^4 \sim 1.5 \times 10^6$	Sagavac 6	6	$5 \times 10^4 \sim 2 \times 10^6$
Bio-Gel A - 5m	6	$10^4 \sim 5 \times 10^6$	Sagavac 4	4	$2 \times 10^5 \sim 1.5 \times 10^7$
Bio-Gel A - 15m	4	$4 \times 10^4 \sim 1.5 \times 10^7$	Sagavac 2	2	$5 \times 10^6 \sim 1.5 \times 10^8$

　　② Superose 系列：Superose™（瑞典，Pharmacia）是在珠状琼脂糖颗粒的基础上经过两次交联后得到的一种具有高分辨率、高机械强度、很宽分级范围的新型凝胶过滤介质,适合于组分相对分子质量差异较大的混合物的分离。

　　③ Sepharose CL 系列：Sepharose CL™（瑞典,Pharmacia）是用 2,3-二溴丙醇作为交联剂,在强碱性条件下与 Sepharose 反应产生的,CL 表示交联,其强度和稳定性均优于 Sepharose。根据交联之前的母胶中琼脂糖的含量不同,Sepharose CL 系列凝胶也有三种类型,即 Sepharose CL - 2B、Sepharose CL - 4B 和 SepharoseCL - 6B。Sepharose CL 系列凝胶在颗粒直径、分级范围方面与 Sepharose 系列完全相同,但在 pH 稳定范围、机械强度（流速）及温度稳定性方面得到了很大的提高。

　　（3）聚丙烯酰胺凝胶

　　聚丙烯酰胺凝胶是一种人工合成凝胶,商品名为 Bio - Gel P™（美国,Bio - Rad）,是以丙烯酰胺为单位,由亚甲基双丙烯酰胺为交联剂交联成的网状聚合物,经干燥粉碎或加工成型制成颗粒状干粉,遇水溶胀成凝胶。控制交联剂的用量可制成各种型号的凝胶,交联剂越多,孔隙越小。商品型号 P 后面的数字再乘 1000 就相当于该凝胶的排阻限度。该凝胶的酰胺基团遇酸可水解生成羧酸,因此不耐酸,一般在 pH4~9 范围内使用。实践证明,聚丙烯酰胺凝胶层析对蛋白质相对分子质量的测定、核苷及核苷酸的分离纯化,均能获得理想的结果。常见 Bio - Gel P™系列凝胶类型及性质如表 8-8 所示。

表 8-8　常见 Bio - Gel P™系列凝胶类型及性质

聚丙烯酰胺凝胶	吸水量(以干凝胶计)/ml · g⁻¹	膨胀体积(以干凝胶计)/ml · g⁻¹	分离范围(相对分子质量)	溶胀时间/h 20℃	溶胀时间/h 100℃
P - 2	1.5	3.0	100~1800	4	2
P - 4	2.4	4.8	800~4000	4	2
P - 6	3.7	7.4	1000~6000	4	2
P - 10	4.5	9.0	1500~20000	4	2
P - 30	5.7	11.4	2500~40000	12	3

聚丙烯酰胺凝胶	吸水量（以干凝胶计）/ml·g⁻¹	膨胀体积（以干凝胶计）/ml·g⁻¹	分离范围（相对分子质量）	溶胀时间/h	
				20℃	100℃
P-60	7.2	14.4	10000~60000	12	3
P-100	7.5	15.0	5000~100000	24	3
P-150	9.2	18.4	15000~150000	24	5
P-200	14.7	29.4	30000~200000	48	5
P-300	18.0	36.0	60000~400000	48	5

（4）苯乙烯凝胶

① Bio-Beads S 系列：Bio-Beads S™（美国,Bio-Rad）是一种适合在非极性有机溶剂中进行层析的凝胶介质,以苯乙烯为单体,二乙烯苯为交联剂聚合而成,其网孔结构由交联剂的用量及合成时所用稀释剂的种类所决定。根据交联度的不同,Bio-Beads 系列凝胶分为若干型号,分别以 Bio-Beads S-X 后面加上一个数字表示,该数字即为这种型号凝胶的交联度。由于聚苯乙烯分子的网孔结构比较小,形成的并非大孔型凝胶,Bio-Beads 系列凝胶的分级范围比其他类型的介质低,适合于相对分子质量较小的组分的分离纯化,但聚苯乙烯的强度很大,因此该系列凝胶的机械强度好,在强酸和强碱环境中都具有良好的稳定性,该系列凝胶不能在水和极性有机溶剂如乙醇、丙酮中使用。常见 Bio-Beads S™ 系列凝胶类型及性质如表8-9所示。

表8-9　常见 Bio-Beads S™ 系列凝胶类型及性质

型　号	二乙烯苯含量/%	粒径（干）/μm	溶胀体积（苯中）/(ml/g 干胶)	排阻极限（相对分子质量）	分离范围（相对分子质量）
S-X1	1	40~80	7.5	14000	600~14000
S-X3	3	40~80	4.75	2000	最大2000
S-X8	8	40~80	3.1	1000	最大1000
S-X12	12	40~80	2.5	400	最大400

② Styrogel 系列：Styrogel™ 也是以苯乙烯为单体,二乙烯苯为交联剂聚合而成,具有大网孔结构,可用于分离相对分子质量 1600 到 40000000 的生物大分子,适用于有机多聚物相对分子质量测定和脂溶性天然产物的分级。该系列凝胶机械强度好,洗脱剂可用甲基亚砜。

（5）复合凝胶

① Sephacryl HR 系列：Sephacryl HR™（瑞典,Pharmacia）是由烯丙基葡聚糖通过 N,N′-亚甲基双丙烯酰胺交联而成的新型复合型高分辨率凝胶介质,具有很高的机械强度和亲水性。Sephacryl HR 介质的颗粒尺寸分布较窄,如果填充良好,层析柱的柱效能够达到每米9000 个以上的理论塔板数,在较低的流速条件下分离时能获得高分辨率。Sephacryl HR 系列凝胶机械强度、理化特性上均优于传统凝胶介质,适于在高流速下进行快速分离。常见 Sephacryl HR 系列凝胶类型及性质如表8-10所示。

表 8 - 10　常见 Sephacryl HR 系列凝胶类型及性质

Sephacryl HR 型号	水化颗粒直径/μm	分级范围			pH 稳定范围（长程）	pH 稳定范围（短程）
		球状蛋白	葡聚糖	DNA 排阻限		
S - 100 HR	25～75	$1\times10^3\sim1\times10^5$	—	—	3～11	2～13
S - 200 HR	25～75	$5\times10^3\sim2.5\times10^5$	$1\times10^3\sim8\times10^4$	118	3～11	2～13
S - 300 HR	25～75	$1\times10^4\sim1.5\times10^6$	$2\times10^3\sim4\times10^5$	118	3～11	2～13
S - 400 HR	25～75	$2\times10^4\sim8\times10^6$	$1\times10^4\sim2\times10^6$	271	3～11	2～13
S - 500 HR	25～75	—	$4\times10^4\sim2\times10^7$	1078	3～11	2～13

② Superdex 系列：Superdex^{TM}（瑞典，Pharmacia）凝胶是将葡聚糖与高度交联的琼脂糖颗粒共价结合而形成的复合型凝胶介质，是目前分辨率和选择性最高的凝胶介质之一。在该凝胶的结构中，琼脂糖基质决定了凝胶具有高度的理化稳定性，而葡聚糖链决定了凝胶的层析特性。Superdex 系列凝胶颗粒尺寸很小，且大小分布均匀，填充成层析柱后柱效非常高，每米可达 13000 个理论塔板数，在很高的流速下仍能获得非常高的分辨率，这是传统凝胶介质无法达到的。常见 Superdex 系列凝胶类型及性质如表 8 - 11 所示。

表 8 - 11　常见 Superdex 系列凝胶类型及性质

Superdex 型号	颗粒直径/μm	分级范围		pH 稳定范围（长程）	pH 稳定范围（短程）	流速/cm·h^{-1}
		球状蛋白	葡聚糖			
Superdex peptide	11～15	$1\times10^2\sim7\times10^3$	—	3～12	1～14	100
Superdex 30 prep grade	24～44	$<10^4$	—	3～12	1～14	100
Superdex 75 prep grade	24～44	$3\times10^3\sim7\times10^4$	$5\times10^2\sim3\times10^4$	3～12	1～14	100
Superdex 75	11～15	$3\times10^3\sim7\times10^4$	$5\times10^2\sim3\times10^4$	3～12	1～14	100
Superdex 200 prep grade	24～44	$1\times10^4\sim6\times10^5$	$1\times10^3\sim1\times10^5$	3～12	1～14	100
Superdex 200	11～15	$1\times10^4\sim6\times10^5$	$1\times10^3\sim1\times10^5$	3～12	1～14	100

4. 凝胶层析的基本操作

（1）凝胶柱的填装：

① 柱子材质的选择：柱子的材质会对操作压力有影响，因此根据操作需要选择是玻璃柱、有机玻璃柱还是不锈钢柱材质；柱子的高度需要适宜，高度越高，分离度越好，但过高，会让柱压升高，且凝胶变形；柱子的直径对分离度没影响，直径越大，样品的处理量越大，但过大时，样品不易在柱床面分布均匀，一般柱高与直径的比（即柱比）在（5～10）：1 之间。

② 凝胶的选择：物质的分离主要分为两类，一类是将相对分子质量极为悬殊的两类物质分开，如蛋白质与盐类，这叫做类分离或组分离；另一类是将相对分子质量相差不大的大分子物质加以分离，如分离血清球蛋白与白蛋白，这叫做分级分离。在做分离时，尽量使大分子的分配系数 $K_d=0$，小分子的 $K_d=1$；在分级分离时，尽量使各种物质的 K_d 值尽可能相差大，不使相对分子质量分布在凝胶分离范围的一侧，相对分子质量大于渗入限的 3 倍，并小于排阻限的 1/3。对于凝胶的粒度，如果用于精制分离或分析，可选细粒凝胶，此时柱流速低，洗脱峰

窄,分辨率高;如果用于粗制分离、脱盐,可选粗粒凝胶,此时柱流速高,洗脱峰平坦,分辨率低。

③ 凝胶的预处理:市售凝胶必须经过充分溶胀后才能使用,如果溶胀不充分,则装柱后凝胶继续溶胀,造成填充层不均匀,影响分离效果。溶胀的方式主要有两种,一种是自然溶胀法,加入干胶以 10 倍以上吸液量的溶剂浸泡,搅拌,静置 1～3d,倾去上层混悬液,除去过细的粒子;第二种是加热法,通过加热煮沸大大缩短浸泡时间,一般几个小时就可以溶胀完全,该法不但节约时间,还可消毒,除去凝胶中污染的细菌和排除胶内的空气。

④ 凝胶柱的装填:开始装柱时,先将柱竖直固定,加入少量的溶剂以排除柱中底端的气泡,空柱中应预留约 1/5 的水或溶剂,然后在搅拌下,缓缓地、均匀地、连续地加入已经脱气的充分溶胀的凝胶液,使胶粒均匀沉降,最后用洗脱剂让凝胶柱达到平衡。装柱过程中要特别注意防止气泡的产生及防止凝胶分层和胶面倾斜。

⑤ 凝胶柱的质量评估:首先肉眼观察有无凝胶分层和气泡等现象,然后检测装柱的均一性,由于凝胶层析的分离效果主要决定于层析柱装填得是否均匀,可以采用可能完全被凝胶排阻的标准物质(如蓝色葡聚糖-2000)进行是否均匀的检查,根据谱图的正态分布情况确定是否需要重新填装。柱效的计算,根据标准检测物质的正态分布谱图,计算塔板理论数 n 及塔板高度 H,确定是否符合填装要求。

(2)样品溶液的准备:如果加样前,样品中有颗粒状物质,必须先通过过滤或离心的方法去除后才能上柱;样品浓度要适中,若样品浓度过大,则导致黏度过大而使层析分辨率下降,若样品浓度过低,则处理量过小,而且凝胶层析还具有稀释作用,造成目标峰中的样品量低,难于检测,一般要求样品黏度小于 0.01Pa·s,对蛋白质类样品浓度以不大于 4% 为宜。

(3)平衡与上样:

① 凝胶柱的平衡:凝胶柱装好后,一般要用洗脱液充分洗涤,让洗脱液与凝胶达到平衡,洗脱液一般依据对样品的溶解能力和仪器的承受能力来考虑,水溶性物质的洗脱一般采用水或具有不同离子强度和 pH 的缓冲液,脂溶性物质一般采用不同的有机溶剂。

② 凝胶柱的上样:加样时尽量减少样品的稀释及凝胶床面的搅动,通常有以下两种加样方法:a. 直接加样至层析床表面。打开层析柱的活塞,让洗脱液与凝胶床刚好平行或高出1～2mm,关闭出口。用滴管吸取样品溶液沿柱壁轻轻地加入到层析柱中,打开流出口,使样品渗入凝胶床内。当样品液面恰好渗入凝胶床时,小心加入少量洗脱剂冲洗管壁 1～2 次,尽可能少稀释样品,待液面恰好全部渗入凝胶床后就可进行洗脱。b. 利用样品液与洗脱液两种液体相对密度的不同而分层加入,将高相对密度样品加入床表面低相对密度的洗脱液中,样品均匀下沉于层析床表面,打开出口,使样品渗入层析床。

③ 加样量的确定:加样量与测定方法和层析柱大小有关,如果检测方法灵敏度高或柱床体积小,加样量可小,否则,加样量增大。通常,样品液的加入量应掌握在凝胶床总体积的1%～5%,如果是脱盐处理,加样量可达到凝胶床总体积的 20%～30%。

(4)洗脱与收集:在洗脱过程中,要保持洗脱过程的稳定性,防止柱床体积的变化。

① 洗脱的流动相:非水溶性物质的洗脱采用有机溶剂;水溶性物质的洗脱,一般采用水或具有不同离子强度和 pH 的缓冲液;对于某些吸附较强的物质也采用水与一些极性有机溶剂的混合溶液进行洗脱。

② 洗脱液的流速:根据具体实验情况决定洗脱液的流速,流速应稳定且不宜过快,一般采用30～200ml/h,流速过快会使层析带变形,影响分离效果。流速的调节可采用静液压法装置。

③ 洗脱液的离子强度和 pH：在凝胶层析过程中，缓冲剂中加入一定浓度的离子防止被分离物与凝胶骨架间的离子相互作用，比如对于多糖类的分离介质，缓冲液的离子强度至少应为 0.02mol/L。对于聚丙烯酰胺类凝胶，离子强度可为 0.05mol/L，但也要注意离子强度过高将引起凝胶柱床体积变化。洗脱液的 pH 以对物质稳定性具有较强缓冲能力为标准。

（5）再生与保存：

① 凝胶的再生：再生是指用适当的方法除去凝胶中的污染物，使其恢复原来的性质。凝胶层析中凝胶过滤前后，本身并未发生变化，一般无需再生，但在实际应用中，由于杂质的混入，会影响过滤的速度，给收集带来问题，因此，对于经多次使用的凝胶柱，需要进行再生处理。如交联葡聚糖凝胶常用温热的 0.5mol/L NaOH 和 0.5mol/L NaCl 的混合液浸泡，水冲至中性进行再生；而聚丙烯酰胺和琼脂糖凝胶由于对酸碱不稳定，因此常用盐溶液浸泡，然后再水冲至中性。

② 凝胶的保存：通常使用的凝胶以湿态保存为主，即将其洗净后悬浮于蒸馏水或缓冲液中，加入防腐剂（20％乙醇、0.02％叠氮化钠、0.002％洗必泰等）后于冰箱内短期保存。如果长期保存，可以采用干法保存的方式，先对凝胶进行浮选，除去细小的颗粒，并用大量水洗涤，除去盐和污染物，然后逐步增加乙醇浓度（20％～80％）让胶收缩，于 60～80℃干燥后可以室温保存，但要防止处理过程中凝胶孔径的变化。

5. 凝胶层析的应用

（1）脱盐和浓缩：脱盐是指将盐类等小分子物质从样品中除去，从而得到仅剩大分子物质的样品溶液。其具有操作简便、快速、不影响生物大分子活性等突出的优点。脱盐过程属于组别分离，目标分子和盐类等在分子大小上存在很大的差异，因此脱盐操作既可以在很小的规模上对微量样品进行，又可以在很大规模上进行。适用的凝胶为 Sephadex G - 10、15、25 或 Bio - Gel P - 2、Bio - Gel P - 4 等。

利用凝胶可以进行样品的浓缩，将样品置于透析袋中，加入一定量的干凝胶颗粒，充分混合，经过相当长时间后，样品中的水分为干胶所吸收，离心或过滤，即可得到浓缩的样品。溶胀后的凝胶干燥后可以重复使用，常用于体积较小的样品的浓缩处理。

（2）相对分子质量测定：用凝胶过滤法测定生物大分子的相对分子质量，测定的依据是溶质的有效分配系数 K_{av} 与溶质的相对分子质量的关系，研究表明，以 K_{av} 对溶质的相对分子质量（M_r）的对数作图，得到"S"形的选择性曲线，在"S"形曲线的中段，在一定的相对分子质量范围内，K_{av} 的值与 $\lg M_r$ 呈线性关系，可用以下公式表示：

$$K_{av} = a - b\lg M_r \qquad (8-39)$$

式中，a，b 均为常数。

对特定的凝胶而言，测定相对分子质量需在选择性曲线的线性部分，实际工作范围大体在 $0.1 < K_{av} < 0.9$ 之间。首先需要作出一定相对分子质量的标准蛋白的 K_{av}-$\lg M_r$ 关系图，求出 a、b 值，然后在同样的条件下加未知相对分子质量的待测分子，然后由式 8 - 39 求出未知蛋白的相对分子质量。此法常用于蛋白质、酶、多肽、激素、多糖、多核等大分子物质的相对分子质量测定。

（3）缓冲液置换及蛋白复性：所谓缓冲液置换，是指通过一定的方法将目标分子从一个溶液体系中置换到另一个所需的缓冲体系中。在很多情况下，人们希望目标分子能够溶于具有适当 pH 和离子强度的缓冲液中，而凝胶过滤层析就是一种很好的手段，用所需的缓冲液将层析柱充分平衡后,将样品加至层析柱,用此缓冲液进行洗脱并收集,由于目标分子与原有体系中的小分子分离,收集得到的样品即溶于所需缓冲液。

利用凝胶层析对蛋白质复性。在蛋白质的分离纯化和结构功能研究中,常在对蛋白质进行变性处理后需对其复性,凝胶过滤复性是基于变性蛋白聚集体、不同程度的变性蛋白、复性蛋白及变性剂等因分子大小不同而分离,而凝胶介质为变性蛋白提供了变性剂"无限稀释"的复性空间,有效分隔了各个蛋白质分子,抑制了分子间因疏水作用而导致的聚集,有助于变性蛋白重新折叠成有活性的蛋白所需的空间构象。目前,已有大量报道关于利用凝胶层析对多种变性蛋白质进行复性的实例。

(4)混合物的分离:凝胶层析应用最多的领域还是混合物的分离纯化,广泛应用于高分子和小分子化合物的分离中,而且凝胶层析是所有层析技术中唯一按分子大小进行的技术,不但可以单独使用,而且还可以与其他层析技术结合使用,往往能获得较为理想的效果,如凝胶层析被广泛应用于氨基酸、蛋白质、多肽、核酸、多糖等生物物质的分离纯化。

8.4　层析分离新技术

8.4.1　径向层析

径向层析(radial flow chromatography)技术是一种流动相以径向流方式通过层析柱的新型层析技术,是目前采用的最有效的复杂样品快速分离、制备工具之一,尤其在生物样品的制备、复杂样品的初分离等方面与传统轴向液相层析相比具有明显的优势。该技术的发展可以追溯到60年前,1947年,Hopf发明了一种通过离心力分离液体溶液的装置,在大规模制备分离方面得到很好的应用。1972年,Heftmann将这种液体分离器的尺寸减小,转速增加到1950r/min,分离效率得到较大提高。带有填充颗粒床的径向流离心分离器最早应用于化学反应器,后来也被应用到分析化学中。Saxena等在美国专利"径向薄层层析"中,对径向层析技术的特点、操作及原理进行了阐述;Rice等采用特殊设计解决了流体在床层中的分布问题,使径向层析在上样量、分离速度等诸多方面的优势明显地表现出来,推动了径向层析的实用化进程,真正使径向层析走向产业化。

径向层析的实质是层析分离原理同膜分离过程的结合。径向层析柱采用了径向流动技术,径向层析柱的结构如图8-31(a)所示,样品和流动相是从柱的圆周围流向柱圆心或从圆心流向圆周围(而不是如传统层析柱即轴向层析柱,样品和流动相是从柱的一端流向另一端),如图8-31(b)所示,可在较小的柱床层高度时使用较大的流动相流速;同时因圆柱表面积一般大于其截面积,所以在流动相保持较高体积流速时,压降较

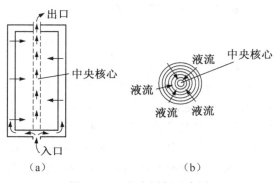

图8-31　径向层析示意图

低;在保持层析柱直径不变的情况下,只增加柱长时,可以线性增大样品处理量,样品处理量可在保持相似的层析条件下直接放大,各组分的保留时间及分辨情况与分析时完全相同。如果需要进一步放大规模,甚至到工业规模,还可以将多支径向层析柱串联或并联使用。由于径向层析柱允许使用较高的流动相流速,压降较低,样品出峰快,故对设备的要求不高,通常低压层析系统就可满足要求。

径向层析与传统的轴向层析法相比,有许多明显的特点:

(1) 速度快、处理量大、压降小。径向层析的介质与流动相接触面积大,因而处理量大;流动相流程相对短,在流动相保持较高体积流速时,压降较低,效率高,见表 8 - 12。

表 8 - 12　相同生产规模时径向柱与轴向柱的比较

项　目	流速/(L/h)	产率/(L/次)	柱体积/L
径向柱	200	1000	60
轴向柱	200	333	160

(2) 易放大生产:在柱直径不变的情况下,只增加柱长时,可以线性增大样品处理量,组分的保留时间及分辨率保持不变,因此径向层析非常适合大体积原料如基因工程、发酵工程产生的大体积、低浓度的蛋白质、核酸、多糖等生物大分子的富集纯化。

(3) 成本低、使用寿命长:径向层析较高的分离速度可大大缩短分离时间,避免或减少不稳定生物大分子在分离过程中的降解或失活,提高回收率,从而降低成本。层析柱可原位再生,勿需重新装柱,既省时省力,又避免重新装柱造成介质的损失。

目前,径向层析已广泛应用于生命科学、制药和化学合成等许多领域,正发挥着越来越重要的作用,可根据分离组分的特性来选择不同的填料来对物质进行分离和纯化,也可用于提取液中杂质的去除,常见的有径向离子交换层析、径向亲和层析、径向疏水性相互作用等,其他还有一些新型的径向层析技术如径向膜层析技术,它是选用具有高选择性和分辨力的层析填料,如离子交换或亲和层析填料,并制成膜的形式,再结合径向流动的原理开发出的新的分离技术,它既结合了膜分离过程具有处理量大、效率好等优点,又保留了径向层析速度快、选择性好、分辨力高等优点,具有广泛的应用前景。Singh S M 等报道了采用径向层析大规模纯化重组人生长激素(r-hGH)的研究,其先采用大肠杆菌发酵表达 r-hGH,得到了 r-hGH 的包涵体,然后细胞裂解,表面活性剂洗涤得到了纯度超过 80% 的包涵体,然后在 pH 为 12、浓度为 2mol/L 的尿素下溶解,再稀释复性,复性后的蛋白采用 DEAE-阴离子交换层析分离,采用径向和轴向两种不同的层析方式,结果发现径向层析比轴向层析具有更高的流速,可以达到 30ml/min,大大减少了批处理时间,且较轴向层析而言,复性后恢复生物学活性的比例更高,超过了 40%。

8.4.2　模拟移动床层析

模拟移动床层析(simulated moving bed chromatography, SMBC, SMB)是根据样品中组分对吸附剂(凝胶)的不同选择造成的在床内移动速率差异,使凝胶与移动相的液流呈反向,选择性小的成分与液流一致,选择性大的成分与凝胶一致,从而达到组分分离的层析技术。模拟移动床的概念是 20 世纪 60 年代 Broughton 等提出来的,在 70 年代,美国 UOP 公司基于

SMB 原理开发了 Sorbex 层析装置,并应用于化学工业,才使得该技术得以迅速发展。

模拟移动床层析主要是利用各种组分在固定相和流动相中吸附和分配系数的微小差异来达到各组分彼此分离的。假设有一个两组分分离体系,当在层析柱中脉冲进样后用适当的溶剂洗脱时就会产生这样的效果:一种物质移动慢,另一种物质移动快,若层析柱足够长时两者将最终分开。同样原理可应用于如图 8-32 所示的移动床(true moving bed,TMB)层析上。考虑两种组分 A 和 B 的分离,其中 B 比 A 更容易在固定相上吸附,因而 B 在层析中迁移速率要比 A 的小。如果让固定相以一个介于 A,B 两组分迁移速率之间的速度与溶剂作反向运动,这样 A,B 两种组分就会分别由固定相和溶剂携带向相反的方向,从而完成 A 与 B 的分离,这就是移动床层析的基本思想。移动床层析虽然有可连续操作和分离效果好的特点,但是在实际操作中固定相的流动会产生固定相的磨损、反混等问题,同时实现非常困难,而引入模拟移动床思想就能很好地解决固定相实际流动困难的问题,它可以在固定相不动的情况下,采用程序控制的方法,定期起闭切换进出料液和洗脱液的阀门,从而使各液流进出口的位置不断变化(相当于固定相在连续地"移动")。其分离操作原理示意图如图 8-33 所示。

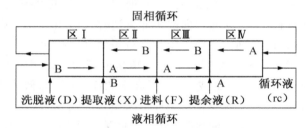

图 8-32 TMB 吸附分离操作原理示意图

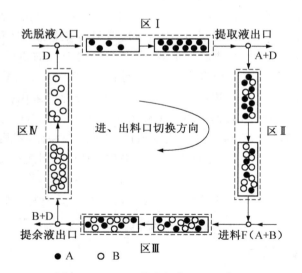

图 8-33 SMB 分离操作原理示意图

原理图中 A、B 为组分号,Ⅰ～Ⅳ为 4 个区的区号,F 为进料,D 为洗脱液。

模拟移动床层析的特点:① 模拟移动床技术与层析结合使层析分离从间歇变为连续,而层析的高分离率、低能耗、低物耗、常温运行等优点继续保留,由于模拟了逆流,固定相和流动相能反复利用,从而大大提高了效率,降低了成本;② 模拟移动床层析是在谱带首尾切取馏分,使提纯过程更易控制;③ 由于引进了精馏回流机制,使分离能力增加,产品收率提高;④ 又由于引进了连续机制,大大提高了产率。

　　模拟移动床层析的应用十分广泛,已应用于石油、精细化工、生物发醉、医药食品等许多生产领域,尤其是在同系化合物、手性药物、糖类、有机酸和氨基酸等混合物的分离中显示其独特性能。有人报道了利用模拟移动床层析(SMB)分离 D-阿洛酮糖和 D-果糖的研究。D-阿洛酮糖是一种稀有且价值很高的单糖,可以由 D-果糖经酶转化生产,反应后的混合物先预处理,去掉部分杂质,然后采用模拟移动床层析进行分离,填料选择 Dowex 50WX4-Ca^{2+}(200~400 目)离子交换树脂,通过峰面分析估算每种单糖的等温线参数,并以均衡理论来优化 SMB 过程的操作条件,结果发现经 SMB 分离纯化后的 D-阿洛酮糖的纯度和得率分别为 99.04% 和 97.46%,D-果糖的纯度和得率分别为 99.06% 和 99.53%,在优化操作条件下,达到完全分离,D-阿洛酮糖的提取纯度为 99.36%,D-果糖的提取纯度为 99.67%。

8.4.3　灌注层析

　　灌注层析是以具有贯穿孔的分离介质为层析填料的层析分离方法,是随着层析介质的发展突破而产生的。众所周知,传统的层析分离技术在流速与分辨率、容量之间存在有三角关系,即提高液体的速度,则柱容量和分辨率均会降低,主要原因在于孔内"停滞流动相传质"问题严重影响柱效率。美国普渡大学(Purdue University)博士 Frederick Regnier 和 Noubar Afeyan 及美国麻省理工学院(MIT)博士 Daniel I. C. Wang 等人发明了具有贯穿孔的分离介质 POROS,该系列分离介质是由苯乙烯和二乙烯基通过悬浮或乳液聚合方法制得的多孔型高度交联的聚合物微球。与传统介质的孔结构相比,灌注层析介质具有许多独特性(图8-34),颗粒内包含:① 贯穿孔或对流孔,孔径在 600~800nm,它允许液体对流到分离介质的内表面;② 扩散孔或连接孔,孔径在 50~150nm,孔深不超过 1μm。具有贯穿孔的分离介质打破了传统的流速与分辨率、容量间的三角关系,在流速增加的情况下,柱容量、分辨率均不会降低,且压力也不会升高,由此在 20 世纪 90 年代推出了灌注层析系统(Bio CAD Perfusiou Chromatagraphy)。

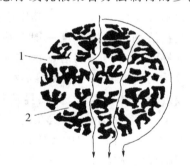

图 8-34　灌注层析介质内部结构示意图
1. 贯穿孔　2. 扩散孔

　　灌注层析的原理在于采用了具有贯穿孔的分离介质 POROS 为层析填料。传统的分离介质,长长的扩散孔内有大量的"停滞流动相",这样物质扩散至孔的内表面,传质阻力大,传质速度慢;而具有贯穿孔的分离介质颗粒内有孔径大的贯穿孔和孔径小的扩散孔组成,这样颗粒内传质过程主要靠贯穿流的对流传递,并通过短小的扩散孔很快就能扩散到孔的内表面上去,孔内"停滞流动相的传质阻力"大大减少,很快就能达到平衡,它综合了对流层析和扩散层析的优点,正是由于这种综合效应,可以使层析操作的线速度提高到 500~5000cm/h,却不影响灌注层析的柱效率,从而在保证分离度和柱容量不变的情况下得到更高的产率,而且还能大大缩短分离时间,易于放大。

灌注层析与传统方法相比：① 高流速下仍保持高分辨率和高柱容量；② 回收率高且生物活性损失少；③ 在同样处理量的前提下，所需的柱体积小很多；④ 可稀释进样，浓缩与分离同时进行等。

灌注层析在科研和生产上应用很广泛，自面市以来，已经分离了包括蛋白质、多肽、核酸、糖类、酶等在内的近百种生物分子，应用前景十分广阔。田荣华等报道了利用灌注层析系统分离高活性人绒毛膜促性腺激素（HCG）的研究。采用 POROS 20HS 阳离子交换介质分离纯化 HCG 中间品，用含 0～0.5mol/L NaCl 的层析缓冲液进行线性梯度洗脱，收集有活性的蛋白峰，整个过程可在 20min 左右完成，且通过一步层析可以使 HCG 的活性达到 11000 IU/mg 以上，纯化倍数达到 33 倍，收率 70％以上。

8.4.4　超临界流体层析

超临界流体层析（supercritical fluid chromatography，SFC）是指用超临界流体做流动相，以固体吸附剂（如硅胶）或键合到载体（或毛细管壁）上的高聚物为固定相的层析法。SFC 是 Klesper 等于 1962 年首次提出的，20 世纪 80 年代随着毛细管超临界流体层析法的出现得以迅速发展。

超临界流体层析的基本原理与气相层析及液相层析一样，都是基于各化合物在两相间分配系数的不同而得到分离的，只不过超临界流体层析的流动相为超临界流体（supercritical fluid，SCF）。当流体处于其临界温度（T_c）和临界压强（p_c）以上的状态，该流体被称为超临界流体，如图 8-35 所示。

超临界流体的特点：① 其密度接近于液体密度。由于溶质在溶剂中的溶解度一般与溶剂的密度成正比，因此超临界流体对溶质的溶解度与液体相当，其对固体或液体溶质的萃取能力与液体溶剂相当。② 黏度和自扩散系数接近于气体。因此，超临界流体的传递性质类似于气体，易于扩散和运动，溶质在超临界流体中的传质速率

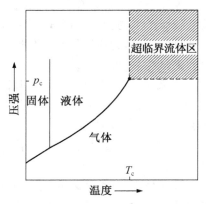

图 8-35　纯流体的压力-温度示意图

要远大于在液体溶剂中的传质速率，具有优良的传质性能，有利于被提取物质的扩散和传递。

超临界流体层析的应用十分广泛，已被广泛应用于食品、化工、医药、环境等领域，目前在医药领域研究最多的就是天然植物中活性成分的提取，如从植物中提取萜类、挥发油、黄酮类化合物、醌类及衍生物、生物碱、糖及苷类化合物等，另外在手性药物的分离等方面也研究得比较多。Pang F 等报道了利用超临界流体层析技术从艾蒿属植物的浸提液中分离纯化青蒿素的研究，层析条件：C18 柱（9.4mm×250mm，填料颗粒直径 5μm），改性剂的浓度在 0～10％，CO_2 的流速 22g/min，柱温和柱压分别为 313.15K、11MPa，在此条件下，可获得 74.83％的青蒿素晶体产品。

8.4.5　高速逆流层析

高速逆流层析（high-speed countercurrent chromatography，HSCCC）是目前应用最广、研究最多的逆流层析。逆流层析的早期模型是 20 世纪 60 年代由美国人 Yoichiro Tto 创立的，

直到 80 年代才研究开发出高速逆流层析,我国是继美、日之后最早开展逆流层析研究应用的国家,俄罗斯、法国、英国、瑞士等国也都开展了此项研究。美国 FDA 及世界卫生组织(WHO)也都应用此项技术进行抗生素成分的分离鉴定。90 年代以来,高速逆流层析被广泛地应用于天然药物成分的分离制备和分析鉴定中。

　　高速逆流层析技术是一种新型的分配层析技术,它利用互不混溶的两相溶剂中的一相为层析分离的固定相,另一相为层析分离的流动相,在行星式运动的螺旋管中形成固定相与流动相连续的两相分割与对流趋势,实现连续、高效的液-液分配过程。

　　其过程为:用一根数十米到数百米长的由聚四氟乙烯管绕成的螺旋空管,注入互不相溶的两相溶剂,其中一相作为固定相,一相为流动相,螺旋管做行星式运动,当螺旋管在慢速转动时,其转动的离心力可以忽略不计,管中主要是重力作用,由于密度的不同,使得流动相穿过固定相达到分离。当螺旋管的转速加快时,离心力在管中的作用占主导。由于行星运动产生的离心力使得固定相保留在螺旋管内,流动相则不断穿透固定相,这样两相溶剂在螺旋管中实现高效的接触、混合、分配和传递。由于样品中各组分在两相中的分配系数不同,因而能使样品中各组分得以分离,如图 8 – 36 所示。

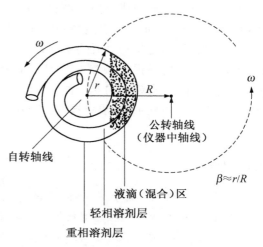

图 8 – 36　高速逆流层析原理图

　　高速逆流层析的特点:① 由于固定相为液相溶剂,完全排除了固相载体对样品组分的吸附、污染、变性、失活等不良影响,有效避免了不可逆吸附所造成的溶质层析峰拖尾现象,因此回收率高,重复性好;② 由于溶剂体系可以无限选择,原则上凡能进行萃取分离的体系,都能用高速逆流层析法,因此分离用途广,适应能力强;③ 由于能实现梯度操作和反相操作,亦能进行重复进样,因此,分离效率高,分离量较大,产品纯度高;④ 工作条件温和、操作简单。

　　高速逆流层析技术已被应用于生化、生物工程、医药、天然产物化学、有机合成、环境分析、食品、地质、材料等领域。Xu K 等报道了利用高速逆流层析分离纯化苹果树皮中的根皮素的研究。根皮素是苹果树皮中发现的主要多酚之一,以正己烷-乙酸乙酯-乙醇-水(2∶2∶1∶2,V/V)所组成的一个两相体系,采用高速逆流层析分离根皮素的粗提液,结果显示,从767.3mg 根皮素粗提液中提纯到 39.2mg 根皮素,回收率为 88.7%,纯度达到了 98.2%,分离效果良好。

8.5　层析分离技术的应用

　　虽然层析法的最早应用是用于分离植物色素,但是随着层析技术的发展,作为一种重要的分析分离手段与方法,它广泛地应用于科学研究与工业生产上。现在,它在石油、化工、医药卫生、生物科学、环境科学、农业科学等领域都发挥着十分重要的作用。

　　目前,对药物中复杂成分进行分离纯化和分析鉴定是所有化学和生物学工作者所面临的重要课题,如何将目标物质(如化学合成产物、中药有效成分、生物转化产物等)有效分离并分析鉴定,层析技术的应用就为这个问题的解决提供了一种有效的手段,由于层析法的最大特点是分离效率高,它能分离各种性质极相似的物质,因此它既可以用于少量物质的分析鉴定,又可用于大量物质的分离纯化制备。层析法的应用可以根据目的分为两大类,一类是制备性层析,其目的是分离混合物,获得一定数量的纯净组分,这包括对有机合成产物的纯化、天然产物的分离纯化以及去离子水的制备等,相对于层析法出现之前的纯化分离技术如重结晶,层析法能够在一步操作之内完成对混合物的分离,但也有其局限性,那就是产量有限;另一类就是分析性层析,其目的是定量或者定性测定混合物中各组分的性质和含量,定性的分析性层析有薄层层析、纸层析等,定量的分析性层析有气相层析、高效液相层析等。层析法应用于分析领域使得分离和测定的过程合二为一,降低了混合物分析的难度,缩短了分析的周期,在《中华人民共和国药典》中,共有超过约 600 种化学合成药和超过约 400 种中药的质量控制应用了高效液相层析的方法。由此可见,层析技术在药物分离分析中的应用非常广泛。

【思考题】

1. 层析中常用的参数有哪些,其各自代表的意义是什么?

2. 速率理论与塔板理论有何区别与联系,试说明其在层析实践中的应用。

3. 凝胶层析的原理是什么? 试举例说明其应用。

4. 简述疏水作用层析的原理及基本操作过程。

5. 简述亲和层析的原理及载体的选择原则及制备方法。

6. 某研究人员欲用一根长为 400cm 的层析柱分离某化学混合物,在一定的层析条件下进样,其中溶剂峰的保留时间 $t_0 = 1.8\text{min}$,各个组分的保留值如下:

组分	保留时间 t_R/min	半峰宽 $W_{h/2}$/min
1	12.01	0.35
2	12.43	0.40
3	13.35	0.72
4	13.97	0.79

　　试计算:① 各个组分的容量因子(k)及组分间的分离因子(α);② 计算相邻两组分的分离度,确定难分离物质对;③ 如果有难于分离的物质对,则要使其达到完全分离($R \geqslant 1.5$),在柱效保持不变的前提下,柱子应增加至多少?

　　讨论:在已选择好柱子的前提下,可以通过哪些方式来提高难分离物质对的分离度?

7. 已知组分 A 和 B 的分配系数分别为 8.8 和 10,当它们通过一根相比 $\beta = 90$(即固体相体积/流动相体积)的填充柱时,假设该填充柱的理论塔板数 n 为 8000,请问这两个组分能否达到基本的分离?(提示:基本分离 $R = 1$)

8. 当前层析分离有哪些最新的研究进展?

【参考文献】

[1]　傅若农.层析分析概论.北京：化学工业出版社,2005

[2]　孙毓庆.现代层析法及其在药物分析中的应用.北京：科学出版社,2005

[3]　王佳兴.生化分离介质的制备与应用.北京：化学工业出版社,2008

[4]　谭天伟.生物分离技术.北京：化学工业出版社,2007

[5]　刘立行.仪器分析(第二版).北京：中国石化出版社,2008

[6]　邱玉华.生物分离与纯化技术.北京：化学工业出版社,2007

[7]　田亚平.生化分离技术.北京：化学工业出版社,2006

[8]　胡小玲,管萍.化学分离原理与技术.北京：化学工业出版社,2006

[9]　冯淑华,林强.药物分离纯化技术.北京：化学工业出版社,2009

[10]　刘国诠.生物工程下游技术.北京：化学工业出版社,2003

[11]　达世禄.层析学导论(第二版).武汉：武汉大学出版社,1999

[12]　傅若农.近代层析分析.北京：国防工业出版社,1998

[13]　邹汉法.高效液相层析法.北京：中国石化出版社,1992

[14]　何轶,鲁静,林瑞超.加压薄层层析法的原理及其应用.层析,2006,24(1)：99～102

[15]　赵荣志,刘永东,王芳薇,等.疏水层析分离正确折叠与错误折叠的复合干扰素.生物工程学报,2005,21(3)：451～455

[16]　靳挺,关怡新,姚善泾.离子交换层析复性重组人 γ－干扰素折叠二聚体的形成.浙江大学学报,2006,32(1)：101～105

[17]　Melander W,Corradini D,Hovath C. Salt mediated retent ion of proteins in hydrophobic interaction chromatography：application of solvophobic theory. J Chromatogr A,1984,317：67～85

[18]　Singanoglu O,A bdulnur S. Effect of water and other solvents on the structure of biopolymers. Fed Proc,1965,24：12～23

[19]　Arkawa T. Thermodynamic analysis of the effect of concent rated salts on protein interaction with hydrophobic and polysaccharide columns. Arch Biochem Biophys,1986,248：101～105

[20]　Oscarsson S. Influence of salts on protein interactions at interfaces of amphiphilic polymers and adsorbents. J Chromatogr B,1995,666：21～31

[21]　Imamoglu S. Simulated moving bed chromatography(SMB)for application in bioseparation. Adv Biochem Eng Biotechno,2002,(76)：211

[22]　杜迎翔,刘文英.铋甲西林片的薄层层析扫描定量分析.化学世界,2001,5：237～239

[23]　侯立新.薄层层析新技术在中药分析中的应用进展.基层中药杂志,2009,13：941～942

[24]　杨绪明,张家骊,李江毕,等.庆大霉素发酵液薄层层析(TLC)分析方法研究.食品与生物技术学报,2008,27(5)：128～133

[25]　周华蕾,吕茂民,王娜,等.应用 A 蛋白亲和层析法纯化单克隆抗体.生物技术通报,2005(5)：72～74

[26]　Singh S M,et al. High throughput purification of recombinant human growth hormone using radial flow chromatography. Protein Expression and Purification，2009,68(1),54～59

[27]　Van Duc Long N, et al. Separation of D-psicose and D-fructose using simulated moving bed chromatography. Journal of Separation Science,2009,32(11)：1987～1995

[28]　Vetter D, et al. Protein purification：Simulated Moving Bed Chromatography——An efficient separation method ［Proteinaufreinigung simulated moving bed chromatography eine effiziente trennmethode］. BioSpektrum,2010,16(3)：314～316

[29] 田荣华,林雯. 利用灌注层析系统分离高活性人绒毛膜促性腺激素. 四川师范大学学报(自然科学版),2000,23(3):282~283

[30] Pang F,et al. The study on purification of artemisinin by supercritical fluid chromatography. Journal of Chemical Engineering of Chinese Universities,2010,24(4):569~573

[31] Xü K. High-speed counter-current chromatography preparative separation and purification of phloretin from apple tree bark. Separation and Purification Technology,2010,72(3):406~409

第 9 章

膜分离技术

> **本章要点**
>
> 1. 了解膜分离技术的发展历史。
> 2. 掌握膜分离过程的分类和基本特性。
> 3. 了解典型的分离膜材料,掌握膜性能的评价方法。
> 4. 熟悉工业上常用的膜组件类型及特点。
> 5. 熟悉微滤、超滤、反渗透、电渗析、纳滤、泡沫分离等膜分离过程的分离原理和典型的工业应用。
> 6. 熟悉膜分离的操作方式,掌握影响膜分离效果的因素。
> 7. 掌握浓差极化及膜污染的定义,理解防止膜污染的措施。

9.1　概　述

9.1.1　膜分离技术发展简史

膜分离现象在大自然特别是在生物体内广泛存在,人类对其认识、利用、模拟直至人工制备的历史很漫长。1748 年,Nollet 看到水自发地扩散透过猪膀胱壁进入酒精中而发现了渗透现象。19 世纪中叶,Graham 发现了透析现象。20 世纪 30 年代,德国建立了世界上首座生产微滤膜的工厂,用于过滤微生物等微小颗粒。20 世纪 50 年代,原子能工业的发展促使离子交换膜应运而生,并在此基础上发展了电渗析工业。20 世纪 60 年代初,由于海水淡化的需要,Loeb 和 Sourirajan 利用相转化制膜法(后人简称为 L－S 制膜法)制备了世界上第一张实用的反渗透膜,从此,膜分离技术得到全世界的广泛关注。20 世纪 70 年代又研制出了纳米膜等。

膜分离过程按照其开发的年代先后有微滤(MF,20 世纪 30 年代)、透析(D,20 世纪 40 年代)、电渗析(ED,20 世纪 50 年代)、反渗透(RO,20 世纪 60 年代)、超滤(UF,20 世纪 70 年代)、气体分离(GP,20 世纪 80 年代)、纳滤(NF,20 世纪 90 年代)和渗透蒸发(PV,20 世纪 90 年代)。

9.1.2　膜分离过程的概念和分类

膜分离过程是用天然的或合成的、具有选择透过性的薄膜为分离介质,当膜两侧存在某种推动力(如压力差、浓度差、电位差、温度差等)时,原料侧液体或气体混合物中的某一或某些组分选择性地透过膜,以达到分离、分级、提纯或富集的目的。

各种膜分离过程尽管具有不同的机理和适用范围,但有许多共同的特点:

(1) 多数膜分离过程无相变发生,能耗通常较低。

(2) 膜分离过程一般无需从外界加入其他物质,从而可以节约资源和保护环境。

(3) 膜分离过程可使分离与浓缩、分离与反应同时实现,从而大大提高了分离效率。

(4) 膜分离过程通常在温和的条件下进行,因而特别适用于热敏性物质的分离、分级、浓缩与富集。膜分离可以确保不发生局部过热现象,大大提高了药品使用的安全性。

(5) 膜分离过程不仅适用于从病毒、细菌到微粒广泛范围的有机物和无机物的分离,而且还适用于许多由理化性质相近的化合物构成的混合物如共沸物或近沸物的分离以及其他一些特殊溶液体系的分离。

(6) 膜分离过程的规模和处理能力可在很大范围内变化,而其效率、设备单价、运行费用等都变化不大。

(7) 膜组件结构紧凑,操作方便,可在频繁的启停下工作,易自控和维修,而且膜分离可以直接插入已有的生产工艺流程。

以上特点决定了膜分离技术在药物分离中具有广泛的用途。

图 9-1 给出了常用膜过程的应用范围,表 9-1 给出了常用膜分离过程的分类和基本特性。

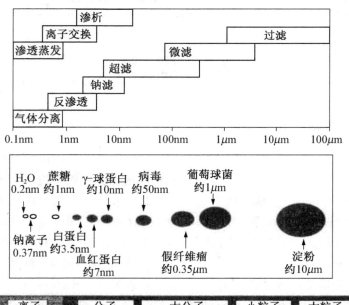

图 9-1　常用膜分离过程的应用范围

表 9 - 1　常用膜分离过程的分类和基本特性

膜过程	分离目的	推动力	传递机理	透过物	截留物	膜类型
微滤	溶液、气体脱粒子	压力差	颗粒大小、形状	水、溶剂溶解物	悬浮物颗粒	纤维多孔膜
超滤	溶液脱大分子,大分子溶液脱小分子,大分子分级	压力差	分子特性、大小、形状	水、溶剂小分子	胶体和超过截留相对分子质量的分子	非对称性膜
纳滤	溶剂脱有机组分、脱高价离子、软化、脱色、浓缩、分离	压力差	离子大小及电荷	水、一价离子、多价离子	有机物	复合膜
反渗透	溶剂脱溶质、含小分子溶质溶液浓缩	压力差	溶剂的扩散传递	水、溶剂	溶质、盐	非对称性膜复合膜
渗析	大分子溶质脱小分子	浓度差	溶质的扩散传递	低相对分子质量物质、离子	溶剂	非对称性膜
电渗析	溶液脱小离子,小离子溶质浓缩,小离子分级	电位差	电解质离子的选择传递	电解质离子	非电解质、大分子物质	离子交换膜
气体分离	气体混合物分离、富集或特殊组分脱除	压力差	气体和蒸汽的扩散渗透	气体或蒸汽	难渗透性气体或蒸汽	均相膜、复合膜、非对称膜
渗透蒸发	挥发性液体混合物分离	压力差	选择传递	易渗溶质或溶剂	难渗透性溶质或溶剂	均相膜、复合膜、非对称膜
乳化液膜	液体或气体混合物分离、富集	浓度差	反应促进和扩散传递	杂质	溶剂	乳状液膜、支撑液膜

9.2　膜分离介质

9.2.1　膜的定义

在一定流体相中,有一薄层凝聚相物质,把流体相分隔成为两部分,这一薄层物质称为膜(membrane)。膜本身是均匀的一相或是由两相以上凝聚物质所构成的复合体。被膜分隔开的流体相物质是液体或气体。膜的厚度在 0.5mm 以下,否则就不称为膜。

不管膜本身薄到何等程度,至少要具有两个界面,通过它们分别与两侧的流体相物质接触,膜可以是完全可透性的,也可以是半透性的,但不应该是完全不透性的。它的面积可以很大,独立地存在于流体相间,也可以非常微小而附着于支撑体或载体的微孔隙上。膜还必须具有高度的渗透选择性,作为一种有效的分离技术,膜传递某物质的速度必须比传递其他物质快。

9.2.2　膜的分类

1. 按膜的材料分类

根据分离膜的材料可将其分为天然高分子材料、合成高分子材料、无机材料等。

2. 按膜的分离原理及适用范围分类

根据分离膜的分离原理和推动力的不同，可将其分为微孔膜、超过滤膜、反渗透膜、纳滤膜、渗析膜、电渗析膜、渗透蒸发膜等。

3. 按功能分类

日本著名高分子学者清水刚夫将膜按功能分为分离功能膜（包括气体分离膜、液体分离膜、离子交换膜、化学功能膜）、能量转化功能膜（包括浓差能量转化膜、光能转化膜、机械能转化膜、电能转化膜、导电膜）、生物功能膜（包括探感膜、生物反应器、医用膜）等。

4. 按膜断面的物理形态分类

根据分离膜断面的物理形态不同，可将其分为对称膜、不对称膜。

早期的膜多为对称膜（symmetric membrane），即膜截面的膜厚方向上孔道结构均匀，如图 9-2 所示。对称膜的传质阻力大，透过通量低，并且容易污染，清洗困难。

高分子微滤膜以对称膜为主，即示于图 9-2 的弯曲孔道膜。新型无机陶瓷微滤膜多为不对称膜。另一种微滤膜是采用电子技术制造的核孔微滤膜（nuclepore membrane），孔形规整、孔道直通并呈圆柱形，孔径分布范围小，在透过通量、分离性能及耐污染方面均优于弯曲孔道型微滤膜，但造价较高。

20 世纪 60 年代开发的不对称膜解决了上述对称膜的弊端，从而开创了膜分离技术发展的新篇章。如图 9-3 所示，不对称膜（asymmetric membrane）主要由起膜分离作用的表面活性层（$0.1\sim1\mu m$）和起支撑强化作用的惰性层（$100\sim200\mu m$）构成。惰性层孔径很大，对透过流体无阻力，由于不对称膜起膜分离作用的表面活性层很薄，孔径微细，因此透过通量大、膜孔不易堵塞、容易清洗。

如图 9-3(a) 所示的不对称膜为指状结构，多用于超滤膜，而反渗透膜的结构多为海绵状，如图 9-3(b) 所示。

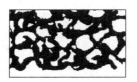　　　　

　　　　　　　　　　　　　　　　（a）指状结构　　　　　　（b）海绵状结构

图 9-2　对称膜的弯曲孔道结构示意图　　　　图 9-3　不对称膜的截面结构示意图

9.2.3　制膜材料

用作分离膜的材料包括广泛的天然的和人工合成的有机高分子材料和无机材料。

原则上讲，凡能成膜的高分子材料和无机材料均可用于制备分离膜。但实际上，真正成为工业化膜的膜材料并不多，这主要决定于膜的一些特定要求，如分离效率、分离速度等，此外，也取决于膜的制备技术。

目前,实用的有机高分子膜材料有纤维素酯类、聚砜类、聚酰胺类及其他材料。从品种来说,已有百种以上的膜被制备出来,其中约 40 多种已被用于工业和实验室中。以日本为例,纤维素酯类膜占 53%,聚砜膜占 33.3%,聚酰胺膜占 11.7%,其他材料的膜占 2%,可见纤维素酯类材料在膜材料中占主要地位。

1. 纤维素衍生物

纤维素是资源最为丰富的天然高分子,它的相对分子质量很大(相对分子质量为 50 万～200 万),在分解温度前没有熔点,又不溶于一般的溶剂,所以一般都先进行化学改性,生成纤维素醚或酯。由于在反应时有分子链的断裂,使纤维素醚或酯的相对分子质量大大降低,所以纤维素衍生物能溶于一般的溶剂。纤维素结构如下:

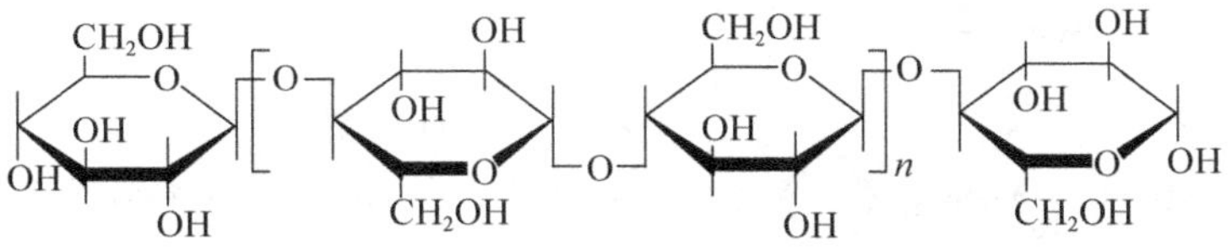

醋酸纤维素是由纤维素与醋酸反应制成的。醋酸纤维素类膜材料中包括醋酸纤维素(CA)和三醋酸纤维素(CTA),两者的区别在于酯化程度不同,前者含乙酸 51.8%,后者含乙酸 61.85%。其结构式如下:

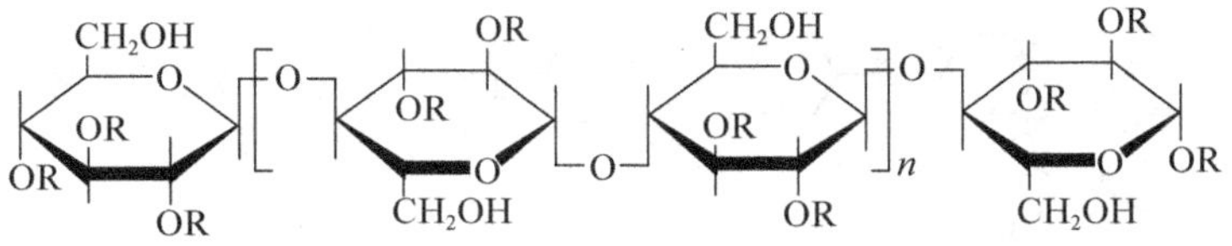

$$R=COCH_3$$

该类物质的亲水性好、成孔性好、材料来源广泛、成本低,但耐酸碱和有机溶剂的能力差,应用受到一定的影响。

硝酸纤维素(CN)价格便宜,广泛用作微滤膜材料,其结构式如下:

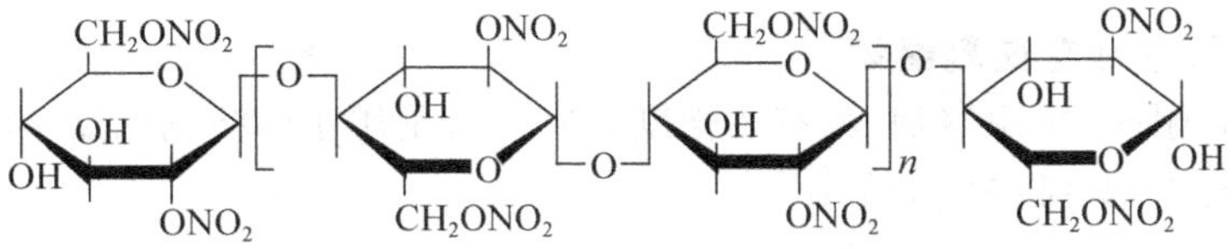

在制膜工业中应用的还有纤维素醋酸与丁酸的混合酯(CAB)和己基纤维素(EC)等。

纤维素本身也能溶于某些溶剂,如铜氨溶液、二硫化碳、N-甲基吗啉-N-氧化物(NMMO)。在溶解过程中发生降解,相对分子质量降至几万到几十万。在成膜过程中又回复到纤维素的结构,称为再生纤维素。再生纤维素广泛用作微滤、超滤膜材料。

2. 聚砜类

聚砜类是一类具有高机械强度的工程塑料,它耐酸、耐碱,缺点是耐有机溶剂的性能差。自双酚 A 型聚砜(PSF)出现后,即发展成为继醋酸纤维素之后目前最重要、生产量最大的高分子膜材料。它可用作超滤和微滤膜材料,也可用作复合膜的支撑层膜材料。

聚砜类材料可以通过化学反应,制成带有负电荷或正电荷的膜材料,抗污染性能显著改善。

　　双酚 A 型聚砜(PSF)、酚酞型聚醚砜(PES – C)和聚砜酰胺(PSA)、聚芳醚砜(PES)、酚酞型聚醚酮(PEK – C)、聚醚醚酮(PEEK)也是制造超滤、微滤膜的材料,结构式分别如下:

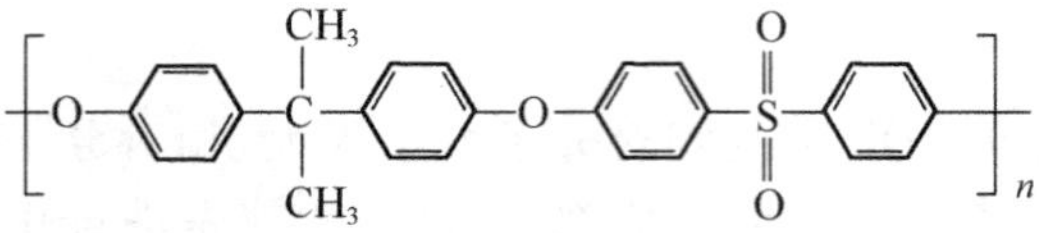

双酚A型聚砜

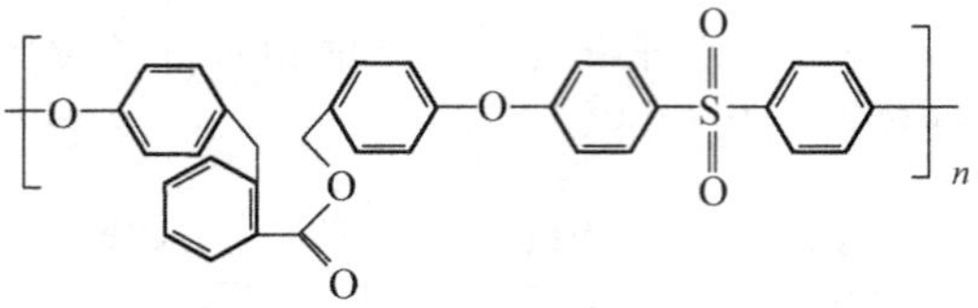

酚酞型聚醚砜

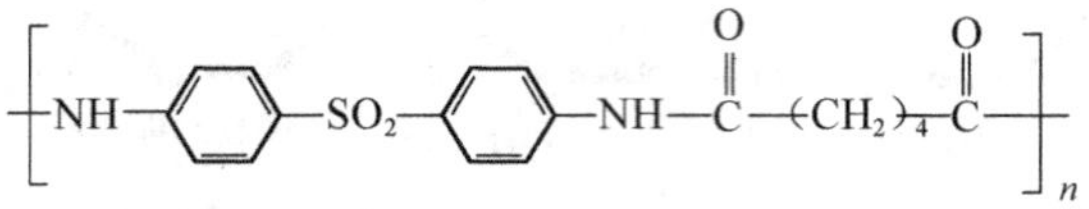

聚砜酰胺

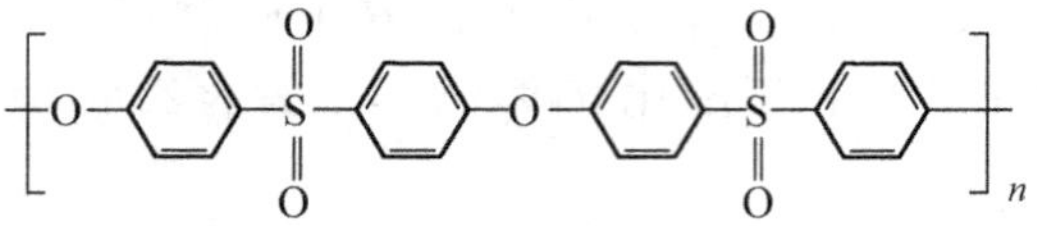

聚芳醚砜

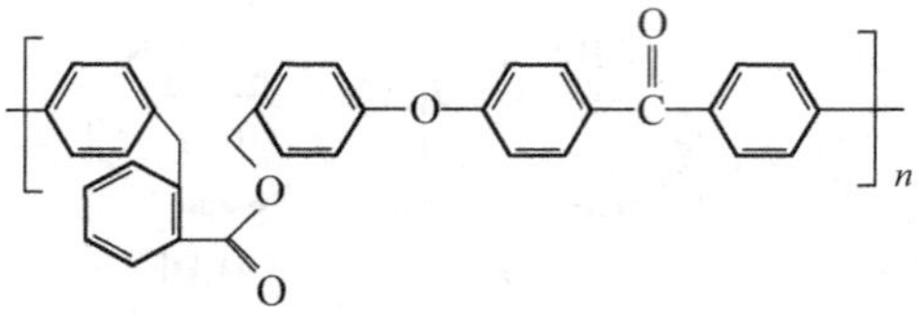

酚酞型聚醚酮

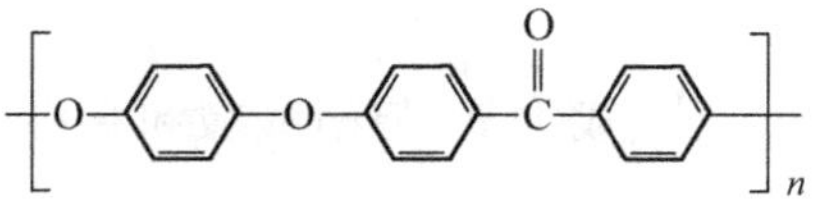

聚醚醚酮

　　由于结构中的硫原子处于最高价态,加上邻近苯环的存在,使这类聚合物有良好的化学稳定性,能耐酸、碱的腐蚀。

3. 聚酰胺类及杂环含氮高聚物

　　聚酰亚胺(PI)耐高温、耐溶剂,具有高强度。它一直是用于耐溶剂超滤膜和非水溶液分离膜研制的首选膜材料,其结构式如下:

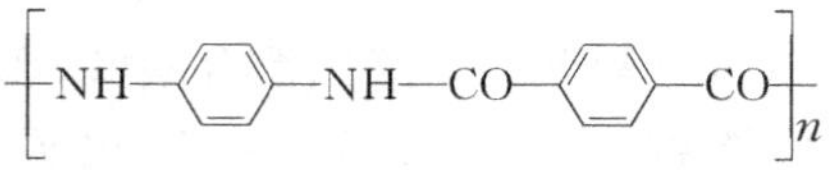

4. 聚酯类

　　聚酯类树脂强度高,尺寸稳定性好,耐热、耐溶剂且化学品的性能优良。聚碳酸酯膜广泛用于制造微滤膜,其结构式如下:

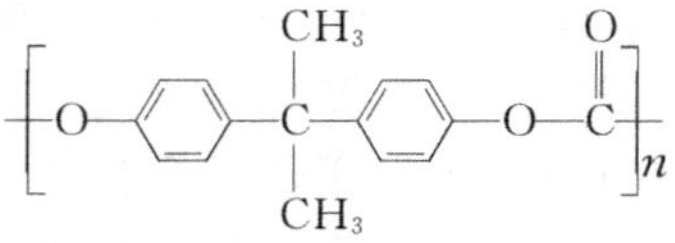

　　聚酯无纺布是超滤、微滤等一切卷式膜组件的最主要支撑底材。

5. 聚烯烃

低密度聚乙烯(LDPE)和聚丙烯(PP)薄膜通过拉伸可以制造微孔滤膜。孔一般呈狭峰状，也可以用双向拉伸制成接近圆形的椭圆孔。高密度聚乙烯(IDPE)通过加热烧结可以制成微孔滤板或滤芯，它也可作为分离膜的支撑材料。

6. 乙烯类高聚物

乙烯类高聚物是一大类高聚物材料，其中包括聚丙烯腈、聚乙烯醇、聚氯乙烯、聚偏氟乙烯、聚丙烯酸及其酯类、聚甲基丙烯酸及其酯类、聚苯乙烯、聚丙烯酰胺等。聚丙烯腈(PAN)的结构式如下：

$$\left[\begin{array}{c} CH-CH_2 \\ | \\ CN \end{array}\right]_n$$

它的侧链上含有一个强极性基团—CN，但它的亲水性不是很强，耐溶剂性良好。聚丙烯腈(PAN)是应用仅次于聚砜和醋酸纤维素的超滤和微滤膜材料。

聚氯乙烯、聚乙烯醇、聚偏氯乙烯、聚偏氟乙烯也可用作超滤和微滤的膜材料。

7. 含氟高聚物

聚四氟乙烯(PTFE)可用拉伸法制成微滤膜。它化学稳定性非常好，膜不易被污染所堵塞，且极易清洗，在食品、医药、生物制品等行业很有优势。聚偏氟乙烯具有较强的疏水性能，可用于超滤、微滤过程。

为逐步实现膜材料按膜分离需要"量体裁衣"的理想目标，今后膜材料的开发还需要在以下方面做出进一步的探索：

(1) 继续开发功能高分子材料

① 在对膜分离机理充分认识的基础上，继续合成各种分子结构的功能高分子，制成均质膜，定量地研究分子结构与分离性能之间的对应关系。

② 膜表面进行物理或化学改性，结合声、光、电、磁等技术，根据不同的分离对象，引入不同的活化基团，通过改变高分子的自由体积和链的柔软性，改进其分离性能或改变其物理、化学性质。

③ 发展高分子合金。通常制取高分子合金要比通过化学反应合成新材料容易些，它还可以使膜具有性能不同甚至截然相反的基团，在更大范围内调节其性能。

(2) 开发无机膜材料：无机膜的制备始于 20 世纪 60 年代，由于没有高效的成膜工艺避免膜的缺陷，加之膜材料成本较高，无机膜的发展一度非常缓慢。20 世纪 90 年代后，随着膜分离过程应用范围的拓展，对膜使用条件提出愈来愈高的要求，其中有些是高分子膜材料所无法满足的，如耐高温及强酸碱介质、耐污染、结构均一等，因此无机分离膜日益受到重视并取得重大进展。无机膜包括陶瓷膜、微孔玻璃膜、金属膜和碳分子筛膜。目前市场中无机膜只占膜市场的 5%～8%，但最近几年增长速度达 30%～35%，远高于有机膜。

(3) 加强仿生膜的应用基础研究：生物膜是建立在分子高度规则排列的基础上，其复杂独特的功能很难直接进行研究，但人们可以利用合成生物膜或仿生膜为桥梁来研究生物膜。单分子层膜、多分子层膜由于具有与生物膜类似的高度有序性和可控性，可用作生物膜的简化模型，来模拟生物膜内的离子输送和信息、能量传递，使对膜分离过程的研究由宏观走向微观。当然，仿生膜要接近或达到生物膜的分离性能还是一个比较遥远的目标，尚需进行大量的基础研究工作。

9.2.4 表征膜性能的参数

膜的性能包括膜的分离透过特性和理化稳定性两方面。膜的理化稳定性指膜对压力、温度、pH 值以及对有机溶剂和各种化学药品的耐受性,它是决定膜寿命的主要因素。

膜的分离透过特性主要包括分离效率、渗透通量和通量衰减系数三个方面。

1. 分离效率

对于不同的膜分离过程和分离对象可以用不同的表示方法。对于溶液中盐、微粒和某些高分子物质的脱除等可以用脱盐率或截留率 R 表示:

$$R = \left[1 - \frac{c_p}{c_w}\right] \times 100\% \tag{9-1}$$

而通常实际测定的是溶质的表观分离率,定义如下:

$$R_E = \left[1 - \frac{c_p}{c_b}\right] \times 100\% \tag{9-2}$$

式中,c_b、c_w、c_p 分别为被分离的主体溶液浓度、在高压侧膜与溶液的界面浓度和膜的透过液浓度。R 与 R_E 可通过传质系数法加以换算。

对于某些混合物的分离,分离效率可用另一种方法,如分离系数 α(或 β)表示。

$$\alpha = \frac{\dfrac{y_A}{1-y_A}}{\dfrac{x_A}{1-x_A}} \tag{9-3}$$

$$\beta = \frac{y_A}{x_A} \tag{9-4}$$

式中,x_A、y_A 分别表示原液(气)与透过液(气)中组分 A 的摩尔分数。

2. 渗透通量

渗透通量通常用单位时间内通过单位膜面积的透过物量 J_w 表示。

$$J_w = \frac{V}{St} \tag{9-5}$$

式中,V 为透过液的容积或质量;S 为膜的有效面积;t 为运转时间。

实验室研究 J_w 通常以 $ml/(cm^2 \cdot h)$ 为单位,工业生产常以 $L/(m^2 \cdot d)$ 为单位。

3. 通量衰减系数

膜的渗透通量由于过程的浓差极化、膜的压密以及膜孔堵塞等原因将随时间而衰减,可用下式表示:

$$J_t = J_1 \times t^m \tag{9-6}$$

式中,J_t、J_1 为膜运转 t h 和 1h 后的透过速率;t 为运转时间。

式(9-6)两边取对数,得到以下线性方程

$$\lg J_t = \lg J_1 + m \lg t \tag{9-7}$$

由式(9-7)通过在对数坐标系上作直线,可求得直线的斜率 m,即衰减系数。

对于任何一种膜分离过程,总希望分离效率高、渗透通量大,实际上这两者之间往往存在矛盾,一般说来,渗透通量大的膜,分离效率低,而分离效率高的膜渗透通量小,故常常需要在两者之间作出权衡。

9.2.5　常见膜组件

任何一个膜分离过程,不仅需要具有优良分离特性的膜,而且还需要结构合理、性能稳定的膜分离装置。

膜分离装置的核心是膜组件,它是将膜、固定膜的支撑材料、间隔物或管式外壳等通过一定的黏合或组装构成的一个单元。膜组件可以有多种形式,工业上应用的膜组件主要有平板式、卷式、管式、中空纤维式四种形式,它们均根据膜形状设计而成。

经验证明,一种性能良好的膜组件应具备以下条件:① 对膜能提供足够的机械支撑并可使高压原料液(气)和低压透过液(气)严格分开;② 在能耗最小的条件下,使原料液(气)在膜面上的流动状态均匀合理,以减少浓度差极化;③ 具有尽可能高的装填密度(即单位体积的膜组件中具有较高的有效膜面积),并使膜的安装和更换方便;④ 装置牢固、安全可靠、价格低廉和易于维修。

1. 管式膜组件

将膜固定在内径 10～25mm、长约 3m 的圆管状多孔支撑体上构成的,10～20 根管式膜并联(图 9-4),或用管线串联,收纳在筒状容器内即构成管式膜组件。管式膜组件的内径较大,结构简单,适合于处理悬浮物含量较高的料液,分离操作完成后的清洗比较容易。但是管式膜组件单位体积的过滤表面积(即比表面积)在各种膜组件中最小,这是它的主要缺点。

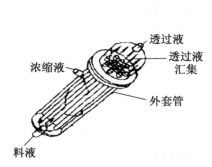

图 9-4　管式膜组件的结构示意图

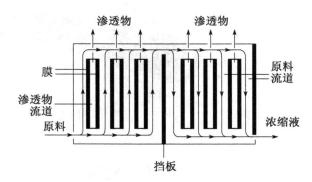

图 9-5　平板式膜组件的结构示意图

2. 平板式膜组件

平板式膜组件与板式换热器或加压叶滤机相似,由多枚圆形或长方形平板膜以 1mm 左右的间隔重叠加工而成,膜间衬设多孔薄膜,供料液或滤液流动(图 9-5)。平板式膜组件比管式膜组件比表面积大得多。在实验室中,经常使用将一张平板膜固定在容器底部的搅拌槽式过滤器。

3. 螺旋卷式膜组件

螺旋卷式膜组件如图 9-6 所示。将两张平板膜固定在多孔性滤液隔网上(隔网为滤液流路),两端密封。两张膜的上下分别衬设一张料液隔网(为料液流路),卷绕在空心管上,空心管用于滤液的回收。

　　螺旋卷式膜组件的比表面积大,结构简单,价格较便宜。但缺点是处理悬浮物浓度较高的料液时容易发生堵塞现象。

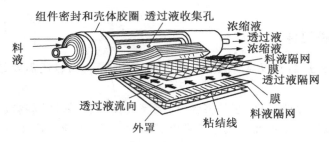

图 9-6　螺旋卷式膜组件的结构示意图

4. 中空纤维(毛细管)膜组件

　　中空纤维或毛细管膜组件由数百至数百万根中空纤维膜固定在圆筒形容器内构成(图9-7)。严格地讲,内径为 $40\sim80\mu m$ 的膜称中空纤维膜,而内径为 $0.25\sim2.5mm$ 的膜称毛细管膜。由于两种膜组件的结构基本相同,故一般将这两种膜装置统称为中空纤维膜组件。毛细管膜的耐压能力在 1.0MPa 以下,主要用于超滤和微滤;中空纤维膜的耐压能力较高,常用于反渗透。由于中空纤维膜组件由许多极细的中空纤维构成,采用外压式操作(料液走壳层)时,流动容易形成沟流效应(channelling),凝胶吸附层的控制比较困难;采用内压式操作(料液走腔内)时,为防止堵塞,需对料液进行预处理,除去其中的微粒。

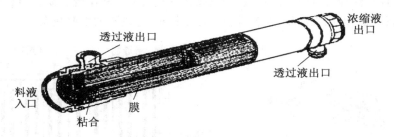

图 9-7　中空纤维(毛细管)膜组件的结构示意图

9.3　常见膜分离技术及理论

9.3.1　微滤

1. 发展概况

　　微滤(microfiltration,MF)是世界上开发应用最早、制备方便、价格便宜和应用范围较广的膜技术。1907 年,Bechhold 制得系列化多孔火棉胶膜并发表了第一篇系统研究微滤膜性质的报告。1918 年,Zsigmondy 等人提出规模化生产硝酸纤维素滤膜的方法,并于 1921 年获得专利。1925 年,在德国 Gottingen 成立了世界上第一个滤膜公司——Sartorius GmbH,专门生产和经销滤膜。第二次世界大战后,美、英等国得到德国微滤膜公司的资料,于 1947 年相继成立了工业生产机构,开始生产硝酸纤维素滤膜,用于水质和化学武器的检验。从 20 世纪 60 年代开始,随着聚合物材料的开发,成膜机理的研究和制膜技术的进步,微滤膜进入一个飞跃发展的阶段。微滤应用范围从实验室的微生物检测急剧发展到制药、医疗、饮料、生物工程、超纯水、饮用水、石化、环保、废水处理和分析检测等广阔的领域。

美、英、法、德、日都有自己的微滤膜牌号。在国际市场上影响最大的是美国 Milli-pore 公司,它有 17 家分公司;其次是德国 Sartorius 公司,它有 6 家分公司,分布在世界各地,从事滤膜和滤器的生产、科研、销售等工作。

我国是在 1973 年前后开始微滤膜的研究开发的,比德、美、日等国家晚了近半个世纪。1979 年前后达到了小规模生产水平;80 年代国家海洋局杭州水处理中心生产的 CN－CA 微滤膜已达到国外同类产品的水平;此后又陆续研制出增强型 CN－CA 微滤膜(1987)、增强型 PVDF 微滤膜(1995)、尼龙微滤膜(1995)、PAN 微滤膜(1995)、无机微滤膜等品种。20 多年来,国家一直把膜技术的发展作为优先考虑的战略重点,在“七五”到“十五”规划中均列为国家重大科研项目,予以支持。目前在膜的性能方面与国际水平已不相上下,应用领域也有很大的拓宽,但在产品品种、规格、系列化等方面还有一些差距。

2. 微滤过程

微滤是以静压差为推动力,利用膜的“筛分”作用进行分离的压力驱动型膜过程。微滤膜具有比较整齐、均匀的多孔结构,在静压差的作用下,小于膜孔的粒子通过滤膜,大于膜孔的粒子则被阻拦在滤膜面上,使大小不同的组分得以分离,其作用相当于“过滤”。由于每平方厘米滤膜中约包含 1000 万至 1 亿个小孔,孔隙率占总体积的 70%～80%,故阻力很小,过滤速度较快。

微滤主要用来从气相和液相物质中截留微米及亚微米级的细小悬浮物、微生物、微粒、细菌、酵母、红细胞、污染物等以达到净化、分离和浓缩的目的。其操作压差为 0.01～0.2MPa,被分离粒子直径的范围为 0.1～10μm。

微滤时,介质不会脱落、没有杂质溶出、无毒、使用和更换方便,使用寿命较长。同时,滤孔分布均匀,可将大于孔径的微粒、细菌、污染物截留在滤膜表面,滤液质量高。因此,微滤是现代大工业,尤其是尖端技术工业中确保产品质量的必要手段。

3. 微滤分离机理

一般认为微滤的分离机理为筛分机理,膜的物理结构起决定性作用。此外,吸附和电性能等因素对截留也有一定的影响。

国内学者通过电镜观察认为,微滤膜的截留作用机理因其结构上的差异而大体可分为如图 9-8 所示的两大类。

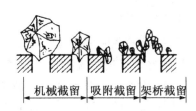

（a）在膜的表面层截留

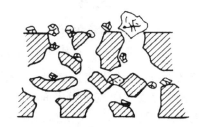

（b）在膜内部的网络中截留

图 9-8　微滤膜各种截留作用机理示意图

（1）膜表面层截留

① 截留作用：膜具有截留比它孔径大或与之孔径相当的微粒等杂质的作用，此为筛分作用。

② 物理作用或吸附截留作用：如果过分强调筛分作用就会得出不符合实际的结论。普什（Pusch）等人谈到，除了要考虑孔径因素之外，还要考虑其他因素的影响，其中包括吸附和电性能的影响。

③ 架桥作用：通过电镜可以观察到，在孔的入口处，微粒因为架桥作用也同样可被截留。

（2）膜内部截留：膜的网络内部截留作用，是指将微粒截留在膜内部而不是在膜的表面。

4. 微滤操作模式

（1）无流动操作（静态微滤或死端微滤、并流微滤）：如图 9-9 所示，原料液置于膜的上游，在压差推动下，溶剂和小于膜孔的颗粒透过膜，大于膜孔的颗粒则被膜截留，该压差还可通过在料液侧加压或在透过液侧抽真空来产生。在这种无流动操作中，被截留颗粒将在膜表面形成污染层，随着时间的增长，过滤阻力不断增加，污染层不断增厚和压实。在操作压力不变的情况下，膜渗透通量将下降，如图 9-9（a）所示。若维持恒定的膜通量，则会引起膜两侧压力降升高。因此无流动操作只能是间歇的，必须周期性地停下来清除膜表面的污染层或更换膜。无流动操作简便易行，常用于实验室等小规模场合。对于固含量低于 0.1% 的料液通常采用这种形式；固含量在 0.1%～0.5% 的料液则需进行预处理。

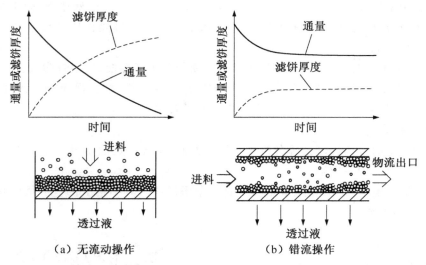

图 9-9　两种微滤过程的通量与滤饼厚度随时间的变化关系

（2）错流操作（动态微滤）：对固含量高于 0.5% 的料液经常采用错流操作。如图 9-9（b）所示，原料液以切线方向流过膜表面，在压力作用下通过膜，料液中的颗粒则被膜截留而停留在膜表面形成一层污染层。与无流动操作（静态过滤）不同的是，料液流经膜表面时产生的高剪切力可使沉积在膜表面的颗粒扩散返回主体流，从而被带出微滤组件。当过滤导致的颗粒在膜表面的沉积速度与流体流经膜表面时由于速度梯度产生的剪切力引发的颗粒返回主体流的速度达到平衡时,可使该污染层不再无限增厚而保持在一个较薄的稳定水平上。因此,如图 9-9(b)所示,一旦污染层达到稳定,膜渗透通量就将在较长一段时间内保持在相对高的水平上。处理量大时,为避免膜被堵塞,宜采用错流设计。它在控制浓差极化和污染层堆积方面是有效的。

5. 微孔滤膜的主要品种

目前国内外微孔滤膜已商品化的主要品种有以下一些:

(1) 混合纤维素酯:这种滤膜由乙酸纤维与硝酸纤维素混合组成,是一种标准的常用滤膜。它的孔径规格最多,性能良好,生产成本较低,亲水性好,在干态下可耐热 125℃ 消毒,使用温度范围为-200～75℃。可耐稀酸和碱、脂肪族和芳香族的碳氢化合物和非极性液体,但不适用于酮类、酯类、乙醇、硝基烷烃、强酸及强碱等。灰分为 0.045%。

(2) 再生纤维素:该滤膜专用于非水溶液的澄清或除菌过滤,耐各种有机溶剂,但不能用来过滤水溶液,可用蒸汽热压法或干热消毒等。

(3) 聚氯乙烯:适用于中等强度的酸性或碱性液体,强度和韧性很高,但耐温低(≤40℃),不便消毒,常用于过滤氢氟酸、硝酸、盐酸和乙酸等。当温度大于 60℃ 时便变软,所以可热封成袋、桶、盒或作特殊使用。

(4) 聚酰胺:较耐碱而不耐酸,在酮、酚、醚及高相对分子质量醇类中不易被浸蚀,适用于电子工业中光致抗蚀剂等的生产。

(5) 聚四氟乙烯:为强憎水性膜,耐温范围为-40～260℃,化学稳定性极好,可耐强酸、强碱和各种有机溶剂。可用于过滤蒸汽及各种腐蚀性液体,它与高密度聚乙烯等网材结合可制成高强度滤膜。

(6) 聚丙烯:耐酸碱和各种有机溶剂,但孔径分布差。

(7) 聚碳酸酯:孔径均匀,但孔隙率低(9%～10%),厚度仅 10μm 左右,强度较差,现有产品的孔径规格自 0.2～1.0μm 等多种。

9.3.2　超滤

1. 发展概况

超滤(ultrafiltration,UF)是在 20 世纪 60 年代走向工业应用的膜技术。最早使用的超滤膜来自动物内脏,1867 年 Traube 制成了第一张人工超滤膜。"超滤"一词是 1907 年 Bechhold 首次采用的,其词头"ultra-"含有比"micro-"更小的意思,借此表示它能截留的粒子比微滤更小。而正由于此,它的通量也小得多,使得这一技术在一段时间内难以在工业上大规模推广应用。直到 1960 年,Loeb 和 Sourirajan 等人取得重大突破,制成了不对称膜,使超滤开始走入工业化。1963 年诞生了首家生产超滤膜的专业公司——Amieon 公司。随后,各种膜材料相继问世,超滤进入了快速发展阶段。超滤技术从 20 世纪 70 年代进入工业应用的快速发展阶段,80 年代建立了大规模的工业生产装置。

国内超滤技术的研究比国外要晚 10 年左右。20 世纪 70 年代中期起步,80 年代有大发展,90 年代获得广泛应用。1983—1985 年,我国研制成功了聚砜中空纤维式超滤膜和组件。通过后来的国家"七五"、"八五"科技攻关,在原有的醋酸纤维管式超滤膜和聚砜中空纤维式超滤膜的基础上,又先后研发了一批耐高温、耐腐蚀、抗污染能力强、截留性能好的膜和组件。同时,在荷电膜、合金膜、成膜机理、膜污染机理等方面的研究也取得了一定的进展,先后研制出醋酸纤维素膜、聚砜膜、聚丙烯腈膜、聚偏氟乙烯膜、聚氯乙烯膜、聚醚砜膜、聚砜酰胺膜等 10 多个品种,截留相对分子质量从几千到十几万,板式、管式、中空纤维式、卷式、膜盒式等组件相继开发出来,并迅速投入生产和使用。超滤技术在中国电泳漆回收应用中首先获得成功,很快扩大到酶和蛋白质等的浓缩、废水处理、食品加工和其他工业废水处理,应用范围越来越广。虽然在品种上,与国外先进国家差距不大,但在膜的质量(如孔径分布、截留率等)及产品的系列化、标准化、高精度系列、特种膜方面尚有较大差距。

2. 超滤过程

一般认为超滤是一种筛孔分离过程,在静压差推动力的作用下,原料液中溶剂和小溶质粒子从高压的料液侧透过膜流到低压侧,一般称之为滤出液或透过液,而大粒子组分被膜所阻拦,使它们在滤剩液中浓度增大。按照这样的分离机理,超滤膜具有选择性表面层的主要因素是形成具有一定大小和形状的孔,聚合物的化学性质对膜的分离特性有一定影响。

超滤主要用于从液相物质中分离大分子化合物(蛋白质、核酸聚合物、淀粉、天然胶、酶等)、胶体分散液(黏土、颜料、矿物料、乳液粒子、微生物)、乳液(润滑脂-洗涤剂以及油-水乳液)。或采用先与适合的大分子复合的办法时,也可用超滤分离低相对分子质量溶质,从而达到某些含有各种小相对分子质量可溶性溶质和高分子物质(如蛋白质、酶、病毒)等溶液的浓缩、分离、提纯和净化。

超滤属于压力驱动型膜分离技术,其操作静压差一般为 $0.1\sim0.5\text{MPa}$,被分离组分的直径大约为 $0.01\sim0.1\mu\text{m}$,一般被分离的对象是相对分子质量为 $500\sim1000000$ 的大分子和胶体粒子,这种液体的渗透压很小,可以忽略,常用非对称膜,膜孔径为 $10^{-3}\sim10^{-1}\mu\text{m}$,膜表面的有效截留层厚度较小($0.1\sim10\mu\text{m}$)。

由于超滤过程的对象是大分子,膜的孔径常用被截留分子的相对分子质量的大小来表征,膜的截留率与被截留组分的截留相对分子质量有关。图 9-10 是用一系列标准物质的缓冲液或水溶液对不同截留相对分子质量膜测得的截留率与相对分子质量的关系曲线。需要指出的是,市售的不同生产厂对膜的截留相对分子质量取值方法不统一,可分为取截留率分别为 50%、90%、100% 时所对应的相对分子质量为截留相对分子质量,以及取 S 曲线的切线与截留率为 100% 时的横坐标上的交点为截留相对分子质量。如图 9-10 中 A' 曲线,其截留相对分子质量相应为 1000、3000、8000 和 3500。尽管截留相对分子质量的取值方法不一,但 S 曲线的形状可相应说明该膜的孔径分布及性能,S 曲线越陡则截留相对分子质量范围越狭窄,膜的性能亦越好。

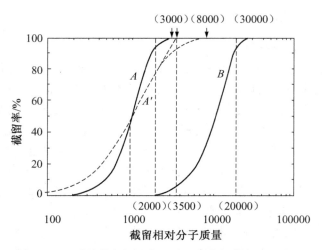

图 9-10 膜的截留相对分子质量与截留率之间的关系

根据截留相对分子质量,可近似估计膜孔径的大小,如表 9-2 所示。

表 9-2 截留相对分子质量与膜孔径的关系

截留相对分子质量(MWCO)(球状蛋白质)	近似孔径/nm
1000	2
10000	5
100000	12
1000000	28

3. 分离机理

一般认为,超滤的分离机理为筛孔分离过程,但膜表面的化学性质也是影响超滤分离的重要因素,即超滤过程中溶质的截留有在膜表面的机械截留(筛分)、在孔中滞留而被除去(阻塞)、在膜表面及微孔内的吸附(一次吸附)3 种方式。

4. 超滤所用的膜

超滤所用的膜也以多孔膜为主,一般都是不对称膜或复合膜,均质膜因通量太小而难以在超滤中应用。超滤膜的特性和材料与微滤膜基本相似,其 MWCO 值以能截留 90%～95%分子的相对分子质量表示,它只是一个参考值,没有考虑覆盖层的影响。

常见超滤膜的特性如表 9-3 所示。

表 9-3 常见超滤膜的特性

结 构	活性层	支撑层	pH	温度/℃	MWCO	耐氯量/(ml/m³)
不对称/复合	PS	PP/聚酯	1～13	<90	1000～500000	20
不对称/复合	PES	PP/聚酯	1～14	<95	1000～300000	20
复合	PAN	聚酯	2～10	<45	10000～400000	20
复合	PA	PP	6～8	<80	1000～50000	20
不对称/复合	CA	CA/PP	3～7	<30	1000～50000	20
复合	PVDF	PP	2～11	<70	50000～200000	20
复合	PE	聚酯	2～12	<40	20000～100000	20
复合	FP		1～12	<65	5000～100000	1000
复合	ZrO_2	碳	0～14	<350	10000～300000	—
复合	AlO_3/TiO_2	改性 AlO_3/TiO_2	0～14	<400	10000～300000	—
不对称	AlO_3	AlO_3	1～10	<300	0.001～0.1μm	—
复合	γ-AlO_3	α-Al	1～10	150	0.004～0.1μm	

9.3.3 反渗透

1. 发展概况

1748 年,Abbe Nollet 观察到水可以通过覆盖在盛有酒精溶液瓶口的猪膀进入瓶中,首次揭示了膜的渗透现象。1854 年,Graham 通过对动物膀胱的一系列演示实验,发表了第一篇证实存在膜渗透现象方面的论文。1953年,美国佛罗里达大学的Reid C E等人最早提出反渗透海水淡化,1960年美国加利福尼亚大学的Loeb S和Sourirajan S研制出第一张可实用的反渗透膜。此后,反渗透膜的开发有了重大突破。随着新材料、新工艺的不断出现,特别是高分子材料领域的不断发展,反渗透膜几次变革,抗污染能力强、操作压力低的材料不断完善,使反渗透的大规模使用成为现实。膜材料从初期单一的醋酸纤维素不对称膜发展到用表面聚合技术制成的交联芳香族聚酰胺复合膜,操作压力也扩展到高压(海水淡化)膜、中压(醋酸纤维素)膜、低压(复合)膜和超低压(复合)膜,其应用范围也从用于苦咸水和海水淡化扩展到其他领域。

我国反渗透技术研究开始于20世纪60年代,1967—1969年国家科委和国家海洋局组织的全国海水淡化会战为醋酸纤维素不对称反渗透膜的开发打下了基础,20世纪70年代进行中空纤维和卷式反渗透组件的研究开发,20世纪80年代进行反渗透复合膜的研究开发,开始步入产业化,在我国水处理行业得到了广泛应用。经过30多年的发展,我国的反渗透技术有了快速的发展,产业初具规模。反渗透技术已广泛应用于海水和苦咸水淡化,纯水、超纯水制备、化工分离、浓缩、提纯等领域,涉及电力、电子、化工、轻工、煤炭、环保、医药、食品等行业。

2. 反渗透膜分离原理及性能

渗透是自然界的一种常见现象。人类很早以前就已经自觉或不自觉地使用渗透或反渗透分离物质。渗透和反渗透的原理如图9-11所示。如果用一张只能透过水而不能透过溶质的半透膜将两种不同浓度的水溶液隔开,水会自然地透过半透膜从低浓度水溶液向高浓度水溶液一侧迁移,这一现象称渗透(图9-11a)。这一过程的推动力是低浓度溶液中水的化学位与高浓度溶液中水的化学位之差,表现为水的渗透压。随着水的渗透,高浓度水溶液一侧的液面升高,压力增大。当液面升高至H时,渗透达到平衡,两侧的压力差就称为渗透压(图9-11b)。渗透过程达到平衡后,水不再有渗透,渗透通量为零。

如果在高浓度水溶液一侧加压,使高浓度水溶液侧与低浓度水溶液侧的压差大于渗透压,则高浓度水溶液中的水将通过半透膜流向低浓度水溶液侧,这一过程就称为反渗透(图9-11c)。

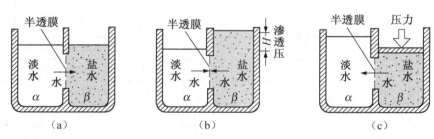

图9-11 渗透与反渗透原理示意图

反渗透膜表面微孔尺寸一般在10^{-9}m左右,所分离物质的相对分子质量一般小于500,主要截留无机盐那样的小分子,能有效去除微粒、胶体、细菌、致热原、有机物和绝大部分离子,操作压力为2~100MPa。

3. 反渗透膜材料

目前,常用的反渗透膜有三种:醋酸纤维素膜、芳香聚酰胺膜和复合膜。

(1)醋酸纤维素膜:醋酸纤维素(CA)膜是由二醋酸纤维素和三醋酸纤维素的铸膜液及两

者混合物浇铸而成。随着乙酸基含量的增加,盐截留率与化学稳定性增加而水通量下降。

CA 膜的化学稳定性差,在运转期间会发生水解,其水解速度与温度及 pH 条件有关。醋酸纤维素膜可在温度 0～30℃和 pH 4.0～6.5 下连续操作。这些膜也会被生物侵蚀,但由于它们具有可连续暴露在低含氯量环境下的能力,故可以消除生物侵蚀。膜稳定性差的结果导致膜截留率随操作时间延长而下降。然而,这些材料的普及是由于它们具备广泛的来源和低廉的价格。

(2) 芳香聚酰胺膜:与纤维素膜相比,芳香聚酰胺膜具有优良的化学稳定性,它们能在温度 0～30℃、pH 4.0～11 条件下连续操作,且不会被生物侵蚀。然而,芳香聚酰胺膜若连续暴露在含氯环境中,则易受氯侵蚀。

(3) 复合膜:复合膜的优点与它们的化学性质有关,其最主要的特点是有较大的化学稳定性,在中等压力下操作就具有高水通量和盐截留率及抗生物侵蚀,它们能在温度 0～40℃、pH2～12 条件下连续操作。像芳香聚酰胺膜一样,这些材料的抗氯及其他氧化物的性能差。

4. 影响反渗透膜性能的因素

(1) 回收率:回收率定义为渗透液流量与进料流量之比,实际上也就是浓缩比。为了节省能量,希望在尽可能高的回收率下操作,以节约上游的投资费用。然而,过高的回收率将使渗透液的含盐量增加,通量下降,并导致膜的污染或浓缩液中产生沉淀,这些都是对膜分离不利的。

(2) 温度:温度对水通量和渗透压均有影响。一方面,温度升高时渗透压也增加,这会使通量下降,另一方面,温度升高时液体的黏度下降,使通量上升。总的来说,温度升高时通量是增加的。一个经验规律是水温每升高 1℃,膜的产水量增加 3%。

(3) 压力:压力对给定的进水条件有影响,增大压力会使每单位膜面积的水流量提高。虽然盐通过膜的迁移不受压力的影响,但是增加压力引起水流量的增大却稀释了透过膜的盐,其结果使透过液的盐浓度较低(降低了盐通过率)。

(4) 压密:通过一清洁膜的水通量会因膜的压密随操作时间的延长而下降。压密是因在整个操作时间内聚合物膜的蠕动变形所致。压密与膜材料、所加压力和温度有关。当压力和温度增加时,蠕动的趋势加大。膜截留层的紧密程度与水通量的降低是时间的对数函数。在给定的压力和温度下,水通量的对数与时间的对数成线性关系。这一效应在不对称膜中是较显著的。由膜制造者得到的这些数据用以预测未来使用中膜的性能,提供了反渗透系统容量设计的基础。运转初期,反渗透系统有超额的容量,其被较低的操作压力所抵消,操作压力在整个运转时间内逐渐地升至设计值。

(5) 浓差极化:在膜表面上存在一比主体溶液浓度高的边界层,由此产生了浓差极化。发生浓差极化时,因膜表面有水透过,故留下了较浓的溶质层。该层中的溶质必然扩散返回主体溶液。由于螺旋卷式的通量较中空纤维式高,所以前者产生浓差极化的趋势大于后者。保持与膜平行的高流速及在膜表面处促进流体混合,使边界层厚度降至最小,这样合宜的膜装置设计是重要的。浓差极化使膜表面溶液的渗透压增高,由此引起水通量下降和通过膜的盐迁移量的上升。倘若在边界层中溶解溶质的浓度超过它的溶解度,则在膜表面上将有沉淀或结垢发生。在如此高的浓度下,胶体物质变得较不稳定,因而它会凝聚和污染膜表面。

9.3.4 电渗析

1. 发展概况

对电渗析技术的研究可以追溯到对渗析技术的研究。1863 年,Dubrunfaut 制成了第一台膜渗析器,进行糖与盐的分离。1903 年,Morse 和 Pierce 把电极置于透析器内、外,发现这样能促进分离。1924 年,Pauli 采用化工设计的原理改进了 Morse 的装置,尽管他们用的膜都还是非离子选择性的,但这些工作为电渗析的开发起了先导的作用。

1940 年,Meyer 和 Strauss 提出了有实用意义的多隔室电渗析装置的概念。1950 年,Juda 试制成功了高选择性的阴、阳离子交换膜,奠定了电渗析技术的实用基础。

1952 年,美国 Ionics 公司制成首台电渗析装置,用于苦咸水的淡化,此后电渗析的工业化便很快发展,1954—1960 年,就已有相当数量的工业电渗析装置被安装在北非、中东和南非等干旱缺水地区。日本则从 20 世纪 50 年代起致力于用电渗析浓缩海水制食盐的研究开发,并至今保持世界领先地位,年产食盐 160 万吨。从 70 年代起日本也用电渗析将海水或苦咸水脱盐,于 1974 年在鹿岛建成了日产水 120 吨的海水淡化装置。目前从事电渗析技术研究和开发的国家有美国、日本、俄罗斯、英国、法国、意大利、德国、加拿大、以色列、荷兰、印度和中国等,技术上以美国、日本为领先。

中国电渗析技术的研究始于 1958 年。20 世纪 60 年代初,小型电渗析装置已投入海上试验;1965 年在成昆铁路上安装了第一台苦咸水淡化装置;1966 年开始工业化生产聚乙烯异相离子交换膜,从此电渗析技术开始进入实用化阶段;20 世纪 70 年代以来,电渗析技术发展较快,离子交换膜生产有相当规模;1981 年,中国在西沙永兴岛建成日产 200 吨饮用水的电渗析海水淡化装置;1991 年,中国研制成功无极水全自动控制电渗析器,以城市自来水为进水,单台多级多段配置,脱盐率达 99% 以上,原水利用率可达 70% 以上。目前,中国电渗析技术广泛应用于工业用水的脱盐、苦咸水和海水的淡化。此外,还在废水回收处理和化工的浓缩、提纯、分离、精制等方面得到发展。

2. 电渗析工作原理

在盐的水溶液(如氯化钠溶液)中置入阴、阳两个电极,并施加电场,则溶液中的阳离子将移向阴极,阴离子则移向阳极,这一过程称为电泳。如果在阴、阳两电极之间插入一张离子交换膜(阳离子交换膜或阴离子交换膜),则阳离子或阴离子会选择性地通过膜,这一过程就称为电渗析。

电渗析的核心是离子交换膜。在直流电场的作用下,以电位差为推动力,利用离子交换膜的选择透过性,把电解质从溶液中分离出来,实现溶液的淡化、浓缩等。

如图 9-12 所示,阳离子交换膜 C 和阴离子交换膜 A 各两张交错排列,将分离器隔成 5 个小室,两端与膜垂直的方向加电场,即构成电渗析装置。以溶液脱盐为目的时,料液置于脱盐室(1、3、5),另两室(2、4)内放入适当的电解液。在电场的作用下,电解质发生电泳,由于离子交换膜的选择性透

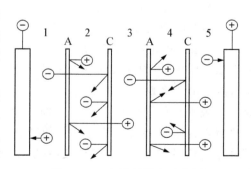

图 9-12　电渗析原理示意图

A. 阴离子膜　C. 阳离子膜

过特性,脱盐室的溶液脱盐,而 2、4 室的盐浓度增大。电渗析过程也可连续操作,此时料液连续流过脱盐室(1、3、5),而低浓度电解液连续流过 2、4 室。从脱盐室出口得到脱盐的溶液,从 2、4 室出口得到浓缩的盐溶液。

3. 离子交换膜的分类

（1）按膜体宏观结构分类

1）非均相（异相）离子交换膜：通常是指由离子交换树脂的细粉末和起黏合作用的高分子材料,经加工制成的离子交换膜。作为黏合剂的高分子材料本身可以带有离子交换基团,也可以不带。由于离子交换树脂分散在黏合剂中,因而在膜结构上是不连续的,故称为非均相膜或异相膜。因为黏合剂有将活性基团包住的倾向,所以膜的电阻较大,选择透过性也较差。但是异相膜制造工艺成熟、价格低,能满足水处理除盐的要求,因此目前仍被大量使用。

2）均相离子交换膜：是由具有离子交换基团的高分子材料直接制成的连续膜,或是在高分子膜基上直接接上活性基团而成。这类膜中离子交换基团与成膜的高分子材料发生化学结合,其组成完全均一,故称为均相膜。例如苯乙烯型聚乙烯膜、P-102（聚苯醚均相阳膜）、F-101（聚偏氟乙烯均相阳膜）及全氟磺酸膜等都属于均相膜。均相离子交换膜具有优良的电化学性质和物理性质,但制作复杂、价格较高。

3）半均相离子交换膜：这种膜成膜的高分子材料与离子交换基团组合得十分均匀,但它们之间并没有形成化学结合,它的外观、结构和性能都介于异相膜和均相膜之间,所以称为半均相膜。例如,将离子交换树脂和成膜的高分子材料溶解在同一种溶剂中,然后经过流延法制成的离子交换膜就属于这一类。

（2）按膜的机能分类

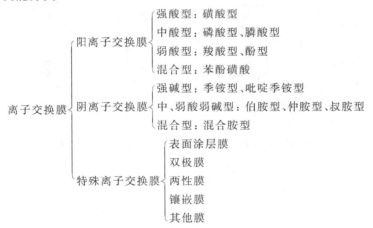

阳离子交换膜简称阳膜,膜体中含有带负电的酸性活性基团,因此它能选择透过阳离子,而阴离子不能透过。按照活性基团解离能力的强弱,阳离子交换膜可分为强酸型阳膜、中强酸型阳膜和弱酸型阳膜。

阴离子交换膜简称阴膜,膜体中含有带正电的酸性活性基团,因此它能选择透过阴离子,而阳离子不能透过。按照活性基团解离能力的强弱,阴离子交换膜可分为强碱型阴膜和中、弱酸弱碱型以及混合型阴膜。

近年来,为了适应各种特殊需要发展了许多特殊离子交换膜,如正、负离子活性基团在一张膜内均匀分布的两性离子交换膜(两性膜);带正电荷的膜与带负电荷的膜两张贴在一起的复合离子交换膜(双极膜);部分正电荷与部分负电荷并列存在于膜的厚度方向上的镶嵌离子交换膜;在阳膜或阴膜表面上再涂上一层阳或阴离子交换膜的表面涂层膜;作为电解槽隔膜的多孔膜;螯合离子交换膜;抗氧化膜;抗污染膜和由各种含氟材料制备的具备耐无机强酸腐蚀、耐氧化、耐高温、机械强度大等特点的离子交换膜。

（3）按材料性质分类

1）有机离子交换膜：各种高分子材料合成的膜,如聚乙烯、聚丙烯、聚氯乙烯、聚砜、聚醚以及含氟高聚物离子交换膜等均属此类。使用最多的是磺酸型阳离子交换膜和季铵型阴离子交换膜。

2）无机离子交换膜：具有耐高温、抗氧化、抗放射线、抗化学腐蚀、以及抗有机污染等优异性能,可用作燃料电池隔膜。

9.4　膜分离操作技术

9.4.1　操作方式

1. 浓缩

在浓缩悬浮粒子或大分子的过程中,产物被膜系统截留在料液罐中,见图9-13所示。

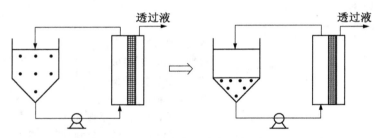

图9-13　分批浓缩示意图

设目标产物的截留率为R,建立料液槽内目标产物的物料衡算式:

$$-\frac{\mathrm{d}(Vc)}{\mathrm{d}t}=Qc(1-R) \tag{9-8}$$

积分边界条件为:

$$t=0, V=V_0, c=c_0 \tag{9-9}$$

式中,V、c和Q分别为料液体积、浓度和透过液流量。因为

$$-\mathrm{d}V=Q\mathrm{d}t \tag{9-10}$$

将式(9-10)代入式(9-8)后积分,得到料浓浓度随体积变化方程:

$$c=c_0\left(\frac{V_0}{V}\right)^R \tag{9-11}$$

产物浓缩倍数 CF 和收率 REC 分别为：

$$CF=\left(\frac{V_0}{V}\right)^R \tag{9-12}$$

$$REC=\left(\frac{V_0}{V}\right)^{R-1} \tag{9-13}$$

可见,膜的截留率越大,产物收率和浓缩倍数越高。

【例 9 - 1】　有浓度为 2% 的蛋白质溶液,欲使蛋白质分别浓缩至 4%、10% 和 20%,计算不同截留率情况下 $(R=1.0,0.9,0.7,0.5)$ 蛋白质的收率。

解　若浓缩至 20%,则 $c/c_0=20/2=10$,若 $R=0.9$,利用公式(9-11)得 $V_0/V=12.9$,利用公式(9-13)得 $REC=77.4\%$。同理可计算其他截留率和浓度情况下的收率,结果列于表 9-4 中。可见,浓缩操作选用的膜应对目标产物有足够大的截留率,特别是浓缩程度较高时,否则收率很低。

表 9 - 4　目标产物收率与浓缩程度和膜截留率的关系

$c/\%$	R			
	1.0	0.9	0.7	0.5
4	100	92.6	74.3	40
10	100	83.6	50.2	20
20	100	77.4	37.2	10

2. 洗滤

洗滤(diafiltration)又称透析过滤(简称透滤)。以除去溶液中的小分子溶质为目的时,需采用洗滤操作。图 9-14 为间歇洗滤操作示意图。

洗滤过程中向原料罐连续加入水或缓冲液,若保持料液量和透过通量不变,则目标产物和小分子溶质的物料衡算式为：

$$-V\frac{\mathrm{d}c}{\mathrm{d}t}=Qc(1-R) \tag{9-14}$$

$$-V\frac{\mathrm{d}s}{\mathrm{d}t}=Qs(1-R_s) \tag{9-15}$$

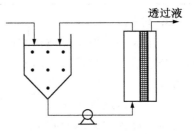

图 9 - 14　间歇洗滤示意图

积分上面两式得：

$$c=c_0\exp\left[-(1-R)\frac{V_D}{V}\right] \tag{9-16}$$

$$\frac{V_D}{V}=\frac{1}{1-R_s}\ln\left(\frac{s_0}{s}\right) \tag{9-17}$$

式中,s_0 为小分子溶质的初始浓度；V 为料液体积；s 为洗滤后的小分子溶质浓度；V_D 为加水或缓冲液的体积(透过液体积)；R_s 为小分子溶质的截留率。

从上式可知,料液体积 V 越小,所需洗滤液体积 V_D 越小。因此,洗滤前首先浓缩稀料液,可减少洗滤液用量。但浓缩后,目标产物浓度增大,透过通量下降。所以,存在最佳料液浓度,使洗滤时间最短。设目标产物的截留率 $R=1$,小分子溶质的截留率 $R_s=0$,浓缩后料液体积为 V,洗滤过程中其浓度和透过流量不变,目标产物浓度和洗滤时间分别为:

$$c = c_0 \frac{V_0}{V} \tag{9-18}$$

$$t = \frac{V}{Q} \ln \frac{s_0}{s} \tag{9-19}$$

可得浓缩液浓度为 $c^* = c_g/e$ 时洗滤操作所需时间最短,其中 e 为自然常数。

【例 9-2】 1000dm³ 浓度为 2% 的蛋白质溶液中盐浓度为 1%,选用的膜组件完全透过盐而蛋白质完全被截留,透过流量 $Q(\mathrm{dm^3/h}) = 500\ln(c_g/c)$,$c_g = 27\%$。欲使蛋白质浓缩至 20%,洗滤使盐浓度降至 0.01%,计算浓缩不同程度(4%、5%、10%、20%)后所需的洗滤时间。

解 若先浓缩至 5%,则料液体积降至 $V = 400\mathrm{dm^3}$,洗滤透过流量 $Q = 500\ln(27/5) = 843\mathrm{dm^3}$。因为 $s_0/s = 1/0.01 = 100$,所以利用公式 $t = V/Q\ln(s_0/s)$ 计算的洗滤时间为 2.19h,洗滤体积 $V_D = Qt = 1846\mathrm{dm^3}$。同理,可计算浓缩不同程度后所需的洗滤时间,结果列于表 9-5 中。可见,浓缩至 $c^* = c_g/e = 10\%$ 后的洗滤时间最短。

表 9-5 洗滤时间与蛋白质含量和体积的关系

c^*/%	$V/\mathrm{dm^3}$	$V_D/\mathrm{dm^3}$	$Q/(\mathrm{dm^3/h})$	t/h
2	1000	4605	1301	3.54
5	400	1864	843	2.19
10	200	922	497	1.85
20	100	460	150	3.07

3. 纯化

采用这一工作模式纯化溶剂和低相对分子质量溶质,它们被回收在透过液流中,而溶液中的大分子溶质被膜截留。图 9-15 为纯化操作示意图。

产物在透过液中浓度 c_f 由质量衡算求得,产物在纯化过程中的总回收率 REC 为:

$$REC = \frac{V_f c_f}{V_0 c_0} \tag{9-20}$$

式中,V_f 和 V_0 分别为透过液和初始浓缩液体积。

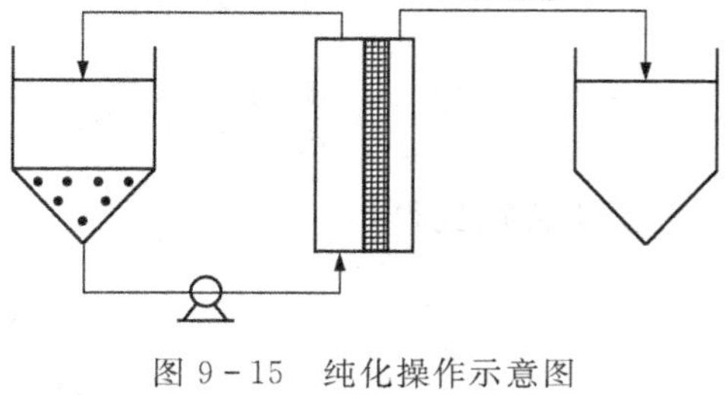

图 9-15 纯化操作示意图

9.4.2 浓差极化现象

1. 浓差极化模型

在膜装置的操作中,由于机械压力的作用,迫使溶液中的溶质和溶剂都趋向穿过膜,其中溶剂基本上是畅通无阻,可以全部通过;但是对溶质来说,由于膜的阻隔作用,使其绝大部分无法通过而被截留在膜的高压侧表面上累积,造成由膜表面到主体流溶液之间的浓度梯度,如图 9-16 所示,从而引起溶质从膜表面通过边界层向主体流扩散,这种现象就称为"浓差极化"。膜表面附近浓度升高,增大了膜两侧的渗透压差,使有效压差减小,透过通量降低。当膜表面附近的浓度超过溶质的溶解度时,溶质会析出,形成凝胶层,这种现象称为凝胶极化。

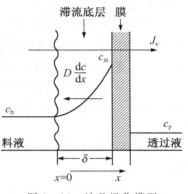

图 9-16　浓差极化模型

凝胶层的形成对透过产生附加的传质阻力,因此透过通量一般表示为:

$$J_v = \frac{\Delta p - \Delta \pi}{\mu_L (R_m + R_g)} \qquad (9-21)$$

式中,R_m 和 R_g 分别为膜和凝胶层的阻力。若凝胶层仅由高分子物质或固形成分构成,则式(9-21)中的渗透压差 $\Delta \pi$ 可忽略不计,因此,

$$J_v = \frac{\Delta p}{\mu_L (R_m + R_g)} \qquad (9-22)$$

下面讨论图 9-15 中所示的浓度极化模型。在稳态操作条件下,溶质的透过质量通量与滞流底层内向膜面传送溶质的通量和向主体溶液反扩散通量之间达到物料平衡,即

$$J_v c_p = J_v c - D \frac{dc}{dx} \qquad (9-23)$$

边界条件为:

$$c = c_b , x = 0 \qquad (9-24)$$
$$c = c_m , x = \delta$$

利用上述边界条件积分(9-23),可得下式:

$$J_v = k \ln \frac{c_m - c_p}{c_b - c_p} \qquad (9-25)$$

$$k = \frac{D}{\delta} \qquad (9-26)$$

上式是料液透过通量的浓度极化模型方程,式中 D 为溶质的扩散系数;δ 为虚拟滞流底层厚度;c_m 为膜表面浓度;c_b 为主体料液浓度;c_p 为透过液浓度;k 为传质系数。

当压力很高时,溶质在膜表面形成凝胶极化层,此时式(9-25)变为:

$$J_v = k \ln \frac{c_g - c_p}{c_b - c_p} \qquad (9-27)$$

式中,c_g 为凝胶层浓度。形成凝胶层时,溶质的透过阻力极大,透过液浓度很小,可忽略不计,故式(9-27)可改写成:

$$J_v = k \ln \frac{c_g}{c_b} \qquad (9-28)$$

式(9-28)为料液透过通量的凝胶极化模型方程。

2. 改善浓差极化的对策

浓差极化在膜分离操作中是一个不可忽视的影响因素。当膜表面上被溶质或其他被截留物质形成浓差极化时,膜的传递性能以至分离性能均将迅速衰减,大大影响了膜分离装置的工作效能,从而将缩短其使用寿命。所以在装置的设计及工艺操作过程中,浓差极化一直是一项极为重要的课题,对它的分析和处理以使过程强化,具有很大的意义。为了减小它的影响,一般除在工艺设计中予以充分注意外,在具体运行中也可采取以下一些改善的对策:

(1) 增高流速:可以采用化工上常用的增加骚动的措施,也就是说设法加大流体流过膜面的线速度。

(2) 填料法:如将 $29\sim100\mu m$ 的小球放入被处理的液体中,令其共同流经反渗透器以减小膜边界层的厚度而增大透过速度。小球的材质可为玻璃或甲基丙烯酸甲酯。此外,对管形反渗透器来说,也可向进料液中添加微型海绵球,不过,对板式和卷式组件而言,加填料的方法是不适宜的,主要原因是有将流道堵塞的危险。

(3) 装设湍流促进器:所谓湍流促进器一般是指可强化流态的多种障碍物。例如对管式组件而言,内部可安装螺旋挡板;板式或卷式的膜组件可内衬网栅等物以促进湍流。

(4) 脉冲法:主要做法是在流程中增设一脉冲发生装置,使液流在脉冲条件下通过膜分离装置。脉冲的振幅和频率不同,其效果也不一样,对流速而言,振幅越大或频率越高,透过速度也越大。

(5) 搅拌法:该法目前应用广泛,其主要做法是在膜面附近增设搅拌器,也可以把装置放在磁力搅拌器上回转使用。实验证明,传质系数与搅拌器的转数成直线关系。

9.4.3　影响膜分离效果的因素

膜分离效果的主要指标包括膜的截留率和水通量,它们除了与膜本身的性质有关外,还受操作条件的影响。

1. 操作压力

根据溶解-扩散模型可得水通量公式:

$$J_w = A(\Delta p - \beta \Delta \pi) \tag{9-29}$$

式中,J_w 为水通量;A 为透水系数;Δp 为压强差;β 为浓差极化因子。

盐通量公式:

$$J_s = B(\beta c_1 - c_2) \tag{9-30}$$

式中,J_s 为盐通量;B 为盐透过系数;c_1 为料液盐浓度;c_2 为透过盐浓度。

浓差极化因子公式:

$$\beta = c_m / c_b \tag{9-31}$$

式中,c_m 为膜液界面盐浓度;c_b 为料液主体盐浓度。

由式(9-29)可知,水通量随压力呈线性增大,由式(9-28)可知,脱盐率与压力无直接的关系,只是膜两侧盐浓度的函数,随压力增加,透过膜的水量增大而盐量不变,故截留率增大。

但也使 c_2 减小,膜两侧盐浓度增大,有降低截留率的趋势,这两方面的共同作用使截留率增加逐渐变缓,最后趋于定值。

2. 料液流速

流速增大,截留率和水通量同时增大,并逐渐趋于稳定,这主要是流速增大,使主体料液浓度 c_b 和膜液界面处料液浓度 c_m 趋于一致,浓差极化减小,β 降低趋于 1,水通量和截留率逐渐升高并趋于稳定。

3. 温度

温度升高时,渗透压、溶剂和溶质的渗透性都相应增加,而溶剂渗透性的增加必将加快溶剂(水)的通量。

4. 溶质浓度

高溶质浓度液具有较高的渗透压,故溶剂(水)的通量较小。

5. 相对分子质量

相对分子质量相同时,呈线状的分子截留率较低,有支链的分子截留率较高,球形分子的截留率最大。对于荷电膜,具有与膜相反电荷的分子截留率较低,反之则较高。若膜对溶质具有吸附作用时,溶质的截留率增大。

6. pH 值

当 pH 值达到膜与溶质的等电点时,膜的截留率突然增大。对于荷正电的络合物,通量几乎不受溶液 pH 值的影响;而对于荷负电的络合物,随 pH 值升高,通量增大。

9.4.4　膜的维护与保养

膜分离过程实用化中的最大问题是膜组件性能的时效变化,即随着操作时间的增加,膜透过流速的迅速下降,溶质的截留率也明显下降,这被称为膜的污染。污染是由膜的劣化和水生物(附生)污垢所引起的。

1. 膜的劣化

由于膜本身的不可逆转的质量变化而引起的膜性能变化,有如下三类:

(1) 化学性劣化:水解、氧化等原因造成。

(2) 物理性劣化:挤压造成透过阻力大的固结和膜的干燥等物理性原因造成。

(3) 生物性劣化:由供给液中微生物引起的膜的劣化和由代谢产物引起的化学性劣化。
pH 值、温度、压力都是影响膜劣化的因素,要十分注意它们的允许范围。

2. 水生物(附生)污垢

由于形成吸着层和堵塞等外因而引起膜性能变化。

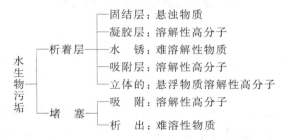

一般来说,凝胶层具有很大的抑制溶质的能力,往往其截留率高,与此相反,固结层和水垢

是作为停留层而起作用的,故其截留率低;当产生堵塞时,不论其原因如何,都使膜透过流速减少,截留率上升,在超滤时这种堵塞最成问题,而反渗透时,因膜的细孔非常小,所以不太容易堵塞,主要问题是吸着层。

防止污染应根据产生的原因不同,使用不同的方法。具体方法有以下几种:

(1) 预处理法:预先除掉使膜性能发生变化的因素,但会引起成本的提高。如用调整供给液的 pH 值或添加阻氧化剂来防止化学性劣化;预先清除供给液中的微生物,以防止生物性劣化等。

(2) 开发抗污染的膜:开发防老化或难以引起附生污垢的膜组件,这是最根本的办法。

(3) 加大供给液的流速:可防止形成固结层和凝胶层,但需要加大动力。

对于已形成附着层的膜可通过清洗来改善膜分离过程。清洗法分为以下两种:

(1) 物理洗涤:包括泡沫球擦洗、水浸洗、气液清洗、超声波处理(或亚声速处理)和电子振动法等。

(2) 化学洗涤:根据所形成的附着层的性质,可分别采用氧化剂和表面活性剂、酶洗涤剂、酸碱洗涤剂等。

氧化剂清洗可起清除污垢和杀菌的作用。常用的氧化剂有 H_2O_2、NaClO 等,配成 $1\%\sim3\%$溶液。

针对堵塞的物质用酶清洗是有效的方法。常用的酶有蛋白酶、脂肪酶、果胶酶等。配成 $0.5\%\sim1.5\%$溶液,用泵循环或浸泡,温度依酶的作用特性而定。

表面活性剂也能帮助清洗,常用的表面活性剂有 TritonX-100、十二烷基苯磺酸钠等。

酸化学清洗是清除无机物和某些有机胶体(如果胶)的有效方法。常用的酸有盐酸、柠檬酸、草酸等。配成溶液的 pH 依膜材料而定,例如对 CA 膜为 $3\sim4$,对 PS、PAN、PVDF 膜为 $1\sim2$。用泵循环或浸泡,时间不宜过长,以 $0.5\sim1h$ 为宜。随着膜材料耐化学试剂性能的改善,酸和碱清洗的强度也在逐渐提高。浙大凯华公司推荐用 $1\%\sim3\%$ HCl 溶液清洗 Fe、Mn、Al、Ca、Mg 等金属离子含量高的溶液的膜堵塞。

碱化学清洗是清除蛋白质等有机物的有效方法。常用的碱是氢氧化钠,配成溶液的 pH 也依膜材料而定,对 CA 膜为 pH8 左右,对耐腐蚀的膜为 pH12。也用泵循环或浸泡 $0.5\sim1h$。浙大凯华公司推荐用 $1\%\sim3\%$ NaOH 溶液清洗 COD、BOD 等有机成分含量高的溶液的膜堵塞。

无论是用酸、碱、氧化剂、表面活性剂或酶清洗,都要在清洗后再用清水清洗,使 pH 恢复中性。一般而言,清洗后应能恢复 90%以上的初始水通量。

9.5　膜分离新技术

9.5.1　泡沫分离

1. 发展概况

泡沫分离(foam separation)是以气泡作分离介质来浓集表面活性物质的一种新型分离技术。其实,泡沫分离技术很早就被用于矿物的浮选。所谓新,主要是指近年来它得到了新的开发和应用。现在这种方法除了用于矿物浮选之外,还广泛用于许多不溶性物质和可溶性物质的分离,如溶液中的金属阳离子、阴离子、蛋白质、染料等的分离、浓缩。

当溶液中需要分离的溶质本身为表面活性组分时,利用惰性气体在溶液中形成的泡沫,即可将溶质富集到泡沫上,然后将这些泡沫收集起来,消泡后即可得到溶质含量比原料液高的泡沫液(foamlate)。长期以来,这种技术的应用只限于天然表面活性物质的分离。20 世纪 50 年代发现溶液中的金属离子和某些表面活性物质所形成的配合物也能吸附到气液界面上,被泡沫所带走,这种表面活性物质一般称为起泡剂(foaming)。通过适当地选择起泡剂和操作条件,可以将溶液中 1.0×10^{-6} 浓度的贵金属和稀有金属离子分离出来,这样就扩大了泡沫分离技术的应用范围,使其能用于非表面活性物质的分离。20 世纪 60 年代中期,采用泡沫分离法脱除洗涤剂工厂排放的一级污水和二级污水中的表面活性剂(直链烷基磺酸盐和苯磺酸盐)获得成功。20 世纪 70 年代进行了染料等有机物与废水泡沫分离的实验研究,1977 年开始有报道用阴离子表面活性剂泡沫分离 DNA、蛋白质及液体卵磷脂等生物活性物质。到目前为止,用泡沫分离法获得的蛋白质及酶有溶菌酶、白蛋白、促性腺激素、胃蛋白酶、凝乳酶、血红蛋白、过氧化氢酶、卵磷脂、β-淀粉酶、纤维素酶、D-氨基酸氧化酶、苹果酸脱氢酶等。随着工业的发展,特别是对环境保护的普通重视和资源综合利用的要求,泡沫分离的研究工作将不断扩大范围,其工业应用将越来越多。

2. 泡沫分离法的分类

Karger 等人提出,凡是利用"泡"来进行物质分离的方法统称为泡沫吸附分离法,并提出了如图 9-17 所示的分类法。其中,无泡沫分离过程亦需鼓泡,但不一定形成泡沫层,对这类分离过程本章不作进一步介绍。

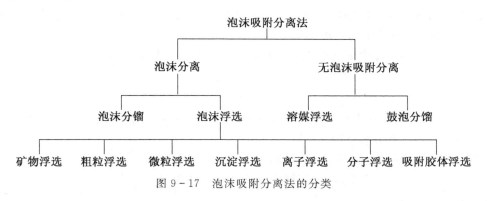

图 9-17　泡沫吸附分离法的分类

泡沫分离一般又可分泡沫分馏及泡沫浮选,前者用于分离溶解的物质,由于它的操作和设计在许多方面可以与精馏过程相类比,所以称它为泡沫分馏或者泡沫精馏,但是许多资料中亦往往笼统地叫它为泡沫分离。后者则主要用于分离不溶解的物质,而且按照被分离的对象是分子还是胶体,是大颗粒还是小颗粒又可分成若干类。

(1)矿物浮选:主要用于矿石与脉石粒子的分离,自然界中矿物大多数以硫化物形式存在,加捕集剂使矿石具有疏水性,可使矿物通过浮选富集。

(2)粗粒浮选和细粒浮选:常用于共生矿中单质分离,按颗粒大小分为两类:一类的粒子直径大致在 $1 \sim 10 \text{mm}$ 内,疏水性粒子在泡沫层,而亲水性粒子在鼓泡槽底部得以富集;另一类的粒子直径为 $1 \mu\text{m} \sim 1\text{mm}$,处理的对象为胶体、高分子物质、矿物液。

(3)离子浮选和分子浮选:用于分离非活性物质的离子或分子。一般采用加入浮选捕集剂与待分离物形成沉淀物,再用泡沫吹出。

(4)沉淀浮选:加入某种反应剂可选择性地在溶液中沉淀一种或几种溶质,然后再把这些沉淀浮选出来。

(5)吸附胶体浮选:将胶体粒子作为捕集剂置于溶液中,选择性地吸附所需分离的溶质,再用浮选的方法除去。

3. 基本原理

泡沫分离过程是利用待分离物质本身具有表面活性(如表面活性剂)或能与表面活性剂通过化学的、物理的力结合在一起(如金属离子、有机化合物、蛋白质和酶等),在鼓泡塔中被吸附在气泡表面,得以富集,藉气泡上升带出溶剂主体,达到净化主体液、浓缩待分离物质的目的。可见它的分离作用主要取决于组分在气-液界面上吸附的选择性和程度,其本质是各种物质在溶液中表面活性的差异。

(1)吉布斯(Gibbs)等温吸附方程:根据稀溶液平衡理论推导出表面活性组分从主体溶液到气-液界面上的吸附平衡,可以用吉布斯等温吸附方程表示:

$$\Gamma = -\frac{1}{RT}\frac{\mathrm{d}\sigma}{\mathrm{dln}c} \qquad (9-32)$$

也可以写成:

$$\frac{\Gamma}{c} = -\frac{1}{RT}\frac{\mathrm{d}\sigma}{\mathrm{d}c} \qquad (9-33)$$

式中,Γ 为吸附溶质的表面过剩量,即单位面积上吸附溶质的物质的量与主体溶液浓度之差,对于稀溶液即为溶质的表面浓度,可通过 σ(溶液的表面张力)与浓度 c(溶质在主体溶液中的平衡浓度)来求得;Γ/c 为吸附分配因子。

如果溶液中含离子型表面活性剂,则应对式(9-32)进行如下修正:

$$\Gamma = -\frac{1}{nRT}\frac{\mathrm{d}\sigma}{\mathrm{dln}c} \qquad (9-34)$$

式中,n 为与离子型表面活性剂的类型有关的常数,例如,完全电离的电解质类型 $n=2$;在电解质类溶液中还添加过量无机盐时 $n=1$。

溶液中表面活性剂浓度 c 和表面过剩量 Γ 的相互关系可用图 9-18 表示。在 b 点之前,随着溶液中表面活性剂浓度 c 的增加,Γ 成直线增加:

$$\Gamma = Kc \qquad (9-35)$$

b 点后溶液饱和,多余的表面活性剂分子开始在溶液内部形成"胶束",b 点的浓度称为临界胶束浓度(CMC),此值一般为 $0.01\sim0.02\mathrm{mol/L}$,分离最好在低于 CMC 下进行。对于非离子型表面活性剂,上图曲线更接近 Langmuir 等温方程:

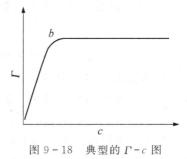

图 9-18　典型的 $\Gamma-c$ 图

$$\Gamma = \frac{Kc}{1+K'c} \qquad (9-36)$$

式中,K 和 K' 均为常数。在饱和时,$K'c\gg1$,$\Gamma=K/K'$。所以在溶液中表面活性剂的量超过临界胶束浓度后,表面过剩量 Γ 恒定不变,许多表面活性剂的 Γ 值在 $3\times10^{-10}\mathrm{mol/cm^2}$ 左右。

（2）泡沫的形成与性质

1）泡沫的形成和组成部分：泡沫是由被极薄的液膜隔开的许多气泡组成的，当气体在含活性剂的水溶液中发泡时，首先在液体内部形成被包裹的气泡。在此瞬时，溶液中表面活性剂分子立即在气泡表面排成单分子膜，亲油基指向气泡内部，亲水基指向溶液（图 9 - 19），该气泡会借浮力上升冲击溶液表面的单分子膜。在某种情况下，气泡也可从表面跳出。此时，在该气泡表面的水膜外层上，形成与上述单分子膜的分子排列完全相反的单分子膜，从而构成较为稳定的双分子层气泡体，在气相空间形成接近于球体的单个气泡。许多气泡聚集成大小不同的球状气泡集合体，更多的集合体集聚在一起形成泡沫。

形成泡沫的气泡集合体包括两个部分，一是泡，两个或两个以上的气泡，二是泡与泡之间以少量液体构成的隔膜（液膜），是泡沫的骨架。

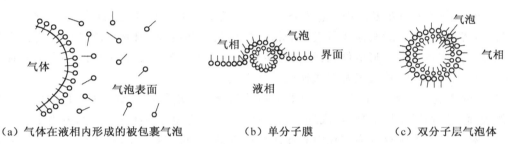

（a）气体在液相内形成的被包裹气泡　　　（b）单分子膜　　　（c）双分子层气泡体

图 9 - 19　气泡的形成过程

○— 表面活性剂分子　　○ 亲水基　　— 亲油基

2）泡沫的稳定及层内排液：泡沫不是很稳定的体系，气泡与气泡之间仅以薄膜隔开，此隔膜也会因彼此压力不均或间隙液的流失等而发生破裂，导致气泡间的合并现象，或由于小气泡的压力比大气泡高，因此气体可以从小气泡通过液膜向大气泡扩散，导致大气泡变大，小气泡变小，以至消失。

泡沫的稳定性一般与溶质的化学性质和浓度、系统温度和泡沫单体大小、压力、溶液 pH 值有关。表面活性剂的浓度愈接近临界胶束浓度，气泡愈小，气泡的寿命愈长。

典型的三个气泡集合体的结构见图 9 - 20，泡与泡之间的壁为平面，三个泡的共同交界处形成有一定曲率半径的小三角形柱体，由于这个曲率半径，使液膜中位于平面内的液体所受的压力要比位于三角柱体壁内的液体所受压力高很多，这一压力梯度会导致液膜中液体由膜向小三角柱体流动，从而使平壁逐渐变薄，最后在阻力的平衡下，膜达到一定的厚度。当膜间夹角为 120°时，压力差最小，泡沫稳定。

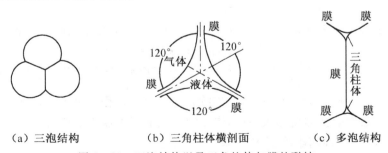

（a）三泡结构　　（b）三角柱体横剖面　　（c）多泡结构

图 9 - 20　三泡结构以及三角柱体与膜的联结

若是三个以上,如四个气泡聚集在一起,见图9-21所示,最初可能形成十字形或其他结构,但它是不稳定的,在相邻气泡间微小压力差的作用下,膜会滑动,直至转变成上述三泡结构的稳定形式。这也是泡沫层内排液的主要原因。

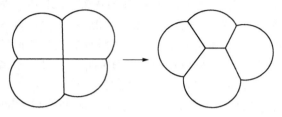

图9-21　四泡结构的稳定形式

（3）泡沫分离的设备及流程：泡沫分离技术由两个基本过程组成：首先,需脱除的溶质吸附到气-液界面上,然后对被泡沫所吸附的物质进行收集和脱除,因此它的主要设备为泡沫塔和破沫器。泡沫塔为一柱形塔体,其结构与精馏塔相类似。泡沫分离过程的操作是多种多样的,主要可采用间歇式、连续式及多级逆流三种方式。

1）间歇式泡沫分离过程：图9-22为间歇式泡沫分离塔的示意图。被处理的原料液和需加入的表面活性剂置于塔下部,塔底连续鼓进空气,塔顶连续排泡沫液。原料液由于不断地形成泡沫而减少。为了弥补分离过程中表面活性剂的减少,可在塔釜间歇补充适当的表面活性剂。间歇式操作既适用于溶液的净化,也适用于有价值组分的回收。

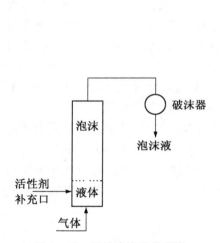

图9-22　间歇式泡沫分离塔

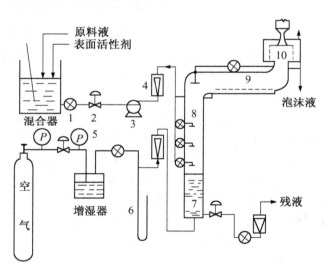

图9-23　连续式泡沫分离过程示意

1. 阀1　2. 调节器　3. 泵1　4. 流量计　5. 压力表　6. 水银压差计　7. 鼓泡器　8. 泡沫塔　9. 排沫段　10. 破沫器

2）连续式泡沫分离过程：图9-23为连续式泡沫分离过程示意图。在连续式泡沫分离过程中,料液和表面活性剂被连续加入塔内,泡沫液和残液则被连续地从塔内抽出。由于料液引入塔的位置不同,可以得到不同的分离效果。

在图9-24（a）中含有表面活性剂的料液连续地加入塔中的液体部分（鼓泡区）,这类塔主要是为了提高塔顶泡沫液的浓度,就像精馏塔中的精馏段。也可以在塔顶设置回流,将凝集的泡沫液部分引回泡沫塔顶,以提高塔顶产品泡沫液的浓度,但是会影响残液的脱除率。

图 9-24(b)则将料液从泡沫塔顶加入,因此这是一提馏塔,使用这种流程可以得到很高的残液脱除率(高至 200)。若料液和部分表面活性剂由泡沫段中部加入,塔顶又采用部分回流,如图 9-24(c)所示,这就相当于全馏塔。

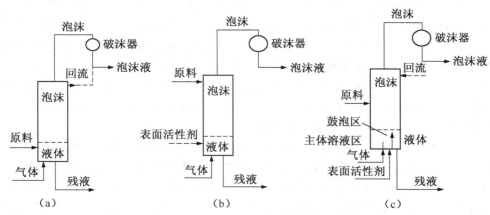

图 9-24　各种类型的连续式泡沫分离过程

在全馏塔和提馏塔中,为了提高分离效果,可将部分表面活性剂直接加到料液中,其他表面活性剂则由塔底部加入鼓泡区,这样可以得到较高的溶质脱除率,并有利于改进操作,但是被残液所带出的表面活性剂也随之增多。为了弥补这一缺点,可如图 9-25(c)所示,用环形隔板将鼓泡室分隔成两部分,中心为鼓泡区,表面活性剂和气体从该区引入,并形成气泡,外面的环状部分为"主体"溶液区,残液从该区引出。这样既可得到较高的脱除率,又不致使表面活性剂过多地随残液带出而造成损失。

如果再在进料口上面设以直径较大的头部,以增加泡沫停留时间,这样可以提高体积比。经过以上两项改进后,脱除率可高达 500~600,体积比可高达 100 倍。

3) 多级逆流泡沫分离过程:泡沫分离和其他分离过程一样,也可以把一组单级设备串联起来操作,如图 9-25 所示。也可以使用一个多级逆流塔,如筛板塔。使用如图 9-26 所示流程的目的显然是为了尽可能地除去溶质以提高残液脱除率;如果分离的目的是为了提高塔顶溶质的增浓比,则只要把流程稍加改变即可。如果分离的目的在于用适当的表面活性剂以形成配合物的形式来脱除非表面活性剂物质,则所得到的泡沫液(配合物)可以通过化学反应使需脱除的非表面活性组分形成不溶解的化合物,从而达到破沫的目的。这种不溶解的化合物可以通过过滤从溶液中除去,再生的表面活性剂则循环使用。

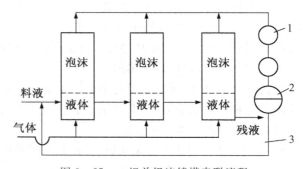

图 9-25　一组单级连续塔串联流程
1. 表面活性剂再生器　2. 过滤器　3. 表面活性剂循环线

9.5.2　纳滤

1. 发展概况

纳滤(nanofiltration,NF)膜的研究可以追溯到 20 世纪 70 年代,当时一些科学家研究制造了一系列化学性能异常稳定的纳米膜,并将其命名为选择性反渗透膜。20 世纪 80 年代初,美国 Film Tec 公司的科学家研究了一种薄层复合膜(NF-40、NF-50、NF-70),该膜能使 90% 的 NaCl 透过,而 99% 的蔗糖被截留,在截留率大于 95% 的分子中,所截留的最小分子大小约为 1nm,故被命名为"纳滤膜"。到了 20 世纪 90 年代,纳滤膜得到飞速发展,还针对不同的应用领域,相继开发了一批分离性能独特的纳滤膜,如 NTR-729 HF、NTR-7250、NTR-7400、NF-45、NF-90、SU-600 等,并已实现商品化生产。日本学者大谷敏郎还对纳滤膜的分离性能进行了具体的定义:操作压强小于 1.50MPa,截留相对分子质量 200~1000,NaCl 的透过率不小于 90% 的膜可以认为是纳滤膜。

我国从 20 世纪 90 年代开始研究纳滤,初期把纳滤膜称为"疏松型"反渗透膜或"紧密型"超滤膜。1993 年,高从堦院士在兴城会议上首次提出纳滤膜概念后,纳滤膜技术开始受到国内膜分离和水处理领域科技工作者的广泛关注,并相继在实验室中开发了 CA-CTA 纳滤膜、S-PES 涂层纳滤膜、芳香聚酰胺复合纳滤膜和其他荷电材料的纳滤膜,并对纳滤膜的分离性能、分离机理、膜的污染机理及特种分离等方面的性能进行了试验研究,取得了一定进展,例如,上海原子核研究所在超滤膜的基础上,通过选用多元酚、多元胺和多元酰氯,采用界面缩聚的方法对超滤膜进行改性得到了具有较好分离效果的纳滤系列复合膜:聚芳酯复合膜 NF-1、芳香聚酰胺复合膜 NF-2、聚哌嗪酰胺类复合膜 NF-3。由于纳滤膜的供应还依赖于进口,用量也较小,与反渗透膜相比价格昂贵,从而使得纳滤膜的应用受到一定的限制。与国外相比,中国纳滤膜的研制、组件技术和应用开发等都刚起步。

2. 纳滤原理

(1)纳滤过程:纳滤是介于反渗透与超滤之间的一种压力驱动型膜分离技术。它具有两个特性:① 对水中的相对分子质量为数百的有机小分子成分具有分离性能;② 对于不同价态的阴离子存在 Donnan 效应,并且它们的 Donnan 电位有较大差别,可让进料中部分或全部的无机盐透过。物料的荷电性、离子价数和浓度对膜的分离效应有很大影响。

纳滤的操作压差为 0.5~1.47MPa(或 0.345~1.035MPa),截留相对分子质量界限为 200~1000(或 200~500),用于分子大小约为 1nm 的溶解组分的分离,见图 9-26 所示。由于纳滤膜达到同样的渗透通量所必须施加的压差比用反渗透膜低 0.5~3MPa,故纳滤膜过滤又称"疏松型反渗透"或"低压反渗透"。

由图 9-26 可见,反渗透膜几乎可以完全将摩尔质量为 150kg/kmol 的有机组分截留,而纳滤膜只有对摩尔质量为 200kg/kmol 以上的组分才达到值得称道的截留率。

(2)纳滤分离机理与分离规律

1)分离机理:纳滤膜为无孔膜,通常认为其传质机理为溶解-扩散方式。大多数纳滤膜为具有三维交联结构的复合膜,与反渗透膜相比,由于具有尺寸更大的"孔结构",因而纳滤膜三维交联结构更疏松,即网络具有更大的立体空间。不少纳滤膜表面荷负电,对不同电荷和不同价态的离子有不同的 Donnan 效应,纳滤膜的这些"孔结构"和表面特征决定了其独特的分离性能,即纳滤膜对无机盐的分离行为不仅由化学势梯度控制,同时也受电势梯度的影响,即纳

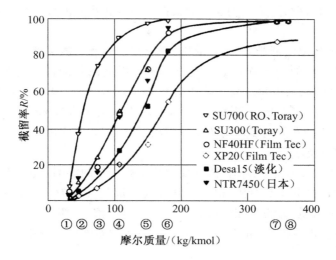

图 9 - 26　NF -膜对有机组分的截留率
① 甲醇　② 乙醇　③ 正丁醇　④ 1,2 -乙二醇　⑤ 三甘醇
⑥ 葡萄糖　⑦ 蔗糖　⑧ 乳糖
$(\Delta p=0.1 \text{MPa}, 25℃$, 进料浓度：200mmol/L)

滤膜的行为与其荷电性能,以及溶质荷电状态和相互作用都有关系。

2)分离规律:纳滤膜具有以下规律性:

① 对于阴离子,截留率递增顺序为 NO_3^-、Cl^-、OH^-、SO_4^{2-}、CO_3^{2-};多价的阴离子,由于膜的负电荷而被排斥在膜外,只有在很高浓度的情况下,膜电荷受到很强的屏蔽,才会导致这些离子进入膜中并且渗透。

② 对于阳离子,截留率递增的顺序为 H^+、Na^+、K^+、Ca^{2+}、Mg^{2+}、Cu^{2+}。

③ 一价离子渗透,多价阴离子滞留(高截留率)。

④ 截留相对分子质量在 200～1000 之间,分子大小为 1nm 的溶解组分的分离。

⑤ 一般来说,随着浓度的增加,膜的截留率下降。这一方面可以由进料流体和膜流体之间的 Donnan 平衡来解释,另一方面也可以由增强了固定离子的屏蔽作用来解释。

3. 纳滤膜

纳滤膜和膜过程具备以下特点:

(1)具有纳米级孔径。纳滤膜是介于反渗透膜和超滤膜之间的一种膜,其表层孔径处于纳米级范围,因而其分离对象主要为粒径 1nm 左右的物质,特别适合于相对分子质量为数百到 2000 的物质的分离。

(2)操作压力低。反渗透过程所需操作压力很高,一般在几个甚至几十个兆帕之间,而纳滤过程所需操作压力一般低于 1MPa。操作压力降低则意味着对系统动力设备要求的降低,这对于降低整个分离系统的设备投资费用是有利的。

(3)功能多样化。例如为了对水进行软化和净化,常采用石灰-苏打法或离子交换法去除 Ca^{2+}、Mg^{2+} 等二价离子,用活性炭吸附法除去有机物。这种水处理过程工艺繁琐,效率低,费用高。而采用纳滤技术就可以一次性将上述物质同时除去。

(4)较好的耐压密性和较强的抗污染能力。由于纳滤膜多为复合膜及荷电膜,因而其耐压密性和抗污染能力强,此外,荷电纳滤膜能根据离子的大小及电价的高低对低价离子和高价离子进行分离。

纳滤膜材料主要有醋酸纤维素、磺化聚砜、磺化聚醚砜和芳族聚酰胺复合材料以及无机材料等。目前,应用最广泛的为芳族聚酰胺复合材料。据纳滤膜的荷电情况,又可将其分成三类:荷负电膜、荷正电膜、双极膜。荷正电膜应用较少,因为它们很容易被水中的荷负电胶体粒子吸附;荷负电膜可选择性地分离多价离子,因此当溶液中含有 Ca^{2+}、Mg^{2+} 时可用这种膜分离,如果为了同时选择性分离多价阴离子和阳离子,则有必要使用双极膜。

4. 纳滤膜的制备技术

(1)L-S相转化法:L-S相转化法是使均相制膜液中的溶剂蒸发,或在制膜液中加入非溶剂,或使制膜液中的高分子热凝固,都可使制膜液由液相转变为固相。用该法制备纳滤膜,关键是选择合适的膜材质、铸膜液配方(包括聚合物浓度、溶剂、添加剂种类及含量等)及铸膜工艺条件(包括蒸发温度及时间、相对湿度、凝胶液组成和温度以及凝胶时间、热处理温度及时间等)。

(2)转化法:纳滤膜孔径介于反渗透膜和超滤膜之间,因此可以通过调节制膜工艺将反渗透膜表层疏松化或将超滤膜表层致密化来制备纳滤膜。

(3)共混法:将两种或多种高聚物进行液相共混,通过共混改性在保持原有材料本身性能的同时,还可弥补原有材料性能的缺陷,并产生原有材料所不具备的优异性能。在相转化成膜时,关键是采用适宜的工艺条件来调节铸膜液中各组分的相容性差异,制出具有纳米级表层孔径的合金纳滤膜。

(4)荷电化法:通过荷电化法制得的膜在透水、耐压密性、抗污染性、物化稳定性及选择透过性等方面具有中性膜所不具备的优势。所制膜的性能受膜荷电密度大小的影响,可能的荷电密度为 $0.5\sim2$meq/g。荷电化法制备纳滤膜的方法主要有荷电膜材料直接成膜、含浸法、表面化学改性、界面聚合法或就地聚合法等。

1)荷电膜材料直接成膜:该方法通常是先制备荷电膜材料,如将膜材料用硫酸或氯磺酸磺化引入阴离子基团,以氯甲醚处理,再季铵化引入阳离子基团等,然后用相转化法将荷电材料直接成膜,也可制成复合膜。

2)含浸法:将基膜浸入含有荷电材料的溶液中,用热、光、辐射等方法使其交联成膜。

3)表面化学改性:先将带有反应基团的聚合物制成超滤膜,再与荷电试剂反应成荷电膜,或先制膜,再用合适的试剂处理膜表面,使膜上带荷电基团。

(5)复合法:复合法是目前使用最多也是最有效的制备纳滤膜的方法,也是生产商品化纳滤膜品种最多、产量最大的方法。该方法就是在微孔基膜上复合上一层具有纳米级孔径的超薄表层。复合膜包括基膜的制备和超薄表层的制备及复合。

1)基膜的制备:常用的基膜材质有聚砜、聚醚砜、聚芳酯、聚碳酸酯、聚烯烃、聚偏氟乙烯等。基膜的制备主要采用L-S相转化法,可由单一高聚物形成均相膜,如工业上最常用的聚砜超滤膜,也可采用两种或两种以上的高聚物经液相共混形成合金基膜,如含酞基聚芳醚酮与聚砜(PEKC/PSF)合金膜及SPSF/PES合金膜等。通常要求基膜有适当大小的孔密度、孔径和孔径分布以及良好的耐压密性和物化稳定性。

2)超薄表层的制备及复合:常用超薄表层的制备及复合方法主要有涂敷法、界面聚合法、就地聚合法、等离子体聚合法、动力形成法等。

① 涂敷法：涂敷法就是将多孔基膜的上表面浸入到聚合物的稀溶液中，然后将基膜从溶液中拉出阴干或将高聚物制膜液涂刮到基膜上后，经外力将铸膜液压入基膜的微孔中，再经 L－S 相转化法成膜。该方法的关键是合理选择浸涂液组成及制膜工艺条件。

② 界面缩聚和界面缩合法：该方法是以 Morgan 的相界面聚合原理为基础，使反应物在互不相溶的两相界面处发生聚合成膜。一般方法是将微孔基膜浸入亲水单体的含水溶液中，排除过量的单体溶液，然后再浸入某种疏水单体的有机溶液中进行液-液界面缩聚反应，再经水解荷电化或离子辐射或热处理等过程在基膜的表面形成致密的超薄层。该法的关键是基膜的选取和制备及控制反应物在两相中的分配系数和扩散速率，这种制备方法的优点是：通过改变两种溶液中的单体浓度，可以很好地调控选择性膜层的性能。

界面缩合是将基膜浸入聚合物的预聚体稀溶液中，取出并排除过量的溶液，然后再浸入交联剂的稀溶液中进行短时间的界面交联反应，最后取出加热固化。

③ 就地聚合法：就地聚合又称单体催化聚合，它是将基膜浸入含有催化剂并在高温下能迅速聚合的单体稀溶液中，取出基膜，除去过量的单体稀溶液，在高温下进行催化聚合反应，再经适当的后处理，得到具有单体聚合物超薄层的复合膜。

9.6　膜分离技术的应用

1. 微滤的应用

迄今为止，微滤在所有膜分离过程中应用最普遍、总销售额最大。制药行业的过滤除菌是其最大的市场，电子工业用高纯水制备次之。此外，微滤还日益广泛地用于食品、水处理和生物等工业领域。

（1）杀菌过滤：一般细菌的大小为 $5\sim10\mu m$，理论上用微滤可以杀菌，用膜工艺杀菌已被采纳为标准的杀菌工艺之一。医药工业中需要用杀菌的场合主要有各种清洁用水、注射用水、药液和一些气体的杀菌。实验研究证实，用 $0.22\mu m$ 的微滤膜可以将细菌截留，达到消毒的效果。工业上采用的终端过滤器分为若干等级：用于一般澄清目的的过滤器孔径为 $3\sim5\mu m$，可以除去可见的粒子；用于去除大分子有机物和小粒子的过滤器孔径为 $0.65\mu m$，可以除去酵母和霉菌；用于热原控制的过滤器孔径为 $0.45\mu m$，可以除去大部分细菌；用于消毒的过滤器孔径为 $0.22\mu m$ 可以完全截留假单胞菌；用于菌质去除的过滤器孔径为 $0.1\mu m$，可以去除小分子有机物。

（2）中药水提液精制：中药复方水提液中含有较多的杂质，如极细的药渣、泥沙、纤维等，同时还有大分子物质如淀粉、树脂、糖类及油脂等，使药液色深且浑浊，用常规的过滤方法难以去除上述杂质。醇沉工艺的不足是总固体和有效成分损失严重，且乙醇用量大、回收率低、生产周期长，已逐渐被其他分离精制方法所代替。高速离心技术通过离心力的作用，使中药水提液中悬浮的较大颗粒杂质如药渣、泥沙等得以沉降分离，是目前应用最广的分离除杂方法之一。但对于药液中非固体的大分子物质，高速离心法的去除效果并不十分理想，同样存在一定的适应性和局限性。因此，在此基础上，微滤技术利用筛分原理，分离大小为 $0.05\sim10\mu m$ 的粒子，不仅能除去液体中的较小固体粒子，而且可截留多糖、蛋白质等大分子物质，具有较好的澄清除杂效果。

（3）纯水制备：微滤膜在纯水制备中的主要用处有两方面：一是在反渗透或电渗析前用作预过滤器，用以清除细小的悬浮物质，一般用孔径为 $3\sim20\mu m$ 的卷绕式微孔滤芯。二是在阳、阴或混合离子交换柱后，作为最后一级终端过滤手段，用它滤除树脂碎片或细菌等杂质。此时，一般用孔径为 $0.2\sim0.5\mu m$ 的滤膜，对膜材料强度的要求应十分严格，而且，要求纯水经过膜后不得再被污染、电阻率不得下降、微粒和有机物不得增加。

（4）其他领域：在生物化学和微生物研究中，常利用不同孔径的微滤膜收集细菌、酶、蛋白质、虫卵等以供检查分析。利用滤膜进行微生物培养时，可根据需要，在培养过程中更换培养基，以达到多种不同目的，并可进行快速检验，因此这种方法已被用于水质检验、临床微生物标本的分离，食品中细菌的监察。用孔径小于 $0.5\mu m$ 的微滤膜对啤酒进行过滤，可脱除其中的酵母、霉菌和其他微生物，经这样处理后的产品清澈、透明、存放期长，且成本低。

2. 超滤的应用

超滤和微滤相比，应用规模较大，多采用错流操作。它已广泛用于食品、医药、工业废水处理、超纯水制备及生物工程。表 9-6 列出了超滤的一些主要应用。

表 9-6 超滤的主要应用领域

应用领域	应用实例
食品发酵工业	乳品工业中乳清蛋白的回收、脱脂牛奶的浓缩；酒的澄清、除菌、催熟酱油、醋的除菌、澄清、脱色；发酵液的提纯精制；果汁的澄清；明胶的浓缩；糖汁和糖液的回收
医药工业	抗生素、干扰素的提纯精制；针剂、针剂用水除热原；血浆、生物高分子处理；腹水浓缩；蛋白质、酶的分离、浓缩和纯化；中草药的精制和提纯
金属加工工业	延长电浸渍涂漆溶液的停留时间；油/水乳浊液的分离；脱脂溶液的处理
汽车工业	电泳漆回收
水处理	医药工业用无菌、无热原水的生产；饮料及化妆品用无菌水的生产；电子工业用纯水、高纯水及反渗透组件进水的预处理；中水回用、饮用水的生产
废水处理与回用	与生物反应器结合处理各种废水；淀粉废水的处理与回用；含糖废水的处理与回用；电镀废水处理；含原油污水的处理；乳化油废水处理与回用；含油、脱脂废水的处理与回用；纺织工业、染料及染色废水处理与回用；照相工业废水处理；印钞擦版液废液的处理与回用；电泳漆废水的处理与回用；造纸废水的处理；放射性废水的处理

下面以酶的分离和浓缩、乳品工业中乳清处理和工业废水中电泳涂漆为例具体说明超滤的应用。

（1）酶的分离和浓缩：发酵液分离的第一步是将微生物分离出来。常用的方法是离心分离过滤。离心分离效果较好，但费用高一些。过滤一般要用助滤剂，损失要大一些。超滤是较理想的分离方法，只是膜的价格高一些。

若滤液是产品，则几种组件均可用。若浓缩液为产品，则不宜用螺旋式和板式这两种带隔板的组件。用中空纤维膜组件可得到高达 $40\sim50L/(m^2\cdot h)$ 的通量及 $250\sim290g/L$ 的溶液浓度（过滤酵母时），但流速须高于 $1m/s$。

一个有趣的现象是有时用微滤时的堵塞反而比用超滤严重，因此更多的是用超滤。先将发酵液离心分离，除去菌丝，然后用微滤或超滤浓缩，可使产品中不含微生物及其孢子。

美国 Abcor 公司用 HFA-200 醋酸纤维素超滤膜浓缩淀粉酶和蛋白酶的混合液，在压差为 0.1MPa 时截留率为 96%～97%,通量为 444L/(m² · h)。

　　另一个应用实例是菠萝蛋白酶的提取。将菠萝皮汁用离心法分离,其清汁用超滤法浓缩。再用有机溶剂提取浓缩液中的蛋白酶。超滤在 45℃ 下进行,以防止酶的失活。超滤用 PSA 膜,MWCO 值为 400000,截留率可达 95%。压差为 0.25～0.3MPa 时,通量高,酶的回收率高,体积浓缩比可达 5,这些结果均令人满意。

　　目前超滤已应用于淀粉酶、糖化酶、蛋白酶等酶制剂的生产。

　　(2) 乳清处理:乳品工业奶酪生产过程中将产生大量的乳清,据统计,仅美国每年就有 2500 万立方米乳清产生,因而该领域成为超滤应用的最大领域。通过超滤可得到含蛋白质 10% 的浓缩液;若将其通过喷雾干燥,可得到含蛋白质 65% 的乳清粉,在面包食品中可代替脱脂奶粉;若将其进一步脱盐,则可得到蛋白质含量高于 80% 的产品,可用于婴儿食品;而含乳糖的渗透液经浓缩干燥后可用作动物饲料。

　　(3) 电泳涂漆废水处理:在金属电泳涂漆过程中,带电荷的金属物件浸入一个装有带相反电荷的涂料池内,由于异电相吸,涂料在金属表面形成一层均匀的涂层,金属物件从池中捞出并水洗除去附带出来的涂料。为环保与节能起见,可采用超滤过程将聚合物树脂及颜料颗粒阻留下来,而允许无机盐、水及溶剂穿过超滤膜出去。阻留下来的组分再回至电泳漆储罐中去。滤液用于淋洗刚从电泳漆中取出的新上漆的制件,以回收制件夹带的多余的漆。早在 1968 年美国 PPG 公司的专利就提出用超滤和反渗透的组合技术处理电泳漆废水。目前,该项技术已广泛用于自动化流水线上,已有几百个膜面积大于 100m² 的膜组件投入运行,其中主要为管式。由于池内溶液带电荷,现已开发出表面带相同电荷的膜,因同性相斥而使该膜不易污染。

3. 反渗透的应用

　　反渗透过程是从溶液(一般为水溶液)中分离出溶剂(水)的过程,这决定了它的应用范围主要有脱盐和浓缩两方面。

　　(1) 水处理

　　① 海水、苦咸水淡化:反渗透已成功用于海水和苦咸水的淡化,1983 年开始运转的马耳他岛伽尔拉夫基海水淡化厂日产淡水 20 万立方米。世界上最大的咸水淡化厂在美国亚利桑那州的尤马附近,原水中含盐浓度约 0.3%,生产能力为每日 40 万立方米。我国甘肃省苦咸水淡化研究所从 20 世纪 70 年代开始对西北地区苦咸水淡化进行研究,并取得一定的成果。

　　② 超纯水的制备:电子工业对超纯水的要求越来越高,需求量也越来越大,采用反渗透能制得高纯度的水,且流程简化,运转费用低。目前,美国电子工业已有 90% 以上超纯水是采用反渗透和离子交换相结合的装置来制取的。我国电子工业用水也开始采用电渗析——反渗透——离子交换工艺制取。

　　③ 制剂用无菌、无热原纯水系统:各国药典都规定,制备静脉注射液用水必须是无热原反应的,并且是用蒸馏方法制备的。从 1975 年起,美国药典将反渗透技术与蒸馏方法并列作为制备静脉注射液用水的法定方法。利用反渗透等膜分离技术制取医药用纯水,其离子杂质含量低、TOC 含量低、颗粒少、无细菌、无热原,从根本上解决了传统蒸馏法制水既耗能又不能除尽细菌、内毒素的缺点。反渗透法制取医药用水工艺将因其低能耗、高效率、水质稳定等优点而得到推广及应用,完全放弃蒸馏法的可能已存在。

④ 废水的处理：在废水处理方面，反渗透在各个行业普遍使用，化工废水、电镀废水、含油废水、电泳涂漆废水、电镀废水、食品工业废水、造纸工业废水、纺织工业废水、放射性废水、城市地下水等的处理收到很好的效果，不仅能减少污染，而且回收了有用的物质。

（2）生物物质浓缩

① 头孢菌素 C 的浓缩：目前国内厂家对头孢菌素 C 的提取工艺，普遍存在着随产量的增加，酒精用量高、设备台数多、占地面积大以及酒精母液回收量大、能耗高、生产不安全等问题。洗脱液采用反渗透浓缩，使头孢菌素 C 和水分离，是克服上述缺点行之有效的途径。其流程如下：发酵液──→板框过滤──→D-I 大孔吸附──→无盐水洗涤──→82# 树脂液反渗透浓缩──→结晶成盐──→离心分离──→锌盐干燥。

采用 RO-44-10 型设备浓缩头孢菌素 C 提取液，运行稳定，可将头孢菌素 C 提取液浓缩一倍以上，二次浓缩截留率在 99% 以上。反渗透可用于工业规模头孢菌素 C 提取液的浓缩。应用反渗透浓缩头孢菌素 C 提取液，可以节约大量酒精、醋酸锌、蒸汽和冷却水，降低产品成本；节约设备投资、节省占地面积，减少"三废"排放，具有明显的经济效益和社会效益。浓缩后的头孢菌素 C 提取液在成盐过程中，对锌盐质量和收率没有影响。反渗透膜及装置应用于头孢菌素 C 提取工艺，对生物工程领域开展反渗透技术研究和应用起到了积极作用。

② 反渗透浓缩红霉素：红霉素在我国已广泛应用于临床，从发酵液中提取红霉素，国内外普遍采用溶剂萃取法进行浓缩和纯化。应用反渗透浓缩红霉素发酵滤液有助于改进传统的提取工艺。利用丹麦 De Danske Sukkerfabfikker(DDS) 公司的 Modulle20 UF/RO 系统（超滤/反渗透两用系统）对红霉素发酵液进行浓缩。实验条件下，红霉素基本上无损失，而且浓缩到原浓度的 5 倍左右，已符合后继操作要求。选用粗孔反渗透膜 HC50PP，可降低膜两侧渗透压差，有利于操作。

③ 磷酸腺苷的浓缩：AMP 是制备药用三磷酸腺苷（ATP）的主要原料。目前工厂对 AMP 的生产是通过酶解核糖核酸，生产核苷酸混合物，用离子交换树脂将混合物分离出 AMP 溶液，再用真空浓缩、酒精沉淀、干燥而成。在核苷酸混合物的分离过程中，用去离子水将各核苷酸从交换柱上洗脱时，AMP 在最后才被洗脱出，且洗出前还经过一段水区，所以洗脱出来的 AMP 溶液纯度高（制成干粉后 AMP 含量在 90% 以上），基本不含蛋白质等其他杂质；但浓度很低，含量只有 $0.2 \sim 0.6 \text{mg/ml}$，溶液的 pH 约为 4。这些条件适合于用反渗透法进行浓缩。用反渗透浓缩不但可大大节省能耗，同时透过膜的清水还可循环利用。如果进一步改酒精沉淀为等电点沉淀，沉淀母液可返回再浓缩。这样可以更大程度地得到高纯度的 ATP，并省去作为沉淀剂使用的大量酒精及酒精的回收过程，避免了沉淀液中 AMP 的损失以及蒸馏残液的排放。用试制出的二醋酸纤维素卷式膜，对 AMP 的截留率在 99% 以上，透水量为 $1.5 \sim 1.8 \text{ml} \cdot \text{cm}^{-2} \cdot \text{h}^{-1}$。在 AMP 液的浓缩过程中，膜的截留率稳定，透水量下降不大，浓缩度为 70%～75% 时，收率在 99% 以上；浓缩度约 99% 时，收率达 97.5%，产品质量完全达到要求。

4. 纳滤的应用

纳滤膜是介于反渗透膜与超滤膜之间的一种新型分离膜，由于其具有纳米级的膜孔径、膜上大多带电荷等结构特点，以及在低价离子和高价离子的分离方面有独特性能，因而主要用于：① 不同相对分子质量的有机物的分离；② 有机物与小分子无机物的分离；③ 溶液中一价盐类与二价或多价盐类的分离;④ 盐与其对应酸的分离,从而可达到饮用水和工业用水的软化和净化、料液的脱色、浓缩、分离、回收等目的。表 9-7 列出了纳滤的部分应用。

表 9-7　纳滤的主要应用领域

应用领域	应用实例
水处理	饮用水的软化和有机物的脱除
食品加工	乳品加工(乳清脱盐、乳清蛋白浓缩、牛奶除盐和浓缩);果汁浓缩;酵母生产(废水处理,发酵液中有机酸回收);低聚糖分离和精制;环糊精生产中浓缩环糊精;种子残渣加工
医药	抗生素浓缩和纯化;维生素 B_{12} 回收;多肽浓缩与分离
废水处理	造纸废水处理(去除电负性有色有机物);纺织工业废水处理(回收棉纺纤维洗涤废水中的 $NaOH$);电镀废水处理;金属加工和合金生产中废水处理;制糖工业废水处理;化学工业废水处理;生活污水处理
石油工业	汽油和煤油分离;近海石油开采中废水处理;催化剂回收

(1) 饮用水的制备:由于纳滤膜对低相对分子质量有机物及二价离子(如 Mg^{2+}、Ca^{2+})有很好的截留能力,将纳滤技术用于饮用水的制备是该技术的一个重要应用领域,目前已达到工业规模的应用。

(2) 低聚糖的分离和精制:低聚糖是 2 个以上单糖组成的碳水化合物,相对分子质量数百至几千,主要用作食品添加剂,可改善人体内的微生态环境,提高人体免疫功能,降低血脂,抗衰老,抗癌,被称为原生素,具有很好的保健功能。天然低聚糖通常从菊芋或大豆中提取。从大豆废水及大豆乳清废水中提取低聚糖时,用超滤去除大分子蛋白质,反渗透除盐,纳滤精制分离低聚糖。合成低聚糖通过蔗糖的酶化反应制取,为得到高纯度低聚糖,需除去原料蔗糖和另一产物葡萄糖。但低聚糖与蔗糖的相对分子质量相差很小,分离困难,采用通常的液相色谱法分离不仅处理量小、耗资大,而且需要大量水稀释,浓缩需要的能耗很高。采用纳滤技术可以达到与液相色谱法同样的分离效果,但成本大大降低。

(3) 果汁的浓缩:果汁浓缩可以减少体积,便于储存和运输,可提高储存稳定性。传统方法采用蒸馏或冷冻,消耗大量能源,还会导致果汁风味和芳香成分的散失。用反渗透膜与纳滤膜串联进行果汁浓缩,可以获得更高浓度的浓缩果汁,能耗为常规蒸馏法的 1/8、冷冻法的 1/5。

(4) 肽和氨基酸的分离:氨基酸和多肽带有羧基或氨基,等电点时为电中性。纳滤膜对于处于等电点的氨基酸和多肽的截留率几乎为零,因为此时溶质为电中性,并且大小比所用的膜孔径小。氨基酸和多肽在高于或低于其等电点时带负电荷或正电荷,由于与纳滤膜的静电作用,截留率较高。

(5) 抗生素的浓缩与纯化:抗生素的浓缩与纯化的传统方法为结晶和真空浓缩,结晶法回收率低,真空浓缩法破坏抗菌活性。纳滤法不破坏样品且损失少。纳滤技术可从两方面改进抗生素的浓缩和纯化工艺:一是用纳滤膜浓缩未经萃取的抗生素发酵滤液,除去可自由透过的水和无机盐,然后再用萃取剂萃取,可大幅度提高设备生产能力,大大减少萃取剂用量;二是用溶剂萃取抗生素后,用耐溶剂的纳滤膜浓缩萃取液,透过的萃取剂可循环使用,因此可节省蒸发溶剂的设备投资及所需能耗,也可改善操作环境。

(6)其他制药工业:有较多药品在制备过程中需加入无机盐。但必须将成品药中的无机盐除去,如 1,6-二磷酸果糖(FDP)(为心脏病急救良药),在蔗糖的发酵制备过程中,水溶液中含有 1.4% NaCl 和 0.2% FDP,采用纳滤技术可除去溶液中的 NaCl,保留 FDP。试验表明,不加水循环浓缩除盐,可除去水和无机盐 70%以上,若要使溶液中的无机盐继续降低,可向浓缩液中继续加水,直到浓缩液中无机盐的含量达到要求为止。

在制备牲畜强壮剂过程中含 10%的 NaCl,必须将 NaCl 除去才能用于牲畜。用纳滤膜进行除盐浓缩的可行性试验,效果比较满意。

5. 电渗析的应用

(1)海水和苦咸水的淡化:脱盐方法有多种,电渗析、反渗透、离子交换和蒸馏都是可供选择的脱盐技术。与其他方法相比,电渗析的特点是能耗与脱除的盐量成正比,因此当原水含盐量高时,电渗析的成本就较高。图 9-27 比较了几种脱盐方法的费用与原水盐浓度间的关系。图中数据是按成品水含盐 0.5g/L 计算的,其中多效蒸发的费用与原水盐浓度基本无关。从图中可以看出,当原水含盐量在 10g/L 以下时,用电渗析脱盐是最经济的。原水含盐量高于 10g/L 后,使反渗透最为经济。而海水的平均含盐量为 35g/L,只有波罗的海的海水含盐仅 7~8g/L,红海海水的含盐量则高达 41g/L。另外,苦咸水的含盐量比海水低得多。由此可得出结论,用电渗析进行苦咸水的淡化最为经济。而如果膜的性能有所改善或对海水进行预处理使进水达到一定的要求,则用电渗析进行海水淡化也是可以考虑的。

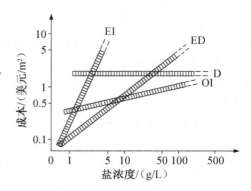

图 9-27　几种脱盐方法的经济性比较
D-蒸发　　EI-离子交换
ED-电渗析　OI-反渗透

(2)海水浓缩制食盐:这是电渗析最早的工业应用。先用电渗析将海水浓缩,制得盐卤,然后用真空蒸发制盐。

日本是世界上最早采用电渗析法制盐的国家之一。由于日本人口密度高,土地面积小,降雨量又大,不宜发展盐田法制盐,不得不大量进口食盐,如 1970 年输入 600 万吨。20 世纪 50 年代起开展电渗析制盐的研究开发,1960 年建成年产 5 万吨的试验工厂,1971 年废除盐田法,建成 7 个电渗析法制盐工厂,年产盐 110 万吨。

海水须进行预处理,包括砂滤、精密过滤、调 pH 至 6(消除 CO_3^{2-})。预处理对电渗析的正常操作十分重要。

我国西南地区也有对盐卤水采用电渗析法制盐。

(3)废水处理:世界上对电渗析处理废水的研究十分重视。电渗析用于废水处理,兼有开发水源、防止环境污染、回收有用成分等多种意义。电渗析在废水处理方面的应用,首先是从电镀废水开始的,然后逐步推广到其他方面。至今,电渗析在处理无机系废水中得到成功应用,已发展到城市污水、造纸废水、药厂废水等有机废水处理领域。

① 氯化铜废水的处理:这种废水来源于蚀刻工艺和印刷电路板的制造。一家年排 20 万立方米废水的工厂,在废水中要排出近 30t 铜。传统的处理方法是中和沉淀法或离子交换法,

前者的缺点是占地面积大,耗用试剂多,处理后的水中含盐量高,不能直接回用;后者的缺点是树脂负荷大,再生频繁,运行费用高,易造成二次污染。

若用电渗析处理,则废水的浓度范围恰为电渗析技术的最佳应用范围,因此脱盐性能好,浓缩液的浓度可达 $4.9mol/m^3$。即使在浓缩液与除盐液中铜离子浓度比高达 900 倍以上时,仍有良好的脱盐和浓缩特性,膜可使用 8 个月以上。若原水含铜在 $1\sim3g/L$ 范围内,除盐液的铜浓度降至 $0.02g/L$ 以下,则每处理 $1m^3$ 水耗电低于 $1kW\cdot h$。若同时要求浓液中铜浓度高于 $20g/L$,则每处理 $1m^3$ 水耗电 $3kW\cdot h$。总之,当原液 pH 在 3 以下时,电流效率大于 70%。

② 制药厂废水的处理:制药厂废水中含有大量的有机物及许多有价值的物质,氨基酸就是其中的一种。目前国内大部分都采用离子交换树脂来脱酸,这样树脂不可避免地要附上一部分氨基酸,树脂再生时这部分氨基酸就作为废液排放掉,造成资源的浪费。关于氨基酸的废水处理,日本曾采用活性污泥法,国内有用电渗析法处理氨基酸废水的。为了达到既净化废水,又回收氨基酸的目的,可以采用电渗析来处理制药厂的酸性氨基酸废水,结果表明:废水氨基酸和 COD 脱除率均可达 80%,低浓度浅色废水经一级处理即可达排放标准,浓缩水中氨基酸的浓度是淡水中的 20 倍,同时浓缩水中氨基酸的浓度可接近其饱和浓度。

(4)氨基酸的分离:采用三隔室电渗析器可较好地分离氨基酸的混合物。例如,把等电点为 6.1 的 L-丙氨酸与等电点为 2.98 的 L-天冬氨酸,置于三隔室电渗析器的中隔室中,并且把 pH 调到 4,就能得到有效的分离。L-天冬氨酸因带负电荷而向阳极侧隔室迁移,而 L-丙氨酸因带正电荷而向阴极侧隔室迁移,此法可用于分离等电点有显著不同的多种氨基酸。

6. 泡沫分离的应用

泡沫分离的应用可以分两大类:一类是本身为非表面活性剂,可通过络合或其他方法使其具有表面活性,这类体系的分离被广泛地用于工业污水中各种金属离子铜、锌、镉、铁、汞、银等的分离回收,以及海水中铀、铝、铜等的富集和原子能工业中含放射性元素锶的废水的处理。

另一类是本身具有表面活性物质的分离以及各种天然或合成表面活性剂的分离,如全细胞、蛋白质、酶和胶体分离、合成洗涤剂等,下面着重介绍在生物工程中的应用。

(1)大肠杆菌的分离:用月桂酸、硬脂酰胺或辛胺作表面活性剂,对初始细胞浓度为 7.2×10^8 个$/cm^3$ 的大肠杆菌进行泡沫分离,结果用 1min 时间就能除去 90% 的细胞,用 10min 时间能除去 99% 的细胞。这种方法对小球藻($Chlorella$ sp.)和衣藻($Chlomydomonas$ sp.)也是成功的。

(2)酵母细胞的分离:酿成的啤酒一般含有 $20\sim40g/L$ 酵母,含水率达 75%,需进行酵母的分离。对于酵母浆的脱水,可使用许多方法,如浮选、分离、蒸发和干燥。

分离和浓缩酵母的浮选法值得特别注意,但并不是所有的微生物都具有足够的浮选能力,它在很大程度上取决于酵母细胞的生理状态。为了获得好的浮选分离效果,必须有大的相接触表面(酵母细胞-空气),要求空气的分散作用很小。浮选法分离酵母较其他分离方法具有一系列的优点,如可相当大地减少分离塔的数目、总投资经济等。酵母的浮选能力受酵母的种属、细胞大小、杂质的存在影响,单枝细胞的浮选要比枝密酵母困难。

在微生物工业中使用的浮选设备在制造上有些变动,可分为卧式和立式两种,也可以有一级操作和二级操作。最简单的结构是单级浮选塔(图 9-28),多级浮选流程如图 9-29 所示。设备由平面桶底的外部壳体 1 和泡沫槽 2 的内桶构成,泡沫槽与壳体之间的环行空间用隔板分成几段(Ⅰ~Ⅴ),在Ⅱ~Ⅴ中都装有充气器 4,用机械的方法 5 消泡,处理过的发酵液从最后段经过用作水封的室排出,原始酵母悬浮液即发酵液经连接管 6 进入浮选塔Ⅰ段,在那里酵母被抽出达 80%,然后通过隔板下部到达Ⅱ~Ⅴ段底部,在这些段中,酵母相应地被抽出 10.5%~20%,这时生成泡沫并进入内泡沫槽,浓缩液从泡沫槽用离心泵送去分离。

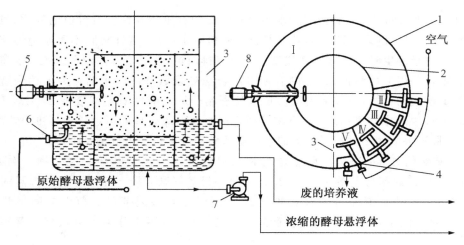

图 9-28　单级浮选装置

1.壳体　2.固定槽　3.隔离室　4.充气器　5,8.机械消沫器　6.酵母悬浮导入器　7.泵

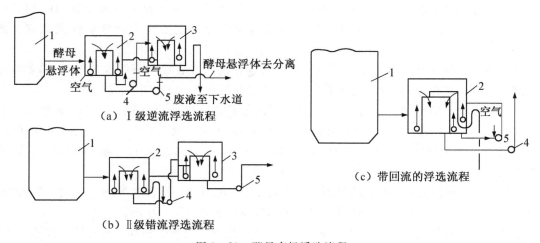

图 9-29　酵母多级浮选流程

1.酵母培养装置　2.Ⅰ级浮选器　3.Ⅱ级浮选器　4,5.泵

(3)蛋白质和酶的分离浓缩:泡沫分离可应用于各种蛋白质和酶的分离。最初是用于胆酸和胆酸钠混合物中分离胆酸,泡沫中胆酸的浓度为料液的 3~6 倍,活度增加 65%。泡沫分离还可用于从非纯制剂中分离磷酸酶,从链球菌培养液中分离链激酶,从粗的人体胎盘匀浆中

分离蛋白酶。在 pH 值接近等电点时,约 40%～50%的链激酶失活,但在 pH 值为 6.5～7 时,可回收 80%的酶。也有报道用泡沫分离法使溶液中牛血清白蛋白浓缩,或从其与 DNA 的混合物中把它分离出来。从胃蛋白酶和血管紧张肽原酶混合物中分离胃蛋白酶,从尿素酶和过氧化氢酶混合物中分离尿素酶,从过氧化氢酶和淀粉酶中分离过氧化氢酶等均可用泡沫分离法。胆碱酯酶可通过除去泡沫中的杂质从经预处理的马血清残余液中浓缩,其活力比料液高8～16 倍。泡沫分离也可从苹果组织中回收蛋白质络合物。另外,从猪肾中分离纤维素酶、D-氨基酸氧化酶,从发面酵母中分离三肽合成酶,或从热带假丝酵母菌中分离酮-烯醇互变异构酶都几乎没有活力损失。用 5 级泡沫分离过程处理人体脱氢酶,只有 5%～20%的总活力损失。用泡沫分离法从鸡心中提取苹果酸脂脱氢酶时总活力损失为 25%。

由于泡沫分离具有高分离效率,且成本、操作维修费用均很低,若与层析、超滤等方法联用,可从许多体系中(例如生物废液、发酵液、动物组织、器官匀浆、植物萃取液、果汁等)分离或浓缩蛋白质和酶。

泡沫分离的主要缺点有:表面活性剂大多数是高分子化合物,消耗量较大,有时难以回收;泡沫分离塔中的严重返混影响分离的效率;能维持稳定泡沫层的表面活性剂较少,并且难以控制其在溶液中的浓度。但泡沫分离不失为一种很有发展前途的新型分离技术,故尚需继续努力开发。

【思考题】

1. 膜分离过程的基本定义是什么?分离膜有哪些不同的形态结构?

2. 哪些膜过程属于压力驱动膜过程?其中的膜过程主要用于哪些物质的分离?

3. 试比较反渗透、超滤和微滤的差别和共同点。

4. 分离膜为什么会被污染和劣化?膜污染和劣化可采取哪些方法加以预防或减轻?

5. 电渗析的基本原理是什么?

6. 简述泡沫分离的基本原理。

7. 用反渗透过程处理溶质浓度为 3%(质量分数)的蔗糖溶液,渗透液含溶质为 150ppm($1ppm=10^{-6}$)。计算截留率 R 和分离因子 α。

【参考文献】

[1] 刘茉娥.膜分离技术.北京:化学工业出版社,2000

[2] 严希康.生化分离工程.北京:化学工业出版社,2001

[3] 孙彦.生物分离工程.北京:化学工业出版社,1998

[4] 欧阳平凯,胡永红.生物分离原理及技术.北京:化学工业出版社,1999

[5] 曹学君.现代生物分离工程.上海:华东理工大学出版社,2007

[6] 李淑芬,姜忠义.高等制药分离工程.北京:化学工业出版社,2004

[7] 丁明玉.现代分离方法与技术.北京:化学工业出版社,2006

[8] 王湛.膜分离技术基础.第 2 版.北京:化学工业出版社,2006

[9] 冯骉.膜分离的工程与应用.北京：中国轻工业出版社,2006

[10] 古崎新太郎.バイオセパレーション.東京：コロナ社,1993,142～151

[11] 王学松.膜分离技术及其应用.北京：化学工业出版社,1994

[12] Rautenbach R,Groschl A. Separation potential of nanofiltration membranes. Desalination,1990, 77(1～3)：73～84

[13] 王晓琳,张澄洪,赵杰.纳滤膜的分离机理及其在食品和医药行业中的应用.膜科学与技术,2000, 20(1)：29～36

[14] 马媛,阚建全,陈宗道.纳滤技术及其在功能性低聚糖分离纯化中的应用.广州食品工业科技,2002, 18(3)：64～66

[15] 时钧,袁权,高从堦.膜技术手册.北京：化学工业出版社,2001

[16] 袁权,郑领英.膜与膜分离.化工进展,1992(6)：1～10

[17] 赵杰,王晓琳.膜的污染和劣化及其防治对策.全国膜及其新型分离技术在油田、石油化工、化工领域应用研讨会论文集.北京：1999,43～48

[18] 王志,甄寒菲,王世昌.膜过程中防治膜污染强化渗透通量技术进展.膜科学与技术,1999,19(1)： 1～11

[19] 马成良.我国反渗透技术发展浅析.膜科学与技术,1998,18(3)：62～63

[20] 宋玉军,孙本惠.影响纳滤膜分离性能的因素分析.水处理技术,1997,23(2)：78～82

[21] 马成良.我国超滤、微滤技术发展浅析.膜科学与技术,1998,18(5)：58～60

[22] 叶凌碧,马延令.微滤膜的截留作用机理和膜的选用.净水技术,1984,2：6～10

[23] 朱长乐,刘茉娥.膜科学技术.杭州：浙江大学出版社,1992：75

[24] 张玉忠,郑领英,高从堦.液体分离膜技术及其应用.北京：化学工业出版社,2004

[25] 许振良,马炳荣.微滤技术与应用.北京：化学工业出版社,2004

[26] 化学工业部人事教育司组织编写.电渗析.北京：化学工业出版社,1997

[27] 安树林.膜科学技术实用教程.北京：化学工业出版社,2005

[28] 邢卫红,童金忠,徐南平,等.微滤和超滤过程中浓差极化和膜污染控制方法研究.化工进展,2000(1)： 44～48

[29] 宫美乐,袁国梁.我国微孔滤膜研究现状与进展.膜科学与技术,2003,23(4)：186～189

[30] 王宇彤.反渗透膜的污染与清洗.化学清洗,1996,12(1)：14～18

[31] 赵兴宏,高元祥.反渗透与超滤的应用.化学工程师,1994,41(3)：30～32

[32] 马成良.我国反渗透技术发展浅析.膜科学与技术,1998,18(3)：62～63

[33] 尚天宠.反渗透技术在苦咸水淡化工程中的应用.工业水处理,1998,18(2)：33～36

[34] 朱安娜,祝万鹏,张玉春.纳滤过程的污染问题及纳滤膜性能的影响因素.膜科学与技术,2003,23(1)： 43～49

[35] 陈欢林,张林,刘茉娥.有机混合物渗透汽化膜分离及过程开发研究进展.膜科学与技术,1999,19(5)： 1～8

第 10 章

电泳技术

 本章要点

1. 了解电泳的定义及分类。
2. 理解电泳的基本原理及影响迁移率的因素。
3. 掌握几种常见的电泳技术及操作。
4. 了解电泳技术在药物分离分析中的应用。

10.1 概　述

电泳(electrophoresis)是带电颗粒在电场作用下,向着与其电荷相反的电极移动的现象。利用带电粒子在电场中移动速度不同而达到分离的技术称为电泳技术。1809 年俄国物理学家 Pенсе 首先发现了电泳现象,但直到 1937 年瑞典的 Tiselius 建立了分离蛋白质的界面电泳(boundary electrophoresis)之后,电泳技术才开始实际应用,20 世纪 60—70 年代,当滤纸、聚丙烯酰胺凝胶等介质相继引入电泳以来,电泳技术得以迅速发展。

电泳的分类方法比较多,命名也还没有统一。按分离原理不同,电泳可分为移动界面电泳、区带电泳、等电聚焦电泳、等速电泳、亲和电泳、免疫电泳等,而根据电泳的不一样,仅区带电泳就包括滤纸电泳、薄层电泳、凝胶电泳(琼脂、琼脂糖、淀粉胶、聚丙烯酰胺凝胶)等。

目前,电泳的应用十分广泛。电泳技术除了用于小分子物质的分离分析外,最主要用于蛋白质、核酸、酶,甚至病毒与细胞的研究,已日益广泛地应用于分析化学、生物化学、临床化学、毒剂学、药理学、免疫学、微生物学、食品化学等各个领域。

10.2　电泳的理论基础

10.2.1　电泳迁移率

当把一个带净电荷(q)的颗粒放入电场时,便有一个电场力(F)作用于其上。F 的大小取决于颗粒净电荷量及其所处的电场强度(E),它们之间的关系可用下式表示:

$$F = Eq \tag{10-1}$$

由于 F 的作用,使带电颗粒在电场中向一定方向泳动。此颗粒在泳动过程中还受到一个相反方向的摩擦力 f 阻挡。根据 Stoke 公式,球形颗粒所受阻力大小取决于带电颗粒的大小、形状以及所处介质的黏度,即:

$$f = 6\pi r\eta v \tag{10-2}$$

式中,r 为颗粒半径,η 为介质黏度,v 为泳动速度。

当这两种力相等时,颗粒则以速度(v)向前泳动:

$$v = \frac{Eq}{6\pi r\eta} \tag{10-3}$$

从上式可以看出,带电颗粒在电场中泳动的速度与电场强度和带电颗粒的净电荷量成正比,而与颗粒半径和介质黏度成反比。若颗粒是具有两性电解质性质的蛋白质分子时,它在一定 pH 值溶液中的电荷量是独特的。这种物质由于受电荷量、相对分子质量和外界电场强度等因子的影响,在电场中泳动一段时间后,便以一条致密区带集中在支持物的某一位置上。若样品为混合的蛋白质溶液时,由于各种蛋白质等电点和相对分子质量的不同,就会以区带的形式集中在支持物的不同部位。利用此性质,便可把混合液中不同的蛋白质(或核苷酸等其他物质)区分开,也可用其对样品的纯度和某些性质进行鉴定。

电泳迁移率(u)是指在单位电场强度(1V/cm)时的泳动速度,即:

$$u = \frac{v}{E} \tag{10-4}$$

代入式(10-3)可得:

$$u = \frac{q}{6\pi r\eta} \tag{10-5}$$

即迁移率与球形分子的半径、介质黏度、颗粒所带的电荷有关。在一定条件下,某颗粒的迁移率为常数,可用于研究蛋白质、核酸等物质的一些理化性质。

10.2.2　影响电泳迁移率的因素

电泳迁移率不但与分子本身性质有关,主要还与其在特定 pH 条件下的电性和电量,以及分子的形状与大小有关。同时电泳迁移率还受到其他外在因素的影响,如电场强度、溶液的 pH、离子强度、电泳介质的性能和电泳时的温度(热效应)等,这些因素都有可能会影响到电泳的速度和分辨率。

1. 颗粒性质

颗粒直径、形状以及所带的净电荷对泳动速度有较大影响。一般来说,颗粒带净电荷量越大,或其直径越小,或其形状越接近球形,在电场中的泳动速度就越快;反之则越慢。

2. 电场强度

电场强度是指单位长度(cm)的电位降,也称电势梯度。一般电场强度越大,带电颗粒的迁移速度越快,就越省时。当电场强度大时,会产生大量的热量,如果不配备冷却装置以维持恒温,很可能出现烧胶的情况。

3. 溶液性质

(1) pH 值:溶液 pH 值决定带电颗粒的解离程度,也即决定其带电性质及带净电荷的量。对蛋白质而言,溶液的 pH 值离其等电点越远,则其带净电荷量就越大,从而泳动速度就越快;反之则越慢。

(2) 离子强度:若离子强度过高,则会降低颗粒的泳动速度。其原因是,带电颗粒能把溶液中与其电荷相反的离子吸引在自己周围形成一个与运动质点电荷相反的离子氛(ionic atmosphere),离子氛不仅降低质点的带电量,同时增加质点前移的阻力,结果会导致颗粒迁移率下降,甚至使其不能泳动。若离子强度过低,会降低缓冲液的总浓度及缓冲容量,缓冲能力差,不易维持溶液的 pH 值,影响质点的带电量而影响迁移率。溶液的离子强度一般在 0.02~0.2 之间时,电泳较合适。

(3) 溶液黏度:迁移率与溶液黏度成反比,因此,溶液黏度过大或过小,必然影响迁移率。

4. 电渗

在电场作用下液体对于固体支持物的相对移动称为电渗(electro-osmosis),电泳层所受到的电场力称为电渗力。其产生的原因是固体支持物多孔,且带有可解离的化学基团,如羧基、磺酸基、羟基、硅醇基等,因此常吸附溶液中的正离子或负离子,使溶液相对带负电或正电。如以滤纸作支持物,纸上纤维素吸附 OH^- 带负电荷,而与纸接触的水溶液因产生 H_3O^+ 带正电荷移向负极,因此,当颗粒的泳动方向与电渗方向一致时,则加快颗粒的泳动速度;当颗粒的泳动方向与电渗方向相反时,则降低颗粒的泳动速度,甚至在电场力等于电渗力或小于电渗力时,颗粒泳动速度将为零或者向反方向移动,如图 10-1 所示。因此,应尽可能选择低电渗作用的支持物以减少电渗的影响。

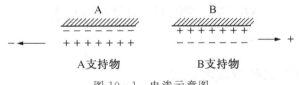

图 10-1　电渗示意图

5. 焦耳热

在电泳过程中,电流大部分由缓冲液离子所传导,少量由样品离子所传导。根据欧姆定律,电流、电压和电阻之间的关系为:

$$R = \frac{V}{I} \tag{10-6}$$

显而易见,通过提高电压,同时也会伴随着电流的增加,可提高样品粒子的泳动速度,样品粒子移动的距离与电流和电泳时间成正比。然而,伴随的另一个问题是电流的增加会导致在电泳的过程中产热的增加。

在电泳体系中,功率 $W = I^2 R$,大多数的功率以热量的形式散发,电泳介质的产热会产生如下影响:

(1) 样品和缓冲液离子的扩散速度增加导致被分离的样品区带增宽。

(2) 由于对流的形成,导致被分开的样品扩散。

(3) 发热导致样品的温度升高,可使蛋白质变性或酶的活性丧失。

(4) 可使缓冲液的介质黏度降低,减少介质阻力,影响迁移率。

持续的发热是一个要解决的问题,通常电泳时用小功率使发热的影响降低,但是,当电泳时间较长时样品扩散加剧导致较差的分离效果,如图 10-2 所示。因此电泳时需选用合适的功率,恰当的分离时间,并采用一个适宜的冷却装置来控制电泳时的温度,以消除发热所造成的影响。

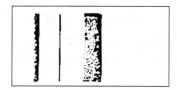 

（a）标准电泳迁移　　　　　（b）介质边缘溶剂蒸发效应增加时的电泳迁移

图 10-2　溶剂蒸发对电泳迁移的影响

6. 筛孔

支持物琼脂和聚丙烯酰胺凝胶都有大小不等的筛孔,在筛孔大的凝胶中溶质颗粒泳动速度快;反之则泳动速度慢。

从上可知,影响电泳分离的因素众多,除了实际操作中采用恒电流或恒电压的供能装置,使用夹套或与冷室相连的方法来调节电泳槽的温度,保持得到的迁移值有很好的重演性外,关键还在于用实验方法确定最佳条件。具体结果用规定的操作电压和时间条件下,离子移动距离的大小来评价,或者用标准样品同时实验,进行直接比较。

10.3　常用的电泳技术

10.3.1　天然聚丙烯酰胺凝胶电泳

天然聚丙烯酰胺凝胶电泳(polyacrylamide gel,PAGE)是以聚丙烯酰胺凝胶作为支持物的一种电泳方法。聚丙烯酰胺凝胶是由单体丙烯酰胺(acrylamide,Acr)和交联剂 N,N'-亚甲基双丙烯酰胺(N,N'-methylenebisacrylamide,Bis)在增速剂和催化剂的作用下聚合而成的三维网状结构的凝胶,其凝胶孔径可以调节,它是目前最常用的电泳支持介质,不仅可用于天然 PAGE,还可用于 SDS-PAGE 和等电聚焦等。

聚丙烯酰胺凝胶电泳是在淀粉凝胶电泳基础上发展起来的,1959 年 Raymond 和

Weintraub 首次使用 PAGE 作为电泳支持物,1964 年 Davis 和 Ornstein 发表了用 PAGE 盘状电泳法成功地分离人血清蛋白的报道,从此,PAGE 方法成了研究蛋白质和核酸等大分子物质的重要工具之一,目前已在科研、教学和生产等领域广泛应用。

聚丙烯酰胺凝胶电泳的原理是依据不同生物分子的迁移率不同而进行分离的。其分离基于两方面:一方面是生物分子的电荷密度,即在恒定的缓冲液中不同生物分子间同性净电荷的差异;一方面基于分子筛效应,即与生物分子的大小和形状有关,从而为大分子的分离提供了简单而有效的方法,是目前分离生物大分子的最好方法。其具体过程如图 10-3 所示。

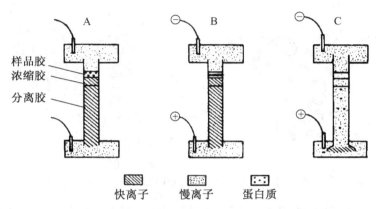

图 10-3　聚丙烯酰胺凝胶电泳的过程示意图

在图 10-3 中,A 为电泳前 3 层凝胶排列顺序,3 层胶中均有快离子、慢离子;B 显示电泳开始后,蛋白质样品夹在快、慢离子之间被浓缩成极窄的区带;C 显示蛋白质样品分离成数个区带。

用聚丙烯酰胺凝胶作区带电泳的支持物,有许多优点:在一定浓度时,凝胶透明,有弹性,机械性能好;其化学性能稳定,与被分离物不起化学反应;对 pH 和温度变化不敏感;电渗很小,分离重复性好;样品在其中不易扩散,且用量少;凝胶孔径可调节;分辨率高。因此聚丙烯酰胺凝胶可作为常规 PAGE、SDS-PAGE、等电聚焦、双向电泳及蛋白质印迹等的电泳介质。这些电泳主要用于蛋白质、酶等生物大分子的分离分析、定性定量及小量制备,并可用于测定蛋白质的相对分子质量和等电点,研究蛋白质的构象变化等。

10.3.2　SDS-聚丙烯酰胺凝胶电泳

SDS-聚丙烯酰胺凝胶电泳是指在聚丙烯酰胺凝胶中加入适量十二烷基磺酸钠(SDS)后,用其作支持物进行的凝胶电泳,也称为变性聚丙烯酰胺凝胶电泳。

SDS-聚丙烯酰胺凝胶电泳的基本原理是十二烷基磺酸钠(SDS)与生物大分子(主要是蛋白质)发生强烈的相互作用,从而形成 SDS-蛋白质复合物,然后以一个整体发生迁移。SDS-蛋白质复合物有两个主要的特性:① 高负电荷含量。因为 SDS 是一种阴离子去污剂,它在水溶液中以单体和分子团的混合形式存在。这种阴离子去污剂能破坏蛋白质分子之间以及其他物质分子之间的非共价键,使蛋白质变性而改变原有的构象,特别是在有强还原剂(如巯基乙醇、二硫苏糖醇等)存在的情况下,由于蛋白质分子内的二硫键被还原剂打开并不易再氧化,这就保证了蛋白质分子与 SDS 充分结合从而形成带负电荷的蛋白质-SDS 复合物。蛋白质分子与 SDS 充分结合后,所带上的 SDS 负电荷大大超过了蛋白质分子原有的电荷量,因而也就掩盖或消除了不同种类蛋白质分子之间原有的电荷差异。② 分子形状类似,大小取决于蛋白质的相对分子质量。蛋白质-SDS 复合物的流体力学和光学性质表明,它们在水溶液中的形状类似于长椭圆棒,不同的蛋白质-SDS 复合物其椭圆棒的短轴长度是恒定的,而长轴的长度则与蛋白质相对分子质量的大小成正比例变化。这样的蛋白质-SDS 复合物在 SDS-聚丙烯酰胺凝胶系统中的电泳迁移率便不再受蛋白质原有的电荷和形状等因素的影响,而主要取决于椭圆棒的长轴长度即蛋白质相对分子质量大小这一因素,如图 10-4 所示。

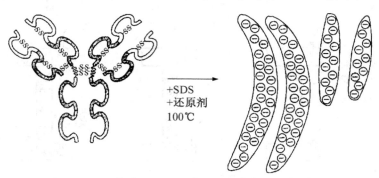

图 10-4   蛋白质在 100℃条件下用 SDS 和还原剂处理 3~5 分钟后解聚成亚基后的形态

因此,加入了变性剂 SDS 的混合样品,在进行 SDS-聚丙烯酰胺凝胶电泳时,具有高电泳迁移率,因此分离时间短,被分离的各蛋白质组分的电泳迁移率主要取决于它的相对分子质量大小,而其他因素对电泳迁移率的影响几乎可以忽略不计。

当蛋白质相对分子质量在 15000~200000 之间时,电泳迁移率与相对分子质量的对数呈直线关系:

$$\lg M = bR_f + K \tag{10-7}$$

式中,M 代表相对分子质量,K 代表常数,b 代表斜率,R_f 代表迁移率。

SDS-聚丙烯酰胺凝胶电泳主要用于蛋白质相对分子质量的测定、蛋白质混合组分的分离和蛋白质亚基组分的分析等方面。当蛋白质经 SDS-聚丙烯酰胺凝胶电泳分离以后,如果把各种蛋白质组分从凝胶上洗脱下来并且把 SDS 除去,还可以继续进行氨基酸顺序分析、酶解图谱以及抗原特性等方面的研究。随着分子生物学研究的普及和深入,SDS-聚丙烯酰胺凝胶电泳法的应用也越来越广泛。

10.3.3   琼脂糖凝胶电泳

琼脂糖凝胶电泳是用琼脂糖作支持介质的一种电泳方法。琼脂糖具有孔径大,制胶容易,机械强度高,无毒,易染色、脱色等特点,可分离相对分子质量较大的样品,如大分子核酸、病毒等。

琼脂糖凝胶电泳法主要用于分离、鉴定和纯化 DNA 片段。该方法操作简便,条件易于具备,它的分离效果一般比超离心等其他方法好,大小分子均可很好地分离;而且可以用溴化乙锭(EB)染色,在紫外灯下,直接确定凝胶中 DNA 的位置;还可利用琼脂糖凝胶电泳的高分辨能力,对 DNA、RNA 结构进行分析。

琼脂糖凝胶电泳的基本原理是通过不同分子的迁移率的差异进行分离的。DNA 进行琼脂糖凝胶电泳时,其电泳迁移率取决于下列几项因素:

(1) DNA 分子的大小:线性的和双螺旋的分子在凝胶中移动的速率与相对分子质量的对数成反比。

(2) DNA 分子的构象:研究结果表明,在相对分子质量相当的情况下,DNA 的琼脂糖凝胶电泳速度次序如下:共价闭环 cccDNA>直线 DNA>开环的双链环状 DNA。但当琼脂糖浓度太高时,环状 DNA 不能进入胶中,相对迁移率为 0,而同等大小的直线双链 DNA 可以按长轴方向前进,由此可见,构型不同,在凝胶中的电泳速度差别较大。

(3) 琼脂糖的浓度:一定大小的 DNA,在不同浓度的琼脂糖中是以不同速率进行迁移的,电泳迁移率(R_m)的对数和凝胶浓度(T)之间存在一种线性关系,可用下式表示:

$$\lg R_m = \lg R_0 - K_R T \tag{10-8}$$

式中,R_0 是自由电泳迁移率,K_R 是阻滞系数,是一种常数,它与迁移分子的大小有关。因此,通过使用不同浓度的凝胶,就能分辨大小不同的各种片段,如表 10-1 所示。

(4) 电流强度:在低压条件下,线状 DNA 片段的迁移速率与所应用的电压成正比。然而,当电流强度提高后,大相对分子质量 DNA 片段的迁移率也有不同程度地提高。为了获得 DNA 片段的最大分辨率,凝胶应在小于 5V/cm 的电压下进行电泳。

琼脂糖凝胶电泳的特点:相比琼脂凝胶电泳而言,非特异性吸附少,机械强度更高,因此分辨率高;相对 PAGE 凝胶电泳而言,孔径更大,更适合分离相对分子质量较大的样品,如大分子核酸、病毒等;而且凝胶是透明的,可以与免疫电泳、亲和电泳有效结合;操作条件方便,装置简单等。当然也有不利的地方,如易被细菌污染,琼脂糖支持层上的区带易于扩散,电泳后必须立即固定染色;与 PAGE 相比,分子筛作用小等缺点。

表 10-1　琼脂糖凝胶浓度对线性 DNA 分子分级分离的关系

琼脂糖凝胶浓度(%)	分离线性 DNA 分子的有效范围(kb)
0.3	60～5
0.6	20～1
0.7	10～0.8
0.9	7～0.5
1.2	6～0.4
1.5	4～0.2
2.0	3～0.1

目前,琼脂糖凝胶电泳被广泛应用于核酸的分离纯化、鉴定,蛋白质(如尿蛋白)等的分析检测等方面。

10.3.4　等电聚焦

等电聚焦(isoelectrofocusing,IEF)是蛋白质在一个连续的、稳定的线性 pH 梯度上进行的电泳。早在 1929 年 Williams 和 Waterman 就描述了等电聚焦的基本原理,但由于无法形成稳定的 pH 梯度,一直无法应用于分离,直到 1969 年 Svensson 和 Vesterbeu 成功地合成了能创造并稳定 pH 梯度的"载体两性电解质",才形成了今天的载体两性电解质 pH 梯度 IEF。等电聚焦的关键是在凝胶中形成稳定的、连续的线性 pH 梯度。目前形成 pH 梯度的方法有两种:一种是载体两性电解质 pH 梯度,它是将载体两性电解质(如脂肪族多氨基多羧酸)溶解在电泳介质溶液中制胶,形成聚丙烯酰胺或琼脂糖凝胶,然后将凝胶引入电场中等电聚焦,电泳时载体两性电解质在凝胶中自然迁移而形成 pH 梯度,样品则聚焦在其等电点处,这种 pH 梯度是"天然"的,因为这是在电泳过程中自动建立起来的 pH 梯度;另一种是固相 pH 梯度,它通过将弱酸、弱碱两性基团直接引入丙烯酰胺(如 Immobiline)中,使得在凝胶聚合时就形成 pH 梯度,即 pH 梯度被固定成凝胶基质的一部分,而不会随环境电场等条件的变化而变化,该方法比传统的载体两性电解质等电聚焦分辨率更高,上样量更大。

等电聚焦的基本原理是在电场的阳极和阴极之间建立 pH 梯度,阴极的 pH 值高于阳极,蛋白质作为两性电解质,在 pH 值低于其等电点(pI)时带正电,在 pH 值高于其 pI 时带负电,因此不管蛋白质处于此梯度中的什么位置,都会向相当于其等电点的位置迁移,在 pI 时其净电荷为 0,从而聚焦于相当于其等电点 pH 的位置,即使蛋白质因扩散而进入邻近的非等电点区,由于其带电,也会被立即吸引回等电点,如图 10-5 所示。IEF 对蛋白的分离仅仅取决于蛋白质的等电点,与加样位置无关且无须加成窄带。由于 IEF 具有聚焦效应(浓缩效应),因此它是目前电泳中分辨率最高的技术。

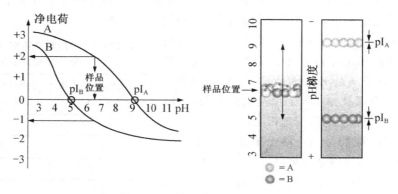

图 10-5 等电聚焦电泳示意图

目前,等电聚焦主要应用于两性大分子的等电点测定,以鉴定两性大分子,另外依据等电点的不同将分离两性大分子,用于分析和制备。

10.3.5 免疫电泳

免疫电泳(immunoelectrophoresis)是将琼脂电泳与免疫扩散结合起来,用于分析抗原或抗体性质的一种方法。免疫电泳技术的原理基于两点:

1. 抗原与抗体的免疫扩散

抗原和抗体的特异性免疫沉淀反应是免疫扩散技术的基础。免疫扩散技术包括单向和双向免疫扩散技术,前者主要用于单抗原的定量测定,后者用于测定产生免疫沉淀的正确的抗原-抗体浓度。在单向扩散技术中,抗原被加在含有单特异性抗体的琼脂糖薄层凝胶的孔中,并充分扩散;当扩散的抗原浓度与凝胶中的抗体浓度达到当量点时,就在孔的周围形成一个沉淀圈,圈的面积与抗原的量成正比,从而可由此测定特定抗原的浓度(图 10-6)。在双向扩散技术中,特定浓度的抗原/抗体被加在凝胶的中央孔中,而周围的孔中加入连续稀释的抗体/抗原;当抗原和抗体扩散至当量点时就形成沉淀线。如果沉淀线位于两孔的中间则表明抗原和抗体的浓度适宜;如果沉淀线偏向一方,则表明远离方过量(图 10-7)。

图 10-6　单向免疫扩散技术

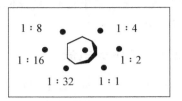

图 10-7　双向免疫扩散技术

2. 抗原的电泳迁移

在大部分的免疫电泳中,抗体平均分布在 pH8.6 的琼脂糖薄层凝胶中,此时它不带电,不能迁移;而样品中的抗原此时带强的负电,当它在凝胶中电泳迁移时,就会与抗体发生免疫反应。最初抗原过量,于是产生可溶性的免疫混合物而向阳极迁移,直至抗原与抗体的浓度达到当量点,此时就形成不溶性的免疫沉淀,沉淀点的高度或面积与抗原的量成正比。

免疫电泳的类型很多,有火箭免疫电泳、交叉免疫电泳、亲和免疫电泳和 Grabar-Williams 电泳等,最为常见的是微量多槽免疫电泳。在这里简述两种常用的定性和定量电泳技术。

1. 火箭免疫电泳

火箭免疫电泳又称单向定量免疫电泳,可用于快速测定单个抗原的浓度。抗原样品被加入到含有单特异性抗体的琼脂糖凝胶的加样孔中。在电场作用下,抗原向正极迁移,走在前面的抗原与凝胶中的抗体相遇,从而形成免疫沉淀而停止迁移;走在后面的抗原继续迁移,当与免疫沉淀物相遇时,由于抗原过量而使免疫沉淀溶解并再次迁移;可溶性免疫混合物进入新的凝胶内后,再度与抗体相遇,从而产生新的免疫沉淀物。如此不断地沉淀—溶解—再沉淀,直至全部抗原都与抗体结合而不再迁移,并形成火箭形沉淀线,火箭峰的高度与所加抗原的量成正比。因此,当琼脂中抗体浓度固定时,以不同稀释度标准抗原泳动后形成的沉淀峰为纵坐标,抗原浓度为横坐标,绘制标准曲线。根据样品的沉淀峰长度即可计算出待检抗原的浓度,如图 10-8 所示。

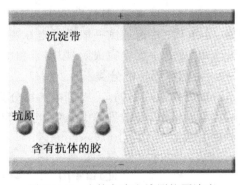

图 10-8　火箭免疫电泳测抗原浓度

2. Grabar - Williams 免疫电泳

Grabar - Williams 免疫电泳用于在复杂混合物中检测一种或几种抗原。其原理是把抗原置于用缓冲液配制的琼脂板中的孔穴内,电泳后,能使其所含组分按各自的理化性质分成不同的区带。然后再与电泳方向平行的抗体槽中的抗体进行双向扩散,当抗原与相应的抗体相遇并达到等当量时,则形成沉淀弧。每一种抗原组分可形成一个沉淀弧,因此形成沉淀弧的数目就相当于抗原混合物中所含不同组分的数目,如图 10-9 所示。

（a）电泳分离抗原

（b）加入抗体扩散

（c）形成免疫沉淀线

图 10-9　Grabar - Williams 免疫电泳

由于免疫电泳是基于抗原、抗体间的免疫反应,因此主要用于抗原、抗体的分离、分析、定性、定量等研究。

10.3.6 毛细管电泳

毛细管电泳(capillary electrophoresis,CE)又称高效毛细管电泳(high performance capillary electrophoresis,HPCE)或毛细管电分离法,是一类以毛细管为分离通道、以高压直流电场为驱动力的新型液相分离分析技术,是经典电泳技术和现代微柱分离技术相结合的产物,它是继气相层析(GC)和高效液相层析(HPLC)之后的又一种现代分离分析技术,并被认为是当代分析科学最具活力的前沿研究课题之一。1981 年 Jorgenson 和 Lukacs 首先提出在 75μm 内径毛细管柱内用高电压进行分离,创立了现代毛细管电泳;1984 年 Terabe 等建立了胶团毛细管电动力学色谱;1987 年 Hjerten 建立了毛细管等电聚焦,Cohen 和 Karger 提出了毛细管凝胶电泳;1988—1989 年出现了第一批毛细管电泳商品仪器,在短短二三十年内,其发展已渗入各个学科,在分析化学、环境科学、生命科学、生物医药等领域都有广泛应用。

1. 毛细管电泳的基本分离原理

在电解质溶液中,带电粒子在电场作用下会以不同速度向异性电极方向迁移。当 pH>3 时,毛细管内壁表面带负电,与溶液接触时形成一个双电层,在高压作用下,双电层水合阳离子层,从而引起整个溶液在毛细管中向负极迁移,形成电渗流。带电粒子在毛细管内的迁移速度等于其电泳速度和电渗流的矢量和。阳离子的运动方向和电渗流方向一致,因此最先从负极流出;随后是中性离子,其迁移速度等于电渗流速度;最后是阴离子,其运动方向和电渗流方向相反,但由于电渗流速度一般大于电泳速度 5~7 倍,因此阴离子也会以低于电渗流的速度从负极流出,于是一次性完成阴、阳离子和中性分子的分离分析。

2. 毛细管电泳的分类

根据分离原理不同,毛细管电泳可分为六种不同的基本分离模式,包括毛细管区带电泳、毛细管凝胶电泳、毛细管等电聚焦、毛细管等速电泳、毛细管胶团电动色谱以及毛细管电色谱。毛细管电泳如图 10-10 所示。

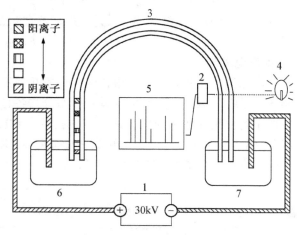

图 10-10 毛细管电泳示意图

1. 高压电源 2. 光电倍增管 3. 毛细管 4. 光源
5. 数据采集 6. 缓冲液或样品 7. 缓冲液

毛细管区带电泳是毛细管电泳中最基本也是应用最广泛的一种操作模式。在这种分离模式中,溶质基于各自电泳迁移速率的不同而进行分离。组分在毛细管区带电泳中的流出顺序与组分的质荷比有关,不同质荷比的组分具有不同的迁移速度。除组分的性质决定迁移外,其他操作参数的选择也将会对分离度产生影响,如操作电压、缓冲液的种类和浓度、缓冲液的pH、温度等等。毛细管区带电泳可用于各种具有不同迁移率的组分的分离,相对分子质量范围可以从几十的小分子到几十万的生物大分子,在生物样品分析中的应用主要包括蛋白质和肽的分离、肽谱和肽纯度分析及合成短链核苷酸的分析。

胶团电动力学毛细管色谱是一种非常特殊的毛细管电泳分离模式。在缓冲溶液中加入表面活性剂,当溶液中表面活性剂浓度超过形成胶团的极限浓度即临界胶团浓度时,表面活性剂分子之间的疏水基团聚集在一起形成胶团,溶质基于在水相和胶团相之间分配系数的不同而得到分离。

毛细管凝胶电泳综合了毛细管电泳和平板凝胶电泳的优点,以凝胶或聚合物网络为分离介质,基于被测组分的质荷比和分子体积的不同而进行分离。对质荷比相同而分子大小不同的溶质,如 DNA 和 SDS-蛋白质主要是基于溶质的分子体积不同而分离。由于凝胶的分子筛作用,溶质在电泳迁移中受阻碍,分子越大,阻碍越大,迁移越慢。

毛细管等电聚焦是一种在毛细管内基于组分等电点的不同而进行分离的电泳技术。它不仅可以实现样品的浓缩,而且具有极高的分辨率,通常可以分离等电点差异小于 0.01 个 pH单位的相邻蛋白质,在蛋白质和肽的分离分析上有很好的应用前景。

毛细管等速电泳是一种不连续介质毛细管电泳技术。其基本原理是溶质在毛细管电泳中达到平衡后,各区带相随,分成清晰的界面以等速移动,并完成分离。此外,毛细管等速电泳还具有区带锐化和区带浓缩的特点。

3. 毛细管电泳的主要特点

(1) 柱效高、分析速度快:由于毛细管的内径很小,表面积与体积的比率很大,因而散热和抑制对流的能力很强,所以可以施加比传统电泳高得多的电压(<30kV),从而提高了分离效率,缩短了分析时间,其分离效率可达 10^5/m 理论塔板数,分析时间一般不超过 30min,乃至几分钟。

(2) 分离模式多样化,能实现在线检测:毛细管有多种分离模式,检测模式多样,可实现在线检测。

(3) 样品用量和试剂消耗少,样品预处理比较简单。由于毛细管尺寸小,进样量一般为几微升,甚至纳升(nl)级,对于珍贵样品极为有利,且溶剂消耗量也很少,因此分析成本很低。由于毛细管电泳多使用开管柱,不必担心柱污染,对一些生化样品可直接进样;对稀样品有时可以在进样过程中进行浓缩和富集。

(4) 仪器简单、操作灵活、易于自动化,而且使用范围广,对环境污染小。

当然,虽然毛细管电泳具有许多优点,但也存在一些不尽如人意的地方,比如毛细管的填充需要专门的灌注技术;毛细管会对样品产生吸附,从而使其分离效率下降;毛细管电泳的高灵敏度依赖于高灵敏性的检测仪;样品处理量少,不能进行制备;其分析精密度不如 HPLC等。这些都有待于进一步完善。

毛细管电泳应用范围很广,除用于分离蛋白质、肽、核苷酸和 DNA 片段外,还可用于分离氨基酸、糖类、各类药物及有机酸等。

10.3.7　等速电泳

等速电泳(isotachophoresis，ITP)是依据分子电荷的差别而不是分子大小差别来进行物质分离的技术，是一种电荷分离方法，也称多相区带电泳。等速电泳是一种不连续介质电泳技术，要达到等速电泳分离，需要具备两个特殊的前提条件：

(1) 特殊的电解质系统，即具有一定 pH 缓冲能力的前导电解质(LE)和终末电解质(TE)。其中与样品电荷性质相同的前导电解质离子称前导离子(L)，终末电解质离子叫终末离子(T)，与样品电荷性质相反的离子叫对离子(P)。要求前导离子迁移率＞样品迁移率＞终末离子迁移率，且对离子要具有 pH 调控能力。LE 和 TE 构成的不连续电泳介质环境，是等速电泳的首要条件。

(2) 背景电流要小到足以克服区带电泳效应。

1. 等速电泳的原理

等速电泳的基本原理如图 10-11 所示，样品混合物定位在两电解质溶液之间，即前导电解质和终末电解质之间，这一技术仅仅适用于同种电荷的分离，或是全部正电性的，或是全部负电性的。以阳离子的分离为例，假设样品中有三种阳离子 A^+、B^+、C^+，它们的迁移率顺序依次为：$A^+ > B^+ > C^+$，前导电解质 L^+ 的定位(贴近阴极，其中 L^+ 离子的迁移率比任何待分离离子的迁移率都大)和终末电解质 T^+ 的定位(贴近阳极，T^+ 离子迁移率比样品中任何一种离子的迁移率都小)，施加电场，产生电位梯度，由于迁移率的不同，逐渐形成 A^+、B^+、C^+ 三个区带，每个区带只有一种阳离子。L^+ 和 T^+ 是体系中的电解质溶液，样品可加在两者之间，但也可以在任何其他部位，若加在 L^+ 中，则最后都要落在 L^+ 的后面，反之，若加在 T^+ 中，则最后样品离子都会超过 T^+ 离子，走到它的前面去。当已形成了 A^+、B^+、C^+ 三个区带时，就开始了等速状态。因为 L^+ 虽然迁移得快，但是如果与 A^+ 区带脱离开了，就会出现一段"真空"地段(没有离子)，这一地段中的电场强度将无限增高。然而离子泳动速度是与电场强度成正比的，所以 A^+ 离子就会加速赶上去，直到 A^+ 与 L^+ 区带衔接为止。反之，A^+ 离子也不会进入 L^+ 区带，因为 L^+ 区带中的场强比在 A^+ 中为低，如果有 A^+ 离子因为热运动等原因进入 L^+ 区，则其速度将减慢，A^+ 离子逐渐落后，仍落入 A^+ 区带中，其他各区带的离子也类似。所以，由于在不同区带中形成了不同强度的电场，各区带将紧紧邻接，不会脱开，以同一速度前进，造成等速状态，也就是达到了平衡状态。其中，低迁移率类离子浓集在高电场强度区域中，高迁移率类离子浓集在低电场强度区域中，在每一条区带内，电位梯度是常数，但是在各条带之间界面处是逐级变化的，因此可以利用任何一条区带中的电场强度来确定已知物系的存在，而区带的宽度可用于确定存在的相对量。

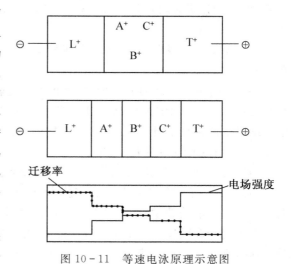

图 10-11　等速电泳原理示意图

2. 等速电泳的特点

（1）分辨率高，分离速度快：由于具有"自锐化效应"，各区带不会交叉或混合，保持着鲜明的界线，因此具有很高的分辨率，而且分离速度快，甚至几十秒就可以达到分离。

（2）样品用量很小，检测灵敏度高，具有浓缩效应，可以实现在线检测：样品只需零点几到几十微升，能分析出百亿分之几克当量或几纳克的物质，而且低浓度的离子可以根据前导离子的浓度而进行浓缩，过程可自动化，可实现在线检测。

（3）能够进行定性、定量分析：样品分离后，各区带基本是单电解质的溶液，浓度分布均一，区带长度与浓度成正比，可以进行定性定量分析，而且也可用于物质的制备。

由于等速电泳的分辨率高，分析速度快，既便于分析蛋白质，核酸等生物大分子，也适宜于分析金属离子、无机阴离子，还可用于有机离子的分析和同位素的富集等，所以在药物的分离分析中应用非常广泛。

10.3.8　二维电泳

二维电泳（two-dimensional electrophoresis，2-DE）是指同时利用分子的大小和等电点这两种性质的差别进行蛋白质等生物大分子的分离的电泳技术，也称双向电泳。将等电聚焦电泳和 SDS-PAGE 组合，即先进行等电聚焦电泳（按照 pI 分离），然后再进行 SDS-PAGE（按照分子大小）分离，是目前为止具有最高分辨率的电泳技术。双向电泳由 Farrells O 于 1975 年首次建立并成功地分离约 1000 个 *E. coli* 蛋白，并表明蛋白质谱不是稳定的，而是随环境而变化，是蛋白质组学研究的核心技术。

二维电泳的原理与等电聚焦、梯度 SDS－PAGE 基本相同。如图 10－12 所示，首先在 *x* 方向上进行以聚丙烯酰胺为凝胶的载体两性电解质 pH 梯度等电聚焦，也可以是固相 pH 梯度等电聚焦，使溶质分子以等电点聚焦的形式泳动到其等电点处。然后将适当 pH 值的缓冲液渗透到凝胶中完成缓冲液置换（以取代形成 pH 梯度的载体两性电解质），在凝胶电泳槽的 *y* 方向上具有梯度 SDS-PAGE 凝胶分布（逐渐增大），在此方向上加电场使溶质再次泳动。此时溶质之间的泳动速度受荷电量及相对分子质量的影响，直至泳动到被高浓度凝胶所阻滞，相互之间得到进一步的分离，这样经过两次分离后，就可以得到蛋白质等电点和相对分子质量的信息，电泳结束后不是带，而是点，将凝胶切成小块，可分别回收各个组分。

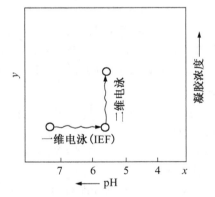

图 10－12　二维电泳的原理

二维电泳的特点就是分离度极高，可分离等电点差小于 0.01 个 pH 单位的蛋白质；缺点就是处理量很小，适用于分离微量的高纯度目标产物，而且比较费时，另外，对于包含大量蛋白质的样品，由于高负荷蛋白质浓度引起的非特异性相互作用和在迁移时与聚丙烯酰胺基质的非特异性相互作用引起的大量蛋白质斑点的拖尾，会使分辨率显著地降低。

二维电泳不仅能同时测定蛋白质的等电点、相对分子质量，更重要的是它还可用于了解蛋白质混合物的组成及变化，如不同细胞、亚细胞中的蛋白质组成及含量差异，从而在病理研究、组织培养以及生物进化等领域中的应用越来越多，它也是目前获得复杂样品图谱的唯一可行技术。

10.4 电泳系统及一般流程

10.4.1 电泳系统的基本组成

整个电泳系统一般都由以下部件组成：

电泳槽：是凝胶电泳系统的核心部分，如管式电泳槽、垂直板电泳槽、水平板电泳槽等；

电源：聚丙烯酰胺凝胶电泳 200～600V，载体两性电解质等电聚焦电泳 1000～2000V，固相梯度等电聚焦 3000～8000V；

外循环恒温系统：高电压会产生高热，需冷却；

凝胶干燥器：用于电泳和染色后的干燥；

灌胶模具：制胶、玻璃板和梳子；

电泳转移装置：利用低电压、大电流的直流电场，使凝胶电泳的分离区带或电泳斑点转移到特定的膜上，如 PVDF 膜；

电泳洗脱仪：回收样品；

凝胶扫描和摄录装置：对电泳区带进行扫描，从而给出定量的结果。

10.4.2 电泳的基本流程

电泳过程基本包括制胶、电泳、染色、脱色、分离或分析等几个步骤。下面以 SDS–聚丙烯酰胺凝胶电泳检测蛋白质为例来说明：

Ⅰ. 材料和试剂

1. 30%储备胶溶液：丙烯酰胺（Acr）29.0g，亚甲基双丙烯酰胺（Bis）1.0g，混匀后加 ddH_2O，37℃溶解，定容至 100ml，棕色瓶存于室温。

2. 1.5mol/L Tris-HCl(pH 8.0)：Tris 18.17g 加 ddH_2O 溶解，浓盐酸调 pH 至 8.0，定容至 100ml。

3. 1mol/L Tris-HCl(pH 6.8)：Tris 12.11g 加 ddH_2O 溶解，浓盐酸调 pH 至 6.8，定容至 100ml。

4. 10% SDS：电泳级 SDS 10.0g 加 ddH_2O 68℃助溶，浓盐酸调 pH 至 7.2，定容至 100ml。

5. 10×电泳缓冲液(pH 8.3)：Tris 3.02g，甘氨酸 18.8g，10% SDS 10ml，加 ddH_2O 溶解，定容至 100ml。

6. 10%过硫酸铵（AP）：1g AP 加 ddH_2O 至 10ml。

7. 2×SDS 电泳上样缓冲液：1mol/L Tris-HCl(pH 6.8)2.5ml，β–巯基乙醇 1.0ml，SDS 0.6g，甘油 2.0ml，0.1%溴酚兰 1.0ml，ddH_2O 3.5ml。

8. 考马斯亮兰染色液：考马斯亮兰 0.25g，甲醇 225ml，冰醋酸 46ml，ddH_2O 225ml。

9. 脱色液：甲醇、冰醋酸、ddH_2O 以 3∶1∶6 配制而成。

Ⅱ. 操作步骤

（一）聚丙烯酰胺凝胶的配制

1. 分离胶(10%)的配制：ddH_2O 4.0ml，30%储备胶 3.3ml，1.5mol/L Tris-HCl 2.5ml，

10% SDS 0.1ml,10% AP 0.1ml。取 1ml 上述混合液,加 TEMED(N,N,N',N'-四甲基乙二胺)10μl 封底,余加 TEMED 4μl,混匀后灌入玻璃板间,以水封顶,注意使液面平。(凝胶完全聚合需 30~60min)

2. 积层胶(4%)的配制:ddH$_2$O 1.4 ml,30%储备胶 0.33 ml,1mol/L Tris-HCl 0.25 ml,10% SDS 0.02ml,10% AP 0.02 ml,TEMED 2μl。将分离胶上的水倒去,加入上述混合液,立即将梳子插入玻璃板间,完全聚合需 15~30min。

(二)样品处理:将样品加入等量的 2×SDS 上样缓冲液,100℃加热 3~5min,12000g 离心 1min,取上清作 SDS-PAGE 分析。同时将 SDS 低相对分子质量蛋白标准品作平行处理。

(三)上样:取 10μl 诱导与未诱导的处理后的样品加入样品池中,加入 20μl 低相对分子质量蛋白标准品作对照。

(三)电泳:在垂直式电泳槽中加入 1×电泳缓冲液,连接电源,负极在上,正极在下。电泳时,积层胶电压 60V,分离胶电压 100V,电泳至溴酚兰行至电泳槽下端停止(约需 3h),如图 10-13 所示。

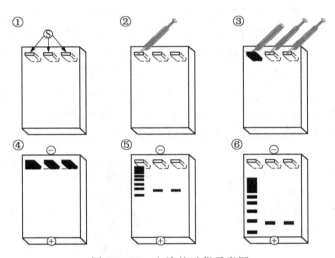

图 10-13 电泳的过程示意图

(四)染色:将胶从玻璃板中取出,考马斯亮兰染色液染色,置室温 4~6h。

(五)脱色:将胶从染色液中取出,放入脱色液中,多次脱色至蛋白带清晰。

(六)凝胶摄像和保存:在图像处理系统下将脱色好的凝胶摄像,保存结果,凝胶可保存于双蒸水中或 7%乙酸溶液中。

10.5 电泳技术的应用

随着科学技术的进步,电泳技术在药物分离分析中的应用也越来越广泛。

【例 10-1】 利用毛细管电泳法分离手性药物。

侯经国等采用 β-环糊精及其衍生物作为手性选择剂对毛果芸香碱对映体进行了分离,研究了环糊精类型和浓度对分离的影响,同时考察了背景电解质pH、操作电压和温度等因素对对映体分离的影响,结果采用羟丙基-β-环糊精可以使毛果芸香碱对映体达到基线分离,得到了手性分离的优化条件:在 50mmol/L 磷酸盐缓冲溶液(pH 2.5)中添加 20mmol/L 的 HP-β-CD 手性选择剂,设定分离电压和柱温分别为 20kV 和 20℃,在优化条件下手性分离度可达 2.79,结果如图 10-14 所示。

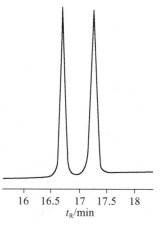

图 10-14 优化条件下的毛果芸香碱对映体手性分离电泳图

【例 10-2】 利用二维电泳对物质的蛋白质组学开展研究。

曾广娟等为了探索适用于二维电泳(2-DE)分析的苹果叶片蛋白质提取方法,比较了三氯乙酸(TCA)/丙酮沉淀法、二硫苏糖醇(DTT)/丙酮法、Tris-HCl 提取法和改良的 Tris-HCl 提取法等 4 种蛋白质提取方法。以 7cm、pH 3～10 的线性固相 pH 梯度(IPG)胶条作为第一向电泳,以十二烷基硫酸钠-聚丙烯酰胺凝胶电泳(SDS-PAGE)(12.5% 的分离胶)作为第二向电泳,对提取物进行 2-DE 分离,采用银染显色。结果表明,上述 4 种方法在 2-DE 图谱上分别得到 140,215,181 和 616 个蛋白质点。其中以改良的 Tris-HCl 提取法得到的蛋白质点数最多,且背景清晰、图谱上没有明显的横纵条纹,如图 10-15 所示。为了进一步验证改良的 Tris-HCl 提取法的有效性,用 18cm、pH3～10 的线性 IPG 胶条和 12.5% 的分离胶对提取的苹果叶片蛋白质进行 2-DE 分离,考马斯亮兰 R-2250 染色,共检测到 455 个蛋白质点,其相对分子质量主要分布在 14000～66000 范围内,图谱背景清晰,再次证明应用该方法制备的样品适用于双向电泳分析,可用于苹果叶片的蛋白质组学分析。

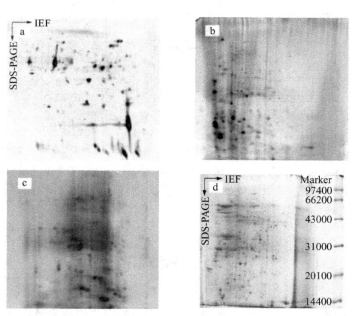

图 10-15 不同提取方法得到的苹果叶片蛋白质的 2-DE 图谱
(a)三氯乙酸(TCA)/丙酮沉淀法提取物 (b)二硫苏糖醇(DTT)/丙酮法提取物
(c)Tris-HCl 提取法提取物 (d)改良的 Tris-HCl 提取法提取物

【例 10-3】　利用凝胶电泳对生物分子的性质进行分析鉴定等。

王春玲等利用离子交换和凝胶过滤层析等分离技术从江浙蝮蛇蛇毒中分离纯化到一种抗肿瘤蛋白,先通过 SDS-聚丙烯酰胺凝胶电泳检测其相对分子质量为 58200,后又利用琼脂糖凝胶电泳对该蛋白作用于 K562 细胞后进行 DNA 片段分析,发现可见典型的梯状条带,实验结果表明该蛋白对 K562 细胞就有明显的抑制作用,如图 10-16、图 10-17、图 10-18 所示。

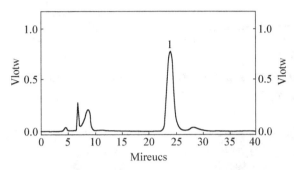

图 10-16　蛇毒中抗肿瘤蛋白的高效液相谱图

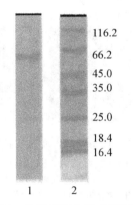

图 10-17　抗肿瘤蛋白的 SDS-PAGE 图

1. 蛋白 Marker　2. 纯化后的抗肿瘤蛋白组分

图 10-18　K562 细胞琼脂糖凝胶电泳

a. DNA Marker　b、c、d、e 分别代表 1、2、3、5μg/ml 蛋白作用于 K562 细胞后的 DNA 片段分析

Renee L 等对脉冲场凝胶电泳(pulsed-field gel electrophoresis)进行修改,用其成功鉴定钩端螺旋体血清,也证明了脉冲场凝胶电泳在研究血清分子性质以及在临床鉴定等方面的重要性。

【例 10-4】　利用免疫电泳对生物分子的性质进行定性定量分析。

李劻等用盐析、离子交换色谱等方法直接从牛初乳中分离纯化 IgG,结果如图 10-19 所示,然后采用化学方法断裂回收 IgG 轻链,经凝胶过滤色谱分离纯化获得相对分子质量约为 27660 的 IgG 轻链蛋白,结果如图 10-20 所示,浓缩后免疫家兔,获得抗轻链抗血清,通过免疫双扩散和免疫电泳检验,均为特异性条带,效价>116,表明得到了纯化的 IgG 轻链及其特异性抗血清,结果如图 10-21、图 10-22 所示。

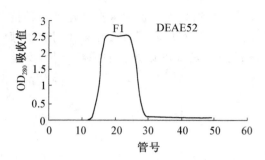

图 10-19 IgG 过 DEAE 离子交换层析洗脱曲线
F1. 含 IgG 的组分

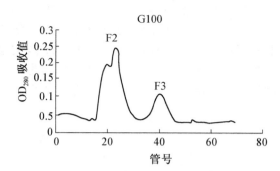

图 10-20 G-100 凝胶层析分离 IgG 轻链洗脱曲线
F2. IgG 的轻链 F3. IgG 的重链

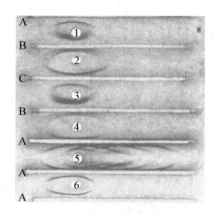

图 10-21 免疫电泳图

A. 兔抗牛初乳抗血清 B. 兔抗 IgG 抗血清
C. 兔抗 IgG 轻链抗血清 1,3. IgG 标准
2,4. IgG 轻链 5. 牛初乳 6. F1

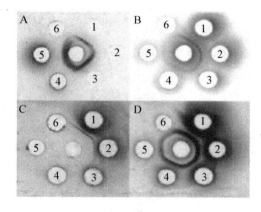

图 10-22 免疫双扩散图

A. 兔抗轻链抗血清,1:F1,2:IgG 标准,3:F3
4:沉淀脱盐后收集样品峰,5:牛初乳,6:F2;
B. 兔抗牛血清抗血清效价检测,1～6:1×32;
C. 兔抗 IgG 轻链抗血清效价检测,1～6:1×32;
D. 兔抗牛初乳抗血清效价检测,1～6:1×32

【思考题】

1. 电泳迁移率与哪些因素有关?
2. SDS-PAGE 凝胶电泳的原理是什么?如何测定未知蛋白的相对分子质量?
3. 等电聚焦的原理是什么?如何测定蛋白质的等电点?
4. 目前电泳技术还有哪些新的研究进展?

【参考文献】

[1] 严希康. 生化分离工程. 北京:化学工业出版社,2001

[2] 何忠效,张树政. 电泳. 第二版. 北京:科学出版社,1999

［3］赵永芳.生物化学技术原理及应用(第三版).北京:科学出版社,2002

［4］张玉奎等.现代生物样品分离分析方法.北京:科学出版社,2003

［5］李淑芬,白鹏.制药分离工程.北京:化学工业出版社,2009

［6］田亚平.生化分离技术.北京:化学工业出版社,2006

［7］孙彦.生物分离工程.北京:化学工业出版社,1998

［8］Keith Wilson & John Walker.实用生物化学原理和技术(第五版).屈伸主译.中国医药科技出版社,2005

［9］侯经国,王柱命,何天稀,等.毛果芸香碱对映体的毛细管电泳手性分离.分析测试学报,2004,23(1):64～66

［10］曾广娟,李春敏,张新忠,等.适于双向电泳分析的苹果叶片蛋白质提取方法.色谱,2009,27(4):484—488

［11］Renee L. Galloway, Paul N. Levett. Evaluation of a modified pulsed-field gel electrophoresis approach for the identification of leptospira serovars. *American Society of Tropical Medicine and Hygiene*, 2008,78(4):628～632

［12］竺安.等速电泳简介.化学通报,1980,18:25～32

［13］王春玲,曹小红,闫仲丽.江浙蝮蛇蛇毒中抗肿瘤蛋白的分离纯化及活性研究.中国生物工程杂志,2005,30(S1):278～281

［14］李勐,李忠秋,李昭春,等.牛 IgG 轻链的分离纯化及其多克隆抗血清的制备.东北农业大学学报,2006,37(6):788～790.

第 11 章

结晶法

 本章要点

1. 了解结晶法的原理。
2. 掌握提高晶体质量的方法。
3. 掌握结晶过程的操作技术。
4. 了解结晶法在药物分离中的应用。

11.1 概 述

结晶法(cystallization)是从液相或气相中形成具有一定形状和大小的固态粒子的一种分离纯化方法。它是一种最古老、也是应用最广泛的纯化方法,目前大多数化工、医药产品及中间体都是应用结晶法分离或提纯得到晶态物质。在医药产品中 85% 以上属固体制品,而且大多数固体产品都是以晶体的形式存在,因此,在药品的分离过程中一般都要用到结晶技术。

相对于其他化工分离单元操作,结晶的主要特点是:① 能从杂质含量相当多的溶液或多组分的熔融混合物中分离制备高纯或超纯的晶体;② 结晶产品在包装、运输、储存和使用上都较方便;③ 对于较多难分离的混合物体系,例如同分异构体混合物、共沸物、热敏性物系等使用其他分离方法难以达到目的的混合物体系,采用结晶分离往往更为有效;④ 结晶过程可赋予固体产品以特定的晶体结构和形态(如晶形、粒度分布、堆密度等),晶体产品包装、运输、储存或使用都很方便;⑤ 结晶法耗能低,可以在较低温度下进行操作,对设备材质要求不高,操作相对安全,而且一般很少有有毒的"三废"排放,有利于环境保护;⑥ 结晶是一个很复杂的分离操作,是多相或多组分的传热-传质过程,也涉及表面反应过程,尚有晶体粒度及粒度分布问题,结晶过程和设备种类繁多。

结晶过程可分为溶液结晶、熔融结晶、沉淀结晶和升华结晶四大类,其中前三种是制药工业中最常采用的结晶方法。本章将从结晶的理论基础入手,介绍结晶的形成(成核)和生长动力学、晶体质量的提高、结晶的操作方式,以及结晶分离在药物分离中的应用等相关内容。

11.2 结晶的理论基础

11.2.1 结晶的过程

结晶是从过饱和溶液中生成新相的过程,结晶过程的基础是相平衡或溶解度,它们决定了晶体的形成和结晶类型的选择。结晶器性能是由过饱和度、结晶动力学和粒数衡算方程来表征的。

尽管实验室规模的结晶过程比较简单,但将其放大为工业结晶过程就可能比较复杂,大规模的结晶发生在一个多相、多组分体系中。影响结晶操作和产品质量的因素很多,结晶体系中同时发生传质和传热现象,具有热力学不稳定性,而相界面的划分比较困难,目前的结晶过程理论还不能完全考虑各种因素的影响而定量描述结晶现象。

晶体的形成过程缓慢,溶质从溶液(或熔液)中结晶出来要经历两个步骤:首先要使溶液处于刺激起晶区或不稳定区,产生微小的晶粒作为结晶的核心,即晶核,而产生晶核的过程即称为成核。晶核长大成为宏观的、有规则、颗粒状的晶体,该过程称为晶体成长。当晶体成长到一定大小时,进行晶体收获。无论是成核过程还是晶体成长过程,都必须以浓度差即溶液的过饱和度(或熔液的过冷度)作为推动力。推动力的大小直接决定成核与晶体成长过程的快慢,而这两过程的快慢又影响着晶体产品的粒度分布和纯度。因此,过饱和度(过冷度)是结晶过程中一个极其重要的参数。

在结晶器中由溶液结晶出来的晶体悬浮在液相中形成晶浆,以促进结晶的进行。晶浆也称悬浮体,晶浆去除悬浮于其中的晶体后而所余留的溶液称为母液。随着晶体的不断长大,母液中杂质含量会升高,杂质本身也会使晶体成长的速度越来越慢;如果继续结晶下去,晶体与母液的分离会越来越困难,晶体还将包裹更多的杂质,影响成品品质。在工业上,通常在对晶浆进行固液分离以后,再用适当的溶剂对固体进行洗涤以尽量除去黏附和包藏母液所带来的杂质。

11.2.2 过饱和溶液的形成

溶液的饱和状态是指处于热力学稳定状态的溶液里的溶质浓度达到最大时的状态。饱和状态由相平衡所决定,此时固态晶相和周围溶液(通常称为母液)的化学势相等。过饱和溶液是指溶液中所含溶质的量大于在这个温度下饱和溶液中溶质的含量的溶液(即超过了正常的溶解度)。同一温度下,过饱和溶液与饱和溶液的浓度差称为过饱和度,如图 11-1 所示。溶液的过饱和度是结晶必不可少的推动力。

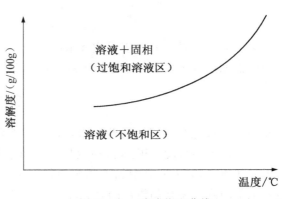

图 11-1 溶液饱和曲线

过饱和溶液的制取需要在较高的温度下先配制饱和溶液,然后慢慢过滤,去掉过剩的未溶溶质,并使溶液的温度慢慢降低。这时溶液的浓度已超过此温度时的饱和值,已达到过饱和状态。当用冷却方法或用移除部分溶剂的方法使溶液略微呈过饱和,通常并没有晶体析出,而只有达到某种程度的过饱和状态时才会有晶体自然析出。过饱和溶液的性质不稳定,当在此溶液中加入一块小的溶质晶体作为"晶种"时,即能引起过饱和溶液中溶质的结晶。

过饱和溶液能存在的原因,是由于溶质不容易在溶液中形成结晶中心(即晶核)。因为每一晶体都有一定的排列规则,要有结晶中心,才能使原来作无秩序运动着的溶质质点集合起来,并且按照这种晶体所特有的次序排列起来。不同的物质,实现这种规则排列的难易程度不同,有些晶体要经过相当长的时间才能自行产生结晶中心,因此,有些物质的过饱和溶液看起来还是比较稳定的。但从总体上来说,过饱和溶液是处于不平衡的状态,是不稳定的,若受到振动,溶液里过量的溶质就会析出而成为饱和溶液,即转化为稳定状态,这说明过饱和溶液没有饱和溶液稳定,但还有一定的稳定性,这种状态又叫介稳状态。

从热力学理论可知,与微小液滴的饱和蒸气压高于正常液体的饱和蒸气压的现象原理一致,微小晶体的溶解度高于普遍大颗粒晶体的溶解度,这一现象可用下述热力学公式表达:

$$\ln \frac{c}{c_s} = \frac{2\sigma V_m}{RTr_c} \tag{11-1}$$

式中,c_s 为普遍晶体的溶解度;c 为半径为 r_c 的球形微小晶体的溶解度;σ 为结晶界面张力;V_m 为晶体的摩尔体积;R 为气体常数;T 为热力学温度。

从式(11-1)可知,微小晶体的半径越小,溶解度越大。这一热力学现象已被许多实验结果所证实。对于一个浓度低于溶解度的不饱和溶液,可通过蒸发或冷却(降温)使之浓度达到并超过相应温度下的溶解度(图 11-1)。设此时的溶质浓度为 $c>c_s$,根据式(11-1)可知,此时即使有微小晶体析出,如果晶体半径 $r'<r_c$,则此微小晶体的溶解度 $c'>c$,即该微小晶体会自动溶解。

虽然此时溶质的浓度对普通晶体是过饱和的($c>c_s$),但对于半径为 $r'<r_c$ 的微小晶体仍是不饱和的。过饱和度的常用表示方法有浓度推动力 Δc、过饱和度比 S 和相对过饱和度 s。其定义为:

$$\Delta c = c - c^*$$
$$s = c/c^*$$
$$\sigma = \Delta c/c^* = S - 1 \tag{11-2}$$

式中,c 表示过饱和浓度;c^* 表示饱和浓度。

用过饱和系数 σ 表示与过饱和溶液呈相平衡的微小晶体半径为:

$$r_c = \frac{2\sigma V_m}{RT\ln\alpha} \tag{11-3}$$

r_c 即为此过饱和度下的临界晶体半径。有两种情况,$r<r_c$ 的晶体溶解度大于 c,自动溶解;$r>r_c$ 的晶体溶解度小于 c,自动生长。纯净的过饱和溶液可维持在一定的过饱和度范围内而无晶体析出,如果向其中加入颗粒半径大于 r_c 的晶体,晶体就会自动生长。这种在一定过饱和范围内维持无结晶析出的状态即为介稳状态或亚稳状态。

当 α 超过某一特定值时,过饱和溶液中就会自发形成大量晶核。这一特定浓度值与温度之间的关系表示在图 11 - 2 上即为溶液超溶解度曲线，或称第二超溶解度曲线。第二超溶解度曲线与溶解度曲线之间的区域为介稳区或亚稳区（metastable zone），第二超溶解度曲线以上的区域能够自发成核，称为不稳区（liable zone）。在介稳区又存在一定的过饱和浓度，极难自发形成结晶，这一浓度与温度之间的关系即为第一超溶解度曲线。这样介稳区又分为两部分，即第一超浓度曲线与溶解度曲线之间的第一介稳区和第二超溶解度曲线与第一超溶解度曲线之间的第二介稳区。

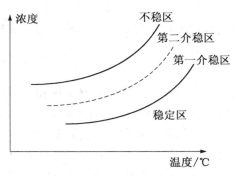

图 11 - 2 溶液超溶解度曲线图

在定区（即不饱和区），在此区域内即使有晶体存在也会自动溶解；在第一介稳区，不会自发成核，当加入结晶颗粒时，结晶会生长，但不会产生新晶核，这种加入的结晶颗粒称为晶种（seed crystals）；在第二介稳区也不会自发成核，但加入晶种之后，在结晶生长的同时会有新晶核产生；在不稳区，是自发成核区域，瞬时出现大量微小晶核，发生晶核泛滥。

由于在不稳区内自发成核，造成大量微小结晶，产品质量难于控制。因此，工业结晶操作均在介稳区进行，其中主要是第一介稳区。因此，介稳区的宽度数据对工业结晶操作的设计尤为重要。介稳区的宽度常用最大过饱和浓度 Δc_{max} 或最大过饱和温度（过冷温度）ΔT_{max} 表示，两者的关系可用下式表示：

$$\Delta c_{max} = \frac{dc_s}{dT}\Delta T_{max} \tag{11-4}$$

在一定搅拌速度下缓慢冷却或蒸发不饱和溶液，在过饱和区域内检测晶核出现的过饱和温度或浓度可以得到介稳区宽度。结晶操作的主要控制点是将溶液浓度控制在介稳区，而临界晶体半径与溶液的过饱和度有关，过饱和度越大，产生的伪晶越稳定，这反而使得结晶效果变差。

11.2.3 晶核的形成

在一定的过饱和度下存在临界晶体半径 r_c，半径大于 r_c 的晶体生长，而半径小于 r_c 的晶体溶解消失。理论上通常将半径为 r_c 的结晶微粒定义为晶核，而将半径小于 r_c 的结晶微粒称为晶胚。晶胚极不稳定，有可能继续长大，也有可能重新分解为小线体或单个质点。当晶胚不稳区生长到足够大，能与溶液建立热力学平衡时就可称之为晶核。晶核的产生是结晶过程的第一步，只有出现晶核，才会有晶体的长大。晶核的产生根据成核机理不同分为初级成核（primary nucleation）和二次成核（secondary nucleation）。工业结晶过程要求有一定的成核速度，如果成核速度超过要求必将导致细小晶体生成，影响产品质量。在工业规模的结晶过程中，一般不应以初级成核作为晶核的来源，因为实际操作时难以控制溶液的过饱和度，使晶核的生成速率恰好适应结晶过程的需要。

初级成核是过饱和溶液中的自发成核现象。由临界晶体半径理论可知，过饱和度越大，r_c 越小，就越容易自发成核，因此，初级成核可在不稳区内发生，其发生机理是胚种及溶质分子相互碰撞的结果。初级成核又分为均相成核（homogeneous nucleation）和非均相成核（heterogeneous nucleation）。前已述及，洁净的过饱和溶液进入介稳区时，还不能自发地产生晶核,只有进入不稳区后,溶液才能自发地产生晶核。这种在均相过饱和溶液中自发产生晶核的过程称为均相初级成核。均相初级成核速率可用类似 Arrhenius 反应速率公式来描述:

$$B_p = A\exp\left[\frac{-16\pi\gamma^3 V^2}{3\kappa^2 k^3 T^3 (\ln S)^2}\right] \tag{11-5}$$

式中,A 为指前因子,V 为摩尔体积,k 为 Boltzmann 常数,T 为绝对温度,S 为比饱和度,γ 为表面张力,κ 为每摩尔溶质电离的离子量(摩尔),对于分子晶体,$\kappa=1$。

由于结晶是新相形成的过程,需要一定的能量,以形成稳定的相界面。这部分能量由两部分组成:一部分是晶体表面过剩自由能(ΔG_s),设晶体为球形,半径为 r,则表面过剩自由能为 $4\pi r^2\sigma$;另一部分是体积过剩自由能,即晶体中的溶质与溶液中的溶质自由能的差,用晶体体积与单位体积的自由能差(ΔG_v)之积表示,为 $\frac{4}{3}\pi r^3 \Delta G_v$。因此,成核过程的自由能变化为

$$\Delta G = 4\pi r^2\sigma + \frac{4}{3}\pi r^3 \Delta G_v \tag{11-6}$$

各自由能的变化定性地表示在图 11-3 上。从图 11-3可清楚看出,比临界粒度大的晶胚,其自由能降低,并参与成核过程。还可观察到临界晶核粒度处的总自由能函数(ΔG)对晶粒半径的导数等于零,即:

$$\frac{d(\Delta G)}{dr} = 8\pi r_c\sigma + 4\pi r_c^2 \Delta G_v = 0 \tag{11-7}$$

或

$$\Delta G_v = -\frac{2\sigma}{r_c} \tag{11-8}$$

将式(11-8)代入式(11-6)得:

$$\Delta G = 4\pi\sigma\left(r^2 - \frac{4r^3}{3r_c}\right) \tag{11-9}$$

由式(11-9)知,成核过程中 ΔG 的最大值为:

$$\Delta G_{\max} = \frac{4}{3}\pi\sigma r_c^2 \tag{11-10}$$

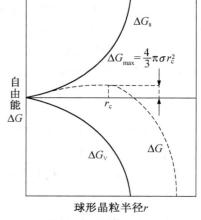

图 11-3　自由能与晶粒半径的关系

初级成核过程中晶核的临界粒径与溶液过饱和度之间的关系如下:

$$r_c = \frac{2V\gamma}{\kappa k \ln S} \tag{11-11}$$

在过饱和溶液中,只有大于此临界粒径的晶核才能生存并继续生长,而小于此值的粒子则会溶解消失。

在工业结晶器中发生均相初级成核的机会比较少,实际上溶液中常常难以避免有外来固体物质颗粒,如大气中的灰尘或其他人为引入的固体粒子,这些外来杂质粒子对初级成核过程有诱导作用,在一定程度上降低了成核势垒,所以非均相成核可以在比均相成核更低的过饱和度下发生。

工业上一般采用简单的经验关联式来描述初级成核速率与过饱和度的关系,如式(11-12)所示。

$$B_p = k_p \Delta c^a \tag{11-12}$$

式中，k_p 为速率常数，Δc 为过饱和度，a 为成核指数。k_p 和 a 的大小与具体结晶物系和流体力学条件有关，一般 $a>2$。

相对于二次成核速率，初级成核速率要大得多，由于对过饱和度变化非常敏感而且难以控制，因此除超细粒子制造外，一般工业结晶过程都要尽量避免初级成核的发生。

如果向介稳态过饱和溶液中加入晶种，就会有新的晶核产生。这种在已有晶体存在条件下形成晶核的现象称为二次成核。工业结晶操作均在晶种的存在下进行，因此，工业结晶的成核现象通常为二次成核。

在绝大多数工业结晶器中，二次成核已被认为是晶核的主要来源，控制二次成核速率是实际工业结晶过程操作的关键。二次成核机理比较复杂，其中起决定作用的两种机理，即液体剪应力成核和接触成核。① 液体剪应力成核，即过饱和溶液以较大流速扫过正在生长的晶体表面时，液体边界层存在的剪切应力（速度差引起）将附着于晶体之上的粒子扫落，大的作为晶核生成长大，小的则溶解。因只有粒度大于临界粒度的晶粒才能生长，故这种机理的重要性有限。② 接触成核（又叫碰撞成核），即晶体在与外部物体（包括另一粒晶体）碰撞时会产生大量碎片，其中较大的就是新的晶核，而这种成核几率大于剪应力成核。

影响二次成核速率的因素，包括温度、过饱和度、碰撞能量、晶体的粒度与硬度、搅拌桨的材质等。长久以来，在工业结晶界常使用经验表达式来描述二次成核速率：

$$B_s = k_s \Delta c^l M^m P^n \tag{11-13}$$

式中，B_s 表示二次成核速率，m^3/s；k_s 表示二次成核速率常数，是温度的函数；M 表示结晶悬浮密度，kg/m^3；P 表示结晶器内搅拌强度的量（搅拌转数，s^{-1}，或线速度，m/s）；l,m,n 都是常数，是操作条件的函数。

此外，二次成核速率还与晶体的表面状态有关。因此，实验测量二次成核速率时，所用晶种需在相同过饱和度的溶液中浸泡较长时间后使用。

实际结晶过程的成核速率是上述初级成核和二次成核速率之和，但初级成核速率相对很小，可以忽略不计，所以成核速率 B 为：

$$B = B_s = k_s \Delta c^l M^m P^n \tag{11-14}$$

当外部输入能量（搅拌、流速）相对稳定时，式（11-14）可简化为

$$B = k \Delta c^l M^m \tag{11-15}$$

式中，k 为稳定操作条件下的成核速率常数。

11.2.4　晶体成长

在过饱和溶液中已有晶体形成或加入晶种后，以过饱和度为推动力，溶质质点会继续一层层地在晶体表面有序排列，晶体将长大成为宏观的、有规则、颗粒状的晶体，这个过程称为晶体成长。按照扩散学说，晶体成长过程是由下列三个步骤组成的：① 待结晶溶质借扩散作用穿过靠近晶体表面的静止液层，从溶液中转移至晶体表面；② 到达晶体表面的溶质嵌入晶面，使晶体长大，同时放出结晶热；③ 放出来的结晶热传导至溶液中。

第一步扩散过程必须有浓度差作为推动力。第二步为表面反应过程，它是溶质质点在晶体空间晶格上排列成有序结构的过程。由于大多数物系的结晶热数值不大，对整个结晶过程

的影响可以忽略不计,因此结晶过程的控制步骤一般是扩散过程或表面反应过程,主要取决于结晶过程的物理环境。

而通常所说的晶体生长是指要制备出体积大、质量高的完整晶体,为此,必须具备如下条件:① 反应体系的温度要控制得均匀一致,以防止局部过冷或过热而影响晶体的成核与生长;② 结晶过程尽可能地慢,以防止自发成核的出现,因为一旦出现自发的晶核,就会生成许多细小晶体,阻碍晶体长大;③ 使降温速度与晶体成核、生长速度相匹配,使晶体生长得均匀,使晶体中没有浓度梯度、组成不偏离化学整比性。

关于晶体生长的机理,即溶质如何嵌入晶格的模式,形成了二维成核学说,即晶体是由许多小立方体堆砌而成的,各小立方体可以认为是微小的粒子,也可以是原子、分子、离子或分子团。每个小立方体都有六个面,且彼此接触,当一个新粒子堆砌到晶面上时,可能性最大的位置应该是能量上最有利的位置,或者说形成键数最多的位置,即图 11 - 4 中 1 处;第二有利的位置是晶体新生长层的前沿,即图 11 - 4 中 3处;最不利的堆砌位置是晶面上孤立的粒子位置,即图 11 - 4 中 2 处,因此晶体生长容易程度

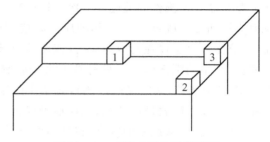

图 11 - 4 二维成核学说模型图

顺序为 1＞3＞2。在晶面上一个新的粒子层形成之始,粒子只有从最不利的位置开始堆砌。一旦有一个粒子长在了晶面上,其他粒子就会很容易地堆砌上去而形成整个粒子层。最先长到晶面上的粒子可以认为是一个二维生长的核。

在不同的结晶物理环境中晶体表现的生长特性不同,环境条件的改变会导致最终结晶产品的外观形态甚至晶型的改变,其主要原因在于不同的环境条件对晶体各个晶面生长速率的影响不同。在结晶过程中,影响晶面生长速率的因素主要有两类,一是晶体内部单元对晶面的各种应力;二是晶面与周围环境的各种作用,如界面黏度、界面张力、表面能、界面分子对周围环境中分子的作用力等。在这两类因素中,前者是由晶体内部结构决定的,一般不易改变;而后者则是在实验和生产中较易改变和控制的。近年来关于结晶过程中产品晶形控制的研究都是围绕这一思想展开的,其中最有效而且简便的手段是改变溶剂或往结晶母液中加入某些特定的添加剂。

晶体成长速率也是影响晶体产品粒度大小的一个重要因素。因为晶核形成后立即开始成长为晶体,同时新的晶核还在继续形成,如果晶核形成速度大大超过晶体生长速度,则过饱和度主要用来生成新的晶核,因而得到细小的晶体,甚至呈无定形;反之,如果晶体成长速度超过晶核形成速度,则得到粗大而均匀的晶体。在实际生产中,一般希望得到粗大而均匀的晶体,因为这样的晶体便于以后的过滤、洗涤、干燥等操作,且产品质量也较高。

对于大多数物系,悬浮于过饱和溶液中的几何相似的同种晶体都以相同的速率生长,即晶体的生长速率与原晶粒的初始粒度无关,人们一般称此为"ΔL 定律",但对于某些物系,如钾矾水溶液等,晶体生长速率不服从"ΔL 定律",而是与粒度的大小相关。对于这种情况,生长速率的经验表达式为:

$$G(r) = G^0(1 + \upsilon r)^b \tag{11-16}$$

式中,G^0 为晶核的生长速率;r 为晶体主粒度;υ、b 为与生长速率和粒度相关的参数,一般

$b<1$。

此外,很多研究者还发现,在同一过饱和度下,相同粒度的同种晶体却以不同的速率生长,此现象称为结晶生长分散。晶核的生长常常呈现这种行为,因此在超微粒子的生产中要注意它的影响。生长分散发生的机理至今仍不清楚,是亟待解决的研究课题。

对于晶体生长速度,影响因素主要有杂质、搅拌、温度和过饱和度等。

杂质的存在对晶体生长有很大的影响,有的杂质能完全制止晶体的生长,有的则能促进生长,还有的能对同一种晶体的不同晶面产生选择性的影响,从而改变晶体外形。有的杂质能在极低的浓度下产生影响,有的却需要在相当高的浓度下才能起作用。

杂质影响晶体生长速度的途径也各不相同。有的是通过改变晶体与溶液之间的界面上液层的特性而影响溶质长入晶面,有的是通过杂质本身在晶面上的吸附,发生阻挡作用。如果杂质和晶体的晶格有相似之处,杂质就能长入晶体内而产生影响。

搅拌能促进扩散,加速晶体生长,同时也能加速晶核形成,一般应以试验为基础,确定适宜的搅拌速度,获得需要的晶体,防止晶簇形成。

温度升高有利于扩散,因而使结晶速度增快。

过饱和度增高一般会使结晶速度增大,但同时引起黏度增加,结晶速度受阻。

在实际的晶体生长中还有许多其他因素和实际问题,因此,有人称晶体生长是一门技艺,每一种晶体生长技术都有其独特的工艺和窍门,需要大量的经验积累。而目前,晶体生长正处于从技艺向科学的过渡,许多近代的科技成果用于晶体生长,使其更加科学化。

11.3　晶体质量的提高

晶体的质量主要是指晶体的大小、形状和纯度三个方面,而晶粒的大小和形状以及晶体的纯度也是影响其经济效果的重要技术指标。药物生产中不仅要获得尽量多的晶体,而且希望得到粗大而均匀、并且纯度高的晶体。因此,研究和掌握结晶条件,以及如何提高晶体质量非常重要。

11.3.1　晶体的大小

工业上都希望得到粗大而均匀的晶体,因为粗大而均匀的晶体较细小不规则的晶体便于过滤与洗涤,在储存过程中不容易结块。但非水溶性抗生素一般为了使人体容易吸收,粒度要求较细,如普鲁卡因青霉素等。但晶体过分细小,有时粒子会带静电,由于其相互排斥而四处跳散,并且会使比热容过大,会给成品的分装带来不便。

前面已分别讨论了影响晶核形成及晶体成长的因素,但实际上成核及其生长是同时进行的,因此必须同时考虑这些因素对两者的影响。过饱和度增加能使成核速度和晶体生长速度增快,由于成核速度增加更快,因而得到细小的晶体。在通常情况下,过饱和度对成核的影响大于对生长的影响,因此,在过饱和度很高时影响更为显著。例如,生产上常用的青霉素钾盐结晶方法,由于形成的青霉素钾盐难溶于乙酸丁酯造成过饱和度过高,因而形成较小晶体。采用共沸蒸馏结晶法时,在结晶过程中始终维持较低的过饱和度,因而得到较大的晶体。

当溶液快速冷却时,能达到较高的饱和度,得到较细小的晶体;反之,缓慢冷却易得到较大的晶体。例如,土霉素的水溶液以氨水调 pH 至 5,温度从 20℃降低到 5℃,使土霉素碱结晶析出,温度降低速度越快,得到的晶体比表面就越大,晶体越细。

当溶液的温度升高时,成核速度和晶体生长速度都加快,但对后者影响显著,因此低温得到较细晶体。例如,普鲁卡因青霉素结晶时所用的晶种,粒度要求在 $2\mu m$ 左右,所以制备这种晶种时温度要保持在 $-10℃$ 左右。

搅拌能促进成核加快扩散,提高晶体长大的速度。但当搅拌强度达到一定程度后,再加快搅拌速度,效果就不显著;相反,晶体还会被打碎。经验表明,搅拌越快,晶体越细。例如,普鲁卡因青霉素微粒结晶搅拌转速为 1000r/min,制各晶种时,则采用 3000r/min 的转速。

由于杂质通常吸附在晶体的表面,较细的晶体颗粒会吸附更多的杂质,再者细小晶粒容易聚集包藏母液,因此,细小晶粒质量往往比粗大晶体质量差。

11.3.2 晶体的形状

晶体的理想形态可分为单形和聚形。当晶体在自由体系中生长时,如生长出的晶体形态的各晶面的面网结构相同,而且各晶面都是同形等大,则这样的晶体理想形态称为单形;若在晶体的理想形态中,具两套以上不同形也不等大的晶面,则此晶体的理想形态称为聚形,而聚形也是由数种单形构成的。

晶体形态取决于晶体结构的对称性、结构基元间的作用力、晶格缺陷和晶体生长的环境等,因此在研究晶体生长形态时,不能局限于某一方面,既要注意到晶体结构因素,又得考虑复杂的生长环境相的影响。

一般说来,晶体在自由的生长体系中生长,晶体的各生长界面是不同的,即晶体的生长速率是各向异性。晶体生长速率的改变,往往会导致晶体缺陷的产生,这不仅有损于晶体的完整性,而且也会改变晶体的生长形态。晶体生长形态的变化来源于各晶面相对生长速率(比值)的改变,或者说晶体的各个晶面间的相对生长速率决定了它的生长形态。

人工晶体生长的实际形态可大致分为两种情况。当晶体在自由体系中生长时(如晶体在气相、溶液等生长体系中生长,可近似地看作自由生长体系),晶体的各生长面的生长速率不受晶体生长环境的任何约束,各晶面的生长速率(比值)是恒定的,而晶体生长的实际形态最终取决于各晶面生长速率的各向异性,呈现出几何多面体形态。当晶体受到人为强制时,晶体各晶面生长速率的各向异性便无法表现出来,只能按人为的方向生长。

同种物质用不同的方法结晶时,得到的晶体形状可以完全不一样,虽然它们属于同一种晶系。晶体外形的变化是由于在一个方向生长受阻,或在另一方向生长加速所致。前已指出,快速冷却常导致针状结晶。其他影响晶形的因素主要有过饱和度、pH、溶剂、杂质、温度、搅拌等。

1. 溶液饱和度的影响

一般来说,晶体的生长速率总是随着溶液过饱和度的增大而变大,但随着过饱和度的增大,要维持整个晶体面具有相同的过饱和度是困难的,同时当过饱和度增大时,杂质容易进入晶体,从而导致晶体均匀性的破坏。结果,被破坏晶面的生长速率总是大于光滑面的生长速率,从而改变了相对生长速率,这样就影响到晶体的生长形态。

实验证明,当溶液的过饱和度超过某一临界值时,晶体的形态就会发生变化,而过饱和度的大小对晶体生长形态产生的影响可能是因为面网结构特征不同导致吸附偶极水分子的作用产生差别造成的。

2．溶液 pH 值的影响

晶体在水溶液中生长的一个显著特点就是溶液 pH 值的变化对晶体生长形态有影响,控制溶液 pH 值的大小也是生长优质完整单晶的一个重要条件。当溶液 pH 值从高于 pH 临界值改变到低于 pH 临界值时,晶体生长的快慢端面发生倒转。

3．环境相成分的影响

当晶体由不同种类的原子组成时,或者当晶体含有阳离子或阴离子时,环境流体相对成分可影响到晶体的生长形态。

4．溶剂的影响

在过去,人们对晶体形态的研究,大多集中在矿物晶体和人工无机化合物晶体上,近 20 年来,有机非线性光学晶体的研究受到重视,有机晶体的生长形态的研究也逐渐受到关注。

溶剂法是研制块状有机非线性光学晶体的主要方法之一。与无机晶体水溶液生长不同之处是,有机晶体可选择多种不同有机非水溶剂。溶液中溶质与溶剂之间相互作用对晶体生长过程有着极为重要的影响。因此,可从分子水平的晶体微观结构来研究溶质-溶剂间的相互作用。研究晶体生长的基元化过程与晶体生长脱溶剂化过程,进而研究晶体的生长机制与生长动力学规律,对有机晶体生长理论的发展和实际应用均有重要意义。

溶质与溶剂的相互作用不仅影响溶液的溶解度,而且对晶体生长形态也产生很大的影响。而一些晶体之所以出现不同的生长形态,可能是因为溶剂分子与某一晶面上溶质分子具有较强的选择吸附作用,难以脱溶剂化,从而降低了该晶面的生长速率,其结果便引起了晶体生长形态的变化。

5．杂质的影响

杂质对晶体形状的影响,对于工业结晶操作有重要意义。在结晶溶液中,杂质的存在或有意识地加入某些物质,有时即使是微量($< 1.0 \times 10^{-6}$ mg/L)都会很大地改变晶形的效果。这种物质称为晶形改变剂,常用的有无机离子、表面活性剂以及某些有机物等。

当环境相中存在杂质时,有的杂质对晶体生长极为敏感,杂质原子进入到晶体后,不仅直接影响晶体的物理性能,而且会使晶体在生长过程中改变形态。Buckley H 对此问题作了专门的研究,这种效应多半是由于晶面对杂质的选择性吸附作用,改变了晶面的相对生长速率,从而促成了晶体形态的改变。微量的 Cr^{3+}、Fe^{3+}、Al^{3+} 等杂质离子均能使磷酸二氢钾(KDP)晶体产生楔化。Cr^{3+} 离子对硫酸三甘肽(TGS)晶体产生影响,扩大晶带的晶面;Sn^{2+} 离子也会减少 TGS 晶体沿 α 轴方向的生长。普鲁卡因青霉素晶体中,作为消沫剂的丁醇的存在也会影响其晶形,乙酸丁酯的存在会使晶体变得细长。若把溶剂也看作杂质的话,晶体从不同溶剂中生长时具有不同的生长形态,这也可归于杂质的影响。

6．温度的影响

温度直接决定着晶体是否能够发生和长大,溶液的温度影响溶液的过饱和度和化学反应,而溶液的过饱和化学反应是晶体生成和长大的必要条件。晶体的同质多相转变,再结晶、重结晶都必须在一定温度条件下才能发生。晶体生长时,温度的高低决定着晶体生长的速率,晶体的生长速率与晶体的形状、大小和多少有密切关系的同时又决定于晶体的生长温度。同种成分和构造的晶体,在不同条件下生长,由于其生长速率不同,所得晶形也不同。结晶过程通常为放热过程,当快速成核结晶时,可导致生成针状晶体,这是因为在这种情况下需要迅速使结晶热从固体中散逸,而针状晶体比其他晶体更能达到这一目的。

7. 搅拌的影响

搅拌是影响产品粒度分布的重要因素,增加搅拌强度,将使介稳区的宽度变窄,溶质分子间的碰撞增加,将已经规则排列在一起的分子堆成的锥形晶核打碎,从而使溶液中晶粒个数增加,粒度向小粒径方向移动。

搅拌对粒度分级的影响与稀释剂加入速度即溶液的过饱和度密切相关,若过饱和度一定,搅拌快,会使粒度变细。一般认为,搅拌速率应与稀释剂加入速率相匹配,如制备大颗粒时,控制溶液过饱和度较低,搅拌速率也相应较慢;制备中等颗粒结晶时,控制溶液的过饱和度略高,应有相应的中速搅拌相匹配;若要制备细小颗粒结晶,需控制较高的溶液过饱和度,搅拌速度也应较快。总之,制备不同级别粒度应选用不同的搅拌速率。

11.3.3 晶体的纯度

由于晶体中每一宏观的质体的内部晶格均相同,保证了晶体的物理性质和化学性质在宏观上的均一性,即化学成分均一、排列整齐、具有一定光泽的多面体固体。但对于一个晶体,晶体的几何特性及物理效应一般常随方向的不同而表现出数量上的差异,显示出各向异性。晶体具有自发地生长成为结晶多面体的可能性,即晶体经常以平面作为与周围介质的分界面,这种性质称为晶体的自范性。晶体的自范性、各向异性和均一性保证了工业生产的晶体产品具有的纯度。

大多数情况下,结晶是同种物质分子的有序堆砌。无疑,杂质分子的存在是结晶物质分子规则化排列的空间障碍,所以多数生物大分子需要相当的纯度才能进行结晶。一般地说,纯度越高越容易结晶,结晶母液中目的物的纯度应接近或超过50%。但对于个别物系,如果存在某些杂质(包括人为加入某些添加剂),哪怕是微量,即可显著地影响结晶行为,其中包括对溶解度、介稳区宽度、晶体成核及成长速率、晶形及粒度分布的影响等。但已结晶的制品并不表示达到了绝对的纯化,只能说纯度相当高。有时虽然制晶纯度不高,若能创造条件,如加入有机溶剂和制成盐等,也能得到晶体。

溶液中杂质的存在一般对晶核的形成有抑制作用,例如少量胶体物质、某些表面活性剂、痕量的杂质离子等。因此,在工业上结晶器需要非常清洁,结晶液也应仔细过滤以防止夹带灰尘、铁锈等。晶体表面有一定的物理吸附能力,因此表面上有很多母液和杂质。晶体越细小,表面积越大,吸附的杂质也就越多。表面吸附的杂质可通过晶体的洗涤除去,但对于过细的晶体则洗涤过滤很难进行,甚至影响生产。对于非水溶性晶体,常可用水洗涤,如红霉素、制霉菌素等。有时用溶液洗涤能除去表面吸附的色素,对提高成品质量起很大作用。例如,灰黄霉素晶体,本来带黄色,用正丁醇洗涤后就显白色;又如青霉素钾盐的发黄变质主要是成品中含有青霉烯酸和噻唑酸,而这些杂质都很容易溶于醇中,故用正丁醇洗涤时可除去。用一种或多种溶剂洗涤后,为便于干燥,最后常用容易挥发的溶剂,如乙醇、乙醚等洗涤。为加强洗涤效果,最好是将溶液加到晶体中,搅拌后再过滤。而不采用边洗涤边过滤的方法,因为容易形成沟流使有些晶体不能洗到。

当结晶速度过大时(如过饱和度较高、冷却速度很快时),常容易形成晶簇而包含母液等杂质,或因晶体对溶液有特殊的亲和力,使晶格中常包含溶剂,对于这种杂质,用洗涤的方法不能除去,只能通过重结晶来除去。例如,红霉素从有机溶剂中结晶时,每一分子碱可含1~3个分子丙酮,只有在水中结晶才能除去。

杂质对结晶行为的影响是复杂的,目前尚没有公认的普遍规律。杂质与晶体具有相同晶形,称为同结晶现象。对于这种杂质需用特殊的物理化学方法分离除去。

11.3.4　晶体的结块

结晶物质常常有一个十分麻烦的特性就是结块,即由松散状态相互粘结形成团块,尤其是在湿热季节、长期存放、堆包挤压的时候更为明显。大多数晶体产品都需要一个自由流动状态,以使它们能够容易地从贮器中倒出,如白糖和食盐;或者能够均匀地分散在一个表面上,如化学肥料等。结块不仅破坏了产品原有的自由流动状态,而且在使用之前还需要人工或机械的破碎处理。这不但给使用带来了极大的不便,而且对于易燃易爆的晶体产品,如氯酸钾、硝酸铵等,更有破碎硬块发生爆炸的危险。因此,人们需对晶体的结块性给予高度重视,将晶体产品的结块性能作为产品质量的重要指标之一。

结块的主要原因是母液没有洗净,温度的变化会使母液中溶质析出,而使颗粒胶结在一起。另外,晶体的吸湿点愈高,其吸湿性愈小,愈不易结块。当空气中湿度较大时,表面晶体吸湿溶解成饱和溶液,充满于颗粒缝隙中,以后如空气中湿度降低时,饱和溶液蒸发又析出晶体,从而使颗粒胶结成块。例如,20℃时 K_2SO_4、$NaCl$、$Ca(NO_3)_2 \cdot 4H_2O$ 及 $CaCl_2 \cdot 6H_2O$ 的吸湿点分别为 99,75,55 和 32,其吸湿点依次降低,吸湿性依次增大,结块倾向亦依次增强。

大而均匀整齐的球形粒状晶体的结块倾向很小,即使发生结块,由于晶块结构疏松,单位体积的接触点少而易被破碎。粒度不均匀、分布很广的晶体,由于大晶粒之间的空隙充填着较细晶粒,单位体积中接触点增多,结块倾向较大,而且不容易弄碎。粒度不均匀的柱状、片状晶体,一般能紧密地挤贴在一起而具极强的结块特性。

晶体产品主要是按照先吸湿使得晶体颗粒表面溶解→水分蒸发结晶再析出→颗粒间桥接的顺序进行循环,经过一定时间而发生结块。为了防止晶体结块,可以采取以下主要措施:尽量采用控制的、分级的操作方法,以便获得粗大、均匀、粒度分布较窄的晶体;严格干燥操作,使晶体产品的湿含量控制在要求范围的最低限度;采用造粒(尤其是制成大而均匀的球形颗粒),以减少颗粒间的彼此接触;在湿度很低的环境下包装,贮存在不漏气的容器或包装中;在仓库中贮存时,严格按要求堆放,防止给晶体产品施加压力。另外,还可以在晶体产品中加入少量防结块添加剂,改进颗粒表面性质,以达到防止结块的目的。

晶体产品结块的防止是多年来一直在研究的课题,研究的方向是防结块剂的开发和产品处理方法的开发,当然两者是必须要密切配合的。目前,人们对防结块机理的认识还不够深入,开发新型高效的晶体产品的防结块剂及处理方法的研究工作还很繁重。

11.3.5　重结晶

利用各组分在某种溶剂中溶解度的不同,将混有少量可溶性杂质的晶体用合适的溶剂溶解并多次结晶的方法除去杂质得到纯度较高的物质的过程叫做重结晶。

重结晶可以使不纯净的物质获得纯化,或使混合在一起的盐类彼此分离。重结晶的效果与溶剂选择大有关系,因为杂质和结晶物质在不同溶剂和不同温度下的溶解度是不同的,所以重结晶的关键是选择合适的溶剂。选择对主要化合物是可溶性的,对杂质是微溶或不溶的溶剂,滤去杂质后,将溶液浓缩、冷却,即可得到纯度较高的物质。例如,溶质在某种溶剂中加热时能溶解,冷却时能析出较多的晶体,则这种溶剂可以认为适用于重结晶。如果溶质容易溶于某一溶剂而难溶于另一溶剂,且两溶剂能互溶,则可以用两者的混合溶剂进行试验。其方法为将溶质溶于溶解度较大的一种溶剂中,然后将第二种溶剂加热后小心加入,一直到稍显浑浊,结晶刚开始为止,接着冷却,放置一段时间使结晶完全。

　　溶剂的选择是关系到纯化质量和回收率的关键问题。选择适宜的溶剂时应注意以下几个问题:① 不与被提纯物质起化学反应。如醇类化合物不宜用作酯类化合物结晶和重结晶的溶剂,也不宜用作氨基酸盐酸盐结晶和重结晶的溶剂。② 在较高温度时对被提纯物质应具有较大的溶解能力,而在室温或更低温度时溶解能力大大降低。③ 对杂质的溶解非常大或者非常小。对杂质的溶解度大则会使杂质留在母液中不随被提纯物晶体一同析出;对杂质的溶解度非常小时,由于杂质很少在热溶剂中溶解,所以杂质在热过滤时被滤去。④ 容易挥发或溶剂的沸点较低,使得溶剂不易附着在晶体表面,从而易与结晶物质分离除去。⑤ 保证晶体的质量。⑥ 无毒或毒性很小,便于操作。⑦ 成本低廉,操作简单。⑧ 适当时候可以选用混合溶剂。

　　重结晶是纯化固态有机化合物的重要实验方法之一,是有机合成中一项非常基本、非常重要的技术。重结晶原理简单、使用方便,在化学化工、医药卫生、食品等许多行业中用途甚广,尤其是在化学成分研究中,重结晶是不可缺少的一个重要环节,它对实验结果的影响较大。但是真的要做好重结晶,并不是很容易的事,尤其是对溶剂的选择,以及在出现乳化现象时的处理方法等都有很深的学问。

11.4　结晶的操作方式

　　结晶是最古老、应用最广泛的纯化方法。结晶操作是指从均匀溶液中制备具有一定形状和大小的固态粒子,涉及固液相平衡。影响结晶操作和产品质量的因素很多。目前的结晶过程理论还不能完全考虑各种因素的影响,定量描述结晶现象。针对特定的目标产物及其存在的物系,需要通过充分的实验确定合适的结晶操作条件。在满足结晶产品数量要求的前提下,更重要的是要能生产出符合质量、粒度分布及晶形要求的产品,并且最大限度地提高结晶生产速度,降低成本。在考虑结晶器的操作方式和控制策略时,应根据生产规模、产品质量要求以及结晶过程的具体特点,进行详细的分析与论证。

11.4.1　结晶方式的分类

　　对于同种物质的晶体,采用不同的结晶方法生产,即可获得完全不同的外形。有的结晶方法有利于针状晶体的生成,而有的结晶方法则可能有利于片状晶体的生成。结晶的方式还将直接影响晶体的其他品质,因此,生产上应据需要而采取不同的结晶方式。在实际应用中,常用的结晶方式有冷却结晶、蒸发结晶、真空绝热冷却结晶、盐析结晶、反应结晶等几种基本类型。

1. 冷却结晶

　　冷却法结晶过程基本上不去除溶剂,而是通过冷却降温使溶液变成过饱和。此法适用于溶解度随温度的降低而显著下降的物系。晶核产生后,将溶液缓慢冷却,维持溶液在介稳区的育晶区,晶体慢慢长大。冷却的方法分为自然冷却及直接接触冷却等。

　　自然冷却法是指将热的结晶溶液置于无搅拌的有时甚至是敞口的结晶釜中,靠大气自然冷却而降温结晶。此法所需时间较久,所得产品纯度较低,粒度分布不均,容易发生结块现象。由于这种结晶过程设备成本低,安装使用条件要求不高,目前在某些产品量不大,对产品纯度及粒度要求又不严格的情况下仍在应用。

直接接触冷却结晶过程则是通过冷却介质与热结晶母液的直接混合而达到冷却结晶的目的。常用的冷却介质有空气以及与结晶溶液不互溶的碳氢化合物等;另外,还有采用专用的液态冷冻剂与结晶液直接混合,借助于冷冻剂的气化而直接制冷。采用这种操作必须注意避免冷却介质可能对结晶产品产生的污染,选用的冷却介质不易与结晶母液中的溶剂互溶或虽互溶但易于分离除去。

2. 蒸发结晶

将稀溶液加热蒸发而移除部分溶剂的结晶过程称为蒸发结晶。它是使结晶母液在加压、常压或减压下加热蒸发浓缩而产生过饱和度。此法适用于溶解度随温度降低而变化不大或具有逆溶解度特性的物系。蒸发结晶消耗的热能较多,加热面问题也会给操作带来困难,如加热面结垢等等。蒸发结晶器与一般的溶液浓缩蒸发器在原理、设备结构及操作上并无本质的差别。很多类型的自然循环及强制循环的蒸发结晶器已在工业中得到应用。但需要指出的是,一般蒸发器用于蒸发结晶操作时,对晶体的粒度不能有效地加以控制。遇到必须严格控制晶体粒度的场合,则需将溶液先在一般的蒸发器中浓缩至略低于饱和浓度,然后移送至带有粒度分级装置的结晶器中完成结晶过程。

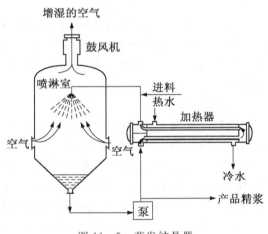

图 11-5　蒸发结晶器

如图 11-5 所示的蒸发结晶器常在减压条件下操作,从而降低操作温度,减小热能损耗。该方法真空度不高,采用减压的目的在于降低操作温度,以利于热敏性医药产品的稳定,并减少热能损耗。

3. 真空绝热冷却结晶

真空绝热冷却结晶是使溶剂在真空下绝热闪蒸,同时依靠浓缩与冷却两种效应来产生过饱和度,这也是广泛采用的结晶方法。真空绝热冷却结晶适用于具有正溶解度特性且溶解度随温度的变化率中等的物系。

真空绝热冷却的原理即不外加热源,仅仅利用真空系统的抽真空作用,通过不断提高真空度,由于对应的溶液沸点低于原料液温度,从而使溶液自蒸发,然后冷却起晶,并使晶体慢慢长大的操作方法。其实质即溶液通过蒸发浓缩及冷却两种效应来产生过饱和度。真空绝热冷却和蒸发结晶的相同之处是:都有溶剂的蒸发,都需要抽真空。真空绝热冷却结晶过程的特点是主体设备结构相对简单,无换热面,操作比较稳定,不存在晶垢妨碍传热而需经常清理的问题。

4. 盐析结晶

盐析结晶即向溶液中加入某些物质,以降低溶质在原溶剂中的溶解度而产生过饱和度,导致结晶的方法。所加入的物质可以是固体,也可以是液体或气体,这种物质往往被称为盐析剂或沉淀剂。如将甲醇加进盐的饱和水溶液中而引起盐的沉淀。对于所加物质则要求是能溶解于原溶液中的溶剂，但不溶解或很少溶解被结晶的溶质，而且溶剂与盐析剂的混合物易于分离，例如用蒸馏法。这种结晶法之所以叫做盐析法，是因为 NaCl 是一种常用的盐析剂，例如在联合制碱法中，向低温的饱和氯化铵母液中加入 NaCl，利用同离子效应，使母液中的氯化铵尽可能多地结晶出来，以提高结晶收率。在制药行业中，经常采用向含有医药物质的水溶液中加入某些有机溶剂（如低碳醇、酮、酰胺类等溶剂）的方法使医药产物结晶出来。此法还常用于使不溶于水的有机物质从可溶于水的有机溶剂中结晶出来，此时加入溶液中的是酌量的水，诸如向溶液中加入其他的溶剂使溶质析出的过程又称为溶析结晶。溶析结晶的机理是在溶液中原来与溶质分子作用的溶剂分子部分或全部被新加入的其他溶剂分子所取代，使溶液体系的自由能大为提高，导致溶液过饱和而使溶质析出。在选择溶析剂时，除了要求溶质在其中的溶解度要小之外，如果对于溶析结晶的产品晶形还有特殊的要求，则还需考虑不同的溶析剂对晶体各晶面生长速率的影响，但目前这方面的理论研究还很不深入，更多的还必须依靠实验来具体探索。

盐析（或溶析）结晶法具有许多优点，比如可将结晶温度保持在较低水平，对热敏性物质的结晶有利。一般杂质在溶剂与盐析剂的混合物中有较高的溶解度，以利于提高产品的纯度，且可与冷却法结合，进一步提高结晶收率。其缺点是常需要回收设备来处理结晶母液，以回收溶剂和盐析剂。

5. 反应结晶

反应结晶又称反应沉淀结晶，它是通过气体或液体之间进行化学反应而沉淀出固体产品的过程。反应结晶作为沉淀结晶的一种，是一个比较复杂的多相反应与结晶的耦合技术，其广泛应用于焦炉气处理、制药工业和精细化学工业中。例如由焦炉废气中回收 NH_3，就是利用 NH_3 和 H_2SO_4 反应结晶产生 $(NH_4)_2SO_4$ 的方法，在医药工业中用于制备和精制晶体药物，在精细化学工业中用于生产农药、催化剂和感光材料等。

反应结晶包括混合、化学反应和结晶过程，随着反应的进行，反应产物的浓度增大并达到过饱和，在溶液中产生晶核并逐渐长大为较大的晶体颗粒。其中宏观、微观及分子级混合、反应、成核与晶体生长称为一次过程，粒子的老化（Ostwald 熟化及相转移，据 Ostwald 递变法则，在反应结晶过程中首先析出的粒子常常是介稳的固体状态，随后才慢慢转变为更稳定的固体状态。例如，可能由一种晶型转变为另一种晶型，或由一种水合物转变为另一种水合物或无水物，或由无定型沉淀转变为晶型产品等等）、聚结、破裂及熟化称为二次过程，所有这些过程都对产品质量（纯度、晶系、晶形、大小等）有影响外，混合对反应结晶过程往往也有较大的影响。对于反应过程及结晶的成核、生长过程，大家的研究思路和手法大致相同，但对于二次过程及混合的影响的研究，则存在着不同的观点和处理方法。

纵观近几年来国内外对反应结晶（沉淀）研究的现状，有学者指出：应加强反应结晶（沉淀）过程机理研究，进一步探索各过程相互作用机制，系统地研究操作参数对晶体产品的定性、定量关系，并提出合理、通用的工业放大设计方法，以指导工业生产，适应反应结晶（沉淀）应用范围迅速扩大的趋势。

11.4.2　间歇结晶

间歇结晶广泛应用在化学工业制备晶体产品的生产过程中。作为一个分离和提纯技术，间歇结晶非常有用。溶液间歇结晶是高纯固体分离与制备的重要手段之一,具有选择性高、成本低、热交换器表面结垢现象不严重、环境污染小等优点,最主要的是对于某些结晶物系,只有使用间歇操作才能生产出指定纯度、粒度分布及晶形的合格产品。但是间歇结晶也有生产重复性差、产品质量不稳定等缺点。例如,目前在我国精细化工等行业,还有许多厂家沿袭使用自然冷却或任意急冷等落后的间歇结晶操作,其结果是晶体产品粒度小、变异系数大、晶体难以过滤、杂质含量高,从而影响了产品的档次和竞争力。

间歇结晶器设备简单,在生产精细化学品、药剂和专用产品上是很合适的。制药行业一般采用间歇结晶操作,以便于批间对设备进行清理,可防止产品的污染,保证药品的高质量;对于高产值、低批量的精细化工产品也适宜采用间歇结晶操作。另外,间歇结晶操作产生的结晶悬浮液可以达到热力学平衡态,而连续结晶过程的结晶悬浮液不可能完全达到平衡态,只有放入一个中间贮槽中等待它达到平衡态,如果免去这一步,则有可能在后序处理设备及管道中继续结晶,出现不希望有的固体沉积现象。

在间歇结晶过程中,为了控制晶体的生长,获得粒度较均匀的晶体产品,必须尽可能防止意外的晶核生成,小心地将溶液的过饱和度控制在介稳区中,避免出现初级成核现象。一般的做法是往溶液中加入适当数量及适当粒度的晶种,让被结晶的溶质只在晶种表面上生长。用温和的搅拌,使晶种较均匀地悬浮在整个溶液中,并尽量避免二次成核现象。

早年 Griffith 就研究过加晶种和不加晶种的溶液在冷却时的结晶情况,不加晶种而迅速冷却时,溶液的状态很快穿过介稳区而出现初级成核现象,溶液中有大量微小的晶核骤然产生,属于无控制结晶。当加入晶种缓慢冷却时,由于溶液中晶种的存在,且降温速率得到控制,在操作过程中溶液始终保持在介稳状态,而晶体的生长速率完全由冷却速率加以控制。因为溶液不致进入不稳区,所以不会发生初级成核现象。这种控制结晶方式能够产生指定粒度的均匀晶体产品,许多工业规模的间歇结晶操作即采用这种方式。

间歇结晶操作在质量保证的前提下,也要求尽可能缩短每批操作所需的时间,以得到尽量多的产品。对于不同的结晶物系,应能确定一个适宜的操作程序,使得在整个结晶过程中都能维持一个恒定的最大允许的过饱和度,使晶体能在指定的速度下生长,从而保证晶体质量与设备的生产能力。但要做到这一点是比较困难的,因为晶体表面积与溶液的能量传递速率(也就是溶剂的蒸发速率或溶液的冷却速率)之间的关系较为复杂。在每次操作之初,物系中只有为数很小的由晶种提供的晶体表面,因此不太高的能量传递速率也足以使溶液形成较大的过饱和度。随着晶体的长大,晶体表面增大,可相应地逐步提高能量传递速率。

对于间歇结晶器的设计主要包括三个方面:① 确定结晶器的容积。结晶产量和操作时间确定了结晶器的生产能力,粒子和悬浮液密度确定了搅拌器的速率和循环泵的功率。② 确定操作规程,包括规定合适的冷却曲线、蒸发速率等,向结晶器中加晶种的方法(含晶种质量和粒度等),为保证产品粒度,选择适宜的操作时间。③ 结晶器性能测定。性能测定基于产品质量(晶体纯度/晶体粒度分布)和质量收率。对于给定生产任务,结晶器容积、操作规程和结晶器性能是相互关联的。

虽然间歇结晶器可不用搅拌或循环进行操作,将热溶液直接加入敞口容器,将溶液保持在容器中通过自然对流进行冷却,但这样得到的晶体可能会大到不合要求且晶体间相互连接,因为夹带母液而降低纯度,而且很难从容器中取出。因此,如果结晶操作需要的产物为晶体,将采用类似图 11 - 6 所示的间歇结晶器进行操作。在具有外部循环的设计中,采用高稠液通过换热器的管子以较小的传热推动力获得适当的传热速率,并尽可能减少在换热器管子表面形成晶体,这种设计也可用于连续结晶器。

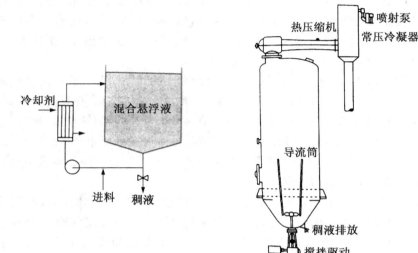

（a）通过外部冷却换热器的稠液循环   （b）有导流筒的内部循环

图 11-6　循环间歇冷却结晶器

对于一个等温蒸发间歇操作的搅拌釜式结晶器,操作之初加入适量的晶种,假设过程中无晶核生成,且生长速率与粒度无关,经过复杂的数学推导,可得出结晶过程中最佳蒸发速率:

$$-\frac{\mathrm{d}V}{\mathrm{d}t} = \frac{3m_\mathrm{s}}{c}\left(\frac{G}{r_\mathrm{s}}\right)\left[\left(\frac{Gt}{r_\mathrm{s}}\right)^2 + 2\left(\frac{Gt}{r_\mathrm{s}}\right) + 1\right] \tag{11-17}$$

式中,V 表示结晶器中溶剂的体积,G 表示晶核生长速率,c 表示溶液中溶质浓度(以单位体积溶剂为基准),m_s 表示晶种质量,r_s 表示晶种粒度。

对于一个间歇操作的冷却结晶器,操作之始加入适量的晶种,假设过程中无晶核生成,且生长速率与粒度无关,则在操作温度范围内,溶液的饱和浓度 c' 与温度 T 的函数关系可近似地用线性关系表示如下:

$$c' = a + bT \tag{11-18}$$

经过复杂的数学推导,可得到结晶过程中最佳冷却速率为:

$$-\frac{\mathrm{d}T}{\mathrm{d}t} = \frac{3m_\mathrm{s}}{bV}\left(\frac{G}{r_\mathrm{s}}\right)\left[\left(\frac{Gt}{r_\mathrm{s}}\right)^2 + 2\left(\frac{Gt}{r_\mathrm{s}}\right) + 1\right] \tag{11-19}$$

在图 11-7 中,曲线 3 代表最佳冷却程序的冷却曲线,曲线 2 代表恒速冷却线,曲线 1 代表不加控制的自然冷却曲线。由左图可知,如采用自然冷却操作,则在结晶过程的初始阶段溶液的过饱和度急剧升高,达到某一峰值,然后又急剧下降,使结晶过程的过饱和度在随后相当长的一段时间内维持在一个很低的水平,所以既有发生初级成核的危险,又有生产能力低下的问题。至于恒速降温操作,类似于自然冷却操作的缺点依然存在。若按最佳冷却程序操作,则在整个结晶过程中,过饱和度自始至终维持在某一预期的恒定值,从而使操作得到实质性的改善。从图中可以看到,按照这种程序操作时,在初始阶段应使溶液以很低的速率降温,之后随着晶体表面的增长而逐步增大其冷却速率。

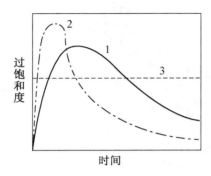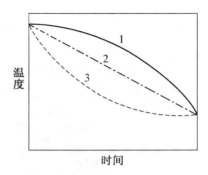

图 11-7　间歇冷却结晶的过饱和度曲线

11.4.3　连续结晶

工业结晶理论诞生以来,许多物质能通过间歇结晶和连续结晶获得所需产品。随着技术的进步,不少物质能通过连续结晶操作获得更多的产量和更稳定的质量,从而大幅度提高工业效率。连续结晶器在稳态时会产生一个晶体流。由于进入结晶器的晶体流可维持过饱和度恒定,故此类结晶器较批式结晶器而言更容易形成稳定的晶体生长速率。

和其他化工单元操作一样,当生产规模大到一定水平,结晶过程应采用连续操作方式。与间歇结晶操作相比,连续结晶操作具有以下优点：① 连续操作的结晶器单位有效体积的生产能力比间歇结晶器高数倍至数十倍之多,占地面积也较小;② 连续结晶过程的操作参数是稳定的,不像间歇操作那样需要按一定的操作程序不断地调节其操作参数,因此连续结晶过程的产品质量比较稳定,不像间歇操作那样可能存在批间差异;③ 冷却法及蒸发法结晶(真空冷却法除外)采用连续操作时操作费用较低;④ 连续结晶操作所需的劳动量相对较小。

连续结晶器的操作有以下几项要求：控制符合要求的产品粒度分布,结晶器具有尽可能高的生产强度,尽量降低结垢的速率,以延长结晶器正常运行的周期及维持结晶器的稳定性。为了使连续结晶器具有良好的操作性能,往往采用“细晶消除”、“粒度分级排料”、“清母液溢流”等技术,使结晶器成为所谓的“复杂构型结晶器”。采用这些技术可使不同粒度范围的晶体在器内具有不同的停留时间,也可使器内的晶体与母液具有不同的停留时间,从而使结晶器增添了控制产品粒度分布和晶浆密度的能力,再与适宜的晶浆循环速率相结合,便能使连续结晶器满足上述操作要求。

在连续结晶系统的启动与正常操作条件下如何做到粒数平衡与粒度分布平衡呢？在连续结晶器中,每一粒晶体产品是由一粒晶核生长而成的,在一定的晶浆体积中,晶核生成量越少,产品晶体就会长得越大。反之,如果晶核生成量过大,溶液中有限数量的溶质分别沉积于过多的晶核表面上,产品晶体粒度必然较小。在实际工业结晶过程中,成核速率很不容易控制,较普遍的情况是晶核数目太多,或者说晶核的生成速率过高。因此,必须尽早地把过量的晶核除掉。

目前已开发出多种多样的连续真空蒸发结晶器。一种被成功应用的这类结晶器的设计是Newman 和 Bennett 描述的 Swenson 导流筒挡板(DTB)结晶器,又叫 Swenson-Walker 连续冷却结晶器，如图 11 - 8 所示。

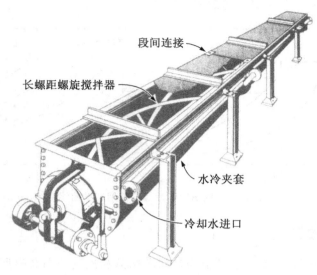

段间连接

长螺距螺旋搅拌器

水冷夹套

冷却水进口

图 11 - 8　Swenson-Walker 连续冷却结晶器

对于连续结晶过程中去除细晶的目的则是为了提高产品中晶体的平均粒度，此外，它还有利于晶体生长速率的提高，因为结晶器配置了细晶消除系统后，可以适当地提高过饱和度，从而提高了晶体的生长速率及设备的生产能力。即使不是人为地提高过饱和度，被溶解而消除的细晶也会使溶液的过饱和度有所提高。

通常采用的去除细晶的办法是根据淘洗原理，在结晶器内部或外部建立一个澄清区，在此区域内，晶浆以很低的速度向上流动，使大于某一"细晶切割粒度"的晶体都能从溶液中沉降出来，回到结晶器的主体部分，重新参与晶浆循环，并继续生长。而小于此粒度的细晶将随澄清区溢流而出的溶液进入细晶消除循环系统，以加热或稀释的方法使之溶解，然后经循环泵重新回到结晶器中去。

混合悬浮型连续结晶器配置产品粒度分级装置，可实现对产品粒度范围的调节。产品粒度分级是使结晶器中所排出的产品先流过一个分级排料器，然后排出系统。分级排料器可以是淘洗腿、旋液分离器或湿筛，它将小于某一产品分级粒度的晶体截留，并使之返回结晶器的主体，继续生长，直到长到超过产品分级粒度，才有可能作为产品晶体排出器外。如采用淘洗腿，调节腿内向上淘洗液流的速度，即可改变分级粒度。提高淘洗液流速度，可使产品粒度分布范围变窄，但也使产品的平均粒度有所减小。

11.5　结晶法的应用

作为绿色环保高效的分离提纯手段，结晶技术已在药物分离中得到了广泛应用。药物结晶是药物生产中的主要技术过程，广泛用于药物活性组分及其中间体、赋形剂的生产中。结晶过程决定了晶体的纯度和性质，而药物晶体的性质与药物的生物利用度、稳定性、释放性能、压缩性能等都密切相关。1996 年美国食品与药物管理局（FDA）颁布了关于新药应用的规则，要求药物生产部门必须提供关于药物的纯度、溶解性、晶体性质、晶型、颗粒尺寸和表面积的详细数据,使得药物结晶引起了国内外学者的广泛关注,并开展了大量的研究工作。

多年来的医药研究实践表明了这样一个事实:决定医药产品药效及生理活性的因素,不仅仅在于药物的分子组成,而且还在于其中的分子排列及其物理状态(对于固体药物来说即是晶型、晶格参数、晶体粒度分布等)。对于同一种药物,即便分子组成相同,若其微观及宏观形态不同,则其药效或毒性也将有显著的不同。例如,氯霉素、利福平、洁霉素等抗菌药,都有可能形成多种类型的晶体,但只有其中的一种或两种晶型的药物才有药效。有的药品一旦晶型改变,对于病人而言甚至可能会危及生命。正是基于这个事实,医药科学家及企业家们更深刻地意识到对于医药生产,结晶绝不是一种简单的分离或提纯手段,而是制取具有医药活性及特定固体状态药物的一个不可缺少的关键手段。医药对于晶型和固体形态的要求严格,赋予了医药结晶过程不同于一般工业结晶过程的特点,它对于结晶工艺过程及结晶器的构型提出了异常严格的要求。只有在特定的结晶工艺条件及特定的物理场环境下,才能生产出特定晶型的医药产品;也只有特定构型的结晶器,才能保证特定的流体力学条件,才能保证生产出的医药产品具有所要求的晶体形状与粒度分布。

随着国内外医药市场竞争的激烈,要求产品的质量不断提高,成本不断降低,因此研究开发并大力推广应用于药物分离的新型结晶技术具有重要现实意义。

近些年来,随着超细颗粒理论研究的逐步深入及其应用范围的日益拓宽,工业上纳米材料制备、药物制粒等领域也相继出现了与传统评价指标不一致的晶体产品的需求,即希望制得小尺寸的产品颗粒。为此,科学界近来广泛兴起了新型细化制粒技术的开发与研究,如基于溶质溶解度随压力而改变的超临界流体结晶技术便是其中的主攻方向之一,该项技术不仅可较好地确保所制颗粒的小粒度、窄分布和高纯度,通常还具有产品易于分离、晶型易于控制以及低污染等诸多卓越的操作特性。

在制药工业中通过反应结晶制取固体医药产品的例子很多,例如盐酸普鲁卡因与青霉素G 钾反应结晶生产普鲁卡因青霉素,青霉素 G 钾盐与 N,N′-二苄基乙二胺二醋酸反应结晶生产苄星青霉素等。通常化学反应速率比较快,溶液容易进入不稳区而产生过多晶核,因此反应结晶所生产的固体粒子一般较小。要想制取足够大的固体粒子,必须将反应试剂高度稀释,并且反应结晶时间要充分的长。

工业结晶技术广泛应用于抗生素的纯化精制。因为抗生素品种很多,性质各不相同,所以抗生素的结晶根据产品种类的不同采用各种不同的结晶操作方法,如青霉素 G 等。另外,近年来,人们迫切希望能借助于超临界流体抗溶剂法结晶制粒技术,生产大量抗生素类药物,以期达到简化操作流程和提高药物质量的目的。

等电点结晶法是分离纯化氨基酸的主要单元操作。例如,谷氨酸(glutamate,Glu)的发酵液可不经除菌处理,直接加盐酸调节 pH 至 3.0～3.2,同时冷却至 0～5℃,即可回收 70% 以上的谷氨酸。若发酵液经除菌预处理,获得的谷氨酸晶体纯度更高。而谷氨酸结晶母液中残留的谷氨酸可用离子交换法回收,或蒸发浓缩后再次结晶回收。赖氨酸(lysine,Lys)的产量仅次于谷氨酸,其发酵液加盐酸调节 pH 至 4～5 后,真空蒸发浓缩,降温到 4～10℃,可获得赖氨酸晶体,其中 Lys-HCl 质量分数为 97%～98%。

新近发展的高通量蛋白质结晶技术,可以同时进行数千个蛋白质结晶条件试验,大大减少了优化结晶条件的时间,加速了蛋白质结构研究的速度。此外,蛋白质结晶的硬件设施还必须与相关的数据库和人工智能软件相结合，以使结晶条件的优化和选择以智能的方式自动进行。例如，Hauptman-Woodward 医药研究所发展的自动结晶系统每天可进行 4000 个微浴试验，每个试验使用 $0.5\mu l$ 蛋白质。而新近发展的 T2K 机器人系统每个实验所需的样品更是降到了纳升级，可以使用 40nl 的液滴（含 20nL 蛋白质）。此外，高通量结晶还可以使液滴更加均匀一致，并大幅度减少了繁琐枯燥的劳动。

Shekunov 等报道了采用超临界流体 CO_2 在湍流下结晶扑热息痛（Paracetamol）。在高度湍流的超临界流体中溶剂与超临界流体快速混合，CO_2 的溶解使有机溶剂发生膨胀，内聚能降低，溶解能力下降，从而促进晶粒的形成。在该体系中溶剂、超临界流体和待结晶物的组成固定使结晶过程连续均匀进行，优化了产品的纯度。Daniel 等用该法结晶氯苯扎利（Lobenzarit）。氯苯扎利是一种很好的抗关节炎药物，在水中是中等溶解度，微溶于甲醇，几乎不溶于大部分有机溶剂。通常的结晶方法是将易溶于水的有机溶剂加入氯苯扎利水溶液使氯苯扎利从饱和溶液中析出，但是这种方法产生的晶粒是不规则形状的聚集物，主要是四方形的，很难控制粒子的平均尺寸和尺寸分布。超临界流体这种非极性抗溶剂气体减少了颗粒间及颗粒与溶剂间的静电力，减少了聚集效应，可以得到单一、规则的晶体，而且该法避免了结晶过程中水相的分离，即减少了溶剂回收步骤及其对颗粒质量的影响。

乳化结晶是把熔融液分散成连续的小液滴，使非匀相成核孤立在这些小液滴内，在其余液滴内发生匀相成核。但这种结晶方法以往很少用于制药。Espilasic 以该结晶机理为依据，采用准乳化法生产消炎镇痛药酮丙酸（Ketoprofen）颗粒。

在制药工艺中，大部分药物不仅需要药物活性组分以特定晶型存在，控制颗粒形状、尺寸、表面性质和热力学性质也是非常重要的。传统结晶方法的结晶条件不易控制、稳定性差，不同批次的结晶产品在物性上可能存在差异，而且额外的干燥或微粉化操作会影响药物颗粒的稳定性和流动性，从而严重影响后续药品的效能。因此设计先进的结晶方法，克服传统方法的不足是更好控制晶体特征所必需的。而在选择合适结晶方法的同时，根据对药品质量的特殊要求附以结晶控制技术，一定能得到药效高的药物晶体。因此新型结晶方法的选择和结晶技术的改进必将对制药业的发展产生深远的影响。

【思考题】

1. 右图为甲、乙两种溶质的溶解度对温度的关系图：

现有一混合物含有甲溶质 16g，乙溶质 4g。利用重结晶法先将此混合物溶于 80℃ 的热水中，再将溶液的温度降至 20℃，便可分离出部分甲溶质。试问：

① 如果想分离出最多的甲溶质，最理想的水量为多少克？

② 理论上可分离出甲溶质多少克？

2. 过饱和度、温度、搅拌、晶种及杂质是如何影响晶体颗粒的大小和纯度的？

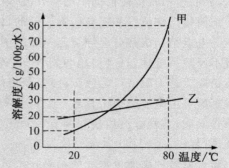

3. 结晶的前提条件是什么？

4. 结晶作为一个分离过程有何特色？

【参考文献】

[1] 顾觉奋. 分离纯化工艺原理. 北京：中国医药科技出版社，2002

[2] 严希康. 生化分离工程. 北京：化学工业出版社，2001

[3] 孙彦主. 生物分离工程. 第二版. 北京：化学工业出版社，2005

[4] 谭天伟. 生物分离技术. 北京：化学工业出版社，2007

[5] 欧阳平凯. 生物分离原理及技术. 北京：化学工业出版社，1999

[6] 刘叶青. 生物分离工程实验. 北京：高等教育出版社，2007

[7] 曹学君. 现代生物分离工程. 上海：华东理工大学出版社，2007

[8] Autonio A. Garcia，et al. Bioseparation Process Principles. 刘铮，詹劲等译. 生物分离过程科学. 北京：清华大学出版社，2004

[9] Seader JD，Ernest J. Henley. Separation Process Principles. 朱开宏，吴俊生等译. 分离过程原理. 上海：华东理工大学出版社，2007

[10] 李津，俞咏霆，董德祥. 生物制药设备和分离纯化技术. 北京：化学工业出版社，2003

[11] 李淑芬，姜忠义. 高等制药分离工程. 北京：化学工业出版社，2004

[12] 邱玉华. 生物分离与纯化技术. 北京：化学工业出版社，2007

[13] 洪广言. 无机化学. 北京：科学出版社，2002

[14] 何涌，雷新荣. 结晶化学. 北京：化学工业出版社，2008

[15] 刘家祺. 分离过程与模拟. 北京：清华大学出版社，2007

技术集成篇

第 12 章

亲和萃取

 本章要点

1. 了解亲和萃取的原理。
2. 掌握亲和萃取基本操作。
3. 了解亲和萃取在药物分离中的应用。

12.1 概　述

亲和萃取(affinity extraction)是将亲和技术与萃取技术相结合的一种新型分离技术,也称亲和分配(affinity partitioning),它结合了萃取技术处理量大、易于放大等优点和亲和技术的高选择性等优点,通过两者的结合,能从处理量大、成分复杂、含量低的原料液中一步得到较纯的目标物,通过技术集成的优势,提高产品收率和降低成本。

目前亲和萃取主要有两种:一种是亲和双水相萃取,如图 12-1 所示。它主要是利用偶联了亲和配基的成相高聚物(如 PEG 等)或添加在成相高聚物相中的亲和配基,对目标物进行双水相萃取,通过亲和配基的亲和作用,促进目标物在偶联有亲和配基的成相高聚物相或添加有亲和配基的高聚物相中分配,提高目标产物的分配系数和选择性。近几年来亲和双水相萃取发展极为迅速,仅在 PEG 上可接的配基就有十多种,分离纯化的物质达几十种,产物的分配系数提高了成百上千倍。此方法与双水相萃取相比,具有选择性好、分离条件温和、与生物质兼容性好等优势,因此是一种发展前景十分看好的新型集成技术。

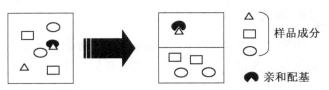

图 12-1　亲和双水相萃取示意图

另一种是亲和反胶团萃取,如图 12-2 所示。它是指在反胶团相中,除了通常形成反胶团的表面活性剂之外,再添加一种助表面活性剂(其亲水头部位接有目标分子的亲和配基,通过这种助表面活性剂促进目标分子在反胶团相的分配,从而提高目标分子的分配系数和反胶团萃取的选择性。有关亲和反胶团萃取的较深入研究始于 20 世纪 80 年代末,虽然发展时间不是很长,但从已有的研究表明,该技术避免了生物大分子与有机溶剂直接接触,能很好保持其生物活性,解决了生物大分子在有机溶剂中容易变性失活和难溶于有机溶剂的问题,引入亲和助表面活性剂是提高反胶团萃取选择性的有效手段,发展前景十分看好。

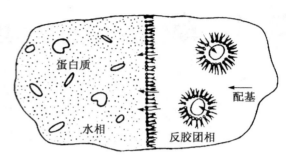

图 12-2　亲和反胶团萃取示意图

12.2　亲和萃取的机理

12.2.1　分配定律

亲和萃取的机理与萃取的机理是相同的,都需要符合 Nernst 分配定律,即溶质的分配平衡规律,指在恒温恒压条件下,溶质在互不相溶的两相中达到分配平衡时,如果其在两相中的相对分子质量相等(不发生解离、缔合、配位等,溶质以同一分子形式存在),则其在两相中的平衡浓度之比为常数,即:

$$K = \frac{c_2}{c_1} \tag{12-1}$$

式中,K 称为分配常数;c_2、c_1 为溶质在两相中分配达到平衡时的浓度,严格来讲应该是活度。式(12-1)为分配常数的定义式。

分配定律只在低浓度时是正确的,即适用于接近理想溶液构成的萃取体系。这种体系中的溶质与溶剂不发生离解、缔合和溶剂化作用,也就是说溶质在两相的形式必须是相同的。当满足这样的条件时,分配系数为一常数,它与溶质的总浓度没有关系,只与溶质分子在有机相中的溶解度有关。简而言之,分配定律只适用于稀溶液的简单物理分配体系。

所以分配定律的应用条件是:① 必须是稀溶液;② 溶质对溶剂的互溶没有影响;③ 必须是同一种分子类型,即不发生缔合或解离。

12.2.2　亲和分配系数

设目标分子有 n 个亲和结合部位,即每个目标分子最多可结合 n 个亲和配基,每个结合部位彼此独立且与配基的结合常数相等,则目标分子的亲和分配系数为:

$$m_{A} = m_{0}\left(\frac{1+\dfrac{c_{LT}}{K_{dT}}}{1+\dfrac{c_{LT}}{K_{dB}m_{L}}}\right)^{n} \tag{12-2}$$

式中,下标 T 和 B 分别表示上相和下相,m_{A} 和 m_{0} 分别为存在亲和配基和不存在亲和配基时目标分子的分配系数,m_{L} 为配基的分配系数,c_{L} 为配基浓度,K_{d} 为配基与目标分子反应的解离常数。

$$\frac{1}{n}EL_{n} \rightleftharpoons \frac{1}{n}E + L \tag{12-3}$$

$$K_{d} = \frac{c_{L0}c^{1/n}}{c_{EL}^{1/n}} \tag{12-4}$$

式中,E 表示目标分子,L 表示配基,EL_{n} 表示一个目标分子与 n 个配基形成的复合体,c 表示游离目标分子浓度,c_{L0} 为游离配基浓度,c_{EL} 为复合体的浓度。

从式(12-2)可知,上相配基浓度 c_{LT} 越高,m_{A} 越大,但这又不是无限增大的,还受到诸多因素的影响。通过提高配基浓度所获得的最大分配系数为:

$$m_{k} = \lim_{c_{LT} \to \infty} m_{A} = m_{0}\left(\frac{m_{L}K_{dB}}{K_{dT}}\right)^{n} \tag{12-5}$$

12.2.3　亲和作用对分配系数的影响

影响萃取的分配系数的因素很多,如成相高聚物的种类、相对分子质量、浓度,盐类、粒子或成相聚合物的疏水效应,温度等,亲和萃取分配系数的影响因素除了上述之外,还包括生物亲和效应的影响。但成相高聚物偶联上亲和配基或像亲和反胶团那样加入了偶联有亲和配基的助表面活性剂时,它对生物大分子的分配系数影响是很显著的。

1. 配基种类的影响

图 12-3 利用三种不同的偶联了亲和配基的成相聚合物双水相萃取富马酸脱氢酶的情况,从图中可以看出,不同的配基对亲和分配系数影响不一样,PEG-Procion Red HE3b、PEG-NADH 两种在配基浓度很低时就能使亲和分配系数提高很大,但到了一定程度后,再增加浓度,亲和分配系数几乎不变,而 PEG-Cibacron Blue 3GA 对亲和分配系数提高几乎是线性的。这与不同配基在两相间分配系数及它们的解离常数有关。

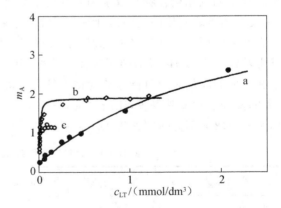

图 12-3　富马酸脱氢酶的亲和分配系数与配基浓度的关系
配基:(a) PEG-Cibacron Blue 3GA;(b) PEG-Procion Red HE3b;(c)PEG-NADH
双水相系统:PEG6000(5.5%)/DEX(7.5%),0.05mol/L Tris-醋酸缓冲液,pH7.5,括号内为质量分数

2. 配基浓度的影响

图 12-4 是 PEG-IDA-Cu^{2+} 浓度对纳豆激酶（NK）分配行为的影响，随着系统中 PEG-IDA-Cu^{2+} 加入量的增加，NK 在双水相中的分配系数迅速增加，达到一个最大值后略有下降，即过多的亲和配基反而使分配系数有所下降，其主要原因可能在于金属螯合亲和配基本身在双水相系统中也有一定的分配，随着分配于上相的亲和配基与目标蛋白的结合位点逐渐达到饱和，亲和效果逐渐加强，表现为分配系数的增大；当亲和配基量增加到一定程度后，下相中亲和配基积累过多，将导致 NK 部分向下相转移，分配系数下降，亲和效果降低。

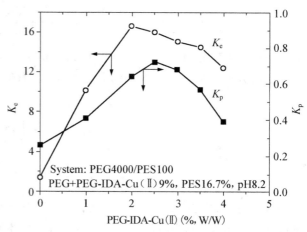

图 12-4　PEG-IDA-Cu(II)浓度对纳豆激酶分配行为的影响

3. 配基与目标物的结合能力的影响

一般而言，配基与目标物的结合力越强，即亲和结合常数越大，则解离常数就越小，由式（12-1）可知，亲和分配系数就越大。

12.3　常见亲和萃取的配基及成相聚合物

亲和双水相成相聚合物与双水相系统的聚合物基本上一样，比较常见的是葡聚糖和 PEG 等；亲和反胶团萃取利用的表面活性剂与反胶团萃取利用的表面活性剂也基本一致，常见的是阴离子表面活性剂顺-二（2-乙基己基）丁二酸酯磺酸钠（AOT）、阳离子表面活性剂溴化十六烷基三甲基铵（CTAB）以及非离子表面活性剂聚氧乙烯失水梨醇三油酸酯（Tween 85）等，而作为亲和萃取的配基必须对待分离的物质具有非常好的亲和力，主要有金属离子配基、染料配基、游离的多聚生物配基等等，比较常见的有 Cu^{2+}、NADH、藻酸盐、三嗪型活性染料等。近年来利用亲和萃取的部分研究如表 12-1 所示。

表 12-1　近年来利用亲和萃取的部分研究

常用亲和配基	配基＋高聚物/表面活性剂	分离对象
Cibacron Blue 3GA	PEG - Cibacron Blue 3GA	富马酸脱氢酶、溶菌酶、牛血清白蛋白、果糖激酶、己糖激酶、葡萄糖-6-磷酸脱氢酶、乳酸脱氢酶
	Span 85-Cibacron Blue 3GA	溶菌酶、卵清蛋白
Procion Red HE3b	PEG - Procion Red HE3b	富马酸脱氢酶、乳酸脱氢酶、己糖激酶
Procion Blue H-5R	PEG - NADH	富马酸脱氢酶
Cibachrome	PEG - Cibachrome	磷酸果糖激酶

续　表

常用亲和配基	配基＋高聚物/表面活性剂	分离对象
活性嫩黄 M－7G/活性黄 K－RN	PEG－Dye	酵母醇脱氢酶
Red-Violet 2KT/Red-Brown 2KT/Claret 4CT	PEG－Dye	乳酸脱氢酶、酵母葡萄糖－6－磷酸脱氢酶
Procion Yellow HE-3G	PEG－Procion Yellow HE－3G	葡萄糖－6－磷酸脱氢酶
Cu^{2+}	PEG－IDA-Cu^{2+}	纳豆激酶、豆壳过氧化物酶、木瓜蛋白酶、亚铁血红素蛋白、超氧化歧化酶、红细胞、球蛋白、抗体、组氨酸标签蛋白
Fe^{3+}	PEG－IDA-Fe^{3+}	含磷蛋白质、
小麦胚芽凝集素（WGA）	DEX－WGA	质膜
脂肪酸	PEG－$OO(CH_2)_n$	血清蛋白
NADH	PEG－NADH	乳酸脱氢酶
葡萄糖苷	正辛基－β－D－吡喃葡萄糖苷（OGP）	伴刀豆球蛋白 A（con A）
海藻酸钠	PEG＋藻酸盐	磷脂酶 D（PLD）、溶菌酶、木聚糖酶、普鲁兰酶
辣根过氧化物酶（HRP）	PEG－HRP	抗体
甘露聚糖	半乳糖甘露聚糖＋甘露聚糖	β－甘露聚糖酶
壳聚糖	PEG＋壳聚糖	几丁质酶

12.4　亲和萃取的应用

　　随着基因工程技术的发展,亲和萃取技术用来分离产品的方法也逐渐使用。此方法与一般萃取相比,具有选择性好、分离条件温和、与生物质兼容性好等优势,目前主要是应用来分离大分子蛋白(酶),如乙醇脱氢酶、纳豆激酶、豆壳过氧化物酶、木瓜蛋白酶、超氧化歧化酶、丙酮酸激酶、核酸内切酶、伴刀豆球蛋白、亚铁血红素蛋白等以及细胞、细胞器、膜等粒子的提取。

1. 利用染料配基亲和萃取大分子的应用

　　Cristina 等利用 PEG/DEX 双水相系统,PEG-Cibacron Blue 3GA 为亲和配基,研究了从小鼠体内提取果糖激酶(PFK)的研究,结果发现,在 pH 为 8 和离子强度为 0.045 的提取条件下,95％的酶活都分配在上相,纯化倍数在 10 以上。

　　刘扬等将色素染料汽巴蓝(CB)分子结合至非离子型表面活性剂(Span 85),形成 CB-Span 85 亲和反胶团系统,利用其鸡卵清白蛋白中的溶菌酶进行萃取,通过一次萃取可以使鸡卵清白蛋白中溶菌酶的纯化因子达到 23,并且在反胶团相的多次循环利用中,溶菌酶的纯化因子并未随利用次数的增加而显著下降。冯有胜等将细胞色素 C 的亲和配基咪唑化合物(11－烷基咪哇啉)引入 AOT 和异辛烷构成反胶团系统,进行亲和反胶团萃取,结果,在水相 pH 7～8 之间,咪唑化合物浓度为 5～7mmol/L 时,AOT/异辛烷反胶团系统能将水相中的细胞色素 C

萃取至反胶团内,萃取率达到92%,萃取效率提高了20%。

2. 利用金属螯合配基亲和萃取大分子的应用

由于金属离子(如Cu^{2+}、Fe^{3+}、Ni^{2+})对于表面具有组氨酸和色氨酸等残基的天然蛋白质或带有组氨酸标签的基因工程蛋白具有高度的亲和作用,因此常用来做亲和配基。文禹撷等采用双水相金属螯合亲和萃取法从豆壳中分离过氧化物酶,以PEG/羟丙基淀粉(PES)为双水相系统,PEG-IDA-Cu^{2+}为金属螯合亲和配基,考察了不同因素对PEG/PES系统亲和分配的影响,在优化分离条件PEG2000(9%)、PES200(14%)、PEG-IDA-Cu^{2+}(1%)下,豆壳过氧化物酶的分配系数达40,纯化因子为2.8,回收率达到93%。其他还有,陆瑾等利用含有亲和配基Cu^{2+}-IDA-PEG的双水相系统分离了纳豆激酶;Wuenschell等采用含有Cu^{2+}-IDA-PEG的双水相系统萃取了亚铁血红素蛋白;Arnold和她的合作者用含有Cu^{2+}-IDA-PEG的双水相系统萃取了血红素,用含有Fe^{3+}-IDA-PEG的双水相系统萃取了含磷蛋白质等,都取得了很好的效果。

3. 其他

Teotia等利用PEG/盐双水相系统,海藻酸钠为亲和配基,从花生和胡萝卜中提取磷脂酶D(PLD),结果,两者酶活的绝大部分分配在了PEG相,分别为91%和93%,将聚合物与酶洗脱分离后,PLD两者的纯化倍数分别为78倍和17倍,酶活回收率分别为82%和85%。

Sunita等利用将丙烯酸树脂S-100和海藻酸钠引入PEG/盐的双水相系统来分离不同微生物中的木聚糖酶和普鲁兰酶,大大增大了酶的分配选择性,从黑曲霉中分离木聚糖酶,回收率93%,纯化倍数达到56倍,从里氏木霉分离得到的酶活性回收率93%,纯化倍数31倍,从芽孢杆菌中分离得到的酶活性回收率90%,纯化倍数32倍;从芽孢杆菌acidopullulyticus中分离的普鲁兰酶,酶活性回收率85%,纯化倍数44倍。

Mirjana等利用半乳甘露聚糖/羟丙基淀粉双水相系统,甘露聚糖为亲和配基,研究了其亲和双水相萃取β-甘露聚糖酶的萃取行为,发现结果较理想。Ulrich等利用磷酸酯PEG/磷酸盐亲和双水相系统萃取β-干扰素,β-干扰素的分配系数可由非亲和双水相系统的1左右提高到630。

【思考题】

1. 亲和萃取的原理是什么?目前应用的主要有哪些类型?
2. 影响亲和萃取分配系数的因素主要有哪些?
3. 当前亲和萃取有哪些最新的研究进展?

【参考文献】

[1] 严希康. 生化分离工程. 北京:化学工业出版社,2001

[2] 孙彦. 生物分离工程. 北京:化学工业出版社,1998

[3] 顾觉奋. 分离纯化工艺原理. 北京:中国医药科技出版社,2002

[4] 陆瑾,赵珺,林东强. 金属螯合双水相亲和分配技术分离纳豆激酶的研究. 高校化学工程学报,2004,18(4):465~470

[5] 文禹撷. 双水相亲和萃取法从豆壳中分离过氧化物酶. 食品科学,2004,25(7):93~96

[6] 刘扬等. 新型亲和反胶团系统及其蛋白质萃取特性研究[D]. 天津：天津大学,2006：89～95

[7] 冯有胜,单振秀,李宏. 细胞色素－C 的亲和反胶团萃取研究. 西南农业大学学报(自然科学版),2006,28(4)：562～565

[8] 林哲甫,成吕玲,张维钦. 酵母醇脱氢酶在双水相系统中的亲和分配行为. 中山大学学报(自然科学版),1990,9(2)：1～10

[9] Guin MR. Isolation and purification of protein by single-stage metal affinity partitioning in aqueous two-phase systems and by multi-stage counter-current distribution [D] . Colorado：University of Colorado,1996

[10] Hye-Mee Park,et al. Affinity separation by protein conjugated IgG in aqueous two-phase systems using horseradish peroxidase as a ligand carrier. Journal of Chromatography B,2007,856(1)：108～112

[11] Beatriz Maestro, et al. Affinity partitioning of proteins tagged with choline-binding modules in aqueous two-phase systems. Journal of Chromatography A,2008,1208(1)：189～196

[12] Gote Johansson,et al. Effect of some poly(ethylene glycol)-bound and dextran-bound affinity ligands on the partition of synaptic membranes in aqueous two-phase systems. Journal of Chromatography B：Biomedical Sciences and Applications,1994,652(2)：137～147

[13] Vilius Zutautas,et al. Affinity partitioning of enzymes in aqueous two-phase systems containing dyes and their copper(Ⅱ) complexes bound to poly(ethylene glycol). Journal of Chromatography A,1992,606(1)：55～64

[14] Anders Persson,et al. Purification of plasma membranes by aqueous two-phase affinity partitioning. Analytical Biochemistry,1992,204(1)：131～136

[15] M. Cristina Tejedor,et al. Affinity partitioning of erythrocytic phosphofructokinase in aqueous two-phase systems containing poly(ethylene glycol)-bound Cibacron Blue influence of pH,ionic strength and substrates/effectors. Journal of Chromatography A,1992,589(1～2)：127～134

[16] Donald J,et al. Evaluation of antigen-antibody affinity constants by partition equilibrium studies with a two-phase aqueous polymer system：a more rigorous analysis. Biochimica et Biophysica Acta (BBA)-General Subjects,1991,1115(2)：141～144

[17] H. Goubran Botros,et al. Immobilized metal ion affinity partitioning of cells in aqueous two-phase systems：erythrocytes as a model. Biochimica et Biophysica Acta (BBA)-General Subjects,1991,1074(1)：69～73

[18] G. Birkenmeier M,et al. Immobilized metal ion affinity partitioning,a method combining metal-protein interaction and partitioning of proteins in aqueous two-phase systems. Journal of Chromatography A,1991,539(2)：267～277

[19] Lüling Cheng, et al. Combination of polymer-bound charged groups and affinity ligands for extraction of enzymes by partitioning in aqueous two-phase systems. Journal of Chromatography A,1990,523：119～130

[20] Mirjana Antov,et al. Affinity partitioning of a Cellulomonas fimi β-mannanase with a mannan-binding module in galactomannan/starch aqueous two-phase system.. Journal of Chromatography A,2006,1123(1)：53～59

[21] S. Teotia,et al. Chitosan as a macroaffinity ligand：Purification of chitinases by affinity precipitation and aqueous two-phase extractions. Journal of Chromatography A,2004,1052(1～2)：85～91

[22] Yan Xu,et al. Affinity partitioning of glucose-6-phosphate dehydrogenase and hexokinase in aqueous two-phase systems with free triazine dye ligands. Journal of Chromatography B,2002,780(1)：53～60

[23] Sheryl Fernandes, et al. Affinity Extraction of Dye-and Metal Ion-Binding Proteins in Polyvinylpyrrolidone-Based Aqueous Two-Phase System. Protein Expression and Purification,2002, 24(3): 460~469

[24] Maria Estela da Silva,et al. Purification of soybean peroxidase (Glycine max) by metal affinity partitioning in aqueous two-phase systems. Journal of Chromatography B: Biomedical Sciences and Applications,2000, 743(1~2): 287~294

[25] Lars Ekblad,et al. Aqueous two-phase affinity partitioning of biotinylated liposomes using neutral avidin as affinity ligand. Journal of Chromatography A,1998,815(2): 189~195

[26] Sun Y,et al. Afinity extraction of proteins with a reversed micellar system composed of Cibacron Blue-modified lechitin,Biotech. Bioeng,1998,58(1): 58~64

[27] Zhang TX et al. Afinity-based recersed bovine serum albumin (BSA) extraction with unbound reactive dye,Sep. Sci. Technol,2003,35(1): 143~151

[28] Yang Liu,et al. Protein separation by affinity extraction with reversed micelles of Span 85 modified with Cibacron Blue F3G-A. Separation and Purification Technology,2007,53(3): 289~295

[29] Yang Liu,et al. Characterization of reversed micelles of Cibacron Blue F-3GA modified Span 85 for protein solubilization. Journal of Colloid and Interface Science,2005,290(1): 259~266

[30] Tian-xi Zhang,et al. Effect of Cibacron Blue and Bovine Serum Albumin on Electrical Conductivity of Reversed Micelles. Journal of Colloid and Interface Science,2000,226(1): 71~75

[31] Tianxi Zhang,et al. Affinity extraction of BSA by mixed reversed micellar system with unbound triazine dye. Biochemical Engineering Journal,1999,4(1): 17~21

[32] Gordon C, et al. A new micellar aqueous two-phase partitioning system (ATPS) for the separation of proteins. Journal of Chromatography B,2007,858(1~2):247~253

第 13 章

亲和膜分离

 本章要点

1. 理解亲和膜分离的基本类型及原理。
2. 掌握亲和膜分离的基本操作方式。
3. 了解亲和膜分离在生物分子分离中的应用。

13.1　概　述

亲和膜(affinity membrane)分离是将膜分离与亲和分离相结合的一种新型分离技术。亲和膜分离技术的研究始于 20 世纪 80 年代,但发展十分的迅速,已经在化工、医药、食品等领域有了相当的应用。膜分离技术的特点是处理量大,可以大规模操作,但由于是利用膜孔径大小来分离,选择性相对较低;而亲和分离(主要是亲和层析)的选择性和特异性极强,是其他技术无法比拟的,但传统的柱亲和层析技术常遇到一些固有的限制,如流速低、填充颗粒的压缩、扩散传递慢,故造成柱效率不高,并且不易大规模应用,于是自 20 世纪 80 年代中期开始就有人将这两种技术有机地结合起来,发挥各自的长处,于是出现了亲和膜分离。

亲和膜分离的应用主要分为两种类型:

一类是亲和膜层析。这个概念的提出,主要源于解决传统的固定床型亲和层析的某些局限性,由于传统的亲和载体多是多糖凝胶或硅胶等多孔粒子,床层压降随流速线性增大,且软凝胶类固定相粒子的机械强度较低,容易发生压密现象(受压变形),在较高压力下,流速随压力提高而下降,所以利用软凝胶为固定相的层析操作速度有限,利用刚性粒子(如硅胶)为固定相虽然不存在上述问题,但高压操作势必增大设备投资。因此,层析柱一般采用径向放大的方式,以保证在不增大压力的前提下提高层析柱的处理量,如果层析柱的体积一定(即料液处理能力一定),降低柱高而增大柱径可在相同压降下提高流速,即提高层析分离速度,因此"短粗"型亲和层析柱有利于提高分离操作速度。为使层析柱的分离速度达到可能的极限值,"理想"

的层析柱几何形状应该是柱高无限低（实际的极限情况下等于介质直径），柱径无限大。但是，实际的固定床不可能达到这一要求，而微滤膜可接近这一"理想"状态，将一张微滤膜比喻为一个固定床，则膜厚表示床层高度，如图 13-1 所示，这就是利用微孔膜进行膜层析的原理。

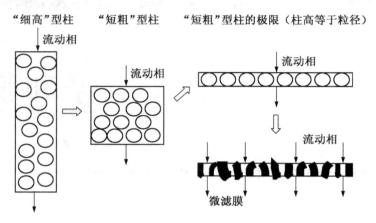

图 13-1　亲和膜概念的提出

第二类是亲和膜过滤。这个概念的提出主要是源于解决膜分离过程中的某些局限，虽然膜分离具有过程无相变、能耗小、不需添加化学试剂、易于大规模操作等优点，但膜的选择性不高，这是因为膜分离大多是依靠孔径的大小来分离的，而膜的孔径分布范围一般较宽。如超滤，一般只有当两种组分的相对分子质量相差 10 倍以上才有可能得到完全的分离，很难将相对分子质量相近的生物分子分开，亲和膜过滤将亲和分离的高选择性引入进来，就有效地避免了该局限性。

13.2　亲和膜分离原理

13.2.1　亲和膜层析

亲和膜层析的分离原理与亲和色谱基本相同，它是采用具有一定孔径的膜作为介质，然后在膜上键合上与欲分离物质具有亲和作用的配基，利用膜配基与目标分子之间的相互作用进行分离纯化。当样品组分以一定流速流过膜的时候，目标分子与膜介质表面或膜孔内基团特异性结合，而杂质则透过膜孔流出，待处理结束后再通过洗脱液将目标分子洗脱下来，如图 13-2 所示。

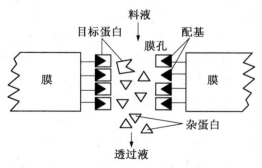

图 13-2　亲和膜层析吸附机理

13.2.2 亲和膜过滤

亲和膜过滤的原理是将与目标分子具有亲和作用的配基键合在具有一定大小的(一般要大于100nm,小于500nm)水溶性或非水溶性高分子聚合物上,形成亲和载体,当其与样品溶液接触时,目标物分子与亲和载体形成大分子复合物,由于此复合体相对分子质量远大于超滤膜的截留相对分子质量,从而被截留;而样品溶液中其他未被结合的组分则通过膜介质,当所有杂质去除后,用合适的洗脱液处理膜载流得到复合物,使目标分子从亲和载体上解析下来,从而实现样品的分离,如图13-3所示。

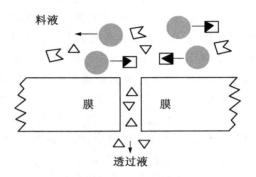

图 13-3 亲和膜过滤吸附机理

◀━●通过间隔臂连接有配基的亲和载体

▷ 目标分子 △杂质分子

13.3 亲和膜分离的基本过程及操作方式

13.3.1 亲和膜介质或亲和载体的制备

1. 膜基质或亲和载体基质

要实现膜的亲和分离,膜材料应满足一下几点要求:① 膜表面要有足够多可利用的化学基团(一般为—OH、—NH₂、—SH 或—COOH 等),使其能进行活化,接上合适的间隔臂和配基;② 必须要有足够大的表面积,以便获得足够数量可利用的化学基团,并有足够大的孔径,以便生物大分子自由地出入;③ 孔分布应窄而均匀,以获得高的通量和分离效能;④ 要求膜有一定的机械强度,能承受一定的压力,长期使用不变形;⑤ 亲和膜要耐酸、耐碱、耐高浓度盐的缓冲液和有机溶剂等。目前,在膜亲和分离中使用的基质材料除纤维素、壳聚糖、聚偏氟乙烯、尼龙等应用较多外,聚酰胺(PA)及其衍生物、聚乙烯醇、聚丙烯酸环氧烷、聚砜等,甚至某些无机材料,如大孔硅胶、氧化铝等,也能制成亲和膜或作为添加剂。

作为亲和载体的基质一般必须满足以下几个特性:① 能溶于水溶液或易于悬浮在水溶液中,这样便于操作过程中用泵来运输;② 须有足够多且可利用的化学基团,使其能被活化,接上合适的配基;③ 如果是不溶性载体基质,应该让其粒子直径尽量小,使其有足够的比表面积,这样才有大的处理样品能力。目前,亲和膜过滤中使用的基质材料主要有 Dextran-T2000、聚丙烯酰胺、聚乙烯醇、淀粉粒子、聚合脂质体、纳米硅胶等。

2. 配基

配基一般是指能够与目标产物进行可逆的和特异性结合的分子或基团,按其来源可分为天然配基(凝集素、肝素、核苷酸、蛋白 A、蛋白 G 等)和人工合成配基[活性染料(如 CibacronBlueF-3GA、ProcionGreenHE-4BD、ProcionYellow HE-4R、ProcionRedHE-3B 等),过渡金属离子,人工合成肽段,烷基等]两类。按作用对象,配基又可分为特异性配基和通用性配基。特异性配基能够与目标分子进行高度特异性结合,基本上是一一对应的关系,如单克隆抗体与抗原间的结合,这类配基较为昂贵且不易保持稳定性;通用性配基则能对具有特定基团的某一类分子进行特异性吸附,如凝集素与糖蛋白间的结合,这类配基的缺点是纯化倍数不如特异性配基。

天然配基对于一定的生物分子具有内在的生物特异性吸附作用,而合成的配基则经常是通过变换及优化偶合和洗脱条件来实现其特异性作用。虽然从性能上说,天然配基要优于合成配基,但天然配基的制取和提纯较困难,价格昂贵,而且它们对使用条件的要求也比较苛刻。因而,实际中用得更多的是量大而又相对便宜的人工合成的配基,如生物活性染料,由于它可与多种脱氢酶、己糖激酶、碱性磷酸酯酶、羧肽酶、白蛋白等结合,成为目前应用最广的配基。

配基可以直接固定在基质材料上,但有时候空间效应会影响到配基与生物大分子的作用,这时就要考虑引入间隔臂分子,以提高配基的使用效率。最普遍的方法就是在基质与配基之间引入一定长度的烷烃链,一般认为,为了获得最佳偶合作用,配基与膜之间必须插入至少4～6个亚甲基的桥。常用作"间隔臂"的化合物有己二胺、6-氨基己酸、环氧氯丙烷、1,4-丁二醇缩水甘油醚等。

3. 键合方法

配基在与载体偶联后才能形成有分离作用的亲和膜介质,偶联的流程有两种:一种是先将普通载体的表面进行活化,再将配基偶联上去;另一种方法则是先将配基偶联到载体原料上,再利用偶联后的原料制备亲和载体。一般来说,前一种方法(先活化再偶联)配基用量较少,利用率较高,故应用较广。关于配基偶联方法的报道有很多,其中应用最为普遍和有效的有溴化氰法、环氧乙烷法、三嗪法、羰基二咪唑活化法等。

13.3.2 亲和膜分离的基本过程

1. 亲和膜层析

亲和膜层析的分离过程是基于在膜上(一般为微孔滤膜或超滤膜)所具有的某些官能团,通过适当的化学反应途径将其改性,接上一个间隔臂,再选用一个合适的亲和配基,在一定条件下让其与间隔臂分子产生共价结合,生成带有亲和配基的膜分离介质,再将样品混合物缓慢地通过膜,使样品中欲分离物质与亲和配基产生特异性相互作用,产生络合,生成配基和目标分子为一体的复合物。其余不与膜上配基产生亲和作用的物质则随流动相通过膜流走,然后改变条件,如洗脱液的组成、pH值、离子强度、温度等,使复合物产生解离,将解离物收集起来。再将亲和膜进行洗涤、再生、平衡,又可以重复使用,如图13-4所示。

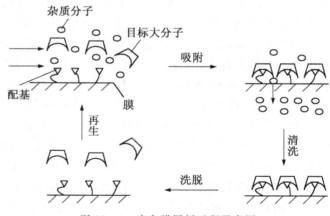

图13-4 亲和膜层析过程示意图

2. 亲和膜过滤

亲和膜过滤的分离过程是先将配基键合在具有一定尺寸大小的高分子聚合物上,形成亲和载体,然后放在样品溶液中与目标物分子发生亲和吸附,吸附有目标物的亲和载体被膜截留,而小分子和杂质穿过膜去除,待过滤后,采用适当的洗脱剂解吸,收集解吸下来的目标分子,而被解吸后的亲和载体又可回流循环使用。亲和膜过滤最典型的实例就是 Luong JHT 等利用对氨基苯甲醚为亲和配基,偶联在聚丙烯酰胺载体上形成亲和载体,然后放在胰酶与乳酶混合物中,其与胰酶形成大分子复合物,让这种络合物悬浮液通过聚砜超滤膜,使其他小分子物质随溶液除掉,再将胰酶从氨基苯甲醚聚合物上解吸下来,解吸后的亲和载体又循环使用,整个流程如图 13-5 所示。

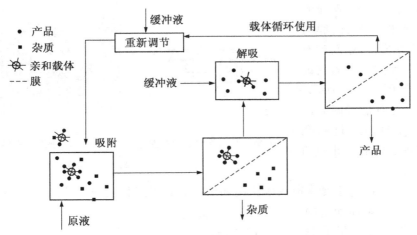

图 13-5   亲和过滤过程示意图

13.3.3   亲和膜分离的操作方式

1. 死端过滤与错流过滤

在膜分离技术中,根据流动相流动的方向不同,可分为两种:

（1）死端过滤式（图 13-6a）。死端过滤方式是指料液的流动方向与膜介质垂直,溶剂和小于膜孔的溶质在压力的驱动下透过膜,大于膜孔的颗粒被截留。死端过滤式操作简单,但是随着时间的增加,膜面上堆积的颗粒也在增加,过滤阻力增大,膜渗透速率会下降。因此,死端过滤是间歇式的,必须周期性地停下来清洗膜表面的污染层,或者更换膜。死端过滤式适用于小规模场合;对于固含量低于 0.1％的物料通常采用死端过滤。

（2）错流过滤式（图 13-6b）。错流过滤的料液流动方向平行于膜面。错流过滤操作较死端过滤复杂,与死端过滤不同的是料液流经膜面时产生的剪切力把膜面上滞留的颗粒带走,大大延缓了膜渗透速率下降的趋势。错流过滤可以实现连续化生产,适合固含量较高的情况,一般对固含量高于

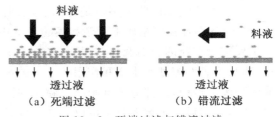

图 13-6   死端过滤与错流过滤

0.5％的料液通常采用错流过滤。随着错流过滤操作技术的发展,在许多领域有代替死端过滤的趋势。

2. 亲和膜层析的操作方式

用于亲和膜层析的膜大多数是微孔膜,膜的孔径一般在 300nm 以上,最好在 300～3000nm,间隔臂和配基键合在膜和孔的表面,当含有多种生物大分子的混合物通过微孔亲和

膜时,能与配基产生亲和相互作用的样品分子被膜上的配基"抓住",其余分子则通过膜流走。再选用合适的顶替解离试剂使被滞留在膜上的目标产物解离并洗脱下来,收集后采用透析、凝胶过滤等技术除掉洗脱液中的小分子,可获得高纯度的目标产物。依据其操作方式主要有两种:

(1)死端过滤式,这主要体现在微孔膜和叠合平板膜组件。采用微孔亲和膜作为基体膜片,将这些膜片一张张叠加起来,组成叠合平板膜组件,膜与膜之间的孔相互连接,中间没有空隙,组成了一系列排列紧密的垂直毛细孔,如图 13 - 7 所示。由于毛细孔内表面带有固载的亲和配基,当原料液通过膜孔时,溶液中的蛋白质能被孔中的配基亲和吸附。

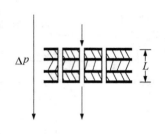
(a)叠合平板膜层析示意图

(b)叠合平板膜组件

图 13 - 7　死端过滤式亲和膜层析

(2)错流过滤式,这主要体现在微孔膜和螺旋卷式膜组件或中空纤维膜组件。螺旋卷式膜组件是将键合有亲和配基的微孔膜,装入色谱柱中组成膜色谱柱组件,然后以径向层析的方式分离物质,料液流动方向与亲和膜基质平行,如图 13 - 8(a)所示;中空纤维膜是将亲和配基键合在中空纤维膜表面或膜孔中,料液的流动与纤维束平行,如图 13 - 8(b)所示,膜表面或膜孔的亲和吸附机理见图 13 - 2 所示。

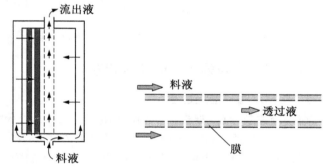
(a)径向亲和膜分离示意图　　　　(b)中空纤维膜分离示意图

图 13 - 8　错流过滤式亲和膜层析

3. 亲和膜过滤的操作方式

用于亲和膜过滤的膜大多数是超滤膜,依据其键合的基质的不一样,主要可分为两类:

(1)配基键合在膜基质上。亲和膜超滤所用膜的孔径范围在 30～100nm 之间,间隔臂和配基主要键合在膜的表面及孔的表面,多数为平板膜,也有中空纤维膜。样品溶液顺着膜表面流过,能与膜表面配基产生亲和作用的分子被截留,滞留在膜上,样品中其他生物大分子顺着液流流到废液槽中,而部分溶剂则透过膜流到溶剂槽中。这种分离方式的优点是膜具有双重分离功能,不仅目标生物大分子可以与其他分子分离,而且同时可去除部分溶剂,达到浓缩的目的。

(2)配基键合在高分子载体上。亲和膜超滤使用的是普通超滤膜和超滤器,膜上没有间隔臂和配基,而是把间隔臂和配基键合在具有一定大小的(一般 100～500nm)另一种高分子聚合物上,使欲分离的混合物先与这种高聚物产生亲和相互作用,而样品溶液一部分透过膜,另一部分顺着超滤膜和这些已发生亲和作用的高聚物一起流过膜,将它们接收起来,再在适当条件下使欲分离物质从高分子聚合物上洗脱下来达到纯化。

13.4　亲和膜分离技术的应用

亲和膜分离结合了亲和层析选择性高、分离速度快和膜分离技术样品容量大、操作压力低的优点,与液相层析相比,由于膜孔基质上的配基与液流之间扩散路径短,传质快,分离时间大大缩短,分离效率高,同时由于膜孔表面积大,膜很薄,这样液流通过膜时压降很小,处理量大,易于工业放大,与普通膜分离相比,在进行亲和膜分离时,不单利用膜孔的筛分原理,而且利用了亲和分离的高选择性,因此,可以预见该技术必将在生物分子的分离过程中有很广泛的应用前景。

1. 亲和膜层析在生物大分子分离纯化中的应用

目前,亲和膜层析已在分离各类酶、多肽、蛋白、单克隆抗体、内毒素等方面有广泛的应用。商振华等将水解后的尼龙 66 微孔膜用二溴丙烷活化,接上己二胺作间隔臂,再用戊二醛法固载上组氨酸制得的亲和膜可成功地去除氨基酸注射液、牛血清白蛋白、溶菌酶等医药制剂中的内毒素,去除率在 90% 以上;Wei Guo 等利用改性的大孔纤维素膜为膜基质,伴刀豆球蛋白 A 为亲和配基,制备成亲和膜层析介质,用于山葵辣根过氧化物酶的分离纯化,结果收率在 24.5%,纯化倍数 142。而且,目前还出现了很多商业化的亲和膜层析组件,如美国 Sepracor 公司开发的以蛋白 A 为配基的中空纤维微滤亲和膜,利用该系统进行的含血清培养液中的小鼠单抗实验表明,利用含 $10cm^3$ 膜材料的小型亲和膜设备在 15min 内完成 $1.2dm^3$ 粗料液的纯化处理,单抗的收率为 97%,其中除去了 95% 的核酸和 99.5% 的牛血清白蛋白。另外,美国 Millipore 公司已研制成功含蛋白 A 的中空纤维膜分离器,可用作单克隆抗体的纯化。表 13-1 列出了有亲和膜层析的部分应用实例。

表 13-1　亲和膜层析的部分应用实例

亲和膜配基	膜基质	待分离生物分子
A 蛋白	中空纤维素膜 尼龙膜	γ-球蛋白、免疫球蛋白、人绒毛膜促性腺激素 γ-球蛋白
白细胞介素-2 受体	纤维素膜	白细胞介素-2
人绒毛膜促性腺激素	纤维素膜	人绒毛膜促性腺激素抗体
甲基丙烯酸缩水甘油酯	聚丙烯基膜	胆红素
L-天冬氨酸	纤维素膜	天冬氨酸酶
组氨酸	尼龙 66	内毒素
粘多菌素 B	纤维素	内毒素
硼酸基	纤维素膜	核糖核酸
丙烯酸	聚乙烯微孔膜	大豆胰蛋白酶抑制剂、牛血清白蛋白、牛 γ-球蛋白
聚赖氨酸	纤维素膜	胆红素
生物模拟染料(F3AG、K2BP 等)	纤维素膜	牛血清白蛋白、人血清白蛋白、溶菌酶、甲酸脱氢酶、丙酮酸羧化酶、苹果酸脱氢酶、碱性磷酸酯酶

亲和膜配基	膜基质	待分离生物分子
Cu^{2+}	纤维素膜 混合壳聚糖/陶瓷膜 尼龙膜	青霉素 G 酰化酶、γ-球蛋白、SOD、过氧化氢酶 带组氨酸标签的蛋白质 木瓜蛋白酶
Cu^{2+}、Ni^{2+}	改性聚丙烯中空纤维膜	溶菌酶
Con A	纤维素膜	辣根过氧化物酶、γ-球蛋白、卵清蛋白
麦芽糖	纤维素膜	伴刀豆凝集素 A
免疫球蛋白抗体	GMA-DEMA 共聚物	肽段
对氨基苯甲脒	甲壳素	胰岛素
因子Ⅷ	聚甲基丙烯酸酯	人工肽段
人 IgG	尼龙-葡聚糖-PVA 改性聚己内酰胺 聚二乙烯醇	蛋白 A 重组蛋白 A/C L-组氨酸

2. 亲和膜过滤在生物大分子分离纯化中的应用

目前,亲和膜过滤在分离和纯化蛋白质、酶方面已经有很多成功的例子。朱家文等用 Dextran-T2000,经环氧氯丙烷交联并氧化产生部分羧基,偶联对氨基苯甲脒制得水溶性亲和载体,配基质量摩尔浓度为 $71.4\mu mol/g$、截留相对分子质量为 10 万的超滤膜对所制亲和载体的截留率大于 99.5%,但尿激酶能自由通过。将比活为 $500IU/A_{280}$ 的尿激酶粗品经亲和超滤得到纯化的尿激酶,比活达 $66300IU/A_{280}$,纯度提高 133 倍,回收率达 83.4%。Luong 和 Male 等用对氨基苯甲脒为亲和配基,连接于合成的聚丙烯酰胺载体上胰酶和乳酶混合物中纯化胰酶,胰酶的回收率为 90%,纯度为 98%。除此之外,亲和膜过滤技术还广泛应用于酶蛋白、单克隆抗体、激素等的分离纯化。表 13-2 列出了亲和膜过滤的部分应用实例。

表 13-2　亲和膜过滤的部分应用实例

亲和膜配基	载体	待分离生物分子
雌二醇	Dextran-T2000	Δ^{5-4} 酮甾醇异构酶[a]
对氨基苯甲脒(PAB)	Dextran-T2000	胰蛋白酶、胰岛素
	聚丙烯酰胺	胰蛋白酶
糖基	酵母细胞	伴刀豆蛋白 A
Cibacron Blue	淀粉粒子	乙醇脱氢酶、乳酸脱氢酶
	聚乙烯醇	马肝醇脱氢酶
	葡聚糖	HAS、溶解酵素
	硅石粒子	乙醇脱氢酶
间氨基苯甲醚	丙烯酰胺	尿激酶
肝素、蛋白 A	琼脂糖	牛乳铁蛋白及牛兔疫球蛋白
蛋白 G	链球菌	牛兔疫球蛋白
大豆胰蛋白酶抑制剂(STI)	葡聚糖	胰蛋白酶

续 表

亲和膜配基	载体	待分离生物分子
伴刀豆球蛋白 A	葡聚糖	山葵过氧化酶
维生素 H	脂质体	抗生素蛋白
对氨基苯甲脒	脂质体	胰岛素
对氨基苄-1-硫代-β-D-半乳酸吡喃糖苷琼脂糖	琼脂糖凝胶	β-半乳糖苷

* 注：$\Delta^{5\to4}$ 是指双键由 C5、C6 之间变为 C4、C5 之间，（Δ^4 表示双键位于 C4、C5 之间，Δ^5 表示双键位于 C5、C6 之间）

3. 其他方面

亲和膜分离用于手性拆分，Higuchi 等基于 BSA 对于色氨酸对映体亲和作用上的差异，利用键合 BSA 的聚砜超滤膜实现了色氨酸的超滤手性拆分，渗透液中对映体浓度比值可达 8.7。另外，亲和膜分离还可用于金属离子分离、提取、回收，通过在膜表面固载化大量的螯合配基，这些螯合配基对金属离子具有较大的螯合亲和力，例如，磺酸-磷酸膜可用于海水（咸水）淡化的废水处理等。

【思考题】

1. 亲和膜分离的主要原理是什么？
2. 亲和膜分离应用于生产中遇到的主要难题是什么？
3. 当前亲和膜分离还有哪些方面的应用？

【参考文献】

[1] 孙彦. 生物分离工程. 北京：化学工业出版社，1998

[2] 严希康. 生化分离工程. 北京：化学工业出版社，2001

[3] 田亚平. 生化分离技术. 北京：化学工业出版社，2006

[4] 丁明玉. 现代分离方法与技术. 北京：化学工业出版社，2006

[5] 曹学君. 现代生物分离工程. 上海：华东理工大学出版社，2007

[6] 李存芝，李琳，胡松青，等. 亲和-膜过滤技术及其应用. 现代化工，2004，24(1)：64～66

[7] 陈欢林，李静，柴红. 金属螯合亲和膜吸附与纯化溶菌酶的研究[J]. 高等学校化学学报，1999，20(8)：1322～1327

[8] 伍艳辉，王世昌. 亲和膜分离技术研究进展[J]. 化工时刊，1997，11(8)：9～12

[9] 何利中，孙彦. 亲和过滤技术研究进展[J]. 化学工业与工程，1997，14(1)：30～35

[10] 商振华，周冬梅，郭为，等. 去除内毒素的柱亲和介质与膜亲和介质的制备和特征[J]. 分析化学，1997，25(9)：1010～1015

[11] 郑宇，陈欢林，李静，等. 金属整合亲和膜吸附分离与纯化溶菌酶的研究（Ⅰ）——低温氧等离子体改性条件对亲和膜结构与吸附性能的影响[J]. 高等学校化学学报，1999，20(8)：1317～1321

［12］郭勇，张丽君等. 亲和膜过滤技术及其在生物工程中的应用. 无锡轻工大学学报，2002，21(2)：213～217

［13］Luong JHT，et al . Studies on the application of a newly synthetized polymer for trypsin purification [J] . Enzyme Microb Technol，1987，9：374～378

［14］Roper DK，et al. Separation of biomolecules using adsorptive membranes[J]. J Chromatogr A，1995，702：3～26

［15］Zeng XF，Ruekenstein E. Maeroporous chitin affinity membrane for wheat germ agglutinin purincation from Wheat-erm [J] . J Membrane Sci，1997，156 (1)：97～107

［16］Zusman I. Gel fiber glass membranes for affinity chromatogra-phy columns and their application to cancerdetection [J] . J Chromatogr B，1998，715：297～306

［17］Platonova GA，et al. Quantitative fast fraction of a pool of polyclonal antibodies by immunoaffnity membrane chromatography[J] . J Chromatography A，1999，852(1)：129～140

［18］Klein E. Affinity membranes：a 10-year review. Journal of membrane science，2000，179(1～2)：1～27

［19］Castilho LR，Deckwer WD，Anspach FB. Influence of matrix activation and polymer coating on the purification of human IgG with protein A affinity membrane [J] . J Membrane Sci，2000，172：269～277

［20］Ghosh R. Protein separation using membrane chromatography：opportunities and challenges. J Chromat A，2002，952：13～27

［21］Wei Guo，et al. Separation and purification of horseradish peroxidase by membrane affinity chromatography. Journal of Membrane Science，2003，211(1)：101～111

［22］Mirco Sorci，et al. Purification of galacto-specific lectins by affinity membranes. Desalination，2006，199(1～3)：550～552

［23］Arlos Jesus Muvdi Nova，et al. Affinity membrane chromatography with a hybrid chitosan/ceramic membrane. Desalination，2006，200(1～3)：470～471

［24］Hua-Li Nie，et al. Adsorption of papain with Cibacron Blue F3GA carrying chitosan-coated nylon affinity membranes. International Journal of Biological Macromolecules，2007，40(3)：261～267

［25］Haupt K，et al. Affinity Separation affinity membranes. Encyclopedia of Separation Science，2007：229～235

［26］Zhiyan He，et al. Analysis of papain adsorption on nylon-based immobilized copper ion affinity membrane. Journal of Biotechnology，2008，136(1)：307

［27］Sai-Nan Su，et al. Optimization of adsorption conditions of papain on dye affinity membrane using response surface methodology. Bioresource Technology，2009，100(8)：2336～2340

第 14 章

亲和沉淀

 本章要点

1. 掌握亲和沉淀分离的原理。
2. 熟悉亲和沉淀分离的基本过程。
3. 了解亲和沉淀分离技术的应用。

14.1　概　述

亲和沉淀(affinity precipitation)是将生物专一性识别与沉淀分离相结合的一种分离纯化技术,其实质是配基－载体复合物的沉淀,即将配基与可溶性载体偶联后形成载体-配基复合物,该复合物与生物分子结合后在一定条件(如 pH 值、离子强度和温度等)下沉淀出来而达到分离的目的。

亲和沉淀包括一次作用亲和沉淀和二次作用亲和沉淀。一次作用亲和沉淀是指水溶性化合物分子上偶联有两个或两个以上的亲和配基成为双配基(bis-ligand)或多配基(polyligand)。双配基或多配基可与含有两个以上亲和结合部位的多价蛋白质产生亲和交联,增大为较大的交联网络而沉淀。当配基与蛋白质的亲和结合部位的摩尔比为 1 时沉淀率最高。二次作用亲和沉淀主要利用在物理场(如 pH、离子强度、温度和添加金属离子等)改变时溶解度下降,发生可逆性沉淀的水溶性聚合物为载体固定亲和配基,制备亲和沉淀介质和介质结合目标分子后,通过改变物理场使介质与目标分子共同沉淀。一次作用亲和沉淀虽然简单,但仅适用于多价,特别是 4 价以上的蛋白质,要求配基与目标分子的亲和结合常数较高,沉淀条件难以掌握,并且沉淀的目标分子与配基的分离需要凝胶过滤等难于大规模应用的附加过程,实用难度较大。因此亲和沉淀技术主要应用二次作用亲和沉淀原理,也是我们这一章的主要内容。

亲和沉淀技术是将亲和反应的高选择性、低处理量特性与沉淀操作的大处理量、低选择性有机结合而形成的,这种技术在下游分离工程中具开发应用前景。

亲和沉淀技术被认为是分离纯化酶及蛋白质的强有力的技术手段,可以较经济、有效地使用配基,能够大规模、快速、特异性地分离纯化酶及蛋白质。在亲和沉淀的研究中,主要是亲和配基–溶解可逆聚合物作为蛋白质的亲和沉淀剂。由于生物亲和相互作用的选择性高,离心分离法操作简便、易于放大,因此,亲和沉淀法不仅具有接近于亲和层析法的纯化效率,而且可弥补亲和层析法放大困难的缺点。此外,亲和沉淀操作中目标分子与配基的亲和相互作用在水溶状态下进行,传质阻力小、吸附速率快、可处理高黏度甚至微粒的粗原料,亲和配基裸露在溶液之中,配基利用率高。因此,亲和沉淀法可在分离过程的初期采用,有利于减少分离步骤、提高产率和降低成本。

14.2　亲和沉淀的分离原理

亲和沉淀的过程一般是用溶解可逆高聚物来实现的。这类聚合物的溶解与非溶解状态可随环境参数如 pH、温度等的变化而发生可逆变化,因此可被用于酶与蛋白质的亲和沉淀或可逆固定化,这对于简化蛋白质的分离纯化步骤,提高分离纯化的效率和提高固定化酶的利用率有重要的意义。如果将亲和配基与溶解可逆聚合物连接,就可以制备成一种专一性更强的亲和试剂,这种亲和配基的连接不改变溶解可逆聚合物的溶解特性或对溶解特性影响较小。将这种亲和试剂加入到含有目标蛋白的混合溶液中,就可以形成溶解可逆聚合物–亲和配基–目标蛋白的复合物。由于溶解可逆聚合物的独特性质,这种复合物在一定条件下就可形成沉淀,通过过滤或离心的方式进行分离,然后将酶或蛋白从亲和配基–溶解可逆复合物上解离下来,即得到目标产物。图 14－1 即亲和沉淀原理示意图。

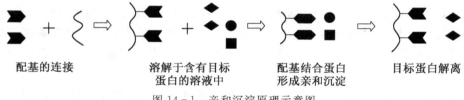

配基的连接　　　溶解于含有目标　　　配基结合蛋白　　　目标蛋白解离
　　　　　　　　蛋白的溶液中　　　形成亲和沉淀

图 14－1　亲和沉淀原理示意图

14.3　亲和沉淀分离的基本过程及操作方式

典型的亲和沉淀包括以下步骤:① 亲和沉淀介质的制备;② 将亲和沉淀介质加入含有目标蛋白质或酶的粗液中;③ 聚合物–亲和配基–目标蛋白的沉淀,这是通过降低聚合物的溶解度来实现的,通过 pH 值、温度、离子强度的改变,金属离子的添加或水溶性有机溶剂的添加等,选用何种方法取决于使用的配基载体,有时需几种方法联合使用;④ 离心或过滤使沉淀分离,这样目标蛋白就从杂蛋白中分离出来;⑤ 目标分子的解离,采用改变 pH 值或离子强度来降低目标蛋白与配基的亲和作用力;⑥ 配基的回收,如果目标蛋白的洗脱是在介质与目标蛋白复合物不溶的状态下进行,可以采取凝胶过滤等方法分离。

14.3.1　亲和沉淀介质

亲和沉淀介质主要包含两方面内容，即亲和沉淀的有机聚合物和亲和沉淀的亲和配基。亲和沉淀的有机聚合物主要是对可逆性沉淀聚合物即亲和载体(affinity carrier)或可逆性溶解聚合物的探索。可逆性溶解聚合物(soluble and insoluble polymers)溶解和非溶解状态可随环境参数(如 pH、温度等)的变化发生可逆变化，因此可用于酶或蛋白质的亲和沉淀。

1. 亲和沉淀的有机聚合物

(1) 天然聚合物及其衍生物：一些天然聚合物如几丁质、褐藻酸、乳酪蛋白等本身就具有可逆溶解的特性。这些聚合物表面带有一些活性基团，可以结合酶或亲和配基。有的天然聚合物如纤维素，虽然是不溶性的，但经加工改造可使它们连接上某些活性基团，同时也使它具有了可逆溶解的特性。如 Chitomn 在 pH<6 时是可溶性的，pH 值升高则会发生沉淀；藻酸盐是 D-甘露糖醛酸和 L-葡萄糖醛酸的线性多聚物，在二价阳离子(如 Cu^{2+})的存在下或 pH<2 的条件下形成沉淀；纤维素乙酰-钛酸(CAP)在 pH>5 是可溶的，pH 值降低则会发生沉淀；蛋白类弹性聚合物在低于 26℃ 是可溶的而高于 37℃ 则发生沉淀。

(2) 合成聚合物：某些烯烃基衍生物的共聚物和多聚电解质具有可逆溶解的特性，包含有活性基团如羟基、环氧基、羧基和氨基等，可以结合酶或亲和配体，有些是带同种电荷的多聚电解质，它可以通过静电亲和作用与带相反电荷的蛋白质结合形成聚合物-蛋白质共聚物；有些合成聚合物本身是强电解质，如果两种带相反电荷的聚合物同时存在于溶液中，可以形成聚电解质复合体。通过改变溶液的 pH、离子强度或其中某一聚合物的量，这种聚电解质复合体的溶解度也会发生改变。如 Eudragit S100(甲基丙烯酸和甲基丙烯酸甲酯)在 pH>5.5 时是可溶的，而 pH<4.5 时形成沉淀；聚(4-乙烯-Ⅳ-乙基溴化吡啶)和聚异丁烯酸形成的聚电解质复合体在>0.4mol/L NaCl、<0.2mol/L NaCl、pH 2.9~5.8 时是可溶的，而在 0.2~0.4mol/L NaCl、pH 2.9~5.8 时发生沉淀。

2. 亲和沉淀的亲和配基

在很多情况下，亲和沉淀是将亲和配基固定在可逆性溶解聚合物上，亲和沉淀的配基与亲和色谱的配基没有太大差异，包括生物专一性配基(如辅酶、蛋白 A 等)及非专一性亲和配基(如染料、金属离子等)。

聚-N-异丙基丙烯酰胺(PNIPAAm)是一种热可逆的水溶性聚合物，PNIPAAm 的水溶液显现出较低的临界最低相分离温度(LCST)32℃，当温度上升高于 32℃ 时，聚合物变得不可溶，出现相分离，一旦温度下降至低于最低临界相分离温度，其变成水相可溶。被 PNIPAAm 酯化的 N-羟基琥珀雅安酯(NHS)溶解在 pH 8.3 的缓冲液中，反应混合物保持 4℃ 恒温 2h，从而使得多肽健形成，并最终在 37℃ 下沉淀。PNIPAAm 酯化后获得 NHS 基团，NHS 酯对于氨基酸基团是很活跃的，被作为一种蛋白质发生结合反应的功能性基团而广泛应用。因此，聚合物上 NHS 的末端活性基团通过多肽键的形成与亲和配基的氨基酸基团结合，如图 14-2 所示。

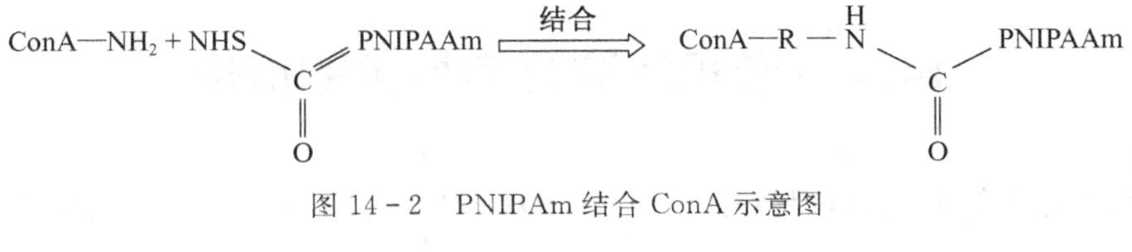

图 14-2　PNIPAm 结合 ConA 示意图

14.3.2　沉淀方法

产生沉淀的方法有离子交联、加入带相反电荷的聚合物、加入带相反电荷的疏水基团、改变 pH 值诱导产生疏水沉淀、改变温度诱导产生沉淀等。

1. 离子强度敏感型的亲和沉淀

此类聚合物在很宽的 pH 值范围内对有机溶剂表现出良好的稳定性，但当添加或除去盐时可发生可逆性沉淀。如孙彦等人研制具有共轭二炔结构单元的磷脂酰乙醇胺型聚合脂质体（polymehzed hposome，PLS）具有这种性质，向 PLS 溶液中加入 NaCl，当浓度超过 0.17mol/L 时，在渗透压作用下 PLS 发生快速完全的沉淀。离心回收沉淀后向其中加入水或低浓度盐溶液，沉淀重新溶解。

2. pH 值敏感型亲和沉淀

pH 值敏感型聚合物本身带有电荷，当它的净电荷减少时，自身溶解度降低而沉淀，通过改变 pH 值改变其溶解状态，以此类聚合物作为载体结合亲和配基用于亲和沉淀。如 Senstad 和 Mattiason 将 Chitosan（富含 N-乙酰葡糖胺）加入麦芽的抽取液中，充分混合，用 1mol/L NaOH 溶液使 pH 值升至 8.5，Chitosan 与麦芽凝集素（wheat germ agglntinin，WGA）复合物发生沉淀。他们采用几种洗脱方法，结果发现降低 pH 值效果最好。不过，同时 Chitosan 也溶解，因此采用 Sephadex G-50 凝胶过滤。WGA 的最终收率为 70%，SDS-PAGE 电泳只有一条谱带，达到电泳纯。

3. 热诱导的亲和沉淀

对某些可逆溶解性聚合物，改变温度可以改变其溶解度，在亲和沉淀中使用的热聚合物能够进行特异性沉淀，称为热诱导亲和沉淀。如金属螯合亲和沉淀，聚 N-异丙基丙烯酰胺与金属 Cu^{2+} 等亲和配基结合后在水中沉淀的临界温度为 32℃，利用低于这个温度亲水而高于这个温度就是疏水的原理产生沉淀而达到分离的目的。

14.3.3　解吸分离

解吸方法有两类：普通解吸法和专一性解吸法。蛋白质与亲和沉淀剂的专一性，虽然与特殊的空间构型有关，它们一般以官能团之间的氢键作用、静电作用、偶极-偶极作用以及共价作用结合，所以 pH 和离子强度的变化有可能改变亲和沉淀剂和蛋白质的离子化程度，从而削弱它们之间的亲和力而达到解吸的目的。

初次解吸后，仍然还有少量蛋白质存在于亲和沉淀剂中，这部分蛋白质主要用于难以解吸以及解吸过程达到平衡而残留在亲和沉淀剂内的蛋白质，重新利用沉淀剂前，需要将这一部分沉淀剂洗脱下来。在洗脱液中添加温和的助溶剂，这些物质能使蛋白质结构变型，并降低亲和沉淀上配合物的稳定性，最常见的助溶剂有尿素、CXS^- 以及 Cl_3CCOO^- 等。这些化合物有可能影响目标物产生不可逆变化，因此使用这些化合物时必须十分小心。

14.4　亲和沉淀分离技术的应用

许多生物制品合成后常以混杂的方式存在于发酵培养液中，其中有些蛋白质是微量的，其分离纯化的步骤既复杂、费时又代价昂贵。通常至少要经过去除不溶性物质、盐析或有机溶剂沉淀以及各种层析步骤等一系列复杂的程序，才能使目的蛋白得到分离纯化，且产量较低。亲和层析技术通常是作为蛋白质纯化的最后一步，因此如何快速有效地将靶分子提取出来将是生物分离中需要解决的重要问题，亲和沉淀于是作为一种新颖的蛋白质分离技术应用在实验中(表 14 - 1)。

表 14 - 1　亲和沉淀的应用

方法	目标蛋白	可逆性溶解聚合物及配基
改变离子强度	乙酰脱氢酶	CMC - Ca -聚乙烯乙二醇
	胰蛋白酶	磷脂酰乙醇胺型聚合脂质体
改变 pH 值	麦芽凝集素(WGA)	脱乙酰壳聚糖
	大豆胰蛋白抑制剂	脱乙酰壳聚糖
热诱导沉淀	蛋白 A	异丙烯酰胺共聚物-氨基

　　亲和沉淀与其他技术的结合。双水相萃取技术易应用于直接处理含细胞碎片的体系，可与亲和沉淀技术结合起来，提高分离效率。将亲和沉淀和双水相技术结合用于分离纯化蛋白 A，亲和沉淀的可逆溶解性聚合物 Eudragits-100，以免疫球蛋白 IgG 为配基，其中 Eudragit 主要分配在上相，因此和蛋白 A 结合的 Eudragit 分配在上相，分出上相后，调节 pH 值使 Eudrgit 沉淀，再将沉淀复合物解离便可得到蛋白 A，同时上相的聚合物可以重夏使用。具体过程如图 14 - 3 所示。

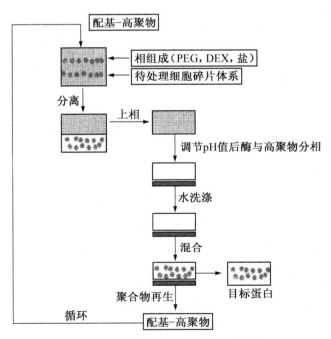

图 14 - 3　亲和沉淀和双水相技术的结合

【思考题】

1. 从亲和沉淀的机理和分离操作的角度出发,简述亲和沉淀纯化技术的优点。
2. 简述亲和沉淀的过程。
3. 亲和沉淀的分离方法有哪些? 试举例说明。

【参考文献】

[1] 谭天伟. 生物分离技术. 北京:化学工业出版社,2007:200~207

[2] 曹学君. 现代生物分离工程. 上海:华东理工大学出版社,2006:209~223

[3] Senstad C,Mattiasson B. Affinity-precipitation using chitosan as ligand carrier. Biotechnology and Bioengineering,1989,33(2):216

[4] Senstad C,Mattiasson B. Purification of wheat germ agglutinin using affinity flocculation with chitosan and subsequent centrifugation or flotation step. Biotechnology and Bioengineering,1989, 34(3):387

[5] Guo QD,Lali A,Kaul R,et al. Affinity thermoprecipitation of lacta-dehydroge hydrogenase and pyruvate-kinase from porcine muscle using eudraqit bound cibacron blue. Jouranl of Biotechnology, 1994,37(1):23

第 15 章

液膜萃取

本章要点

1. 了解液膜萃取的概念及特点。
2. 了解液膜的组成、分类及机理。
3. 掌握液膜分离的基本操作过程及影响分离效果的因素。
4. 了解液膜分离技术在药物分离中的应用。

15.1 概　　述

液膜萃取技术是一种以液膜为分离介质,以浓度差为推动力的一种新型膜分离方法,因此液膜萃取又称液膜分离。它是 20 世纪 60 年代发展起来的一项分离技术,结合了固体膜分离法和溶剂萃取法的特点,从本质上看,液膜分离技术兼有溶剂萃取和膜渗透两项技术的特点,传质速率高与选择性好。利用液膜的选择透过性,使料液中的某些组分透过液膜进入接受液,然后将三者各自分开,从而实现料液组分的分离。它具有如下优点:① 传质推动力大,分离效率高;② 溶质可以"逆浓度梯度迁移",实现同步分离和浓缩;③ 能分离一些难分离的性质相似的碳氢化合物;④ 传递效率高,选择性好;⑤ 工艺简单,操作方便,成本低等。当然目前也存在着一些缺点,如液膜强度低,破损率高,难以稳定操作,而且过程与设备复杂等,但随着技术的改进,必将增强液膜技术的实用化。目前,液膜分离已成为分离、纯化与浓缩溶质的有效手段,在石油化工、冶金工业、海水淡化、废水处理和综合回收、医学、生物学等方面的应用已日益受到人们的重视。

15.1.1　液膜的组成

液膜一般由膜溶剂、溶于膜溶剂中的表面活性剂及载体组成。

膜溶剂是液膜的主体,它对液膜体系的性能也有一定的影响,膜溶剂除了要具有一般溶剂化学稳定性好、水中溶解度低、与水相有足够的密度差、闪点高、毒性低、价格低廉、来源充足等特点,同时要求具有一定的黏度以维持液膜的机械强度,一般选用煤油作膜溶剂。

表面活性剂是主要的成膜材料,利用它能显著降低表面张力的特性,维持巨大的传质界面,其浓度对液膜的稳定性影响很大,乳状液膜的稳定性随表面活性剂浓度的提高而增大,分离效果提高,但过高的表面活性剂浓度反而会影响膜的传质系数,也不利于破乳,使回收困难。因此其性能优劣直接影响到液膜的稳定性,实际使用时,常加入一些辅助剂以进一步提高液膜稳定性。

载体是液膜体系的重要组成部分,它能够快速、高效、选择性地传输某些物质,载体选择是否得当决定了体系的传质能力和传质速度。载体应该易溶于膜相而不溶于相邻的溶液相,在膜的一侧与待分离的物质络合,通过膜后在另一侧解络。

15.1.2 液膜的分类

液膜按其构型和制备方式的不同,可以分为乳状液膜(ELM)和支撑液膜(SLM)。

1. 乳状液膜(ELM)

乳状液膜是液滴直径小到乳化状的液膜,是研究和使用最多的一种液膜,体系包括膜相、内包相和连续相(外相)三个部分,如图 15-1 所示,它是先将不互溶的内相与膜相充分搅拌乳化,再在搅拌条件下将其分散在外相制成,一般情况下乳液颗粒直径为 $0.1\sim1\mathrm{mm}$,液膜本身厚度为 $1\sim10\mu\mathrm{m}$。根据成膜材料也分为水膜和油膜两种,被液膜相隔开的内外相溶液是亲水相,液膜为油包水型(W/O/W);被隔开的两溶液是亲油相,液膜为水包油型(O/W/O)。油包水乳化液膜用于水溶液体系;水包油乳化液膜用于有机溶液体系。ELM 技术工艺流程包括乳化液制备、待分离溶质由膜相向内相、渗透并富集和将膜相与内相分离的解乳化。膜相可

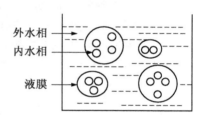

图 15-1   乳化液膜示意图

回收利用,回收内相可作为试剂使用,但是乳化液的稳定及破乳比较困难,而且液膜分离过程中存在需要大的传质面积与溶胀的矛盾等问题,因此操作起来比较困难。制备同时具有高渗透性、高选择性与高稳定性的 ELM 体系仍须进一步完善,于是就开发出了支撑液膜。

2. 支撑液膜(SLM)

支撑液膜又叫隔膜型液膜,是由溶解了载体的溶液浸在惰性多孔膜的微孔中形成的。支撑液膜由萃取剂(或称载体)、有机溶剂(或称稀释剂)和多孔高分子膜(或称支撑体)三部分组成。支撑液膜能使萃取与反萃取在液膜的两侧同时进行,从而避免了载体负荷的限制,也解决了乳状液膜的乳化液稳定性及破乳等问题,如图 15-2 所示。将支撑体(多孔惰性基膜)浸在溶有载体的膜相中,借助于表面张力和毛细管力使膜相充满支撑体的微孔即制成,分离界面相对稳定并可承受较大压力。支撑液膜的性能与支撑体材质、膜厚度及微孔直径的大小密切相关,一般认为聚乙烯和聚四氟乙烯支撑的疏水微孔膜效果较好,膜厚度为 $25\sim50\mu\mathrm{m}$,微孔直径为 $0.02\sim1\mu\mathrm{m}$,通常孔径越

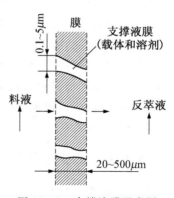

图 15-2   支撑液膜示意图

小液膜越稳定,但孔径过小,则空隙率下降,通透性也随之降低;另外,支撑体液膜形成后会由于各种原因如被污物污染、微孔中的液膜溶液不断地向水中流失而失效,同时如何降低其传质阻力及如何使液膜长期"固定"在支撑体中的问题,仍须进一步加以研究,于是就开发出了新的流动液膜。

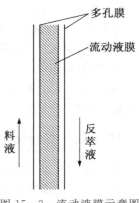

图 15 - 3　流动液膜示意图

3. 流动液膜

流动液膜实质上也是一种支撑液膜,如图 15 - 3 所示。它是针对一般支撑液膜的膜相容易不断流失而开发出来的,由于膜相可循环流动,因此在操作过程中膜相的损失可以得到补充,不需要停止萃取操作进行膜相的再生,而且由于膜相的强制流动或流路厚度的降低可以减小膜相的传质阻力。

15.2　液膜分离的机理

15.2.1　无流动载体液膜分离机理

这类液膜分离过程主要有三种分离机理,即选择性渗透、化学反应及萃取和吸附,如图 15 - 4 所示。

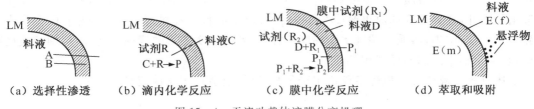

图 15 - 4　无流动载体液膜分离机理

1. 选择性渗透

这种液膜分离属单纯迁移选择性渗透机理,即单纯靠不同组分在膜中的分配系数和扩散系数的不同导致透过膜的速度不同来实现分离。图 15 - 4(a)中包裹在液膜内的 A、B 两种物质,若分配系数 $K_A > K_B$,则 A 透过膜的速度大于 B,两者从而实现分离,但当分离过程进行到膜两侧被迁移的溶质浓度相等时,输送便自行停止,因此它不能产生浓缩效应。

2. 化学反应

(1) 滴内化学反应(Ⅰ型促进迁移)。如图 15 - 4(b)所示,液膜内相添加有一种试剂 R,它能与料液中的迁移溶质或离子 A 发生不可逆化学反应,生成一种不能逆扩散透过膜的新产物 P,从而使渗透物 A 在内相中的浓度为零,直至 R 被反应完为止。这样,保持了 A 在液膜内外两相有最大的浓度差,促进了 A 的传输,相反,由于 B 不能与 R 反应,即使它也能渗透入内相,但很快就达到了使其渗透停止的浓度,从而强化了 A 与 B 的分离。这种因滴内化学反应而促进渗透物传输的机理又称Ⅰ型促进迁移。

(2) 膜中化学反应(Ⅱ型促进迁移)。如图 15 - 4(c)所示,在膜相中加入一种流动载体

R_1,先与料液(外相)中溶质 A 发生化学反应,生成络合物 DR_1,在浓差作用下,由膜相内扩散至膜相与内相界面处,在这里与内相中的试剂 R_2 发生解络反应,溶质 A 与 R_2 结合留于内水相,而流动载体又扩散返回至膜相与外相界面一侧。这种机理称 Ⅱ 型促进迁移。

3. 萃取和吸附

如图 15-4(d)所示,这种液膜分离过程具有萃取和吸附的性质,它能把有机化合物萃取和吸附到液膜中,也能吸附各种悬浮的油滴及悬浮固体等,达到分离的目的。

15.2.2　有载体液膜分离机理

有载体的液膜分离过程主要决定于载体的性质,载体主要有离子型和非离子型两类,其渗透机理可分为逆向迁移和同向迁移两种。

1. 逆向迁移

逆向迁移是液膜中含有离子型载体时溶质的迁移过程,如图 15-5(a)所示。载体 C 在膜界面Ⅰ与欲分离的溶质离子 1 反应,生成络合物 C_1,同时放出供能溶质 2。生成的 C_1 在膜内扩散到界面Ⅱ并与溶质 2 反应,由于供入能量而释放出溶质 1,形成载体络合物 C_2,并在膜内逆向扩散,释放出的溶质 1 在膜内溶解度很低,故其不能返回去,结果,溶质 2 的迁移引起了溶质 1 逆浓度迁移,所以称其为逆向迁移,它与生物膜的逆向迁移过程类似。

2. 同向迁移

液膜中含有非离子型载体时,它所携带的溶质是中性盐,在与阳离子选择性络合的同时,又与阴离子络合形成离子对而一起迁移,故称为同向迁移,如图 15-5(b)所示,载体 C 在界面Ⅰ与溶质 1、2 反应(溶质 1 为欲浓集离子,而溶质 2 供应能量),生成载体络合物 C_2^1,并在膜内扩散至界面Ⅱ,在界面Ⅱ释放出溶质 2,同时为溶质 1 的释放提供能量,解络载体 C 在膜内又向界面Ⅰ扩散,结果,溶质 2 顺其浓度梯度迁移,导致溶质 1 逆其浓度梯度迁移,但两溶质同向迁移,它与生物膜的同向迁移相类似。

上述有载体液膜分离机理不仅适用于乳状胶膜,也适用于支撑液膜。

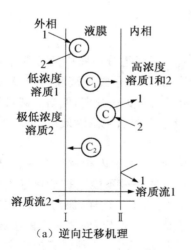

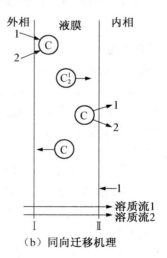

(a) 逆向迁移机理　　　　　　　(b) 同向迁移机理

图 15-5　有载体液膜分离机理

15.3 液膜分离操作技术

15.3.1 液膜材料的选择

液膜分离技术的关键在于制备符合要求的液膜和构成合适的液膜分离体系,其关键是选择最合适的流动载体、表面活性剂和有机溶剂等液膜材料。

作为流动载体必须具备几个条件:① 良好的溶解性:流动相载体及其络合物必须溶于膜相而不溶于相邻的溶液相;② 良好的选择性、络合性、穿透性:流动载体对需迁移物质应该具有很好的选择性,而且形成的络合体应该有适中的稳定性,易实现溶质的高通量穿膜过程;③ 载体应不与膜的表面活性剂反应,以免降低膜的稳定性。流动载体按电性可分为带电载体与中性载体。一般说来,中性载体的性能比带电载体(离子型载体)好,中性载体中又以大环化合物为佳。常见的适合作液膜的流动载体有聚醚、莫能菌素络合物、胆烷酸络合物,此外还有羧酸、三辛烷、肟类化合物及环烷酸等

目前,常采用的表面活性剂有 Span80(山梨糖醇单油酸脂)、ENJ-3029(聚胺)、ENJ-3064(聚胺)等。要形成油包水型或水包油型乳化液所用的表面活性剂必须具有一个特定的 HLB(亲水憎水平衡值),配制油膜应选用 HLB 值为 4～6 的油溶性表面活性剂,配制水膜应选用 HLB 值为 8～18 的水溶性表面活性剂。

膜溶剂的选择主要考虑膜的稳定性和对溶质的溶解度,所以要有一定的黏度并在有流动载体时溶剂能溶解载体而不溶解溶质;在无流动载体时能对欲分离的溶质优先溶解而对其他溶质溶解度小;为减少溶剂的损失,还要求溶剂不溶于膜内、外相。常用的膜溶剂有 Sloon(中性油)、Isopar-M(异链烷烃)、辛醇、聚丁二烯以及其他有机溶剂。此外,在液膜系统中还根据实验效果加入其他添加剂如四氯乙烷、六氯代丁二烯等,它们作为膜的增稠剂,可调节膜的黏度,增加膜的稳定性。

15.3.2 液膜分离的操作

液膜分离操作过程基本分为四个阶段,如图 15－6 所示。

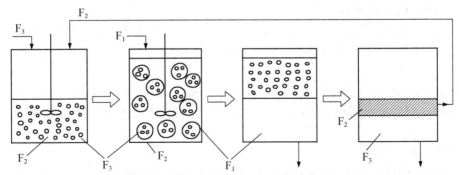

(a)乳状液的准备 (b)乳状液与待处理溶液接触 (c)萃余液的分离 (d)乳状液的分层

图 15－6 液膜分离基本流程

F_1. 待处理液 F_2. 液膜 F_3. 内相溶液

（1）乳状液型液膜的制备（膜造型）：首先将含有载体的有机溶液相与含有试剂的水溶液相快速混合搅拌，制得油包水乳状液；再加入油溶性表面活性剂稳定该乳状液。为了防止液膜破裂，还需配入具有适当黏度的有机溶液作为液膜增强剂，从而得到一个合适的含流动载体的乳状液膜。

（2）接触分离：在适度搅拌下，在上述乳状液中加入第二水相（如废水），使其在混合接触器中构成外水相（连续相）、膜相、内水相（接受相）三重乳液分离体系，对料液（即废水相）中给定溶质进行迁移分离。

（3）沉降分离：在乳液分离器中对上述混合液进行沉降澄清，把乳状液与处理后的料液分开。

（4）破乳（反乳化）：在破乳中通过加热或者使用静电聚结剂造成液膜破裂，排放出所包含的浓集物，并回收液膜组分，然后将液膜组分返回以制备乳状液膜，供下一操作周期使用。破乳是乳状液膜分离的关键。破乳的方法有化学法、静电法、离心法和加热等，其中以静电法较好。

15.3.3　液膜分离操作的影响因素

1. 液膜乳液成分的影响

表面活性剂的种类和浓度对液膜的稳定性、渗透速率、分离效果都有明显的影响。在分离和浓缩金属离子时，选择流动载体是能否取得满意效果的关键。液膜乳液中含表面活性剂的油膜体积（V_o）与内相试剂体积（V_i）之比（油内比 R_{oi}），对液膜的稳定性有明显的影响。当 R_{oi} 从 1 增至 2 时，可以推测膜变厚，从而使膜稳定性增加，但渗透速率降低。

2. 搅拌强度的影响

料液与乳液在一定搅拌强度下良好地混合，对生成很小的乳液滴有促进作用，为溶质的迁移提供了较大的膜表面积。搅拌强度过低，料液与乳液不能充分混合；而搅拌强度过高，又会使液膜破裂，从而使分离效果降低。

3. 接触时间的影响

料液与液膜乳液最初接触的一段时间内，溶质迅速渗透过膜进入内相。由于膜表面极其大，所以渗透是很快的。如果再延长接触时间，料液中待分离物的浓度又有回升，这是由于乳液滴破裂造成的。

4. 连续相 pH 值的影响

连续相 pH 值决定渗透物的存在状态，在一定的 pH 下，渗透物能与液膜中的载体形成配合物而进入液膜相，从而产生良好的分离效果，反之分离效果差。

5. 乳水比的影响

液膜乳液体积（V_e）与料液体积（V_w）之比称为乳水比（R_{ew}）。对液膜分离过程来说，乳水比愈大，渗透过程的接触面积愈大，分离效果也越好。但乳液消耗多，则成本高，所以希望高效分离时，R_{ew} 值应尽量低。

6. 油相黏度的影响

油相黏度大液膜较稳定，因此有时向煤油中加入液体石蜡或聚丁二烯以增加其黏度。

15.4　液膜萃取分离技术的应用

1. 液膜萃取分离有机酸

Boey 等选用三元胺 Alamine336 作为萃取剂,正庚烷为稀释剂,Na_2CO_3 为反萃取剂,表面活性剂 Span80 为乳化稳定剂,利用该液膜体系萃取柠檬酸。Basu 等利用中空纤维支撑液膜分离柠檬酸,有效地克服了支撑液膜技术中遇到的膜寿命和稳定性问题。Chaudhuri 等研究了乳化液膜分批萃取乳酸,并提出了一个描述乳酸萃取动力学和乳酸转移机理的定量模型。

2. 液膜萃取分离抗生素

Marchese 等最先把支撑液膜萃取技术应用于青霉素的提取。Hano 等以二辛胺作萃取剂,用乳化液膜技术从发酵液中萃取和浓缩青霉素 G,他们控制 pH 为 6,采用 $500mol/m^3$ 的 Na_2CO_3 作为内相反萃取液,萃取度可达 85%～90%。Lee 等用 W/O/W 乳化液膜从发酵液中萃取青霉素,萃取度可达 80%～95%,在内相中青霉素 G 的浓度比外相中的初始浓度高 9 倍。Sahhoo 等通过乳化液膜有效地萃取了 7-氨基头孢烷酸(7-ACA)。

3. 液膜技术应用于酶反应和酶萃取

Mohan 和 Li 首先报道了用乳化液膜固定酶的可能性,继而又报道把整个细胞固定在乳化液膜的内相中,细胞能维持活性 5 天以上。Scheper 等对用乳化液膜技术的酶反应作了较详细的研究,报道了用乳化液膜技术固定 α-胰凝乳蛋白酶转化 D,L-氨基酸酯(甲酯)的混合物为 L-氨基酸的情况。Scheper 等又研究了用乳化液膜固定青霉素酰化酶从发酵液中转化青霉素为衍生物 6-APA 和固定亮氨酸脱氢酶转化 α-酮异己酸为 L-亮氨酸。Voelkel 等利用这种液膜酶反应器在血液去毒方面也做了大量的工作。Tsai 等以逆胶团为支撑液膜载体萃取了 α-胰凝乳蛋白酶。Armstong 和 Li 利用料液和接受相之间填充逆胶团的液膜也完成了细胞色素 C、溶菌酶、牛血清蛋白和肌红蛋白的萃取。

4. 利用液膜萃取技术提取生物碱

有研究者利用 W/O 型乳化液膜技术来提取荷叶中的生物碱,以煤油作为膜相,盐酸溶液作为内水相,磷酸二(2-乙基己基)酯(D2EPHA)为载体,山梨醇酐单油酯(Span80)为表面活性剂对荷叶中的 3 种生物碱(N-去甲基荷叶碱、O-去甲基荷叶碱和荷叶碱)进行分离提取,3 种生物碱的萃取率分别达到了 95.6%、100%、97.9%。另有报道,用乳化液膜直接从某些植物水浸液中提取生物碱的可能性,研究结果表明液膜萃取技术可用于多种生物碱的提取,且能取得比较满意的效果。

5. 液膜技术在手性化合物分离中的应用

Ha 等研究由 D,L-氨基酸甲酯混合物中分离 L-氨基酸的工艺,膜内相为 α-胰凝乳蛋白酶,膜相为 94% 煤油、5%Span80 和 1% 载体 Adogen464。Pickering 等报道了以 ELM 从 D,L-苯丙氨酸混合物中分离 D-苯丙氨酸,载体为手性载体 N-癸基-L-羟脯氨酸铜,膜溶剂为己醇和癸烷,手性选择率可达 2.4。

6. 液膜萃取技术在其他方面的应用

Nuchnoi 等利用支撑液膜研究了易挥发脂肪酸(VFA)的萃取。Ghosh 等利用 SLM 色谱法分离单克隆抗体和牛血清白蛋白。还有文献报道用反胶团作为支撑载体萃取了 α-胰凝乳蛋白酶以及利用 AOT 和 Span80 混合反胶团作为载体的乳化液膜对 α-胰凝乳蛋白酶进行萃取。

【思考题】

1. 液膜可分为哪几类？机理分别是什么？为什么产物能从低浓度向高浓度转移？
2. 液膜分离操作过程中应该注意哪些事项？
3. 你认为该怎样改进液膜，使其具有更好的分离效果？

【参考文献】

[1] 戴猷元,王运东,王玉军.膜萃取技术基础.北京:化学工业出版社,2008
[2] 郑领英,王学松.膜技术.北京:化学工业出版社,2001
[3] 严中,孙文东.乳液液膜分离原理及应用.北京:化学工业出版社,2005
[4] 黄维菊.膜分离技术概论.北京:国防工业出版社,2008
[5] 曹学君.现代生物分离工程.上海:华东理工大学出版社,2007
[6] 丁明玉等.现代分离方法与技术.北京:化学工业出版社,2006
[7] 薛冠,胡小玲,陈晓佩,等.膜分离技术在医药医疗中的研究和应用.化学工业与工程,2009,26(2)
[8] 梁锋,张成功,马铭,等.乳状液膜分离提取荷叶中 3 种生物碱.精细化工,2007,24(6):565~570
[9] Ghosh R. Bioseparation using supported membrane chromatography[J]. Journal of Membrane Science,2001,192(12):243~247
[10] 陈茂濠,李颜旭.液膜分离技术及应用进展.广东化工,2009,10(36):101~103
[11] 聂菲,李宋孝.液膜技术在医药化工中的应用.精细化工中间体,2004,34(1):6~7
[12] Sai SW,Wen CL. Protein extractions by supportd liquid membrane with reversed micelles as carriers[J]. J Membr Sci,1995,100:87~89
[13] Tobbe H,Xiong YG. Development of a new reversed micelje liouid emulsio membrane for profein extracfion. Biotechnology and Bioengineering,1997,53(3):267~268

第 16 章

膜蒸馏

本章要点

1. 了解膜蒸馏的基本概念、特点及分类。
2. 掌握膜蒸馏的分离机理及影响因素。
3. 了解膜蒸馏在药物开发中的应用。

16.1 概　述

膜蒸馏(membrane distillation,MD)是将膜技术与蒸发过程相结合的新型膜分离技术,是以膜两侧不同温度溶液蒸汽压力差为推动力的分离过程。早在 20 世纪 60 年代就开始了较系统的膜蒸馏研究,Bodell 于 1963 年申请了膜蒸馏技术专利,1964 年,Weyl 采用空气填充的多孔疏水膜从含盐水中回收去离子水,大大提高了脱盐效率。但是由于制膜材料等原因,膜通量低的问题一直无法解决,直到 80 年代之后,随着聚丙烯(PP)、聚四氟乙烯(PTFE)和聚偏氟乙烯(PVDF)等疏水性微孔膜的开发,大大提高了膜的通量,膜蒸馏又开始引起人们的重视,进入 90 年代后,对其机理和应用的研究越来越多。

膜蒸馏具有许多优点:① 操作压力比其他压力驱动的膜分离过程(如反渗透)低,操作温度比传统蒸馏过程低,是一种常压、低温、设备简单、操作方便的新颖膜分离技术;② 理论上能100％地分离离子、大分子、胶体、细胞和其他非挥发性物质等。其局限性有:① 待处理的溶液必须是水溶液;② 热效率较低;③ 膜通量不高;④ 由于膜蒸馏采用疏水微孔膜,与亲水膜相比在膜材料和制备工艺的选择方面都十分有限。

由于膜蒸馏能在常温常压下使被处理的物料实现高倍浓缩,克服了常规分离技术所引起的被处理物料的热损失与机械损失,特别适合处理热敏性物料及对剪切力敏感的物料,因此在海水和苦咸水淡化、超纯水制备、浓缩水溶液以及食品、医药、环保等诸多方面展现出了广阔的应用前景。

16.2　膜蒸馏的过程及原理

　　膜蒸馏是热量和质量同时传递的过程,传质的推动力为膜两侧透过组分的蒸汽压差。膜蒸馏一般包括三个连续的过程:① 被处理物料中易挥发组分的汽化;② 易挥发组分选择性地通过疏水性膜;③ 透过疏水性膜的易挥发性组分被脱除剂所吸收。

　　其基本原理如图 16-1 所示。膜蒸馏所选用的膜是疏水微孔膜。膜蒸馏操作时,膜的一侧是热料液(一般是热水溶液),膜的另一侧是低温流体(冷水),因膜是疏水性的,当膜两侧压力差较小时,膜两侧的液体均不能进入膜孔,即膜孔为充气孔。由于高温侧膜表面的蒸汽压 p_{w1} 大于低温侧膜表面的蒸汽压 p_{w2},在膜两侧蒸汽压差的推动下,高温侧溶剂汽化的蒸汽透过膜而进入低温侧冷凝,使溶剂从热料液中分离出来,达到高温侧料液浓度提高的目的,而低温侧则得到纯溶剂。

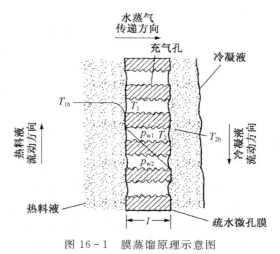

图 16-1　膜蒸馏原理示意图

16.3　膜蒸馏的分类及操作

　　根据膜下游侧冷凝方式不同,膜蒸馏可分为 4 种不同结构和不同操作方式:直接接触膜蒸馏(direct contact membrane distillation, DCMD)、气隙式膜蒸馏(air gap membrane distillation, AGMD)、吹扫气膜蒸馏(seep gas membrane distillation, SGMD)和真空减压膜蒸馏(vacuum membrane distillation, VMD)。

　　(1) 直接接触膜蒸馏(DCMD):结构简单,渗透量较大,温度不同的两种流体分别与膜直接接触,热量从热侧传导到冷侧,热效率低。若透过侧为冷却的纯水,在膜两侧温差引起的水蒸气压力差驱动下,传质透过的水蒸气直接进入冷侧的纯水中冷凝(图 16-2a)。

　　(2) 气隙式膜蒸馏(AGMD):膜与冷凝面间引入一个很薄的空气间隙层,透过膜的蒸汽在冷壁凝结,避免了溶液与冷却水的直接接触,可提高热能利用率,也可从水溶液中脱除挥发性物质。在膜组件中,跨膜蒸汽要通过一层气隙到达冷凝板后才能被冷流体冷凝下来。气隙式膜蒸馏是很常用的膜蒸馏形式之一,具有热效率高,冷凝产品可以精确计量等特点。其缺点是渗透量低,结构复杂,且不适用于中空纤维膜,限制了商业推广(图 16-2b)。

　　(3) 吹扫气膜蒸馏(SGMD):与吹扫渗透汽化一样,用载气吹扫膜的透过侧,以带走透过的水蒸气,即透过膜的蒸汽被循环流动的不凝气体带入冷凝器中冷凝,气隙内气体为强制对流状态,克服了传递阻力大的缺点,膜通量较大。但气扫式膜蒸馏过程动力消耗大,挥发性组分难以冷凝,因此目前很少采用(图 16-2c)。

　　（4）真空减压膜蒸馏（VMD）：利用真空泵使减压侧压力低于料液侧挥发性组分平衡蒸汽压，在传质推动力即膜两侧气体压力差的作用下，挥发性组分部分汽化，蒸汽透过膜孔进入减压侧。是恒温的膜过程，挥发性组分从冷侧引出后冷凝。这种膜蒸馏的热传导损失可以忽略，由于冷侧压力很低，一方面导致膜两侧的蒸汽压差增大，使膜渗透通量大于其他膜蒸馏过程的渗透通量，另一方面提高了膜两侧的料液压差，热侧流体更容易进入膜孔，故需采用孔径较小的膜（图 16 - 2d）。

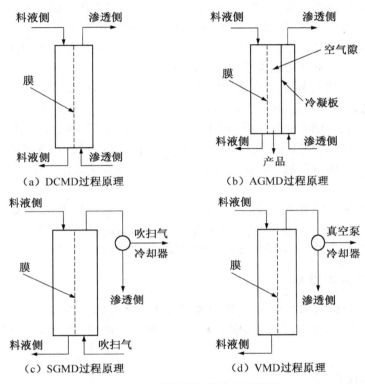

图 16 - 2　各类膜蒸馏操作过程原理

　　以直接接触膜蒸馏（DCMD）为例，其操作过程如图 16 - 3 所示。

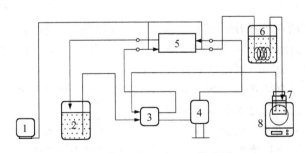

图 16 - 3　DCMD 过程装置图

　　1. 计算机　2. 热水储槽　3. 双管蠕动泵　4. 加热棒　5. 膜组件
　　6. 冷水槽与盘管　7. 冷水储槽　8. 电子天平　-○-测温点

16.4 影响膜蒸馏分离的因素

16.4.1 膜的性能

膜蒸馏用的膜应具备的特点：① 较强的疏水性,这样在操作时膜孔不被膜两侧溶液所浸润,而且疏水性好,分离效果好;② 适当的膜孔径,高的孔隙率,合适的膜厚度,这样才具有良好的扩散速率;③ 较好的耐热性,这样才能保证膜的稳定性和耐用性。因此膜材料的化学性质和膜的结构对膜分离的性能起着决定性的影响。

目前常用的 MD 膜材料主要有聚四氟乙烯(PTFE)、聚偏氟乙烯(PVDF)、聚丙烯(PP)等,其中 PTFE 的疏水性最好,而且从耐氧化性及化学稳定性看,PTFE 膜优于其他两种膜,这使得 PTFE 膜所应用的物系非常广泛,PVDF 膜次之。虽然 PP 膜的耐溶剂性、化学稳定性、热稳定性和疏水性相对于 PTFE 和 PVDF 膜较差,但由于价格低廉,市场应用广阔。目前对 PVDF 膜研究得较多用得也较广。除此之外,还有一些新型材料也可用于膜蒸馏,如聚乙烯(PE)、陶瓷膜等。

膜孔径的大小与膜通量是显然成正比的,孔径越大,膜通量越大,孔径越小,膜通量越小,膜孔直径一般为 $0.1\sim0.45\mu m$,如果膜的疏水性足够好时,膜的孔径在 $0.2\sim0.4\mu m$ 之间较为合适。如果膜是非对称性膜,则膜的分离层的厚度一般约为 $0.1\sim1\mu m$ 之间。

16.4.2 料液的性质

料液的浓度直接影响水的蒸汽压,即涉及到传质推动力的大小。一般来说,浓度越高,水的蒸汽压越低,传质推动力越小,膜蒸馏速率越慢。料液的黏度、热导率等性质对各步的传热传质也有影响。

16.4.3 操作条件

(1) 温度：由传热传质基本知识可知,冷热两流体的温度差越大,传热传质推动力越大,膜蒸馏速率越高。

(2) 操作压差：膜两侧的操作压差应适中,压差大则传热传质推动力大,膜蒸馏速率高,但若压差过大,则高压侧溶液有可能被压入膜孔而流向低压侧,导致膜蒸馏过程的失败。因此,在保证膜孔为充气孔的同时可以增大操作压差。

(3) 流速：料液和冷却液的流动速度越大,越有利于传热传质过程的进行,而且料液在做切向流时,可以降低浓差极化对 MD 通量降低的影响。

(4) 蒸馏时间：随着膜蒸馏时间的延长,很可能会出现膜蒸馏效率(主要是膜通量)下降,其原因一般有两个,一是随膜蒸馏的进行,膜孔被浸润,造成从渗透侧流向料液侧的回流;二是膜污染造成通量的衰减,因此在操作过程中要注意。

16.5　膜蒸馏技术的应用

膜蒸馏技术的应用主要有两个方面，即高纯水的制备和料液的浓缩脱水。在海水淡化制高纯水方面，膜蒸馏具有常压操作、设备简单、操作方便、脱盐率高等特点，具有很好的应用前景；膜蒸馏技术操作温度低（一般热料液的温度在 40～50℃），特别适用于热敏性药液的浓缩，可大大提高收率，保证药品质量。近年来在废水处理中的应用报道也比较多。

1. 高纯水的制备

研究者们对膜蒸馏用于海水、苦咸水脱盐方面进行了大量研究工作，以使其与反渗透相竞争，膜蒸馏过程最早提出时就是设想用于海水淡化的。早期由于没有合适的膜材料，过程的通量太小，限制了膜蒸馏技术的发展。但在 20 世纪 90 年代初，日产淡水 25t 和 10t 的膜蒸馏装置在日本投入运行，证明膜蒸馏进行海水淡化可行，产水质量是其他膜过程所不能比拟的，而且可在常压和接近常温下连续进行，操作方便，容易放大。

2. 料液的浓缩脱水

膜蒸馏与其他膜过程相比，主要优点之一是可以把非挥发性溶质的水溶液浓缩到极高的程度，甚至达到饱和状态。Tomaszewska 利用直接接触式膜蒸馏浓缩纯化氟硅酸、柠檬酸和硫酸等酸溶液，对柠檬酸和硫酸的截留率接近 100%，对氟硅酸可将浓度从 2% 浓缩至 35%，且发现对非挥发性酸的膜蒸馏过程类似于盐溶液的膜蒸馏过程；Rincon 等用直接接触式膜蒸馏浓缩甘醇类水溶液，截留率亦接近 100%；膜蒸馏技术用于浓缩果汁等液体食品加工过程中，具有保持食物原有的色、香、味，营养不被破坏等突出优点。

3. 废水处理

膜蒸馏在废水处理方面应用前景广阔，可用于处理被染料污染的纺织废水、被牛磺酸污染的制药废水、含重金属的工业废水及含低量放射性元素的化学废水等。Zakrzewska 等经研究发现，膜蒸馏在处理低放射性废水方面具有突出优点，能够将放射性废水浓缩至很小的体积，并具有极高的截留率，很容易达到排放标准。Cryta 等采用超滤/膜蒸馏集成技术处理含油的废水，经超滤得到的渗透液含油小于 5mg/L，再将超滤得到的渗透液经膜蒸馏进一步净化，油可以全部除去，另外可将水中 99.5% 的有机物和 99.9% 的溶质除去；沈志松等采用减压膜蒸馏处理丙烯腈工业废水，可以达到国家颁布的丙烯腈排放控制要求；另外，吴庸烈等采用自制的不对称聚偏氟乙烯膜开展了从牛磺酸废液中回收牛磺酸，杜军等使用聚偏氟乙烯微孔膜，以减压膜蒸馏法浓缩含铬离子的水溶液体系，Banat 等采用 PP 管状膜组件通过真空膜蒸馏处理亚甲基蓝废水都取得了良好的效果。

【思考题】

1. 膜蒸馏的机理是什么？
2. 影响膜蒸馏的因素主要有哪些？你认为该如何提高膜蒸馏的效果？

3. 目前膜蒸馏有哪些最新的研究进展？

【参考文献】

[1] 曹学君. 现代生物分离工程. 上海：华东理工大学出版社，2007

[2] 黄维菊. 膜分离技术概论. 北京：国防工业出版社，2008.

[3] 丁明玉等. 现代分离方法与技术. 北京：化学工业出版社，2006.

[4] 郑领英，王学松. 膜技术. 北京：化学工业出版社，2001

[5] 吴国斌，戚俊清，吴山东. 膜蒸馏分离技术研究进展[J]. 化工装备技术，2006，(1)：21～24

[6] 王默晗，田瑞，杨晓宏. 膜蒸馏的发展状况. 节能，2006，238(2)：53～63

[7] 沈志松，钱国芬，迟玉霞. 减压膜蒸馏技术处理丙烯腈废水研究. 膜科学与技术，2000，20(2)：55～60

[8] 吴庸烈，孔瑛，刘静芝，等. 饱和水溶液的膜蒸馏——从废液回收牛磺酸的实验研究[J]. 水处理技术，1991，17(4)：226～230

[9] 杜军，刘作华，陶长元，等. 减压膜蒸馏分离含 Cr(Ⅵ)水溶液的实验研究. 膜科学与技术，2000，20(3)：14～17

[10] Tomaszewska M. Concentration and purification of fluosilicic acidby membrane distillation[J]. Ind & Eng Chem Res，2000，39(8)：3038～3041

[11] Zakrzewska TG，Harasimowicz M，Chmielewski AG. Membraneprocesses in nuclear technology—application for liquid radioactivewaste treatment [J]. Sep Purif Technol，2001，22(3)：617～625

[12] Gryta M，Karakulski K，Morawski AW. Purification of lilywastewater by hybrid UF/MD [J]. Water Res，2001，35(15)：3665～3669

[13] Karakulski K，Gryta M，Morawski A. Membrane processes used for potable water quality improvement [J]. Desalination，2002，145(1～3)：315～319

[14] Banat F，Al-Asheh S，Qtaishat M. Treatment of waters colored with methylene blue dye by vacuum membrane distillation[J]. Desalination，2005，174(1)：87～96

[15] Garcia PMC，Rivier CA，Marison IW，et al. Separation of binary mixtures by thermostatic sweeping gas membrane distillation-Ⅱ. Experimental results with aqueous formic acid solutions[J]. J Membr Sci，2002，198(2)：197～210

[16] Banat FA，Abu ARF，Jumah R，et al. Application of Stefan-Maxwell approach to azeotropic separation by membrane distillation[J]. Chem Eng J，1999，73(1)：71～75

[17] Schofield RW，Fane AG，Fell CJD. Heat and mass transfer in membrane distillation[J]. J Membr Sci，1987，33：299～313

第 17 章

扩张床吸附

本章要点

1. 掌握扩张床吸附的分离机理、扩张床吸附操作的基本过程。
2. 理解影响扩张床吸附分离的因素。
3. 了解扩张床吸附技术的应用。

17.1 概 述

扩张床吸附(expanded bed adsorption, EBA)亦称膨胀床吸附,是适应基因工程、细胞工程等生物工程的下游纯化工作需要而发展起来的新型分离纯化技术。一个完整的下游处理过程(图 17-1)可分为目标产物捕获、中期纯化和精制三个阶段。其中,产物捕获阶段最关键,一般由细胞收集、产物释放、料液澄清、浓缩以及产物初步纯化等单元操作组成。为了使整个纯化过程能达到高的产率和较好的经济效益,就需要尽可能减少操作步骤和简化设计。扩张床吸附技术集固液分离、浓缩和初步纯化于一体,将捕获阶段中的这些单元集成化,节约了操作周期,可以很大程度上减少产物损耗和能耗,从而提高产品收率和降低成本。

扩张床吸附是在流化床吸附(fluidized

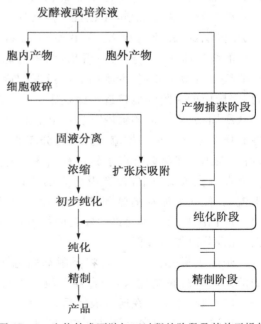

图 17-1 生物技术下游加工过程的阶段及其单元操作

bed adsorption，FBA）的基础上发展起来的，它可以看作是返混很小的一种特殊的流化床。在20世纪50年代中期就开始有学者将这种流化床用于污水处理中；1958年又被应用于链霉素的提取，收率提高了12％。但由于缺乏适合的介质和设备，扩张床吸附技术在生物分离中的应用一直处于停顿状态。直到20世纪90年代初，英国剑桥大学的 Chase HA 等人通过对吸附剂本身物理性质的改进及对层析柱和流体分布器的精心设计，得到了稳定、返混小的流化床，第一次提出了扩张床的概念。1993年，Amersham Pharmacia Biotech 公司设计和生产了扩张床专用的 Streamline 系列吸附剂和装置，在交联的琼脂糖凝胶内包埋晶体石英或金属颗粒以提高吸附剂的密度，保证层析在高流速下运行的同时又不影响介质的吸附性能，使扩张床的发展进入了一个新的阶段。

17.2　扩张床吸附的分离机理

　　扩张床，既不同于全混方式的流化床，也不同于介质紧密堆积的固定床（packed bed adsorption，PBA），而是介于固定床和流化床之间的一种特殊状态。可以说，扩张床是流化床的一种特例，处于床层适度扩张而又未达到完全流化的状态，介质在床层内稳定分级流态化。稳定分级后，介质的位置相对固定，以固定床的模式来吸附目标产物，同时介质颗粒间较大的空隙使料液中的固体颗粒以较小的阻力顺利通过床层。扩张床的轴向扩散通常要比固定床高出几个数量级。然而，它们的吸附特征却非常相似。如图17-2所示为以 Streamline DEAE 为吸附剂，在扩张床和固定床两种情况下牛血清白蛋白（BSA）的穿透曲线。由图可以看出，两种情况的流出曲线仅有微小差别，说明两者的返混程度近似，扩张床内的吸附性能接近于固定床。

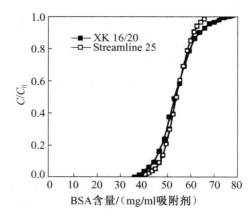

图17-2　在 PBA 和 EBA 模式下 BSA 的穿透曲线
吸附剂：Streamline DEAE；层析柱：XK 16/20
固定床，Streamline 25 扩张床

　　众所周知，固定床的料液是从柱上部的液体分布器流经介质层，从柱的下部收集流分，流体在介质中基本上呈平推流，返混小，分离效率高，但进料中的固体颗粒往往会引起床层的堵塞，所以在固定床吸附前必须先进行固液分离。

　　而在流化床操作中，含有吸附质的流体由吸附塔底部进入，由下而上流动，使向下流动的吸附剂流态化，而吸附后的流体由吸附塔顶排出。流化床虽然可以允许含颗粒的提取液通过，但是存在较严重的返混，导致分离能力降低。

　　扩张床吸附（图17-3）是将吸附剂固定在一定容器中，含目标产物的液体从容器底端进入，经容器下端速率分布器分布，流经吸附剂层，从容器顶端流出。在通入液体后，流体从下往上流动产生曳力，床内的介质不同程度地向上浮动而引起床层的膨胀扩张，吸附剂颗粒彼

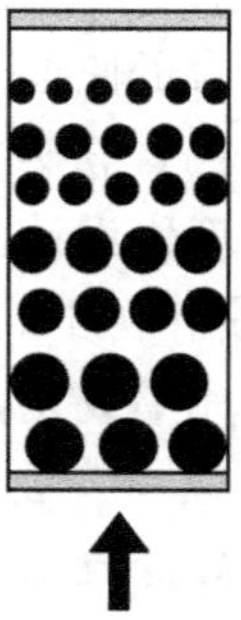

图17-3　扩张床操作模式

此不再相互接触。由于扩张床介质有一定的粒径分布,在扩张过程中会自动分层,粒径大的或密度大的吸附剂颗粒分布在床层底部,粒径小的或密度小的颗粒分布在床层上部,这种分层现象限制了颗粒的运动,单个颗粒仅在小范围内做圆周运动,且液相流动为活塞流,固液相间轴向混合程度较低,从而得到稳定的扩张床。当吸附剂颗粒的沉降速度与流体向上的流速相等时,扩张床达到平衡,吸附剂按自身的物理性质基本悬浮于柱内的固定位置上。此时由于吸附剂的扩张,吸附剂之间空隙率增大,足以使料液中的细胞、细胞碎片等固体颗粒顺利通过床层,而目标产物被吸附在床层介质上,完成料液的初步分离,再经过冲洗、洗脱等步骤,进一步达到浓缩纯化产品的目的。

表 17-1 是扩张床、流化床和固定床的特点比较。由表可见,扩张床技术作为一个新的单元操作,综合了流化床和固定床的优点,同时克服了流化床和固定床自身的一些缺陷,既可以直接处理含固体颗粒的进料,又具有与固定床相当的分离效率。

表 17-1 扩张床、流化床和固定床的比较

操作模式	操作原理	能否处理含颗粒的料液	上样方式	吸附效率	优缺点
扩张床	料液接近平推流通过床层,返混很小	能	下→上	好	需特制吸附剂和设备,分离效率高
流化床	料液和吸附剂充分混合,返混大	能	下→上	不好	需循环上样,分离效率低
固定床	流体以平推流流过床层,基本无返混	不能	上→下	好	已工业化,分离效率高

在扩张床中,料液从扩张床底部自下而上泵入,当达到某一流速,即起始流化速度(minimum fluidization velocity,u_{mf})时,床内的吸附剂颗粒开始松动、流态化,床层开始扩张;随着流速的增加,床层不断膨胀,吸附剂之间的空隙增大,料液中悬浮的固体颗粒就能通过床层而直接流出床外,目标产物则被吸附剂捕获,实现了扩张床过程的集成化分离;如果流速继续增加,床层过度扩张,吸附剂颗粒开始被带出床外,此时的流速称为带出速度,即吸附剂颗粒的终端沉降速度(terminal setting velocity,u_t)。在扩张床中,操作流速应选择在 u_{mf} 和 u_t 之间,它们可以分别根据下式进行计算:

$$u_{mf} = \frac{d_p^2(\rho_p - \rho)g}{1650\mu} \qquad (\text{Re}_p < 20) \qquad (17-1)$$

$$u_t = \frac{d_p^2(\rho_p - \rho)g}{18\mu} \qquad (\text{Re}_p < 2) \qquad (17-2)$$

扩张床的床层高度随液相流速线性增大,其床层膨胀规律符合 Richardson-Zaki 方程:

$$u = u_t \varepsilon^n \qquad (17-3)$$

式中,u 为液相表观速度;ε 为床层空隙率;n 为 Richardson-Zaki 系数,层流区一般为 4.8。

由上可见,颗粒的终端沉降速度 u_t 与颗粒直径 d_p、固体与液相间的密度差 $(\rho_p - \rho)$ 成正比,与液相黏度 μ 成反比。当液相和吸附剂物性已知时,利用式(17-2)和(17-3)可估算达到所需扩张率(定义为扩张床层高度 H 与沉降高度 H_0 之比)的液相流速。吸附剂的粒径过小,

在实际操作时为避免扩张率过高,所用的流速较低;粒径过大,目标产物的扩散路径较长,造成吸附量的下降,分离效率降低;吸附剂的密度越高,终端沉降速度也就越高,操作时流速有较宽的选择范围。

17.3　扩张床吸附的操作

扩张床的设备与传统的固定床一样,需要装有吸附介质的层析柱、在线检测装置或部分收集器,以及转子流量计、恒流泵和上下两个速率分布器。通过不同情况下流量计转子位置和床层高度的对应关系,可确定操作时的界面位置及调节操作过程中可能变化的床层膨松度,确保捕集效率。恒流泵用于扩张床在不同操作阶段不同方向上的进料。位于柱体顶部和底部的两个速率分布器非常重要,它应使料液内的固形微粒,如菌体细胞或细胞碎片顺利通过,而对较小的介质颗粒则有截留作用。此外,上端速率分布器还应易于调节位置,以适应扩张床在不同阶段的扩张率;下端的速率分布器要保证床截面的流速分布均匀,使流体以平推流的形式通过床层。另外,层析柱的竖直程度严重影响扩张床内的液相返混程度。操作中,层析柱必须保持竖直,否则容易发生不同层次之间的混合。Pharmacia Biotech 公司提供的扩张床设备中已有监测竖直程度的垂直管。

扩张床吸附的操作可分为五个部分:平衡(equilibration)、吸附(adsorption)、冲洗(washing)、洗脱(elution)和在位清洗(clean in place,CIP)。图 17-4 为扩张床吸附的操作过程示意图。

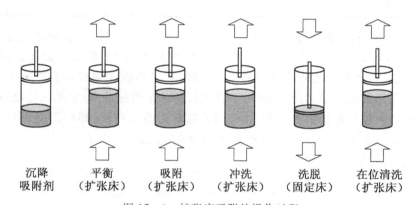

沉降　　　平衡　　　吸附　　　冲洗　　　洗脱　　　在位清洗
吸附剂　　(扩张床)　(扩张床)　(扩张床)　(固定床)　(扩张床)

图 17-4　扩张床吸附的操作过程

1. 平衡

首先用平衡缓冲液从下端速率分布器注入床层,逐渐增大流速,介质颗粒流态化并逐渐稳定分级,一般这一过程要用 40min。当床层实现稳定扩张后,为减小介质上方空间过大造成的混合和稀释,要把柱上端速率分布器固定在介质层上界面附近。适宜的扩张率能提高扩张床的吸附性能,若扩张率太低,则料液中的固体颗粒通过困难;若扩张率过高,则会导致液相返混增加,吸附效率下降,通常认为扩张率为 2~3 最佳。实验表明,用黏度大的流体平衡,实现稳定扩张所需时间下降,稳定性增强,但使吸附传质阻力也增大。在研究溶菌酶穿透曲线的实验中,用缓冲液将床层扩张到固定床高度两倍的吸附效果比以高黏度流体扩张到四倍或六倍的更好。考察扩张床内的流体力学性能对确保床层的稳定性亦十分重要。床层的稳定性可以通过肉眼观察,当发现只有微小环流运动存在时,即可认为稳定。更准确的方法是测定床层的理论塔板数,可通过测定示踪剂在扩张床内的停留时间分布来获得。

2. 吸附

将处理好的原料液由柱下端注入已扩张好的床层,由于原料液的性质(黏度、密度、固含量等)与平衡缓冲液不同,且料液透明性较差,为保持恒定的床层扩张率,需用转子流量计调节流速确定床层上界面的位置,控制床层的扩张率并进行吸附。一般用前沿分析法来判断吸附进行的情况,通过对流出液中目标产物的检测和分析,确定吸附终点,或者用更保守的方法:在预测目标产品穿透(一般为流出液中目标产品浓度超过进口的 5%～10%时)前的某一时刻停止进料,转入冲洗阶段。

3. 冲洗

用具有一定黏度的缓冲液冲洗吸附介质,既可冲走床层间滞留的颗粒(如细胞或细胞碎片),又可洗去非结合或弱结合的可溶性杂质,直至流出液中看不到固体杂质。冲洗时流体流向与吸附时相同,采用的流体多为开始时使用的平衡缓冲液,仍采用扩张床。整个冲洗过程一般需要 5～20 倍沉降床体积的缓冲液。颗粒除去效率是扩张床技术优化的一个重要参数。冲洗时也可在缓冲液中加入增黏剂,如甘油等,减少所需缓冲液的体积。有研究报道,用 25%～50%(V/V)甘油的缓冲液冲洗,只用一沉降床体积就可以完全除去颗粒物质。但用高黏度的溶液冲洗时,床层扩张率增大,轴向分散程度增大,有可能导致扩张床的不稳定。用与料液黏度相近的缓冲液冲洗,可以非常有效地去除床层内的颗粒,并且不会改变床层的扩张率。尽管冲洗过程效率很高,但还会有一些细胞或细胞碎片因与吸附剂相互作用而滞留在扩张床中,这些物质可在在位清洗步骤中除去。

4. 洗脱

当细胞、细胞碎片或其他颗粒除去以后,可采取不同的床层操作模式(固定床或扩张床)进行洗脱。固定床方式洗脱时缓冲液从柱上部导入,下部流出;扩张床方式洗脱时缓冲液从柱底部泵入,进行向上洗脱。通常进样在目标物穿透前停止,如图 17-5 所示,料液进口端首先达到吸附饱和,产物富集在床层下部,向下洗能得到更高的产物浓度。如果继续进样至产物分布在整个扩张床上,或由于置换效应产物富集于床层上部,向上洗可能更有效。若在吸附时形成了大颗粒的聚集物,在冲洗阶段较难除去,则洗脱也应在扩张床方式下进行,以避免固定床洗脱时返压太大,聚集物可在随后的再生阶段除去。

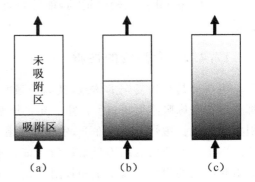

图 17-5　扩张床进样后的吸附过程

特异性较强的层析介质,一般用一种洗脱液就可达到洗脱效果,而且目标产品纯度较高。对于特异性较差的介质(如离子交换介质、疏水作用介质),往往要采用复杂的梯度洗脱,因此需要分析判断目标产物活性峰位置和主要活性峰。洗脱时的流速也会影响产物的浓度,流速小使洗脱体积减小,产物浓度提高。

5. 在位清洗

直接从浑浊液中纯化目标产物(如蛋白质)时,吸附介质上会附着一些细胞、细胞碎片、脂类和核酸等杂质,特别是特异性较差的介质,虽然经过冲洗、洗脱等步骤,有些杂质也很难除净。为了确保每次纯化后能恢复扩张床的流体力学和吸附性能,必须在洗脱操作之后立即进行清洗使介质再生。一般在扩张床形式下操作,以使床层膨胀到堆积高度 5 倍左右时的清洗液的流速,清洗大约 3h,可以达到再生的目的。清洗液是一系列比较苛刻的溶液和缓冲液。如果配基条件许可,有效的在位清洗一般以 0.5～1.0mol/L NaOH 溶液为主要的清洗剂,除了能清洗吸附剂,还能对整个扩张床进行消毒,破坏热原。有些吸附剂,如亲和吸附剂等,不能用 NaOH 清洗,此时可选用 6mol/L 盐酸胍、6mol/L 尿素或 1mol/L 醋酸代替。有人报道比较牢固的介质,如离子交换介质,清洗 10 次以上吸附容量未见明显下降。再生可有效延长吸附剂的使用寿命,降低分离纯化成本。在扩张床吸附操作后,除对吸附剂再生,还应对整个吸附柱进行消毒,消毒工艺不过关会导致扩张床直接纯化得到的产品难以符合 GMP 标准,更不用说是通过美国食品药品监督管理局(Food and Drug Administration,FDA)的认证。

17.4　影响扩张床吸附分离的因素

扩张床吸附技术能够从含有固体颗粒的发酵液、细胞培养液或匀浆液等粗料液中直接分离目标产物,吸附剂、吸附物的性质以及操作条件等是影响扩张床吸附性能的主要因素。

17.4.1　吸附剂的性质

吸附剂介质必须易于在床层中实现流态化,并且能形成稳定的分级。不同于普通的层析介质,扩张床吸附剂介质具有一定的密度和粒径分布要求,包括颗粒密度及其分布、颗粒尺寸及其分布、床层空隙率等。当介质密度一定时,影响较大的是颗粒的尺寸分布,若用床层中最大和最小介质颗粒直径比 d_p 表征床层颗粒的尺寸分布,则当 d_p 大于一定值时,分级现象才占主导地位,分级后,较大的颗粒处于床层下部,较小的颗粒处于床层上部。一般认为,介质密度为 1.2～1.5g/ml 是比较合适的,能够较好地平衡床层扩张、过程有效性和吸附容量之间的关系。

17.4.2　吸附物的性质

粗料液是个极复杂的体系,其离子强度、pH 值以及生物质颗粒杂质(细胞或细胞碎片)等都会对扩张床吸附层析过程产生一定的影响。生物质颗粒在吸附介质表面的吸附主要是静电引力起作用。中性 pH 条件下,生物质颗粒一般呈负电荷,而阴离子交换介质带有正电荷,因此阴离子交换介质的细胞吸附最为严重。其次是疏水相互作用,对于动物细胞特别明显,甚至会引起床层的崩溃。对于亲和吸附介质,由于非特异性吸附小,与不带任何功能基团的基质相类似,对细胞的吸附量一般相当少。不少研究实例表明,通常由于细胞颗粒的影响使得吸附剂发生聚集,破坏了扩张床的稳定分级结构,削弱了分离效果,严重时导致床层崩溃。考虑把生物颗粒的影响引入到扩张床的过程设计中,在过程开发的早期就同时兼顾"目标物的吸附"和"生物颗粒/吸附剂相互作用",及时发现并排除生物质颗粒的负面影响,确保扩张床吸附过程的顺利实施。

17.4.3　操作条件

影响扩张床吸附的操作条件包括床层高度、流动相流速、操作温度等。研究表明,床层沉降高度要大于 10cm,否则吸附容量显著下降。扩张率为 2 时捕集效果最好,高径比增加有利于提高蛋白质的吸附量。高黏度流动相有利于颗粒的稳定和洗去滞留的细胞碎片,但会增加传质阻力,降低流速范围。扩张床通常在室温下操作。但在处理刚发酵好的料液时,由于料液的温度会高于室温,流体物性的变化会影响床层高度(扩张率),引起吸附性能的变化。在 4～37℃ 间升高温度,有利于提高介质对某些蛋白质的吸附容量。扩张床的床层空隙率为 0.7～0.8,因此整个操作过程的压强都相当低,通常低于 50kPa。

17.5　扩张床吸附的应用

自 20 世纪 90 年代初 Amersham Pharmacia Biotech 公司推出 Streamline 系列 EBA 吸附剂及装置以来,EBA 技术的应用已初显成效。目前,EBA 技术已成功地用于大肠杆菌和酵母发酵液或匀浆、动物细胞培养液、动物和植物组织液、动物乳汁等料液中目标产物的提取,也可将扩张床用作生物反应器、生物质的检测装置以及用于蛋白质复性。虽然这项技术还有待于完善,但它具有的集成优势已显示出了巨大的应用潜力,其分离规模也正从中试向工业化方向发展。

1. 从酵母细胞匀浆液中提取葡萄糖－6－磷酸脱氢酶(G6PDH)

Chang 和 Chase 采用扩张床离子交换纯化 G6PDH。所用 EBA 柱为 Streamline 50 柱,内径 5.0cm,装填吸附剂 Streamline DEAE 435ml,相应的沉降床高 22.3cm,原料液为 25%(W/V)酵母细胞匀浆液。

上样前先进行床层扩张,以 196cm/h 的流速由底部向床层通入 50mmol/L 磷酸钠缓冲液(pH 6.0),床层扩张稳定后,床层高度为 44.5cm(870ml)。上样过程中保持扩张率不变。然后以含 25%(V/V)甘油的磷酸钠溶液(pH 6.0,50mmol/L)将残渣及未吸附组分洗出床层,约需 1.3 个床层体积的清洗液即可完成。再以缓冲液洗出床层中的甘油,进入洗脱阶段。此例以固定床方式进行梯度洗脱,洗脱液流速保持在 200cm/h,洗脱液梯度组成为:① 含 NaCl(0.05mol/L) 的 50mmol/L 磷酸钠溶液,pH 6.0;② 含 NaCl(0.15mmol/L) 的 50mmol/L 磷酸钠溶液,pH 6.0;③ 含 NaCl(1mol/L) 的 50mmol/L 磷酸钠溶液,pH 6.0。纯化过程如图 17-6 所示。

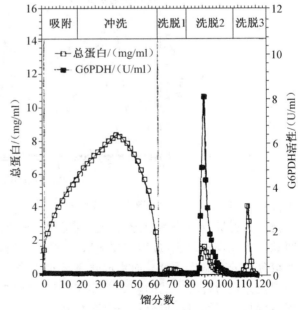

图 17-6　扩张床吸附法从酵母细胞匀浆液中纯化 G6PDH

在上述操作条件下经一步扩张床吸附纯化,不仅除去了细胞碎片,而且 G6PDH 纯度提高 11 倍,收率达 98%。整个纯化过程约需 3.3h,其中平衡时间 40min,上样时间 30min,冲洗时间 60min,洗脱时间 70min。表 17-2 列出了实验结果。

表 17-2　G6PDH 扩张床离子交换纯化结果

纯化步骤	体积/ml	液相流速/(cm/h)	总活性/U	总蛋白/mg	比活性/(U/mg)	纯化倍数/%	收率/%
匀浆液	1068	—	2873	13670	0.21	(100)	(100)
进样	1068	196—66	4	7273	—	—	0.14
冲洗	550	66—122	5	4102	—	—	0.17
洗脱 1	1300	200	42	258	—	—	1.46
洗脱 2	2100	200	2819	1125	2.51	12.0	98.1
洗脱 3	900	200	6	917	—	—	0.2
总回收率/%	—	—	100	100	—	—	—

2. 中药栀子中西红花苷的提取

Zhang 等采用集成化提取和扩张床分离的模式从中药栀子中提取西红花苷,分别选取西红花苷-1 和栀子苷为中药栀子中西红花苷和环烯醚萜苷的指标成分,如图 17-7 所示为栀子苷和西红花苷-1 的洗脱曲线,实现了环烯醚萜苷和西红花苷的分离。

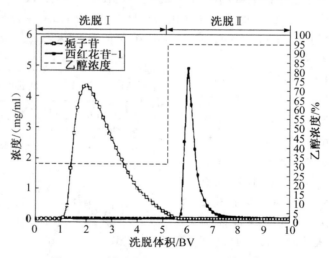

图 17-7　栀子苷和西红花苷-1 的洗脱曲线

栀子药材提取与分离的传统工艺流程和集成化工艺流程如图 17-8 所示。传统工艺由 8 个间歇的单元操作组成,过程需要 32h,柱层析分离前的操作只是为其准备了样品,并没有对有效组分的分离做出贡献。而集成化工艺过程中,提取分离所需时间仅为 4h,过程中水和乙醇的用量分别为传统工艺的 62.5% 和 66.7%,西红花苷的得率为传统方法的 2.2 倍,在过程效率、溶剂耗用量、目标成分得率上都有显著优势。

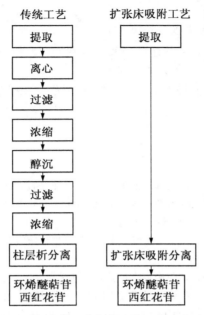

图 17 - 8　传统工艺与集成化工艺流程对比

　　表 17 - 3 列举了一些扩张床分离应用的实例。尽管扩张床发展的历史还很短,但由于其特有的优点,已引起生物技术有关人士特别是工业界的高度重视,成为近年来迅速发展起来的重要的生化分离下游技术。

表 17 - 3　扩张床吸附技术应用实例

目标产物	产物来源	吸附剂	浓缩倍数	纯化倍数	得率/%
重组人白介素 8	大肠杆菌	阳离子	—	4.35	97
重组人胎盘钙结合蛋白	大肠杆菌	阴离子	2.2	—	95
唾液酸酶	大肠杆菌	阴离子	—	12	93
β-半乳糖苷酶	大肠杆菌	金属螯合	—	5.92	87
重组抑肽酶变体	汉逊酵母	阳离子	7	3.8	76
乙醇脱氢酶	酿酒酵母	疏水基			95
重组人神经生长因子	CHO 细胞	阳离子	30	11	100
重组人 IgG4 抗体	骨髓瘤细胞	亲和	15	—	100
重组鼠 IgG2a 抗体	杂交瘤细胞	亲和	35	—	95
重组人 C 蛋白	转基因猪奶	阴离子	—	200	94
溶菌酶	蛋清	阳离子	—	19.4	90.5

【思考题】

1. 与传统工艺相比,扩张床吸附分离有何优势?
2. 扩张床吸附技术适用于哪些产品的生产过程?
3. 试比较扩张床、流化床和固定床的不同特征。
4. 生物质颗粒杂质对扩张床吸附剂的吸附能力有何不利影响?

【参考文献】

[1] 李淑芬,姜忠义. 高等制药分离工程. 北京:化学工业出版社,2004
[2] 严希康. 生化分离工程. 北京:化学工业出版社,2001
[3] 曹学君. 现代生物分离工程. 上海:华东理工大学出版社,2007
[4] 雷引林,林东强,姚善泾,等. 一种球形纤维素/钛白粉扩张床吸附剂的研究——组成对性能的影响. 高分子学报,2004(1):40~44
[5] 雷引林,姚善泾,刘坐镇,等. 扩张床吸附基质研究进展. 功能高分子学报,2002,15(2):219~224
[6] 林东强,姚善泾,梅乐和,等. 扩张床吸附过程的并行设计策略. 化工进展,2004,23(1):33~37
[7] Chang YK,Chase HA. Ion exchange purification of G6PDH from unclarified yeast cell homogenates using expanded bed adsorption. Biotechnology and Bioengineering,1996,49:204~216
[8] Zhang M,Hu P,Liang Q,et al. Direct process integration of extraction and expanded bed adsorption in the recovery of crocetin derivatives from *Fructus Gardenia*. Journal of Chromatography B,2007, 858:220~226